João Carlos Teatini de Souza Clímaco

Estruturas de concreto armado

FUNDAMENTOS DE PROJETO, DIMENSIONAMENTO E VERIFICAÇÃO

Universidade de Brasília

Reitor Ivan Marques de Toledo Camargo
Vice-Reitora Sônia Nair Báo

EDITORA

UnB

Diretora Ana Maria Fernandes

Conselho Editorial Ana Maria Fernandes – *Pres.*

Ana Valéria Machado Mendonça

Eduardo Tadeu Vieira

Emir José Suaiden

Fernando Jorge Rodrigues Neves

Francisco Claudio Sampaio de Menezes

Marcus Mota

Peter Bakuzis

Sylvia Ficher

Wilson Trajano Filho

Wivian Weller

João Carlos Teatini de Souza Clímaco

Estruturas de concreto armado

FUNDAMENTOS DE PROJETO, DIMENSIONAMENTO E VERIFICAÇÃO

3ª edição

Atendimento ao cliente: (11) 5080-0751 | faleconosco@grupogen.com.br

Direitos exclusivos para a língua portuguesa
Copyright © 2016 by
GEN | Grupo Editorial Nacional S. A.
Publicado pelo selo LTC Editora Ltda.
Travessa do Ouvidor, 11
Rio de Janeiro - RJ - 20040-040
www.grupogen.com.br

EDITORA

UnB

Editora Universidade de Brasília

SCS, quadra 2, Bloco C, nº 78, Edifício OK, 2º andar
CEP 70.302-907, Brasília-DF

Telefone: (61) 3035-4200
Fax: (61) 3035-4230
Site: www.editora.unb.br
E-mail: contatoeditora@unb.br

Equipe Editorial

Gerente de produção editorial:
    Percio Sávio Romualdo da Silva
Revisão:
    Denise Pimenta de Oliveira
Diagramação:
    Eduardo Silva de Medeiros
Capa:
    Márcio Duarte, sobre a obra de ZéCésar.
    (Técnica mista em papelão).

Ficha catalográfica

C571e

    Clímaco, João Carlos Teatini de Souza
       Estruturas de concreto armado : fundamentos de projeto, dimensionamento e verificação / João Carlos Teatini de Souza Clímaco. - 3. ed. – [Reimpr.]. – Rio de Janeiro : LTC Editora Ltda. ; Brasília, DF : Ed. UnB, 2023.
       il. ; 22 cm.

    Inclui bibliografia
    ISBN (Elsevier) 978-85-352-8576-5
    ISBN (UnB) 978-85-230-1187-1

    1. Engenharia civil. I. Universidade de Brasília. II. Título.

16-34507
                                   CDD: 624
                                   CDU: 624

A minha esposa, Rosana; aos meus filhos, Joana, Júlia e Leonardo, e netos, Ana e Vinicius. A meus pais, Nini e João (*in memoriam*).

Apresentação

Esta é a terceira edição da obra publicada em 2005, com uma segunda edição revisada em 2008 e três reimpressões em 2013, 2014 e 2015. Essa tiragem indica ter sido atendido o propósito declarado na primeira edição, de: "[...] auxiliar os que se iniciam no projeto de estruturas de concreto armado de edificações usuais, tendo sempre como objetivos principais a clareza didática, a concisão e o equilíbrio dos aspectos técnicos e científicos dos assuntos tratados".

Embora tenha como público-alvo principal os estudantes de Engenharia Civil, Arquitetura e Tecnologia, espera-se que o trabalho possa também auxiliar os profissionais da área. Assim, contribuições e sugestões são muito bem-vindas.

Este material foi publicado pela primeira vez em 1991, como uma apostila do curso de Engenharia Civil da UnB. Em tempo, agradeço à engenheira Paula Cristina Seixas de Oliveira, à época monitora da disciplina Estruturas de Concreto Armado 1, que transcreveu minhas notas de aula em estêncil a álcool (quem ainda lembra?). De 2001 a 2004, o texto foi atualizado conforme as disposições da ABNT NBR 6118:2003.

Passados mais de 10 anos, a presente edição foi uma exigência da publicação da NBR 6118:2014 – *Projeto de Estruturas de Concreto – Procedimento*. Com as necessárias revisão e atualização, o livro passou por modificações substanciais, com vários trechos reescritos e ampliados. A mais relevante foi a inclusão do cálculo de pilares com a seção transversal submetida à atuação conjunta de força normal e momentos fletores, uma prescrição agora obrigatória da Norma, que não mais admite os processos simplificados de compressão centrada, válidos nas versões de 1978 e 2003.

O conteúdo continua dividido em oito capítulos, cinco contendo exemplos resolvidos. Ao final de cada capítulo, consta uma lista de exercícios propostos para autoavaliação, cada um com comentários que visam a possibilitar ao leitor uma discussão adicional sobre a matéria.

Os três capítulos iniciais introduzem os fundamentos do projeto de estruturas de concreto armado. Nos capítulos de 4 a 8, são apresentados os principais procedimentos e prescrições normativas para o dimensionamento e a verificação dos elementos estruturais básicos de concreto armado: vigas solicitadas à flexão pura – atuação apenas de momentos fletores – e flexão simples – atuação de momento fletores e forças cortantes; pilares sob flexão composta – atuação de força normal e momentos fletores; e lajes maciças retangulares de edificações usuais sob flexão pura. Ao final, consta um apêndice com quatro roteiros para consulta rápida sobre o cálculo de vigas, pilares e lajes.

Como mencionado, a base do trabalho é a NBR 6118, na versão final corrigida de agosto de 2014. São incluídos, também, alguns comentários relativos a versões anteriores de 1978 e 2003 da norma, visando a contribuir para o entendimento e efetivo cumprimento desse documento.

Não tendo a pretensão de esgotar os temas abordados, é recomendável a consulta à bibliografia técnico-científica das referências, após o capítulo 8. Cabe ressaltar o potencial aparentemente inesgotável das Tecnologias de Informação e Comunicação (TIC) em viabilizar e motivar o acesso ao conhecimento, com ênfase óbvia ao uso adequado da internet.

Do prefácio das edições anteriores, trouxe minhas homenagens ao mestre dos mestres, o saudoso Fernando Luiz Lobo Barbosa Carneiro, meu orientador de mestrado; aos colegas da UnB, Eldon Londe Mello e Marcello da Cunha Moraes, formadores de gerações de engenheiros civis de excelência; aos professores

Teresa Bardisa Ruiz e Jesús Martín Cordero, da Universidad Nacional de Educación a Distancia da Espanha, que me auxiliaram a refletir sobre minhas atividades didáticas; e aos profissionais envolvidos no projeto e na construção de Brasília - anônimos em sua maioria -, nas figuras do arquiteto Oscar Niemeyer e do engenheiro Joaquim Cardozo, infelizmente tão pouco lembrado, pelo legado de beleza, ousadia e competência: a única cidade construída no Século XX com o título da Unesco de patrimônio da humanidade. As páginas iniciais de todos os capítulos do livro trazem fotografias de alguns de seus monumentos.

Um agradecimento especial aos professores do Departamento de Engenharia Civil e Ambiental da Faculdade de Tecnologia da UnB e outras unidades, cujo convívio e amizade foram essenciais ao longo de 40 anos de vida acadêmica.

Além das menções no prefácio das outras edições, agradeço agora ao colega prof. Guilherme Sales Melo, pelas propostas que muito contribuíram para a melhoria do capítulo 5, referente ao cálculo de pilares. Ao prof. Marcos Honorato de Oliveira, que colaborou com a leitura atenta e as sugestões aos capítulos 3 e 4, e ao prof. Alexandre Domingues Campos pelas discussões proveitosas também sobre o capítulo 5.

Ao prof. Giuseppe Barbosa Guimarães, do Departamento de Engenharia Civil da PUC-RJ, agradeço a disponibilização de suas notas de aula de Estruturas de Concreto Armado I, a partir das quais se reproduzem, no capítulo 5, alguns diagramas de interação para as seções retangulares com armaduras simétricas sob flexão composta normal. Ao prof. Marco Bessa, do UniCEUB, pelo entusiasmo com esta publicação e suas opiniões oportunas.

Minha gratidão aos professores e compadres Aldo João de Sousa, aposentado do Departamento de Engenharia Mecânica da UnB, e sua esposa Telma Richa Sousa, pelo trabalho minucioso e "impagável" de revisão dos originais desta edição.

Reitero o meu tributo aos professores do Brasil, em particular das instituições públicas e da educação básica, colegas cujo esforço é tão pouco valorizado. Em seu nome, como na primeira edição, registro que todo o conteúdo deste trabalho – texto, figuras, fotos, digitação e até diagramação –, foi produzido pelo autor, apenas mais um exemplo de nossas condições precárias de trabalho.

Devo agradecer, novamente, às centenas de alunos de Engenharia Civil e do Programa de Pós-Graduação em Estruturas e Construção Civil da UnB e de outras instituições, maior motivação e apoio a este livro, como usuários e também revisores, durante e após seus cursos. Tendo me aposentado em 2013, o diálogo e a aprendizagem constante com os estudantes foram essenciais nos 45 anos de carreira docente: 40 na UnB e cinco anteriores, em preparatórios pré-vestibular.

Mantenho a capa da primeira edição do livro e outra vez agradeço ao meu irmão ZèCésar, professor da Faculdade de Artes Visuais da UFG, autor da tão elogiada obra de arte – técnica mista em papelão.

Finalmente, meu reconhecimento ao esforço de toda a equipe da Editora UnB por mais esta edição, em especial a Denise Pimenta de Oliveira, pela excelente revisão, e a Eduardo Medeiros, pela diagramação. Esta edição inclui uma importante parceria com a Elsevier Editora, viabilizada, sobretudo, pela atenção do vice-presidente de Relações Acadêmicas para a América Latina, Dante Cid, a quem expresso minha gratidão.

Brasília, junho de 2016
João Carlos Teatini de Souza Clímaco
jcteatini@gmail.com

Sumário

CAPÍTULO 4 - CÁLCULO DE ELEMENTOS LINEARES À FLEXÃO PURA

CAPÍTULO 5 - CÁLCULO DE PILARES À FLEXÃO COMPOSTA

CAPÍTULO 6 - CÁLCULO DE ELEMENTOS LINEARES À FORÇA CORTANTE

CAPÍTULO 7 - CÁLCULO DE LAJES MACIÇAS RETANGULARES

Capítulo 1

INTRODUÇÃO

Foto: Palácio da Alvorada
(Acervo pessoal do autor)

Introdução

1.1 ESTUDO DO CONCRETO ARMADO NA ENGENHARIA ESTRUTURAL

O ensino de estruturas nos cursos de graduação em Engenharia Civil, em seu início, compreende um conjunto de disciplinas básicas, destinadas ao estudo e à análise teórica, em nível crescente de profundidade, dos sistemas estruturais.

Nessas disciplinas, os materiais constitutivos dos elementos estruturais são considerados *ideais*, ou seja, são elásticos, homogêneos e isótropos:

> • *Elásticos*: apresentam resposta linear, isto é, quando submetidos a solicitações, as deformações são proporcionais às tensões.
>
> • *Homogêneos*: apresentam as mesmas propriedades em todos os seus pontos.
>
> • *Isótropos*: apresentam as mesmas propriedades em qualquer direção, no ponto considerado.

No entanto, os materiais das estruturas reais apresentam as características chamadas ideais de forma apenas parcial e, assim mesmo, com limitações. Na atualidade, dois materiais estruturais são predominantes: o *concreto* e o *aço*. Nas estruturas das edificações correntes, eles muitas vezes se complementam e, outras vezes, competem entre si, pois estruturas com tipologia e função similar podem ser construídas com qualquer um dos dois materiais, com vantagens e desvantagens para cada um.

Ainda nessa fase inicial do curso, estudam-se os *materiais, as tecnologias e o planejamento das construções* em cadeiras específicas, geralmente ministradas em paralelo.

Pelo seu maior uso nas edificações, o concreto e o aço são os materiais estruturais mais estudados, assim como se dedica maior tempo às estruturas de concreto armado, pelo sua ampla escala de utilização.

Em uma segunda fase da graduação em Engenharia Civil, vem outro conjunto de disciplinas, de caráter técnico-profissionalizante, que se dedicam ao estudo dos projetos de estruturas de concreto e metálicas e, com menor ênfase, pelo menos no Brasil, de madeira.

No caso do projeto de estruturas de concreto, por razões didáticas, o estudo é em geral subdividido em disciplinas relativas ao *concreto armado* e *protendido, estruturas de fundações, de pontes e especiais*. É grande a amplitude de conhecimentos envolvidos nesse estudo, bem como as variações nos conteúdos, em cursos de graduação e de pós-graduação, no Brasil e no exterior.

A escola brasileira do concreto estrutural, historicamente, teve grande influência da europeia, particularmente França e Alemanha, onde estudaram e/ou tiveram contatos técnicos nossos primeiros especialistas na área. Mais recentemente, é também considerável a participação de outros países, como a Inglaterra, Espanha e Estados Unidos.

Vale comentar, ainda, que, na maioria das universidades brasileiras, persiste uma importante lacuna no ensino da Engenharia Estrutural, na transição da etapa inicial, de cunho mais teórico, para a de projetos, mais prática. Antes do início dessa segunda etapa, seria conveniente haver uma disciplina, de caráter mais genérico, que buscasse introduzir os critérios básicos de projeto que direcionam a escolha dos sistemas estruturais, conforme a natureza das edificações.

Em uma disciplina desse tipo poderiam ser estudados os diversos sistemas e materiais estruturais e respectivos modelos de análise, explorando as suas possibilidades, simplificações e limitações para uso em estruturas reais. Uma das origens dessa lacuna na aprendizagem é a compartimentação excessiva do conhecimento, proveniente de uma falsa ambiguidade teoria-prática e da pouca valorização do trabalho em equipe nas universidades brasileiras.

É também digna de nota a ausência de um estudo sistemático da *História da Engenharia* e suas conquistas nos vários campos de conhecimento, importante para a formação ampla e sólida do profissional.

Em consequência das lacunas mencionadas, parte considerável dos estudantes de Engenharia Civil sente uma insegurança marcante na transição citada, que os leva, com frequência, a questionar a utilidade dos conhecimentos adquiridos nas disciplinas básicas anteriores, quanto à sua aplicação no projeto e na execução de estruturas.

Essa sensação de insegurança, paradoxalmente, torna-se ambígua e pode ser agravada pela ampla disponibilidade de programas computacionais de cálculo estrutural, ferramentas de grande utilidade nas mãos de bons profissionais, mas inconvenientes e perigosas se usadas por pessoas sem a qualificação adequada.

O estudo das estruturas de concreto ocupa parte substancial da segunda etapa dos currículos tradicionais da Engenharia Civil e a sua subdivisão em diversas disciplinas deve-se apenas a questões didáticas e práticas.

Nesse sentido, deve-se sempre ter claro que a estrutura é apenas um subsistema da edificação, um sistema global bem mais complexo.

Em uma edificação convencional, residencial ou comercial vários subsistemas distintos podem ser listados, além do estrutural, como: instalações (hidráulica e saneamento, elétrica, telefonia, condicionamento ambiental, etc.), elevadores, vedações, fachadas, acabamentos, manutenção, etc.

Assim, é essencial que a estrutura seja analisada sempre em estreita relação com os demais subsistemas constitutivos e, dessa forma:

> O bom desempenho de uma edificação, como um conjunto, não existe como condição isolada, mas é resultado da boa integração e do trabalho em equipe nas diversas etapas da vida útil da edificação: planejamento, projeto, execução, utilização e manutenção.

1.2 PÚBLICO-ALVO

Esta publicação é destinada, principalmente, aos estudantes que se iniciam na atividade e, porque não dizer, na *arte* de projetar estruturas de concreto. O trabalho se fundamentou na busca constante de clareza didática, concisão e simplicidade, tentando equilibrar os aspectos científicos, técnicos e práticos de um tema razoavelmente complexo para o ensino/aprendizagem.

Tentou-se também, sempre que possível, introduzir tópicos de interesse à execução, utilização e manutenção de estruturas de concreto, que satisfaçam os requisitos de qualidade e durabilidade. Espera-se que, de alguma forma, o texto possa também ser útil no dia a dia dos profissionais que militam na área e, ainda, àqueles que, por necessidade eventual, curiosidade ou desafio, desejem ampliar seus conhecimentos sobre as estruturas de concreto.

1.3 OBJETIVOS

O objetivo geral é apresentar os conceitos fundamentais do projeto de estruturas de concreto armado e rever as principais propriedades dos materiais constituintes relativas ao projeto e à durabilidade das edificações.

Nesse sentido, são abordados os procedimentos gerais para o dimensionamento, a verificação e as prescrições normativas de peças estruturais elementares: vigas à flexão simples (momento fletor e força cortante), pilares sob solicitações normais (atuação conjunta de força normal e momento fletor) e lajes maciças retangulares de edifícios.

Entende-se, portanto, por *cálculo* ou *dimensionamento* de uma estrutura de concreto o conjunto de atividades de projeto que conduz à determinação das dimensões dos seus elementos e respectivas armaduras de aço, bem como ao *detalhamento* de sua disposição no interior das peças e suas ligações, de forma a suportar as ações atuantes na edificação. Em paralelo, cabe ainda atender aos requisitos de economia, funcionalidade, durabilidade e sustentabilidade.

Esse processo deve atender às disposições das *normas técnicas* pertinentes, para que a estrutura tenha uma garantia adequada de segurança à ruptura e um bom desempenho sob as condições de utilização e ambientais previstas.

> *Normas técnicas* são documentos que estabelecem as regras e disposições convencionais que visam garantir a qualidade na fabricação de um produto, a racionalização da produção e a transferência de tecnologias nos diversos aspectos relativos à segurança, funcionalidade, manutenção e preservação do meio ambiente.

No que se refere, especificamente, ao estudo dos métodos de cálculo e das disposições normativas relativas ao projeto de estruturas de concreto armado, pretende-se que esta publicação possa contribuir para os seguintes objetivos específicos:

a) Entender os fundamentos do projeto de estruturas de concreto armado e das diversas etapas envolvidas na definição da estrutura de uma edificação, a partir da análise de seu projeto de arquitetura.

b) Entender os fundamentos da etapa do projeto denominada *lançamento* ou *arranjo estrutural,* em que se define a disposição das peças estruturais, em conformidade com os projetos de arquitetura, instalações e outros, de modo a suportar as ações atuantes na edificação, em todo o seu trajeto até as fundações, em atendimento aos requisitos essenciais de viabilidade do processo de cálculo.

c) Efetuar uma revisão sintética das propriedades de interesse para o projeto estrutural dos materiais constitutivos das estruturas de concreto armado – concreto e aço.

d) Identificar os requisitos essenciais de projeto que contribuem para uma execução correta e os principais parâmetros relativos à durabilidade e vida útil de uma edificação.

e) Dominar os procedimentos para o dimensionamento e verificação de pilares sob atuação conjunta de força normal e momento fletor, vigas à flexão simples e lajes maciças retangulares de edifícios.

Pretende-se, ainda, que o leitor tenha sempre presente, como fator essencial à garantia de qualidade de uma edificação, a indissociabilidade dos condicionantes do projeto estrutural: segurança, funcionalidade, durabilidade, sustentabilidade e economia.

1.4 DESCRIÇÃO DO CONTEÚDO

O texto está dividido em oito capítulos e um apêndice, abaixo listados:

Capítulo 1 - Introdução

Capítulo 2 - Bases da associação concreto-aço

Capítulo 3 - Fundamentos do projeto de estruturas de concreto armado

Capítulo 4 - Cálculo de elementos lineares à flexão pura

Capítulo 5 - Cálculo de pilares à flexão composta

Capítulo 6 - Cálculo de elementos lineares à força cortante

Capítulo 7 - Cálculo de lajes maciças retangulares

Capítulo 8 - Verificações aos estados limites de serviço

Apêndice -   Roteiros para o cálculo de elementos estruturais de concreto armado, segundo a NBR 6118: 2014.

Os capítulos 1, 2 e 3 têm um caráter mais introdutório e dissertativo e pretendem, de uma forma bastante resumida, suprir a lacuna na transição teoria-prática mencionada no item 1.1.

O capítulo 1 tem o objetivo de apresentar sucintamente o conteúdo deste trabalho e contextualizá-lo no âmbito do estudo da Engenharia Estrutural.

O capítulo 2 apresenta uma descrição geral e sucinta das bases da associação entre o concreto e o aço para constituir o material estrutural *concreto armado* e um resumo histórico de seu emprego, bem como suas principais vantagens e desvantagens. São feitas, também, algumas considerações sobre as normas técnicas mais utilizadas em projeto.

O capítulo 3 discute as etapas que levam à definição da estrutura de uma edificação, introduz os conceitos e parâmetros envolvidos na segurança estrutural e apresenta as propriedades principais dos materiais – aço e concreto –, de interesse para o projeto de estruturas de concreto armado.

Os capítulos de 4 a 8 têm caráter mais prático, apresentando os procedimentos para dimensionamento e verificação de elementos de concreto armado lineares – vigas e pilares – e de superfície – lajes maciças. Consideram-se as disposições de cálculo referentes à atuação dos esforços solicitantes: isolada do momento fletor; e conjunta: momento fletor – força normal e momento – força cortante. Abordam-se, ainda, as principais prescrições normativas sobre o detalhamento.

O Apêndice incluído ao final do livro apresenta quatro roteiros para o cálculo de elementos estruturais fundamentais de concreto armado, segundo a NBR 6118: 2014, resumindo os conteúdos dos capítulos 4, 5, 6 e 7. O objetivo é auxiliar consultas rápidas para o dimensionamento das peças isoladas.

1.5 REFERÊNCIAS BÁSICA E COMPLEMENTAR

Pela natureza deste texto, referido em seu início às disciplinas de estruturas de concreto armado do curso de Engenharia Civil da UnB, e pelos temas e objetivos definidos, não se teve a pretensão de esgotar os assuntos tratados. Dessa forma, após o último capítulo, apresentam-se vários títulos de interesse, que podem ser subdivididos em referências *básica* e *complementar*.

Na qualidade de referência básica, estão incluídas as normas da Associação Brasileira de Normas Técnicas (ABNT), em especial a NBR 6118: 2014 – *Projeto de estruturas de concreto - Procedimento*. Historicamente conhecida como NB-1, tem importância marcante por ter sido a primeira norma editada pela ABNT.

A última versão é válida a partir de 29 de maio de 2014, com a correção posterior que incorpora a Errata 1, de 07 de agosto de 2014. Identificada apenas como *Norma* neste livro, é indispensável à sua utilização, considerando-se as citações pertinentes como parte integrante de cada assunto abordado.

Quando neste livro forem mencionados trechos da NBR 6118 ou de outras normas, é fortemente recomendável a leitura do enunciado completo e suas disposições adicionais. Nas referências da Norma, este livro adota a convenção: *NBR 6118* → *xx.xx.xx* (xx.xx.xx = numeração da subseção respectiva).

Em todas as áreas de conhecimento, a pluralidade bibliográfica é indispensável. Dessa forma, são referenciadas diversas publicações de grande valia para o aprofundamento dos temas abordados.

Entre os muitos títulos de qualidade para consulta no Brasil, pela conjugação exemplar dos aspectos didáticos e técnico-científicos dos assuntos abordados, merecem destaque especial, apesar de não atualizados à versão vigente da Norma: *Fundamentos do projeto estrutural* e *Técnicas de armar as estruturas de concreto*, de Fusco (1976 e 1995), e *Curso de concreto – v.I* e *II*, de Sussekind (1980 e 1984).

1.6   DESCRIÇÃO DAS ATIVIDADES DE AUTOAVALIAÇÃO

A aplicação constante dos conhecimentos apreendidos é essencial a um processo de aprendizagem motivado e dinâmico. Dessa forma, este texto contém atividades de autoavaliação, em cada capítulo, com o objetivo de repassar e consolidar os conteúdos, buscando aplicá-los a situações práticas.

Essas atividades estão divididas em dois tipos:

a) Exercícios resolvidos sobre o conteúdo de cada capítulo, intercalados ao texto ou no final, com uma discussão sobre aspectos relevantes ou dúvidas;

b) Lista de questões e exercícios propostos, após cada capítulo, com a finalidade de motivar a autoavaliação. Quando viável, são introduzidos comentários e sugestões para auxiliar nas respostas.

Cabe ressaltar que a maioria dos exercícios relativos ao dimensionamento ou à verificação de elementos estruturais de concreto armado não apresentam, na maioria das vezes, resposta única, característica, aliás, da própria Engenharia.

Um aspecto importante do projeto estrutural é que diferentes arranjos das peças podem ser satisfatórios numa edificação. Além disso, um mesmo arranjo de lajes, vigas e pilares pode permitir elementos com seções de concreto de dimensões diferentes, o que conduz a áreas das armaduras de aço também diferentes.

No caso extremo, para peças com as mesmas solicitações, seções de concreto iguais e as mesmas condições ambientais e, portanto, áreas equivalentes de armadura, podem ser escolhidos, entre as opções comercialmente disponíveis, conjuntos de barras com diâmetros diferentes.

Dessa forma, diversas soluções podem ser tecnicamente viáveis para um mesmo problema e as respostas não devem ser encaradas como únicas. Pode haver algumas mais ou menos convenientes, em função das condições impostas nos enunciados e das escolhas adotadas pelos respondentes.

O estudo das estruturas de concreto armado, assim como nas demais áreas da Engenharia Civil e em outras ciências, dá-se pelo acúmulo e encadeamento de conhecimentos, o que exige rotina e dedicação por parte do estudante. O tempo requerido de estudo/aprendizagem varia de pessoa para pessoa, envolvendo diversos fatores, como a base e o conhecimento acumulados e a motivação e a identificação com cada tema.

Um aspecto, no entanto, é consenso entre os especialistas em educação: para o sucesso no processo de aprendizagem, respeitadas as características e as metodologias particulares de estudo, é essencial o estabelecimento de rotinas, com períodos regulares de estudo, em função do tempo disponível e do grau de dificuldade envolvido.

Vale ressaltar que os especialistas enfatizam, ainda, que períodos de tempo menores de dedicação, mas com maior frequência, têm eficiência mais alta que os períodos concentrados com maior espaçamento. **Em resumo, o estudo apenas às vésperas das provas pode até conduzir à aprovação, mas não a uma aprendizagem consistente!**

1.7 AUTOAVALIAÇÃO

1.7.1 Enunciados

1) Quais são os quatro fatores principais para garantir um projeto estrutural adequado a uma edificação?

2) Qual o significado do termo *lançamento* da estrutura de uma edificação?

3) Qual o significado do termo *dimensionamento* de uma estrutura de concreto armado?

4) Cite três razões pelas quais é comum não haver uma única solução para problemas envolvendo o cálculo de estruturas de concreto armado.

1.7.2 Comentários e sugestões para resolução dos exercícios propostos

1) Segurança, funcionalidade, durabilidade e economia. Deve-se ressaltar que tais condições são indissociáveis, ou seja, uma falha séria em qualquer delas pode comprometer todo o projeto.

2) Deve-se definir o arranjo, ou seja, a disposição das peças estruturais, em conformidade com o projeto de arquitetura, de forma a suportar as ações da edificação em todo o seu trajeto até as fundações. Cabe ainda lembrar que a estrutura é apenas um subsistema da edificação, sistema global bem mais complexo. Dessa forma, a interação da estrutura com os componentes de uma edificação é condição fundamental para um bom lançamento estrutural.

3) O termo *dimensionamento* compreende as diversas ações de projeto e as correspondentes operações de cálculo para obtenção das dimensões das peças da estrutura, das áreas das armaduras de aço das seções mais solicitadas e efetuar o seu detalhamento, isto é, o desenho das barras no interior das peças bem como nas ligações entre elas.

4) As principais razões para haver, quase sempre, mais de uma solução para problemas sobre o cálculo de estruturas de concreto armado são:

a) Diferentes arranjos estruturais podem ser viáveis para o projeto estrutural de uma mesma edificação.

b) Em um mesmo arranjo ou lançamento estrutural podem ser utilizadas peças com dimensões diferentes, o que pode resultar em áreas de aço diferentes para as peças em questão.

c) Para uma determinada área de aço, podem ser escolhidas barras comerciais com diâmetros diferentes. Para ficar mais claro, vale analisar a tabela 3.7, ao final do capítulo 3, que fornece as áreas das seções de armaduras para as bitolas de barras padronizadas pela NBR 7480: *Aço destinado a armaduras para estruturas de concreto armado - Especificação.* Essa tabela fornece a soma das áreas A_s, expressas em cm^2, para grupos de uma até dez barras ou fios de aço.

Capítulo 2

BASES DA ASSOCIAÇÃO CONCRETO-AÇO

Foto: Catedral de Brasília
(Acervo pessoal do autor)

Bases da associação concreto-aço

2.1 OBJETIVOS

Os objetivos deste capítulo são:

a) estabelecer as principais diferenças entre o concreto armado e o protendido;

b) conhecer a evolução histórica do uso do concreto armado;

c) identificar as principais vantagens e desvantagens do concreto armado;

d) introduzir as normas técnicas, com um resumo de sua evolução e uma relação das normas brasileiras de emprego mais frequente para projeto e execução de estruturas de concreto armado.

2.2 ORIGEM DO CONCRETO ARMADO

Nas construções da Antiguidade, os materiais estruturais mais empregados foram, nesta ordem: a pedra e a madeira e, mais tarde, as ligas metálicas.

O emprego da pedra e da madeira data de, pelo menos, três mil anos e o das ligas, principalmente o ferro fundido, vem de alguns séculos.

> Um material de construção com finalidade estrutural deve apresentar três qualidades essenciais: *resistência, durabilidade* e *disponibilidade*.

Os primeiros materiais utilizados nas estruturas apresentavam como principais características:

a) Pedra

Resistência elevada à compressão e baixa à tração; alta durabilidade; dificuldades de transporte e moldagem.

b) Madeira

Durabilidade e resistências variáveis em função de vários fatores, como o tipo e a direção de aplicação das cargas em relação às fibras, proteção a condições ambientais adversas, etc. Em geral, parte das madeiras tem resistências à compressão e à tração deficientes para fins estruturais e a maioria daquelas com resistência satisfatória exige custos elevados para sua manutenção. Há que se ressaltar, ainda, as limitações impostas por questões ecológicas e a necessidade de mão de obra muito especializada.

c) Ligas metálicas

Resistências elevadas à tração e à compressão, mas com problemas sérios de durabilidade em virtude da corrosão, com exigência de proteção em face de condições ambientais ou de utilização adversas. Das ligas mais comuns, incialmente, a de maior emprego foi o ferro fundido. Com o aperfeiçoamento da tecnologia e dos processos industriais de laminação de perfis, o *aço* sucedeu o ferro fundido, destacando-se como material estrutural de grande viabilidade, principalmente a partir da metade do século XIX, com a Revolução Industrial, com uma enorme difusão de seu uso nos Estados Unidos.

Um grande avanço ocorreu com o desenvolvimento dos chamados materiais *aglomerantes*, que endurecem em contato com a água, e tornaram possível a fabricação de uma *pedra artificial*, denominada *concreto* ou *betão* (nome usado em Portugal, com denominação semelhante em francês).

Com a finalidade de aumentar o volume das peças estruturais, bem como a estabilidade físico-química, e reduzir custos, adicionam-se aos aglomerantes materiais inertes, denominados *agregados miúdos* e *graúdos*.

Os romanos já utilizavam um tipo de concreto, tendo como aglomerantes a *cal* e a *pozolana*, de extração natural ou como subprodutos de outros materiais. As primeiras regras de dosagem para o concreto são atribuídas a Leonardo da Vinci, mas seu uso se propagou, principalmente, a partir do estabelecimento de um processo de fabricação industrial do cimento Portland, por Joseph Apsdin, na Inglaterra, em 1824, que passou a ser reproduzido em todo o mundo.

Concreto = Aglomerante + Água + Agregado Miúdo + Agregado Graúdo

pasta

argamassa

Dessa forma, tem-se o material estrutural *concreto* ou *concreto simples*. Como material estrutural, as principais características do concreto simples são:

- boa resistência à compressão;
- baixa resistência à tração (1/5 a 1/15 da resistência à compressão, em geral);
- facilidades no transporte e moldagem, podendo ser fundido nas dimensões e formas desejadas;
- meio predominantemente alcalino ($pH = 12\ a\ 13,5$), o que inibe a corrosão do aço das armaduras;
- durabilidade elevada, semelhante à da pedra natural;
- emprego limitado a pequenas construções, em peças onde predominam tensões de compressão não muito elevadas: sapatas de fundação e pisos sobre terrenos compactados, peças pré-moldadas, arcos, pedestais, estacas, tubos, blocos, etc.

Desde seus primórdios, o concreto foi ampliando o seu emprego na construção. No entanto, era necessário encontrar uma solução para a sua resistência limitada à tração, particularmente nas peças submetidas à flexão. Daí surgiu o *concreto armado*, da busca de um material estrutural que associasse à pedra artificial um componente com resistência satisfatória à tração, denominado *armadura*.

Essa armadura, usualmente, é constituída por barras de aço de seção circular, chamadas *vergalhões*. Podem, também, ser usados outros materiais com resistência suficiente à tração, como o sisal e o bambu, esse último muito utilizado em alguns países da América Latina, em especial a Colômbia, em construções pequenas e médias. Diversos tipos de fibra, naturais e sintéticas, têm sido objeto de pesquisa como armaduras.

Recentemente, a partir da segunda metade da década de 1990, foram introduzidos materiais denominados *compósitos* (do inglês *composite*), de grande utilização no reparo e reforço de estruturas, em particular os polímeros reforçados com fibras (*fyber reinforced polymers* – FRP). Consistem em fibras de resistência muito alta (carbono, vidro ou aramida), imersas em resinas, em geral epóxi ou acrílica, fornecidos em produtos diversos: mantas flexíveis, perfis, chapas, barras, etc.

A associação concreto-aço visa, portanto, a superar a deficiência de estruturas de concreto nas regiões em que prevalece a tração, podendo também melhorar a capacidade resistente das peças à compressão. Ao mesmo tempo, o concreto de boa qualidade e com espessura adequada da camada de cobrimento que envolve as armaduras é um meio alcalino, que protege o aço da corrosão e de outras agressões ambientais, garantindo a durabilidade da estrutura.

Dessa forma, pode-se definir:

> *Concreto armado* = material estrutural composto pela associação do concreto e barras de aço nele inseridas, de modo a constituir um sólido único do ponto de vista mecânico, quando submetido a ações externas.

Essa associação aproveita as principais vantagens de ambos, concreto e aço, quanto à resistência, à durabilidade e ao custo, destacando-se:

a) A boa resistência à compressão do concreto. Com os componentes usuais e sem usar recursos sofisticados, podem-se alcançar resistências da ordem de *50MPa*. Com aditivos especiais, como a *sílica ativa* (comumente chamada *microssílica* – partículas cem vezes menores que o grão de cimento), podem-se obter valores de resistência à compressão superiores a *100MPa*.

b) A elevada resistência à tração do aço. Os aços mais usados para concreto armado têm resistências nominais de escoamento à tração e à compressão de *500* e *600MPa*.

c) A boa aderência entre aço e concreto, que colabora na sua atuação conjunta.

d) A proteção do aço contra a corrosão fornecida pelo concreto.

e) Os valores muito próximos dos coeficientes de dilatação térmica do aço e do concreto, fator que contribui para minimizar os efeitos das variações de temperatura nas estruturas.

O uso do concreto armado pode ser considerado recente: as primeiras peças surgiram há pouco mais de 150 anos, mas seu emprego efetivo em construções, com embasamento técnico e modelos de cálculo racionais, ocorre há menos de cem anos. Desde então, tem sido, pelas suas vantagens, empregado em larga escala na indústria da construção.

O concreto é o material estrutural mais utilizado pela humanidade. Pesquisas estimam que o consumo mundial de concreto é da ordem de seis bilhões de toneladas/ano, o que equivale a, aproximadamente, uma tonelada/ano por ser humano (MEHTA; MONTEIRO, 1994). O único material consumido em maior quantidade no mundo seria a água.

Como é abordado no item seguinte, existem duas formas diferentes de associação entre concreto e aço, a depender da forma de atuação da armadura no interior do elemento estrutural: se é *passiva* – no concreto armado –, ou *ativa* – concreto protendido. Nessas duas formas de associação, genericamente, o material é denominado *concreto estrutural*.

2.3 FORMAS DE ASSOCIAÇÃO ENTRE CONCRETO E AÇO

2.3.1 Concreto armado

> *Conceito*: é o material estrutural constituído pela associação do concreto simples com uma *armadura passiva*, ambos resistindo *solidariamente* aos esforços a que a peça estiver submetida.

As barras de aço incorporadas à peça de concreto são denominadas *armadura passiva*, quando seu objetivo é apenas de resistir às tensões provenientes das ações atuantes, sem introduzir nenhum esforço adicional à peça. Ou seja, as armaduras em peças de concreto armado só trabalham se houver solicitação. Por exemplo, enquanto um viga estiver escorada e, portanto, sem atuação de cargas externas, as barras de aço não sofrem tensões, a não ser aquelas originadas pelo processo de endurecimento do concreto.

A *solidariedade* entre os materiais é uma propriedade garantida pela *aderência* entre concreto e aço. O que assegura a existência do material concreto armado é não haver deslizamento ou escorregamento relativo entre ambos quando a peça é solicitada. Portanto, a solidariedade é uma condição básica para que o conjunto se comporte como uma peça monolítica; ou seja, é indispensável a aderência eficiente entre os materiais.

A aderência é, portanto, a propriedade básica que garante o cumprimento das leis que regem os sistemas elásticos, estudados na Teoria das Estruturas, entre elas a Hipótese de Bernoulli: "as seções transversais das peças permanecem planas quando a carga cresce de zero até a sua ruptura"; e a Lei de Navier: "as tensões normais na seção são diretamente proporcionais às distâncias das fibras à linha neutra". Esses princípios, passíveis de comprovação experimental, regem o comportamento elástico da estrutura, em que os materiais apresentam tensões proporcionais às deformações, como expressa a Lei de Hooke.

A figura 2.1, a seguir, mostra um trecho longitudinal de uma viga de concreto armado, com a seção transversal retangular, e as *armaduras longitudinal* e *transversal*. Estando o trecho em questão submetido à flexão pura, ou seja, apenas momento fletor M, igual nas duas extremidades, a armadura longitudinal inferior, chamada *de flexão* ou *principal*, será tracionada.

A armadura superior da viga estará comprimida, podendo ou não ser considerada no cálculo, pois o concreto tem boa resistência à compressão. Mesmo não sendo considerada, ela é necessária como *armadura de montagem* e denominada *porta-estribos*. Por outro lado, os *estribos* constituem a armadura transversal e têm dupla finalidade: resistir às tensões de tração provenientes do cisalhamento (por atuação de força cortante ou de momento de torção – não existentes no caso da flexão pura) e, também, como armadura de montagem, para manter a posição das barras longitudinais quando da concretagem da peça.

Na viga da figura 2.1, a flexão pura provoca a rotação de cada seção em relação à linha neutra. As seções transversais aa e bb assumem a posições $a'a'$ e $b'b'$ e, como resultado, tem-se a *curvatura* do eixo neutro da peça. Ensaios de laboratório mostram que as seções permanecem planas, confirmando a hipótese citada. Para isso, a aderência entre a armadura e o concreto deve garantir a *compatibilidade de deformações*, ou seja, a uma mesma distância do eixo da peça, as fibras longitudinais de concreto têm deformação igual à das barras de aço no mesmo nível. Essa hipótese é utilizada, por exemplo, para determinar a posição da linha neutra da seção, onde as tensões normais são nulas.

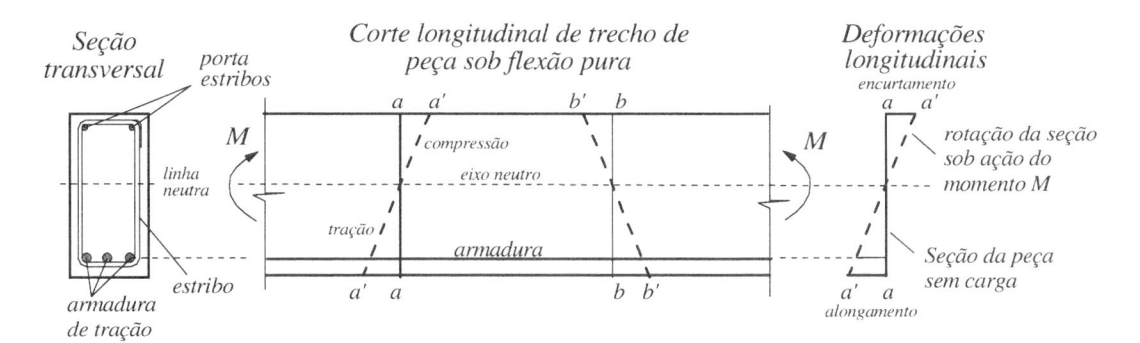

Figura 2.1: Viga de concreto armado submetida à flexão pura

O papel da aderência nas peças de concreto pode ser melhor entendido por uma analogia com o comportamento de vigas compostas por peças de madeira, conforme apresentado por Fusco (1976), e mostrado na figura 2.2. Supondo que as duas vigotas de madeira da figura 2.2(a) estejam apenas superpostas, sem nenhuma ligação efetiva, o modelo pode ser análogo a uma viga em que concreto e aço não tenham aderência adequada. É o que ocorre, por exemplo, se as barras de aço da armadura de uma viga forem untadas com óleo ou outro material que reduza a aderência.

Uma peça executada sem aderência entre o concreto e o aço não pode ser considerada, propriamente, como concreto armado, mas sim como composta por dois materiais – concreto e aço – trabalhando, do ponto de vista estrutural, sem solidariedade. As hipóteses citadas da Teoria das Estruturas, usadas neste livro, perderiam a sua validade, pelo menos parcialmente, ficando prejudicada a sustentação teórica da análise do comportamento da peça.

Na figura 2.2(b), supondo haver ligação eficiente entre as vigotas de madeira, por colagem ou dispositivo mecânico, por exemplo, por meio de rebites, o conjunto se comporta sob flexão como se fosse uma peça única. É uma analogia para o que ocorre em elementos de concreto armado em que exista aderência eficiente entre concreto e aço.

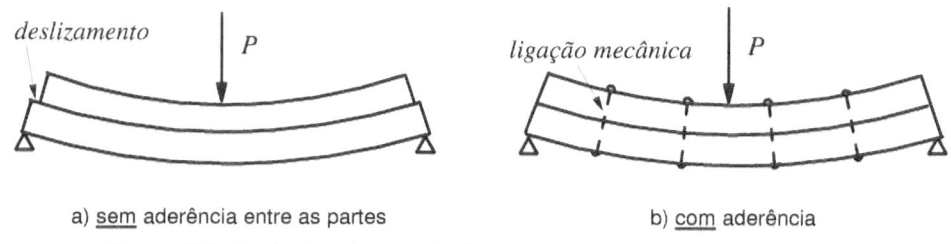

a) <u>sem</u> aderência entre as partes   b) <u>com</u> aderência

Figura 2.2: Analogias da aderência concreto-aço em vigas compostas

2.3.2 Concreto protendido

> *Conceito:* é o material estrutural constituído pela associação do concreto simples com uma armadura ativa, resistindo solidariamente aos esforços a que a peça estiver submetida.

Deve-se notar que essa definição, exceto pela denominação *ativa* para a armadura, é a mesma do concreto armado. Nas peças de concreto protendido, a armadura, constituída por *cabos* ou *cordoalhas*, é submetida a uma força de tração, aplicada por meio de macacos hidráulicos, antes de ser aplicado o carregamento previsto.

Ao serem retirados os macacos, estando as cordoalhas firmemente ligadas a um sistema de ancoragem, serão induzidas tensões de compressão na peça, antes de ela receber as cargas previstas. Daí o nome *protensão* ou *pré-tensão*.

Portanto, a armadura ativa atua de forma a reduzir, ou até mesmo eliminar, as tensões de tração que serão produzidas na peça de concreto quando aplicado o carregamento definitivo.

A figura 2.3 mostra um esquema simples de protensão numa viga de seção transversal retangular, com um cabo de protensão ou *cordoalha*, coincidente com

CAPÍTULO 2 - BASES DA ASSOCIAÇÃO CONCRETO-AÇO

o eixo longitudinal da peça. Na figura 2.3(a), a força axial de protensão P é aplicada por um macaco à viga ainda sem cargas.

Na figura 2.3(b), ao se retirar a força axial,com o cabo de protensão sendo fixado à viga por meio de um sistema de ancoragem, passa a ser induzida uma força de compressão à peça, igual a P, se desprezadas as perdas de protensão.

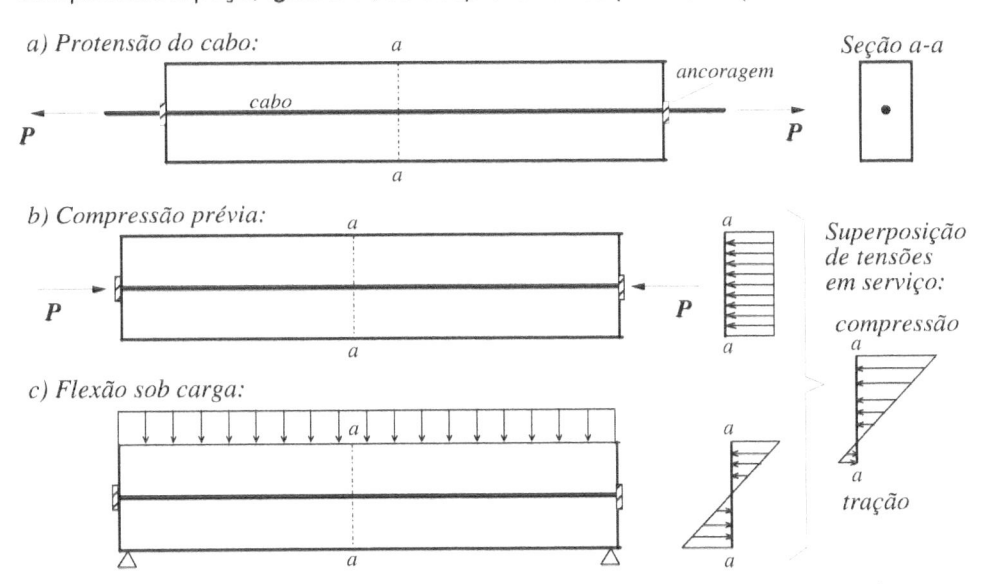

Figura 2.3: Efeito de protensão com cabo axial em viga de seção retangular

À direita da figura, vê-se um esquema das tensões prévias de compressão no concreto, uniformes por ser o cabo axial. Após a peça ser submetida à carga prevista, nesse caso supostamente distribuída de modo uniforme, vai ocorrer a superposição das tensões produzidas pela protensão com as tensões oriundas da flexão, cuja distribuição é linear na altura da seção, conforme a Lei de Navier.

À direita da figura 2.3, o diagrama de superposição de tensões mostra que a força axial de protensão reduz as tensões de tração nas fibras inferiores e aumenta a compressão nas superiores. Se, nas fibras inferiores, as tensões tornam-se de compressão ou são anuladas, tem-se a *protensão completa*. Quando ainda se admite alguma tração nessas fibras, tem-se a *protensão parcial*.

Obviamente, a eficiência do processo aumenta com o(s) cabo(s) de protensão posicionado(s) excentricamente em relação ao eixo da peça, de modo a se aplicarem tensões de compressão mais altas nas fibras mais tracionadas, as inferiores no caso da figura.

Existem diferentes métodos de protensão, em função de como e quando se materializa a aderência entre a armadura ativa e o concreto, podendo haver dois tipos de concreto protendido: *com aderência inicial* ou *com aderência posterior*.

No concreto protendido com aderência inicial, o concreto é lançado nas formas, em geral metálicas, com os cabos já tracionados, ficando estes em contato direto com o concreto no seu processo de endurecimento. Após o concreto atingir a resistência necessária para absorver as tensões de compressão, podem ser liberados os dispositivos externos de reação, contra os quais foi aplicada a força dos macacos, sendo então transferida a compressão ao concreto.

No concreto protendido com aderência posterior, antes da concretagem, posicionam-se *bainhas* no interior das formas, metálicas ou de plástico, por onde se introduzem os cabos, ainda sem tensão. Quando o concreto tiver alcançado resistência suficiente, procede-se à protensão dos cabos, com os macacos reagindo diretamente sobre as superfícies de concreto. Após a protensão, faz-se a injeção de uma *nata* ou *calda de cimento* no interior da bainha, sob pressão, através de dutos específicos. Essa nata deve ser bastante fluida para garantir o preenchimento correto da bainha e a boa aderência entre a armadura e o concreto.

A partir da década de 1990, ganhou destaque um sistema de protensão que usa cordoalhas previamente *engraxadas*, inseridas dentro de tubos plásticos, não havendo, portanto, aderência entre os cabos de protensão e o concreto. Dessa forma, a transmissão de esforços à peça é feita, prioritariamente, na extremidade das cordoalhas, por meio dos dispositivos de ancoragem.

Pela praticidade, esse sistema é hoje muito difundido, especialmente em lajes protendidas, em razão do peso reduzido dos macacos e da dispensa de injeção da bainha, uma das principais causas de problemas na protensão. As estruturas são mais leves, mas deve-se cuidar da funcionalidade e do conforto ambiental.

Deve-se ressaltar, ainda, que os sistemas de protensão necessitam também de armaduras passivas, composta por barras convencionais. Essas armaduras são indispensáveis para garantir resistência mínima à estrutura, independentemente da protensão, bem como para melhorar a distribuição de tensões em zonas específicas, como, por exemplo, as regiões de ancoragem. Pode-se concluir que, tecnologicamente, o concreto protendido é um processo mais sofisticado, que demanda maiores custos nas etapas de projeto e execução em obras comuns. No entanto, a redução das tensões de tração em regiões determinadas permite viabilizar estruturas com maiores vãos e/ou cargas mais elevadas.

A técnica construtiva mais adequada, concreto armado ou protendido, vai depender da análise de viabilidade técnico-econômica em cada caso, levando em conta a natureza da edificação, carregamentos, condições ambientais, prazos, recursos disponíveis, etc. Para maior entendimento dos termos, é conveniente a leitura da NBR 6118: 2014 → 3.1 - Definições do concreto estrutural.

2.4 HISTÓRICO DO EMPREGO DO CONCRETO ESTRUTURAL

Curiosamente, os primeiros registros históricos de uso do concreto com algum tipo de armadura com função estrutural não foram creditados a engenheiros. Estes passaram a atuar apenas depois dos primeiros relatos de sucesso do material, no sentido de desenvolver seu grande potencial na construção em larga escala e, com o conhecimento teórico e técnico, buscando o emprego racional e científico do material. Algumas pequenas divergências persistem quanto a datas e/ou autores, especialmente se originadas de países diferentes.

Na relação seguinte, apresenta-se de forma sucinta, pela ordem cronológica do evento, o nome do responsável principal e a descoberta:

- 1849 – Lambot: barco de concreto com rede metálica (França);
- 1849 – Monier: vasos de concreto com armadura (França);
- 1852 – Coignet: primeiros elementos de construção – vigotas e pequenas lajes (França);
- 1867/78 – Monier: registro de diversas patentes de elementos para a construção de vasos, tubos e depósitos (França);

- 1871 – Brannon: estacas de fundação de concreto com uso de armadura (Inglaterra);
- 1873 – Hyatt: colunas com armaduras vertical e helicoidal (USA);
- 1880 – Hennebique: primeira laje de concreto com armadura constituída por barras de aço de seção circular, semelhante às atuais (França);
- 1892 – Hennebique: patente do primeiro tipo de viga com armadura transversal constituída de estribos (França);
- 1897 – Rabut: primeiro curso sobre concreto armado (França);
- 1902 – Mörsch: primeira edição de livro de sua coleção sobre concreto armado, considerada até hoje a mais importante referência histórica técnico-científica no tema, pelos resultados de ensaios de laboratórios e modelos de cálculo propostos. Alguns, até hoje, são utilizados no cálculo de elementos lineares sob ação conjunta de flexão com força cortante e torção (Alemanha);
- 1902/08 – Wayss e Freytag: engenheiros associados em empresa até hoje existente, com publicação de vários trabalhos experimentais (Alemanha);
- 1907 – Koenen: propõe a compressão prévia em peças de concreto, princípio básico do concreto protendido (Alemanha);
- 1928 – Freyssinet: patente de um primeiro sistema de protensão, tornando possível o uso da técnica em grande escala (França).

No Brasil, o concreto armado evolui rapidamente no século XX, sendo marcantes:
- 1908 – Hennebique: primeira ponte de concreto armado (Rio de Janeiro, RJ);
- 1912 – Riedlinger: primeira empresa com emprego de estruturas de concreto armado em edificações;
- 1913 – Wayss e Freytag: encampam a Riedlinger como sua filial.

Entre os eventos iniciais mais notáveis do concreto estrutural no Brasil, merecem destaque (VASCONCELOS, 1992, 2005, 2011; FONSECA, 2016):
- 1917 – Emilio Baumgart: ponte Maurício de Nassau (Recife, PE); autor do projeto estrutural e acompanhamento da obra – à época, ainda aluno da atual Escola Politécnica da Universidade Federal do Rio de Janeiro, onde graduou-se engenheiro civil, em 1918;
- 1922 – E. Baumgart: marquise da arquibancada do estádio do Fluminense Football Club, a primeira de concreto armado das Américas (Rio de Janeiro);

- 1928 – E. Baumgart: viaduto Santa Teresa sobre estrada de ferro Central do Brasil, maior vão de concreto armado da América do Sul (Belo Horizonte, MG);
- 1928 – E. Baumgart: edifício A Noite, com 24 pavimentos e altura de 102,80m; recorde mundial de estruturas de concreto armado, à época (Rio de Janeiro);
- 1929 – Wilhelm Fillinger (engenheiro alemão da Real Escola Superior de Artes e Ofícios de Viena): projetos arquitetônico e estrutural do edifício Martinelli, com 30 pavimentos e 105m de altura; até 1947 o mais alto de concreto armado da América Latina (São Paulo, SP);
- 1930 – E. Baumgart: ponte sobre o Rio do Peixe, a primeira do mundo em balanços sucessivos, sem escoramentos apoiados no terreno e também maior vão – 68,5m; destruída por enchente em 1983 (Herval d'Oeste, Joaçaba, SC);
- 1955/60 – Brasília: construção da nova capital do Brasil, com projetos principais de arquitetura e urbanismo dos arquitetos Oscar Niemeyer e Lucio Costa e o apoio de grandes profissionais. As edificações e monumentos da capital do Brasil, hoje *Patrimônio Cultural da Humanidade*, com estruturas de concreto armado e protendido de notáveis arrojo e esbeltez, marcaram o incremento mundial desse tipo de solução, com destaque, entre muitos, para o gênio e a ousadia dos projetos estruturais do engenheiro Joaquim Cardozo.

Entre os inúmeros profissionais com participação relevante e pioneira no projeto e na pesquisa de estruturas de concreto armado e protendido no Brasil, devem-se ressaltar, entre outros, os engenheiros Emílio Baumgart, Ari Torres, Antônio A. Noronha, Paulo Fragoso, Jayme Ferreira da Silva Jr., Joaquim Cardozo, Telêmaco Van Langendonck, José Carlos Figueiredo Ferraz, Fernando Luiz Lobo Carneiro, Sérgio Marques de Souza e Aderson M. da Rocha.

2.5 VANTAGENS E DESVANTAGENS DO CONCRETO ARMADO

Além das já citadas, outras **vantagens** do emprego do material *concreto armado* em estruturas das mais diversas naturezas podem ser acrescentadas:

a) Facilmente adaptável às formas, por ser lançado em estado semifluido, o que abre enormes possibilidades à concepção arquitetônica. Aditivos plastificantes e fluidificantes aumentam a trabalhabilidade e fluidez do material, possibilitando o *concreto bombeado* e o lançamento em grandes alturas, por meio de mangueiras sob pressão, com redução significativa de custos e prazos.

b) Economia nas construções pela possibilidade de obtenção de materiais nas proximidades da obra. Destaca-se um grande avanço no país: toda cidade de porte médio ou grande tem, hoje, empresas de concreto usinado e fábricas de cimento no entorno.

c) Facilidade e rapidez na construção com peças pré-moldadas, estruturais ou não, e uso de tecnologias avançadas na execução de formas e escoramentos.

d) Durabilidade elevada. Os custos de manutenção das estruturas de concreto são baixos se atendidos os requisitos das normas técnicas pertinentes. No entanto, deve-se ressaltar que a manutenção preventiva é essencial, especialmente em edificações com exposição contínua a agentes agressivos (ambiente marinho, poluição atmosférica, umidade excessiva, etc.) ou com emprego de *concreto aparente* (sem argamassa de revestimento).

e) Boa resistência a choques, vibrações e altas temperaturas.

f) A resistência à compressão do concreto aumenta com a idade.

g) Uso de *concretos de alta resistência ou alto desempenho*. O grande impulso na indústria de aditivos para concreto, em especial com o advento da *sílica ativa* ou *microssílica,* permite obter concretos com resistências à compressão elevadas, acima de $100MPa$. As vantagens do emprego desses concretos são efetivas, principalmente em peças comprimidas, pela economia na redução de dimensões e armaduras, além do aumento da durabilidade. No entanto, sendo ainda recentes as estruturas com concretos de resistências muito elevadas, além de exigir controle rigoroso na execução, trata-se de um campo muito promissor para a pesquisa.

As **desvantagens** mais marcantes do concreto armado são:

a) Peso próprio elevado (massa específica = $2500kg/m^3$). É tecnicamente viável a obtenção de concretos leves para fim estrutural, com a substituição da brita comum, no todo ou em parte, por agregados leves, como a argila expandida, produzida industrialmente. A redução da massa específica pode ser relevante, chegando no concreto estrutural a valores de até $1600kg/m^3$. Esses agregados resultam em aumento apreciável de custos em obras convencionais, além de ser necessário avaliar melhor os aspectos de durabilidade, pois os concretos tendem a ser mais porosos.

b) Fissuração inerente à baixa resistência à tração. A tendência à fissuração se inicia na moldagem das peças, pela *retração* do concreto, característica intrínseca à sua composição, e persiste durante toda a vida útil da estrutura, pelas condições ambientais e de utilização, movimentação térmica, etc.

c) Consumo elevado de formas e escoramentos e execução lenta em processos convencionais de montagem e concretagem. As normas determinam prazos mínimos para retirada de formas e escoramentos para as peças estruturais.

d) O emprego de agentes aditivos para o concreto, nas mais diversas finalidades, como melhor preenchimento de formas e maior rapidez na desmoldagem, abriu enormes possibilidades, mas exige acompanhamento técnico adequado.

e) Dificuldade em adaptações posteriores na edificação; mudanças significativas podem exigir uma revisão do projeto estrutural, implicando, muitas vezes, a necessidade de reforço e demanda de projeto específico.

f) Apesar de levar desvantagem como isolante em certas situações, o concreto pode satisfazer exigências de conforto ambiental, pela massa específica elevada, em elementos com detalhamento e espessura adequados.

2.6 NORMAS TÉCNICAS PARA CONCRETO ESTRUTURAL

2.6.1 Generalidades

A massificação e o aumento do emprego do concreto estrutural resultaram na necessidade de se estabelecerem padrões de procedimento, dando origem às normas e aos regulamentos técnicos.

As primeiras normas e instruções técnicas foram elaboradas na Alemanha (1904), França (1906) e Suíça (1909).

O objetivo das normas é uniformizar, em uma determinada região ou país, os procedimentos para projeto, controle dos materiais e execução, a fim de estabelecer padrões de segurança, funcionalidade e durabilidade nas edificações. As normas também buscam fornecer métodos de cálculo que tornem mais simples o trabalho dos profissionais, definindo os limites de sua aplicação.

No Brasil, são responsáveis pelas normas: a Associação Brasileira de Normas Técnicas (ABNT), entidade privada sem fins lucrativos, que é o Fórum Nacional de Normalização, e o Instituto Brasileiro de Metrologia (Inmetro), órgão federal. O conteúdo técnico das Normas Brasileiras é de responsabilidade dos Comitês Brasileiros (ABNT/CB), dos Organismos de Normalização Setorial (ABNT/ONS) e das Comissões de Estudo Especiais (ABNT/CEE).

As normas brasileiras são elaboradas por Comissões de Estudo (CE), formadas por representantes dos vários setores envolvidos: produtivos, consumidores e neutros (universidades, laboratórios e outros).

Os projetos das normas técnicas são elaborados no âmbito dos CB, dos ONS e das CE específicos e circulam para consulta pública entre os associados da ABNT e interessados, por período determinado, após o qual são aprovados e passam a vigorar em todo o país.

No caso do projeto e execução de edificações com estruturas de concreto, as normas da ABNT são divididas nas seguintes categorias: Classificação (CB), Especificação (EB), Método de Ensaio (MB), Procedimento (NB), Padronização (PB), Simbologia (SB) e Terminologia (TB). As normas de cada categoria são identificadas pelos respectivos prefixos (CB, EB, etc.), acompanhados por números de ordem e pelo ano da edição em vigor.

O Inmetro registra as normas, independentemente das categorias citadas, pelo prefixo NBR, acompanhado de um número de ordem, diferente daquele da ABNT. As duas notações são usadas, sendo que a NB-1 é identificada como NBR 6118 pelo Inmetro. A última forma será usada neste texto.

Toda norma está sujeita a revisões periódicas em intervalos pré-estabelecidos. Após cada revisão, mantém-se o número de ordem da norma, mudando-se o ano da edição vigente na identificação. Por exemplo, a norma brasileira para projeto de estruturas de concreto armado foi a primeira a ser criada pela ABNT, levando o título NB-1/40, com as edições subsequentes NB-1/60 e NB-1/78. A seguir, já na notação do Inmetro, vêm a NBR 6118: 2003 e a atual NBR 6118: 2014.

Na Seção 2 da NBR 6118 – *Referências normativas*, encontra-se uma lista de normas citadas como indispensáveis à sua aplicação.

Apresenta-se, a seguir, uma relação de títulos de normas relativas a estruturas de concreto – projeto, execução, ensaios de materiais componentes e controle tecnológico –, com os respectivos números de ordem, do Inmetro e da ABNT, e o ano da edição em vigor. Outras consultas podem ser feitas no endereço *http://www.abntcatalogo.com.br*.

As normas mais importantes para este livro são destacadas em *itálico*.

a) Normas – Procedimento

*   *NBR 6118: 2014 (NB-1) – Projeto de estruturas de concreto – Procedimento.* Versão corrigida: agosto/2014.

*   NBR 7187: 2003 (NB-2) – Projeto de pontes de concreto armado e protendido – Procedimento.

*   *NBR 6120: 1980 (NB-5) – Cargas para o cálculo de estruturas de edificações.* Versão corrigida: 2000.

*   NBR 6122: 2010 – Projeto e execução de fundações.

*   NBR 6123: 1988 – Forças devidas ao vento em edificações. Versão corrigida: 2013.

*   NBR 7188: 2013 (NB-6) – Carga móvel rodoviária e de pedestres em pontes, viadutos, passarelas e outras estruturas.

*   NBR 7189: 1985 (NB-7) – Cargas móveis para projeto estrutural de obras ferroviárias.

*   *NBR 7191: 1982 (NB-16) – Execução de desenhos para obras de concreto simples ou armado.*

*   *NBR 8681: 2003 (NB-862) – Ações e segurança nas estruturas – Procedimento.* Versão corrigida: 2004.

*   NBR 9062: 2006 (NB-949) – Projeto e execução de estruturas de concreto pré-moldado.

*   NBR 12654: 1992 – Controle tecnológico de materiais componentes do concreto – Procedimento. Errata 2: 2000.

- *NBR 12655: 2015 (NB-1418) – Concreto de cimento Portland – Preparo, controle, recebimento e aceitação – Procedimento.*

- *NBR 14931: 2004 – Execução de estruturas de concreto – Procedimento.* Confirmada em 2013.

- NBR 15575: 2013 – Edificações habitacionais – Desempenho. Parte 1: Requisitos gerais. Parte 2: Requisitos para os sistemas estruturais.

b) Classificação

- *NBR 8953: 2015 (CB-130) – Concreto para fins estruturais – Classificação pela massa específica, por grupos de resistência e consistência.*

c) Especificações

- NBR 5732: 1991 (EB-1) – Cimento Portland comum. Confirmada em 2014.

- NBR 5733: 1991(EB-2) – Cimento Portland de alta resistência inicial.

- NBR 7211: 2009 (EB-4) – Agregados para concreto - Especificação.

- *NBR 7480: 2007 (EB-3) – Aço destinado a armaduras para estruturas de concreto armado – Especificação.* Confirmada em 2014.

d) Métodos de Ensaio.

- NBR 5739: 2007 (MB-3) – Concreto – Ensaios de compressão de corpos de prova cilíndricos.

- *NBR 7222: 2011 (MB-212) – Concreto e argamassa – Determinação da resistência à tração por compressão diametral de corpos de prova cilíndricos.*

- *NBR 8522: 2008 – Concreto – Determinação do módulo estático de elasticidade à compressão.* Confirmada em 2014.

- NBR 12142: 2010 – Concreto – Determinação da resistência à tração na flexão de corpos de prova prismáticos.

e) Simbologia:

- NBR 7808: 1983 (SB-75) – Símbolos gráficos para o projeto de estruturas. Confirmada em 2014.

2.6.2 Norma brasileira para projeto de estruturas de concreto

2.6.2.1 Edições anteriores da NBR 6118 (NB-1)

A primeira redação da NB-1 foi aprovada pela ABNT, em 1940, com o título *Cálculo e execução de obras de concreto armado,* tendo como base uma *Norma para execução e cálculo de concreto armado*, editada pela Associação Brasileira do Concreto, em 1931, e adotada em 1937 pela Associação Brasileira de Cimento Portland. Essa redação de 1940 sofreu alterações nos anos de 1943, 1949 e 1950, consolidadas na NB-1/1960, que vigorou até 1978.

A edição NB-1/78, um pouco modificada em 1980, introduziu grandes mudanças na sistemática de cálculo, principalmente com a adoção do *Método de Cálculo dos Estados Limites*, uma concepção inovadora para o dimensionamento e a verificação de segurança, proposta pelo Comitê Europeu do Concreto (CEB), em 1972. Introduziu, também, maior rigor na verificação da estrutura aos *estados limites de utilização* ou *de serviço*, em especial no que se refere ao controle da fissuração e avaliação de flechas.

Em 1994, a ABNT divulgou um texto preliminar da NB-1/78 e, em 2001, um Projeto de Revisão da Norma. Após quase uma década da discussão inicial, foi publicada a NBR 6118: 2003, tornada obrigatória apenas um ano depois, em março de 2004. Na nova edição, de 2014, ela aparece com o ano de 2007, quando sofreu ligeira correção. Neste livro, conservaremos o título mais usado – NBR 6118: 2003.

O Prefácio do mencionado Projeto de Revisão da NB-1/78, de 2001, ressaltava a exigência de uma nova filosofia de projeto que "além da atenção indispensável à segurança e funcionalidade da estrutura, destacasse a importância da qualidade da edificação como produto". Quanto à durabilidade, alertava que "[...] o estado atual de nossas estruturas atesta o quanto é necessário um enfoque mais incisivo dessa questão".

Esse Projeto de Revisão de 2001 continha, ainda, uma importante advertência, que merece ser transcrita, apesar de não constar do texto final das edições da NBR 6118 de 2003 e 2014:

> *"Uma norma não é um livro técnico ou um manual. Assim, esta norma deve ser usada por engenheiros com formação em estruturas e com bibliografia disponível para esclarecimento de dúvidas."*

Seguindo tendência mundial, a norma unificou as prescrições relativas ao projeto de estruturas de concreto armado e protendido e incluiu tópicos relevantes não atendidos em edições anteriores, dentre os quais vale citar: requisitos gerais de qualidade da estrutura e avaliação da conformidade do projeto; diretrizes para a durabilidade das estruturas de concreto; critérios de projeto que visam à durabilidade; interfaces do projeto com a construção, utilização e manutenção.

A NBR 6118: 2003 teve o mérito de buscar atender à evolução crescente dos métodos numéricos e computacionais, que permitem o emprego de soluções mais gerais e modelos complexos. Se, por um lado, esse processo significa inegável contribuição ao conhecimento, deve-se alertar, por outro, que o uso descuidado ou inadequado de modelos sofisticados pode resultar em erros grosseiros nos projetos de estruturas, com graves consequências.

A edição de 2003 alterou de forma significativa diversos aspectos do projeto: exigência da resistência característica mínima de $20MPa$ para concretos normais do grupo I de resistência da NBR 8953 (C20 a C50); maior rigor nas ações a considerar na estrutura e no cálculo de pilares à flexão composta; mais opções no dimensionamento à força cortante; e uma formulação de maior consistência para estimativa de deslocamentos e flechas da estrutura, bem como seus limites para edificações de diversas naturezas; entre outros avanços.

2.6.2.2 A atual NBR 6118: 2014

A nova NBR 6118: 2014 foi elaborada no Comitê Brasileiro da Construção Civil (ABNT/CB-02), pela Comissão de Estudo de Estruturas de Concreto – Projeto e Execução (CE-02:124.15), tendo seu projeto de revisão circulado em Consulta Nacional, de 15/08 a 15/10/2013.

Em 2008, a NBR 6118 foi considerada documento de validade internacional pela International Organization for Standardization (ISO), por cumprir as exigências da *ISO 19338 – Performance and assessment requirements for design standards on structural concrete*, registro recentemente revalidado (IBRACON, 2015).

Na sua Introdução, a NBR 6118: 2014 dispõe:

Para a elaboração desta Norma, foi mantida a filosofia da edição anterior da ABNT NBR 6118 (historicamente conhecida como NB-1) [...], de modo que a esta Norma cabe definir os critérios gerais que regem o projeto das estruturas de concreto, sejam elas de edifícios, pontes, obras hidráulicas, portos ou aeroportos etc. Assim, ela deve ser complementada por outras normas que estabeleçam critérios para estruturas específicas.

Na Seção 1 - Escopo, a NBR 6118: 2014 prescreve:

1.1 Esta Norma estabelece os requisitos básicos exigíveis para o projeto de estruturas de concreto simples, armado e protendido, excluídas aquelas em que se empregam concreto leve, pesado ou outros especiais.

1.2 Esta Norma aplica-se às estruturas de concretos normais, identificados por massa específica seca maior do que 2000 kg/m^3, não excedendo 2800 kg/m^3, do grupo I de resistência (C20 a C50) e do grupo II de resistência (C55 a C90), conforme classificação da ABNT NBR 8953. Entre os concretos especiais excluídos desta Norma estão o concreto-massa e o concreto sem finos.

1.3 Esta Norma estabelece os requisitos gerais a serem atendidos pelo projeto como um todo, bem como os requisitos específicos relativos a cada uma de suas etapas.

1.4 Esta Norma não inclui requisitos exigíveis para evitar os estados-limites gerados por certos tipos de ação, como sismos, impactos, explosões e fogo. Para ações sísmicas, consultar a ABNT NBR 15421; para ações em situação de incêndio, consultar a ABNT NBR 15200.

1.5 No caso de estruturas especiais, como de elementos pré-moldados, pontes e viadutos, obras hidráulicas, arcos, silos, chaminés, torres, estruturas off-shore, ou estruturas que utilizam técnicas construtivas não convencionais, como formas deslizantes, balanços sucessivos, lançamentos progressivos e concreto projetado, as condições desta

Norma ainda são aplicáveis, devendo, no entanto, ser complementadas e eventualmente ajustadas em pontos localizados por Normas Brasileiras específicas.

A NBR 6118 estabelece em 16.3: *"[...] critérios de projeto a serem respeitados no dimensionamento e detalhamento de cada um dos elementos estruturais e das conexões que viabilizam a construção da estrutura como um todo"*. Essa edição aperfeiçoa a anterior quanto aos processos de cálculo baseados em métodos numéricos e computacionais. Importante ênfase é dada, também, aos requisitos de qualidade da estrutura e do projeto e às exigências sobre durabilidade.

Merece destaque especial a inclusão de concretos com resistências características de 55 a $90MPa$, ou classes C55 a C90 do grupo II da NBR 8953. Esse fato tem implicações relevantes em alguns processos de cálculo, em especial nos modelos que levam em conta o módulo de elasticidade à compressão e a resistência à tração do concreto, além de poder representar economia substancial nas estruturas, em especial as de grande porte. No entanto, controle rigoroso da execução é indispensável.

Outras mudanças relevantes são a proibição do processo simplificado de cálculo de pilares com a carga centrada e a exigência que toda a armadura positiva das lajes seja prolongada aos apoios, não permitindo o escalonamento de barras.

Sendo a NBR 6118: 2014 a base normativa deste livro, nos demais capítulos são apresentadas as prescrições de cálculo e comentadas as mudanças introduzidas, com eventuais comparações com edições anteriores desse regulamento.

2.6.2.3 Obrigatoriedade de cumprimento das normas técnicas

É relevante frisar que o profissional pode adotar procedimentos fora das normas brasileiras, em casos omissos ou duvidosos, com respaldo técnico-científico consistente. Além dos códigos regionais de edificação e cadernos de encargos de órgãos públicos específicos, a obrigatoriedade de cumprir as prescrições das normas é regulamentada pela legislação brasileira na forma resumida a seguir.

a) Lei n° 4150, de 21 de novembro de 1962

Determina a aplicação obrigatória dos requisitos das normas da ABNT para obras públicas.

b) Lei n° 8078, de 11 de setembro de 1990 – Código de Proteção e Defesa do Consumidor

Art. 39_VIII: É vedado ao fornecedor de produtos ou serviços: colocar, no mercado de consumo, qualquer produto ou serviço em desacordo com as normas expedidas pelos órgãos oficiais competentes ou, se normas específicas não existirem, pela ABNT ou outra entidade credenciada pelo Conselho Nacional de Metrologia, Normalização e Qualidade Industrial – Conmetro.

É missão dos profissionais corretos zelar pelo cumprimento das normas técnicas no Brasil, conforme as leis citadas. Estando entre as maiores economias do mundo, devemos superar situações alarmantes de descaso e, mais grave, sem consequências aos infratores em parte considerável das vezes.

2.6.3 Normas e documentos técnicos complementares

As disposições das normas brasileiras podem, algumas vezes, ser insuficientes, por razões diversas, entre elas, o contínuo avanço do conhecimento técnico. Nesses casos, pode ser útil recorrer a normas e documentos internacionais complementares, dentre as quais são de uso mais frequente no Brasil:

a) *FIB Model Code for Concrete Structures 2010 (MC2010)*

Editado pela Fédération Internationale du Béton (FIB), foi criada em 1998 com a fusão do Comitê Eurointernacional do Concreto (CEB) e a Federação Internacional da Protensão (FIP). Tem sede em Lausanne, Suíça, e congrega 43 associações científicas e profissionais de todo o mundo, em especial da Europa. Divulga boletins técnicos e publicações de especialistas sobre temas selecionados e tem como objetivo expresso:

[...] apresentar novos desenvolvimentos e ideias relativas a estruturas de concreto e materiais estruturais e servir como base para futuros códigos para estruturas de concreto. É um documento essencial para comitês de normas nacionais e internacionais, profissionais e pesquisadores.

b) *Building Code Requirements for Structural Concrete (ACI 318-14)*

Publicado pelo American Concrete Institute (ACI), fundado em 1904, com sede em Farmington Hills, Michigan, EUA. Tem por objetivos:

[...] o desenvolvimento e a distribuição de padrões baseados em consenso, recursos técnicos, programas educacionais e repassar experiência para indivíduos e organizações envolvidas no projeto, construção e materiais e que compartilham um compromisso para obtenção do melhor uso do concreto.

Responsável por cursos, certificações e publicações, o ACI 318-14 visa a fornecer "[...] requisitos mínimos para os materiais, projeto e detalhamento de edifícios de concreto estrutural". Exerce expressiva influência internacional, em especial em países da Ásia e América Latina.

c) *Design of concrete structures. Part 1: General rules and rules for buildings – Eurocode 2 (EC2)*

De responsabilidade do Comité Européen de Normalisation (CEN), órgão da Comunidade Econômica Europeia, sediada em Bruxelas, Bélgica, tem por objetivo uma futura norma unificada dos países filiados. A expectativa, não realizada, era tornar o EC2 obrigatório e substituir os códigos nacionais para obras públicas em 2010, com um período previsto de coexistência e cada país editando um anexo nacional, para atender as especificidades locais.

Desses documentos, o MC2010 tem caráter mais doutrinário e teórico-científico, enquanto o ACI-318 e o EC2 são de natureza mais prática.

Em âmbito nacional, Instituto Brasileiro do Concreto (Ibracon) é uma associação nacional de caráter técnico-científico, sem fins lucrativos, de "defesa e valorização da engenharia civil, com objetivo de divulgar a tecnologia do concreto e seus sistemas construtivos". Fundada em 1972 por profissionais e membros da cadeia produtiva do concreto, tem sede em São Paulo, SP,

Visando a incrementar a pesquisa, o desenvolvimento e a inovação,"promove cursos de especialização, edita publicações técnicas, incentiva e apoia a formação de Comitês Técnicos, certifica pessoas e organiza eventos técnicos". Entre eles realiza "[...] anualmente o Congresso Brasileiro do Concreto, maior evento técnico-científico nacional sobre a tecnologia do concreto e seus sistemas construtivos".

Sobre os temas deste livro, destaca-se a importância dos documentos *Práticas Recomendadas IBRACON* (2003 e 2006) e de duas revistas de publicação regular do Instituto:

Concreto & Construções: tem por objetivo:

> [...] promover o uso correto do concreto e contribuir para o debate de qualidade entre os agentes da cadeia produtiva do concreto, em benefício do setor construtivo brasileiro, da sociedade e do meio ambiente.

Estruturas e Materiais: destinada à publicação de:

> [...] artigos sobre normalização, projetos estruturais, estruturas de concreto, estruturas mistas, cimento, materiais cimentantes e seus derivados, como concreto e argamassa, materiais poliméricos de reforço, e betuminosos usados na construção civil.

Pela ênfase na importância de uma norma técnica nacional, vale transcrever as citações sobre o tema de dois eminentes professores e pesquisadores, ativos colaboradores nos projetos das normas NBR 6118, com destaque para as edições de 2003 e 2014:

– "As normas de projeto de estruturas de concreto representam, consolidam e disciplinam a prática desenvolvida e adotada em cada país". – Antônio Carlos Reis Laranjeiras, 2004 (UFBA).

– "Normas e especificações são como cultura, uma cultura técnica de cada nação, que não pode ser importada, precisa ser amadurecida e parcialmente absorvida e adaptada". – Fernando Rebouças Stucchi, 2004 (EPUSP).

2.7 AUTOAVALIAÇÃO

2.7.1 Enunciados

1) Cite duas propriedades indispensáveis a qualquer material estrutural.

2) Por que o concreto simples costuma ser citado como uma pedra artificial?

3) Qual a principal deficiência do concreto simples que deu origem ao material estrutural concreto armado?

4) Cite outros tipos de materiais que, além do aço, podem ser utilizados como armaduras de peças de concreto armado.

5) Qual é a principal diferença entre o concreto armado e o protendido?

6) Para a frase abaixo, preencha os campos vagos, selecionando as palavras/ expressões mais adequadas na lista fornecida no quadro, de modo a tornar o texto correto conceitualmente e o mais abrangente possível:

"Em peças de concreto protendido com o emprego do processo de aderência ...., os cabos são introduzidos dentro de ...., estando o concreto .... Após a protensão dos cabos por meio de macacos hidráulicos, é feita a injeção sob pressão de .... de cimento, para garantir a(o) .... entre a armadura e o concreto."

| fluido | solidariedade | eficiência | bainhas | calda | posterior |
| inicial | endurecido | cordoalhas | nata | atrito | fissurado |

7) Pode existir o material estrutural concreto armado sem haver aderência entre a armadura e o concreto? E o concreto protendido?

8) Na história da evolução do emprego do concreto armado estruturalmente, citar três personagens e datas que podem ser considerados como muito importantes pela contribuição do ponto de vista técnico-científico.

9) Na relação de palavras/expressões abaixo, indique as vantagens consideradas inerentes ao concreto estrutural, garantidos o projeto e a execução adequados:

peso próprio	aderência	facilidade em mudanças posteriores
durabilidade	isolamento acústico	resistência à compressão
pré-moldagem	resistência à tração	resistência a choques

10) Que contribuições das edições 1978, 2003 e 2014 da NBR 6118, do projeto de estruturas de concreto, podem ser consideradas mais significativas?

2.7.2 Comentários e sugestões para resolução dos exercícios propostos

1) As principais propriedades de um material estrutural são a resistência e a durabilidade. Há, ainda, outros fatores que influenciam o custo, em especial a disponibilidade dos materiais, que se traduz na facilidade de obtenção dos materiais componentes. Têm também relevância o nível de qualidade do projeto de arquitetura, de detalhamento do projeto estrutural e de racionalização da execução, os padrões de especialização da mão de obra, a agressividade ambiental prevista e as respectivas características de um programa de manutenção preventiva.

2) Apresenta propriedades semelhantes à pedra natural quanto à resistência e durabilidade, com a vantagem de poder ser moldado em formas variadas. No entanto, sabe-se, cada vez com mais propriedade, que essa pedra artificial não é inerte como a natural usada em construções, pois permite a penetração de agentes agressivos, que podem reagir com seus componentes, em níveis diversos. Para garantir durabilidade, são fatores importantes: permeabilidade do concreto, qualidade do acabamento, proteção adequada aos diferentes tipos de exposição e agressividade do meio e manutenção preventiva.

3) A baixa resistência à tração. A resistência à tração dos concretos normais pode ser tomada, aproximadamente, como 1/10 da resistência à compressão. Sendo assim, em uma peça fletida, as fibras tracionadas estão sujeitas à fissuração por fendilhamento com um nível de tensão 10 vezes inferior às fibras comprimidas. É por isso que, na Antiguidade, priorizava-se o uso de arcos, onde a peça pode estar toda comprimida, como solução estrutural para vencer vãos maiores e transmitir cargas às colunas e destas às fundações. Vale a pena observar, por exemplo, edificações como os Arcos da Lapa, no Rio de Janeiro, e as igrejas antigas, construídas em pedra e madeira.

4) Algumas fibras naturais, como o bambu e o sisal, que têm resistência elevada à tração, podem ser utilizadas como armaduras de peças de concreto armado, mas necessitam de proteção, por apresentarem problemas com a ação da umidade no interior do concreto. As fibras sintéticas, como de carbono ou vidro, imersas em resinas poliméricas, principalmente o epóxi, têm tido emprego crescente, com as vantagens do peso reduzido e da imunidade à corrosão. No

entanto, ainda não se superaram, totalmente, os problemas com altas temperaturas e umidade, além do custo elevado.

5) A diferença se refere ao papel da armadura: no concreto armado ela é passiva, enquanto no concreto protendido a armadura é ativa, pois introduz esforços à peça estrutural, além das cargas previstas.

6) Resposta mais correta e abrangente: *"Em peças de concreto protendido com o emprego do processo de aderência <u>posterior</u>, os cabos são introduzidos dentro de <u>bainhas</u>, estando o concreto <u>endurecido</u>. Após a protensão dos cabos por meio de macacos hidráulicos, é feita a injeção sob pressão de <u>nata</u> de cimento, para garantir a(o) <u>solidariedade</u> entre a armadura e o concreto."*
Comentários:

– Se você adotou *cordoalhas* em lugar de *bainhas* no segundo espaço vazio, verifique, no 2º parágrafo do item 2.3.2, que *cordoalha* e *cabo* podem ter o mesmo significado, indicando conjunto de barras trançadas de aço (ou outro material).

– O concreto protendido com aderência posterior exige concreto já endurecido, com a peça capaz de absorver as forças introduzidas pelos macacos. A protensão com aderência inicial, processo em geral utilizado na produção de peças pré-moldadas, emprega dispositivos especiais de reação, acoplados às formas e externos à peça.

– No quarto espaço da frase, poderia ser usado o termo "calda", em lugar de *nata* de cimento.

– No último espaço, a palavra *solidariedade* traduz uma propriedade inerente à aderência eficiente entre o aço e o concreto, uma condição essencial ao comportamento monolítico da peça estrutural.

7) Não! A aderência entre armadura e concreto é indispensável ao material estrutural *concreto armado*, para garantir que a deformação das barras seja a mesma do concreto em seu entorno. Quanto à segunda parte da pergunta, pode haver concreto protendido sem aderência entre a armadura e o concreto, o que ocorre no sistema de cordoalhas *engraxadas*, que transmitem forças externas à peça apenas nas extremidades, nos dispositivos de ancoragem. No

entanto, o sistema exige, também, armaduras passivas, para garantir uma resistência mínima aos elementos estruturais.

8) No aspecto técnico-científico, entre outras contribuições, pode-se destacar:

   – Hennebique (França, 1880 e 1892): primeira laje de concreto armado com armadura semelhante às atuais e vigas com armadura transversal constituída de estribos, para combate à força cortante.

   – Rabut (França, 1897): primeiro curso sobre concreto armado.

   – Mörsch (Alemanha, 1902): pelo primeiro livro de sua coleção sobre concreto armado. Até hoje, o cálculo das armaduras resistentes às tensões de cisalhamento na flexão e torção tem por base a teoria denominada *Analogia da treliça de Mörsch*.

   Essa escolha tem, obviamente, caráter um tanto subjetivo. Se a seleção fosse, por exemplo, de um construtor, talvez escolhesse Coignet, um dos pioneiros citados no item 2.4; um engenheiro de fundações, por sua vez, dificilmente deixaria de escolher Brannon.

9) Dos aspectos citados no enunciado, são vantagens do concreto como material estrutural: resistência à compressão, resistência a choques, durabilidade e uso da pré-moldagem, conforme o item 2.5. Entre os demais, a aderência é requisito indispensável à existência do concreto armado, não sendo adequado classificá-la como vantagem. Quanto ao conforto ambiental, pela massa específica elevada, o concreto pode ser bom isolante acústico, em peças de espessura adequada. Incorporando ar em sua confecção, o concreto pode ter as propriedades alteradas, nos aspectos de peso e conforto, mas comprometendo a resistência mecânica.

10) Entre as várias contribuições da norma brasileira ao projeto de estruturas de concreto, descritas no item 2.6.2, são, em geral, consideradas como as mais significativas, pela inovação em termos de filosofia de projeto:

    – NBR 6118:1978: inclusão do Método dos Estados Limites no processo de dimensionamento e de critérios mais rigorosos para o controle da fissuração e estimativa de flechas de estruturas fletidas em serviço.

– NBR 6118: 2003: inclusão na Norma das disposições para projetos de estruturas de concreto simples e protendido, além do concreto armado; adoção de requisitos explícitos relativos à garantia de qualidade de projeto; enfoque mais incisivo sobre a questão da durabilidade; e processos para o cálculo de peças à flexão composta com maior rigor científico.

– NBR 6118: 2014: aperfeiçoamentos quanto aos processos automáticos de cálculo; inclusão de resistências mais altas do concreto, de 55 a $90MPa$; não aceitação do dimensionamento de pilares para cargas centradas; e a exigência que toda a armadura positiva de lajes deva ser levada até as vigas de apoio, não mais permitindo o escalonamento dessas armaduras.

Capítulo 3

FUNDAMENTOS DO PROJETO DE ESTRUTURAS DE CONCRETO ARMADO

Foto: Palácio do Itamaraty
(Acervo pessoal do autor)

Fundamentos do projeto de estruturas de concreto armado

3.1 OBJETIVOS

No capítulo 1, item 1.1, foi discutida a lacuna existente no ensino da Engenharia Estrutural, na transição das disciplinas da fase inicial, de conteúdo mais teórico, para aquelas da fase de projeto, necessariamente mais práticas. O presente capítulo pretende suprir essa lacuna, pelo menos em parte, no que se refere ao projeto de estruturas convencionais de concreto armado.

Dessa forma, espera-se que o estudo desse conteúdo forneça ao leitor as bases para o entendimento dos seguintes pontos:

a) Características e funções de peças ou elementos componentes de uma estrutura de concreto.

b) Etapas relativas à disposição, *arranjo* ou *lançamento* (nome mais usado na prática) das peças que compõem a estrutura de concreto armado de uma edificação, tendo como ponto de partida o seu Projeto de Arquitetura.

c) Natureza dos distintos métodos de cálculo utilizados no projeto de estruturas de concreto armado.

d) Grandezas e parâmetros de segurança dos métodos de cálculo previstos na NBR 6118: 2014.

e) Propriedades dos materiais constitutivos – concreto e aço –, de interesse para o projeto estrutural, bem como as exigências do controle tecnológico desses materiais.

f) Requisitos para a garantia de durabilidade de uma edificação, envolvendo os conceitos básicos de segurança, funcionalidade, manutenção e vida útil de estruturas de concreto armado.

Ainda sobre a transição citada no ensino da engenharia estrutural, considera-se de grande importância para os objetivos anteriormente descritos a leitura dos capítulos 1, 2 e 4 do livro *Fundamentos do projeto estrutural* (FUSCO, 1976), bibliografia complementar que melhor preenche a lacuna mencionada.

Para o correto entendimento dos objetivos deste capítulo, é de interesse estabelecer, de início, o conceito seguinte:

> *Projetar a estrutura de uma edificação* consiste em conceber um sistema cujos elementos com finalidade resistente combinam-se, de forma ordenada, para cumprir determinada função, que deve ser garantida durante sua vida útil prevista. A função pode ser: vencer um vão, como nas pontes; definir um espaço, como nos diversos tipos de edificações; ou conter um empuxo, como nos tanques, silos e paredes de contenção.

3.2 CLASSIFICAÇÃO DAS PEÇAS ESTRUTURAIS

Denomina-se *estrutura* o conjunto das partes *consideradas* resistentes de uma edificação. Para que uma estrutura tenha sua capacidade resistente assegurada, é necessário conhecer o comportamento de suas peças ou elementos estruturais.

Segundo a NBR 6118 → 14.4, os elementos estruturais básicos são classificados de acordo com sua forma geométrica e função estrutural, conforme as subseções 14.4.1 – *Elementos lineares* e 14.4.2 – *Elementos de superfície*. É, portanto, de interesse estabelecer uma classificação das peças em conjuntos que tenham comportamento estrutural similar, cuja análise seja viável segundo modelos esquemáticos próprios, existentes na Teoria das Estruturas.

Uma classificação utilizada na Teoria das Estruturas, apresenta por Fusco (1976), tem por base um critério geométrico, que define na peça três comprimentos característicos: $L1$, $L2$ e $L3$. O critério adota o princípio: "dois comprimentos característicos são considerados com mesma ordem de grandeza quando estão na relação $1:10$". Isto é, se $L1 \leq 10L2$ e $L2 \leq 10L1$, diz-se que a ordem de grandeza dos dois comprimentos é $[L1] = [L2]$. De acordo com esse critério geométrico, as peças estruturais são classificadas como na figura:

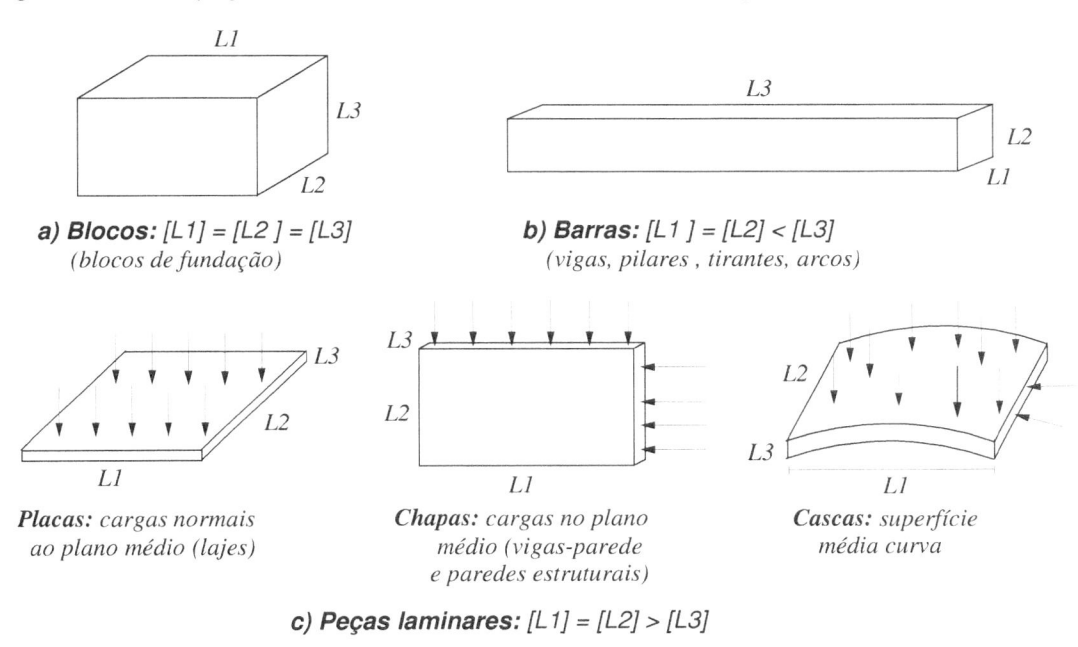

a) Blocos: $[L1] = [L2] = [L3]$
(blocos de fundação)

b) Barras: $[L1] = [L2] < [L3]$
(vigas, pilares, tirantes, arcos)

Placas: *cargas normais ao plano médio (lajes)*

Chapas: *cargas no plano médio (vigas-parede e paredes estruturais)*

Cascas: *superfície média curva*

c) Peças laminares: $[L1] = [L2] > [L3]$

Figura 3.1: Classificação das peças estruturais por critério geométrico

Para estruturas de concreto, a NBR 6118 → 14.4[1] define os elementos:

a) Elementos Lineares (NBR 6118 → 14.4.1)

"São aqueles em que o comprimento longitudinal supera em pelo menos três vezes a maior dimensão da seção transversal, sendo também denominados barras". Essa definição é mais ampla que o critério utilizado por Fusco, citado anteriormente. Por exemplo, para uma seção transversal de largura $20cm$ e

---

[1] Nesta publicação, o número após a seta indica a subseção da NBR 6118: 2014 correspondente ao assunto abordado no texto, no qual é apresentado, em geral, de forma concisa, devendo sempre ser consultada a Norma para esclarecimentos complementares.

altura $50cm$, pelo primeiro critério, um elemento poderia ser classificado como linear para comprimentos acima de $2,0m$, enquanto pela NBR 6118 isso já ocorreria para comprimentos a partir de $1,5m$.

Os elementos estruturais lineares recebem designações próprias, conforme sua função e geometria:

❖ *Vigas*: elementos lineares em que a flexão é preponderante.

❖ *Pilares*: elementos lineares de eixo reto, usualmente dispostos na vertical, em que as forças normais de compressão são preponderantes.

❖ *Tirantes*: elementos lineares de eixo reto em que as forças normais de tração são preponderantes.

❖ *Arcos*: elementos lineares curvos em que as forças normais de compressão são preponderantes, agindo ou não simultaneamente com esforços solicitantes de flexão, cujas ações estão contidas em seu plano.

b) Elementos de superfície (NBR 6118 → 14.4.2)

"Elementos em que uma dimensão, usualmente chamada espessura, é relativamente pequena em face das demais". Segundo a função e geometria, recebem as designações:

❖ *Placas*: elementos de superfície plana, sujeitos principalmente a ações normais a seu plano. As placas de concreto são usualmente denominadas lajes. Placas com espessura maior que 1/3 do vão devem ser estudadas como placas espessas.

❖ *Chapas*: elementos de superfície plana sujeitos principalmente a ações contidas em seu plano. Chapas de concreto com apoios isolados, em que o vão é menor que três vezes a maior dimensão da seção transversal, são usualmente denominadas *vigas-paredes*.

❖ *Cascas*: elementos de superfície não plana.

❖ *Pilares-parede*s: elementos de superfície plana ou em casca cilíndrica, usualmente dispostos na vertical e submetidos preponderantemente à compressão; podem ser compostos por uma ou mais superfícies associadas. Para que se tenha um pilar-parede, em alguma dessas superfícies a menor dimensão deve ser menor que 1/5 da maior, ambas consideradas na seção transversal do elemento estrutural.

3.3 SIMBOLOGIA

A simbologia e as notações empregadas neste livro para as grandezas de interesse no projeto de estruturas de concreto é aquela adotada pela NBR 6118, desde a edição de 1978, decorrente de acordo internacional, firmado, em 1972, pelo Comitê EuroInternacional do Concreto (CEB), a Federação Internacional da Protensão (FIP) e o Instituto Americano do Concreto (ACI). O objetivo do acordo foi unificar as notações das grandezas, para tornar mais acessível a literatura técnico-científica internacional, tendo predominado o idioma inglês.

Conforme a NBR 6118 → 4.1, a simbologia adotada dispõe que:

[...] no que se refere às estruturas de concreto, é constituída por símbolos-base (mesmo tamanho e no mesmo nível do texto corrente) e símbolos subscritos. Os símbolos-base, utilizados com mais frequência nesta Norma, encontram-se estabelecidos em 4.2 e os símbolos subscritos em 4.3.

Prescreve ainda que "As grandezas representadas pelos símbolos constantes desta Norma devem sempre ser expressas em unidades do Sistema Internacional (SI)". Esse sistema é adotado neste livro; no entanto, em determinadas situações, outras unidades são usadas, em respeito à prática da Engenharia Nacional e por conveniência didática.

Apresentam-se, a seguir, alguns exemplos da simbologia de grandezas e índices mais utilizados no presente texto, selecionados da lista de símbolos-base fornecida pela NBR 6118. Cabe notar que uma mesma letra pode ser usada em mais de um símbolo, desde que não haja possibilidade de confusão, ou mesmo repetida como índice, para clareza do significado. Entre parênteses, apresenta-se o termo em inglês que deu origem ao símbolo.

c: concreto, compressão, deformação lenta *(creep)*;

s: aço *(steel)*, retração *(shrinkage)*;

y: escoamento *(yielding)*;

t: tração;

f: resistência genérica de um material;

F: ação genérica *(force)*;

S: solicitação genérica;

k: identifica o valor "característico" de uma grandeza (seção 3.9);

d: projeto, cálculo *(design)*.

Na montagem da simbologia referente a uma grandeza relativa a um material estrutural, o primeiro índice indica o material, se necessário, seguido pelo tipo de esforço e pela identificação da grandeza. Como exemplo, descrevem-se abaixo algumas notações utilizadas no cálculo, retiradas da NBR 6118 → 4.2 e 4.3:

f_{ck}: resistência característica do concreto à compressão (poderia ser usado f_{cck} com mais um c para indicar concreto, mas não há necessidade de se duplicar esse índice, como se verá adiante);

f_{tk}: resistência característica do concreto à tração (poder-se-ia usar f_{ctk} mas o índice c é dispensável em razão de não haver possibilidade de confusão com a resistência à compressão);

f_{yd}: resistência de escoamento de cálculo do aço à tração ou compressão (o índice s, correspondente ao aço, não é necessário, pois o índice y de escoamento é uma propriedade típica do aço, que o concreto não apresenta);

F_d: valor de cálculo de uma ação genérica;

S_k: valor característico de uma solicitação genérica;

ε_{yd}: deformação específica de escoamento de cálculo do aço à tração ou compressão;

γ_f: coeficiente de majoração de ações/solicitações.

3.4 ANÁLISE DA EDIFICAÇÃO

> *Conceito*: etapa inicial do projeto que tem por objetivo delimitar a edificação em relação ao meio físico externo e definir as partes que vão constituir o subsistema *estrutura*.

De um modo geral, o projeto estrutural seria inviável sem a introdução de diversas simplificações, que objetivam reduzir o problema real a um conjunto de subproblemas passíveis de solução.

Por exemplo: a distinção entre partes resistentes e não resistentes da estrutura é, até certo ponto, arbitrada pelo projetista. É o caso das alvenarias, que, em geral, são consideradas sem finalidade estrutural. No entanto, elas colaboram para a segurança global, muitas vezes de modo significativo, como na resistência a esforços horizontais, por exemplo, os decorrentes de ações do vento. O fato de não serem consideradas no projeto como parte efetiva da estrutura vem facilitar o cálculo e a adoção de modificações posteriores.

Outra simplificação corrente é a decomposição da estrutura, de modo que suas partes possam ser estudadas separadamente. Essa decomposição pode ser *real* ou *virtual*, tendo por finalidade possibilitar o emprego de métodos conhecidos e comprovadamente eficientes para o cálculo de peças estruturais isoladas. De acordo com sua natureza, os métodos oferecem diferentes graus de precisão, o que deve ser levado em consideração na decomposição.

a) Decomposição real

Casos em que a estrutura é efetivamente subdividida em partes, por meio de *juntas de separação* que, além de simplificar o cálculo, contribuem na diminuição da intensidade dos esforços decorrentes dos estados de coação da estrutura, isto é, estados com esforços decorrentes de deformações impostas à estrutura. Como as juntas de separação, se dispostas corretamente, são relevantes para atenuar os efeitos produzidos por variações de temperatura, elas são usualmente chamadas de *juntas de dilatação*.

b) Decomposição virtual

Divisão apenas para fins de cálculo, por meio de juntas virtuais, que subdividem a estrutura em partes cujo comportamento pode ser analisado isoladamente. A condição essencial da decomposição é garantir a compatibilidade na transmissão dos esforços entre as partes que, na realidade, são monolíticas.

3.5 ANÁLISE DA ESTRUTURA

Conceito: conjunto de simplificações adicionais, após a análise inicial da edificação, que visa a tornar o projeto estrutural viável, por meio de novas decomposições virtuais, subdividindo a estrutura em grupos de elementos resistentes básicos, que possam ser tratados em separado por modelos esquemáticos da Teoria das Estruturas.

As simplificações dessa análise não devem perder de vista o comportamento real da estrutura como um todo e, em etapa posterior, é essencial comprovar a adequação e compatibilidade dos modelos adotados. Algumas simplificações comuns em projetos de estruturas de concreto armado são:

a) Uma viga pode ser calculada como contínua, admitindo-se apoios simples nos pilares. Posteriormente, considera-se a ação de pórtico nas ligações viga-pilar, cujos momentos induzem flexão composta nos pilares.

b) A massa específica do concreto armado é suposta constante e uniforme, independentemente da resistência do concreto, da natureza e taxa de armadura da peça estrutural. Segundo a NBR 6118 → 8.2.2, se a massa específica real do concreto não é conhecida, adota-se para efeito de cálculo o valor constante $\rho_{ca} = 2500 kg/m^3$.

c) Para fins de cálculo, o peso próprio das lajes é considerado como uma carga distribuída uniforme atuando em sua superfície média; nas vigas, é tomado como uma carga distribuída linear em seu eixo longitudinal.

Assim, o peso próprio g assume as expressões:

❖ Lajes: $g = (25h) \, kgf/m^2$, sendo h a espessura da laje em cm;

❖ Vigas: $g = (2500.b_w h) \, kgf/m$, sendo b_w a largura da seção transversal da viga e h sua altura, com valores em metros.

d) A carga que uma laje aplica sobre as vigas de bordo, que lhe fornecem apoio, é admitida, em geral, como uniformemente distribuída.

Na NBR 6118 → 14.2.1, as *Hipóteses Básicas* estabelecem que:

O objetivo da análise estrutural é determinar os efeitos das ações em uma estrutura, com a finalidade de efetuar verificações de estados-limites últimos e de serviço. A análise estrutural permite estabelecer as distribuições de esforços internos, tensões, deformações e deslocamentos, em uma parte ou em toda a estrutura.

Ainda em 14.2.1, a Norma dispõe que "[...] as condições de equilíbrio devem ser necessariamente respeitadas" e que:

As equações de equilíbrio podem ser estabelecidas com base na geometria indeformada da estrutura (teoria de 1ª ordem), exceto nos casos em que os deslocamentos alterem de maneira significativa os esforços internos (teoria de 2ª ordem).

E ainda, nas *Premissas necessárias à análise estrutural*, na subseção 14.2.2:

A análise estrutural deve ser feita a partir de um modelo estrutural adequado ao objetivo da análise. Em um projeto pode ser necessário mais de um modelo para realizar as verificações previstas nesta Norma. O modelo estrutural pode ser idealizado como a composição de elementos estruturais básicos, conforme definido em 14.4, formando sistemas estruturais resistentes que permitam representar de maneira clara todos os caminhos percorridos pelas ações até os apoios da estrutura.

Nas estruturas usuais, os deslocamentos oriundos das características físicas dos materiais constitutivos – por variações de temperatura, retração, fluência, etc. –, da assimetria dos carregamentos, da geometria das peças, dos desaprumos inevitáveis de execução e da ação de vento são resistidos por subestruturas denominadas *de contraventamento* (ver figura 5.2). A consideração desses efeitos de 2ª ordem é obrigatória em pilares de esbeltez elevada, que exigem análise de estabilidade, tema abordado no capítulo 5.

As subestruturas de contraventamento são constituídas por paredes estruturais, lajes e pórticos constituídos por vigas e pilares de grande rigidez ou pórticos treliçados, como os que sustentam as caixas de elevadores e escadas, além das alvenarias de tijolos (BUENO, 2014; GUIMARÃES, 2014).

Na análise estrutural, é importante classificar de modo adequado as cargas atuantes na edificação, visando a associá-las a elementos capazes de fornecer a capacidade resistente necessária:

❖ *Cargas concentradas*: devem ser resistidas preferencialmente por barras (vigas, pilares, tirantes, arcos). Podem ocorrer situações em que uma laje se apoia diretamente sobre os pilares, sendo assim chamada de *laje lisa* ou *cogumelo*.

❖ *Cargas distribuídas em linha*: na maioria dos casos, provenientes de reações de apoio das lajes nas vigas de bordo ou de paredes, devendo ser resistidas por barras. No caso de cargas de valor secundário, podem ser absorvidas diretamente pelas lajes.

❖ *Cargas distribuídas em superfície*: resistidas pelas lajes, podendo ser de interesse a inclusão de vigas intermediárias, com o objetivo de reduzir vãos e a espessura dessas lajes.

De acordo com a NBR 6118 → 16.1, após a análise estrutural, o projeto envolve três etapas – *dimensionamento, verificações* e *detalhamento* –, que têm como objetivos "[...] garantir segurança, em relação aos estados-limites últimos (ELU) e de serviço (ELS), das estruturas como um todo e de cada uma de suas partes" e na sua concepção e no seu desenvolvimento, essas etapas "[...] devem estar sempre apoiadas em uma visão global da estrutura, mesmo quando se detalha um único nó (região de ligação entre dois elementos estruturais)".

3.6 ARRANJO OU LANÇAMENTO ESTRUTURAL

> *Conceito:* etapa do projeto estrutural em que se define a disposição de suas peças, de forma a se obter o melhor ajuste ao projeto de arquitetura e demais subsistemas, levando em consideração o fator econômico, facilidades construtivas e a eficiência global da edificação.

Segundo Fusco (1976), a superestrutura de uma edificação divide-se em três categorias, conforme a finalidade e responsabilidade na segurança global:

❖ *Estrutura terciária:* tem a finalidade de suportar a aplicação direta das cargas distribuídas em superfície, sendo usualmente composta pelas lajes.

❖ *Estrutura secundária:* confere resistência localizada às diferentes partes da construção, recebendo cargas diretas ou apenas as reações da estrutura terciária, sendo usualmente composta pelas vigas.

❖ *Estrutura primária:* garante a resistência global da construção, sendo usualmente composta pelos pilares.

Os esquemas mais utilizados no cálculo das estruturas convencionais de concreto armado são:

❖ *Estruturas reticuladas*: constituídas pela associação de vigas, arcos, pórticos, treliças, grelhas.

❖ *Estruturas de superfície*: constituídas por placas, chapas, cascas.

❖ *Estruturas tridimensionais*: constituída por blocos.

Pelas características particulares de cada projeto, é difícil estabelecer regras gerais para o arranjo ou lançamento estrutural, mas os princípios básicos para os elementos de concreto armado de edifícios comuns são:

① Evitar que a resistência global estrutura dependa de um número reduzido de peças ou algumas peças do conjunto sejam excessivamente solicitadas.

② Buscar o menor trajeto possível para as cargas, desde seus pontos de aplicação até os apoios externos (fundações). O ideal seria a existência de pilares em todos os cruzamentos de vigas, o que, no entanto, é de difícil obtenção na maioria dos casos.

③ Evitar peças excessivamente delgadas, porque causam dificuldades para a disposição das armaduras, para a concretagem e o adensamento (vibração) do concreto dentro das formas.

④ Evitar interligar peças delgadas e espessas, para evitar zonas de transição com tensões internas elevadas, causadas por retração e efeitos de temperatura.

⑤ Evitar o uso de peças muito espessas, com dimensões maiores que cerca de *80cm* nas três direções, porque o elevado calor de hidratação do concreto pode provocar o aparecimento de fissuras; quando essas peças forem imprescindíveis, cuidados especiais devem ser tomados na concretagem.

⑥ O lançamento da estrutura deve contribuir para a facilidade de execução da obra, além de permitir acesso a atividades de manutenção e eventuais reparos das peças, estruturais ou não.

Além dos princípios básicos acima, e alertando para a complexidade e variedade de abordagens do tema, são válidas para a maioria das edificações comuns as seguintes *diretrizes práticas para o lançamento estrutural de vigas e pilares*:

a) Os arranjos de vigas e pilares devem ser tratados simultaneamente, pois são interdependentes: a disposição dos pilares condiciona as vigas e vice-versa.

b) A escolha da estrutura de um edifício de vários andares começa, em geral, pelo *pavimento-tipo*, repetido várias vezes no projeto de múltiplos andares.

c) O arranjo estrutural tem início com a disposição do vigamento do piso, a partir da análise da situação das paredes principais e das posições possíveis dos pilares neste e em outros pavimentos.

d) É conveniente que a posição dos pilares seja mantida nos demais pavimentos além do pavimento tipo, mesmo em pavimentos com arranjo estrutural de lajes e vigas diferente do tipo, com vistas à economia de formas, continuidade de barras dos pilares e fluxo de cargas.

e) Quando nenhuma solução para pilares dos pavimentos superiores satisfaz aos andares inferiores (pilotis, lojas, etc.), sendo necessário mudar sua posição, o vigamento do teto do andar térreo deverá fornecer apoio conveniente aos pilares situados acima, funcionando como *estrutura de transição*.

f) É conveniente prever vigas sob as paredes principais de alvenaria. Em cômodos com dimensões muito pequenas (2 a $3m$), pode-se dispensar algumas vigas, ficando as paredes apoiadas diretamente na laje. Em espaços muito grandes (vãos de 6 a $8m$), pode-se projetar vigamento intermediário, ou usar lajes nervuradas ou mistas.

g) O arranjo de vigas determina os comprimentos dos bordos das lajes. Deve-se buscar vãos econômicos ($< 6m$), observando o projeto de Arquitetura.

h) Em vigas que suportam outras vigas, esses apoios são, na realidade, deslocáveis. Em edificações usuais, os deslocamentos de apoio são desprezados ou considerados apenas de modo aproximado, desde que as flechas das vigas obedeçam os limites da NBR 6118.

i) No caso de vigas apoiadas sobre outras vigas, as de suporte estão submetidas a torção, que pode ser de *compatibilidade* (secundária) ou de *equilíbrio* (principal). As dimensões das seções das vigas devem garantir boa rigidez à flexão (altura bem maior que a largura), para prevenir flechas e rotações excessivas. As vigas de suporte terão, assim, baixa rigidez aos momentos de torção, que podem ser desprezados; dessa forma, as vigas secundárias nelas apoiadas têm apoios que se aproximam de rótulas.

j) A seção transversal de vigas e pilares é, quase sempre, condicionada pelo projeto de arquitetura. No Brasil, é ainda comum exigir que essas peças fiquem *escondidas* nas paredes e, nesses casos, a largura das seções seria imposta pela espessura das paredes revestidas, onde ficariam embutidas, com valores mais usuais de *10* a *12cm*, para paredes de *15cm* de espessura, e *20* a *22cm* para *25cm* de espessura. Cabe alertar que as camadas de cobrimento de concreto prescritas pela NBR 6118 tornam inviável, muitas vezes, o atendimento da exigência mencionada.

k) Na NBR 6118: 2014, apenas em casos excepcionais admite-se a largura mínima absoluta para vigas de *10cm* e *14cm* para pilares.

l) A padronização de dimensões das seções transversais de vigas e pilares bem como a repetição de vãos de vigas e lajes resulta em simplificação do cálculo estrutural, economia nas formas/escoramentos e maior rapidez de execução.

m) Pelo mesmo motivo da alínea anterior, é conveniente que as vigas internas tenham a mesma espessura, assim como as externas.

n) A posição dos pilares deve permitir um bom projeto de fundações, levando em conta as áreas de circulação e tráfego de veículos em garagens.

o) Sempre que possível, os eixos dos pilares devem coincidir com os cruzamentos de vigas, para menor trajeto de cargas, e evitar excentricidades iniciais da força normal, que induzem maior flexão composta nos pilares.

p) O espaçamento entre os pilares define os vãos das vigas e não deve ser inferior a *3m* nem superior a *8m*, salvo casos especiais.

q) Um fator sempre preponderante para as dimensões da seção transversal dos pilares, em especial nos pavimentos inferiores, é a observância da taxa máxima de armadura longitudinal relativa à área de concreto da seção transversal, de valor $\rho_{max} = 8,0\%$, da NBR 6118 → 17.3.5.3.2. Esse limite prevalece inclusive nas regiões de trespasse das barras longitudinais dos pilares em pavimentos consecutivos.

3.7 SÍNTESE ESTRUTURAL

> *Conceito*: etapa do projeto em que se efetua a superposição dos esforços determinados no cálculo dos elementos estruturais isolados. A estrutura retoma o caráter tridimensional, pela justaposição dos elementos considerados em sua análise. Nessa fase, é necessário verificar, com o máximo rigor, a compatibilidade das decomposições e simplificações efetuadas.

A aplicação do princípio da superposição somente é válida se a estrutura tem geometria adequada e o conjunto das peças estruturais tem resposta linear, isto é, os materiais componentes das peças trabalham no regime elástico sob as cargas de serviço.

Um ponto importante, às vezes negligenciado no projeto, diz respeito à não consideração da possibilidade de apoio de peças da estrutura em elementos sem finalidade estrutural, sob a ação de cargas previstas.

A ocorrência de apoios imprevistos no projeto pode implicar comprometimento da funcionalidade (fissuração, desaprumo, etc.) e até colapso desses elementos, no caso de não terem resistência efetiva. Podem, por outro lado, constituir-se em problema sério, caso esses elementos resistam, de alguma forma, aos esforços introduzidos, passando a se constituir em apoios não previstos no projeto.

3.8 SEGURANÇA ESTRUTURAL

3.8.1 Conceito

Na Engenharia Estrutural, a estrutura de uma edificação é considerada segura quando atende, simultaneamente, aos seguintes requisitos:

a) Mantém durante sua vida útil as características originais de projeto, a um custo razoável de execução e manutenção.

b) Em condições normais de utilização, não apresenta aparência que cause inquietação aos usuários ou ao público em geral, nem falsos sinais de alarme que lancem suspeitas sobre sua segurança.

c) Sob utilização indevida, deve apresentar sinais visíveis – deslocamentos e fissuras – de aviso de eventuais estados de perigo.

Cabe aqui enfatizar a importância de dois conceitos – *vida útil* e *manutenção estrutural* –, que, por muito tempo, não receberam tratamento adequado. Essa omissão é responsável por eventos lamentáveis de colapsos prematuros e durabilidade reduzida de edificações no Brasil, o que compromete os avanços e o nome da nossa engenharia.

Oportunamente, desde a NBR 6118: 2003, as questões relativas à durabilidade foram abordadas em caráter mais científico, mas ainda merecem aprofundamento. O estágio atual de conhecimento já admite critérios objetivos para a vida útil e os níveis de manutenção periódica da estrutura, ainda não previstos na Norma.

Um profissional competente deve, portanto, projetar estruturas resistentes, funcionais e duráveis, a custos acessíveis, e atribuir à manutenção uma importância compatível àquela dedicada ao projeto e à execução.

3.8.2 Estados-limites de desempenho

Conceito: estados que definem a impropriedade do uso da estrutura, por razões de segurança, funcionalidade ou estética, com desempenho fora dos padrões especificados para sua utilização normal ou interrupção de funcionamento, por ruína de um ou mais de seus componentes.

Os estados-limites podem se referir à estrutura toda, a elementos isolados ou a regiões específicas. (Obs.: a notação com o hífen no termo *estado-limite* foi introduzida pela NBR 6118: 2014).

De acordo com a NBR 6118 → 10.2, a segurança de estruturas de concreto deve ser verificada aos estados-limites últimos e de serviço, a seguir definidos:

❖ Estado-Limite Último (ELU):

Pela NBR 6118 → 3.2.1:"Estado-limite relacionado ao colapso, ou a qualquer outra forma de ruína estrutural, que determine a paralisação do uso da estrutura". Já a subseção 10.3 da Norma prescreve:

A segurança das estruturas de concreto deve sempre ser verificada, em relação aos seguintes estados-limites últimos:

a) estado-limite último da perda do equilíbrio da estrutura, admitida como corpo rígido;

b) estado-limite último de esgotamento da capacidade resistente da estrutura, no seu todo ou em parte, devido às solicitações normais e tangenciais, admitindo-se a redistribuição de esforços internos, desde que seja respeitada a capacidade de adaptação plástica definida na Seção 14, e admitindo-se, em geral, as verificações separadas das solicitações normais e tangenciais; todavia, quando a interação entre elas for importante, ela estará explicitamente indicada nesta Norma;

c) estado-limite último de esgotamento da capacidade resistente da estrutura, no seu todo ou em parte, considerando os efeitos de segunda ordem;

d) estado-limite último provocado por solicitações dinâmicas (ver Seção 23);

e) estado-limite último de colapso progressivo;

f) estado-limite último de esgotamento da capacidade resistente da estrutura, no seu todo ou em parte, considerando exposição ao fogo, conforme a ABNT NBR 15200;

g) estado-limite último de esgotamento da capacidade resistente da estrutura, considerando ações sísmicas, de acordo com a ABNT NBR 15421;

h) outros estados-limites últimos que eventualmente possam ocorrer em casos especiais.

Portanto, ao atingir um ELU, a estrutura esgota sua capacidade resistente e a utilização posterior da edificação só é possível após obras de reparo, reforço ou mesmo a substituição da estrutura, no todo ou em parte.

❖ **Estados-Limites de Serviço (ELS):**

Segundo a NBR 6118 → 10.4:

Estados-limites de serviço são aqueles relacionados ao conforto do usuário e à durabilidade, aparência e boa utilização das estruturas, seja em relação aos usuários, seja em relação às máquinas e aos equipamentos suportados pelas estruturas.

Considera-se, portanto, atingido um ELS quando uma estrutura apresenta um desempenho fora dos padrões previstos para utilização normal da edificação e/ou comportamento inadmissível para a manutenção da própria estrutura, mas sem risco iminente de ruína do sistema.

Um estado-limite de serviço pode caracterizar-se por várias razões, como flechas excessivas em elementos fletidos, fissuração inaceitável, vibração excessiva, recalques diferenciais elevados, etc. Para as estruturas de concreto armado, a NBR 6118 → 3.2 define os ELS seguintes:

a) Estado-limite de formação de fissuras (ELS-F)

"Estado em que se inicia a formação de fissuras. Admite-se que este estado-limite é atingido quando a tensão de tração máxima na seção transversal for igual a $f_{ct,f}$".

b) Estado-limite de abertura das fissuras (ELS-W)

"Estado em que as fissuras se apresentam com aberturas iguais aos máximos especificados em 13.4.2". A fissuração deve ser controlada para não prejudicar a aparência, durabilidade ou estanqueidade da edificação, tema do capítulo 8.

c) Estado-limite de deformações excessivas (ELS-DEF):

"Estado em que as deformações atingem os limites estabelecidos para a utilização normal, dados em 13.3 (ver 17.3.2)". Nesses casos, cabe controlar os deslocamentos, ou *flechas* em peças sob flexão acentuada e as deformações que afetem a aparência e o uso da edificação ou causem danos a elementos não estruturais, também tema do capítulo 8.

d) Estado-limite de vibrações excessivas (ELS-VE):

"Estado em que as vibrações atingem os limites estabelecidos para a utilização normal da construção". Ou seja, evitar vibrações que resultem em desconforto ao usuário, alarme ou perda de funcionalidade da edificação.

3.8.3 Métodos de cálculo

Dimensionar uma estrutura de concreto armado significa definir as dimensões das peças e armaduras correspondentes, de modo a garantir uma margem de segurança pré-fixada aos estados-limites últimos e um comportamento adequado aos estados-limites de serviço, tendo em vista os fatores condicionantes de economia e durabilidade.

Do ponto de vista da segurança, os métodos para dimensionamento de estruturas de concreto podem ser classificados segundo dois critérios complementares, em função da natureza da estrutura e dos processos adotados em projeto:

a) Classificação quanto aos princípios de verificação da segurança:

① *Método das tensões admissíveis*: a segurança é verificada por meio da comparação das tensões calculadas a partir dos carregamentos máximos com as tensões admissíveis dos materiais constitutivos. Esse método é mais elementar e, em particular, direcionado para peças estruturais de um único material supostamente ideal, que não é o caso do concreto armado.

② *Método dos estados-limites*: a segurança é verificada pela comparação das solicitações decorrentes das ações, majoradas por coeficientes de ponderação (ou de segurança), com os esforços resistentes internos das seções, calculados considerando a minoração das resistências dos materiais, que podem ser causadas por eventos desfavoráveis. Nesse método, busca-se simular o comportamento solidário dos materiais concreto e aço no interior da peça, por meio de modelos sofisticados e realistas de análise estrutural, que considerem também previsões sobre o futuro desempenho de edificação.

b) Classificação quanto aos parâmetros de segurança:

① *Método determinístico*: os parâmetros que introduzem a segurança, na majoração de solicitações e minoração de resistências dos materiais, são considerados grandezas fixas. Portanto, não levam em conta a influência dos muitos fatores que afetam a estrutura em sua vida útil.

② *Método probabilístico*: os parâmetros de segurança são variáveis com representação estatística ou fixados por norma técnica.

O método de cálculo adotado pela NBR 6118, a partir de edição de 1978, seguiu a proposta do Código Modelo do CEB/FIP, de 1972, sendo uma combinação dos métodos acima nomeados como a)② e b)② e identificado como um *método semiprobabilístico de estados-limites*. O termo semiprobabilístico justifica-se pela impossibilidade de se conseguir tratamento estatístico pleno a todas as grandezas envolvidas na segurança, em vista da complexidade do projeto estrutural.

3.8.4 Ações e solicitações

A NBR 6118 → 11.2 prescreve que:

Na análise estrutural deve ser considerada a influência de todas as ações que possam produzir efeitos significativos para a segurança da estrutura em exame, levando-se em conta os possíveis estados-limites últimos e os de serviço.

Na estrutura em serviço, os carregamentos produzem estados de tensão em suas peças. Considera-se, para fins de cálculo, que as *ações* são as *causas* e *as solicitações* são os *efeitos*, assim definidas:

❖ *Ação*: qualquer influência ou conjunto de influências (permanentes, variáveis ou acidentais, excepcionais e deslocamentos ou deformações impostas) capazes de produzir estados de tensão na estrutura;

❖ *Solicitação*: qualquer esforço ou conjunto de esforços (forças normais e cortantes, momentos fletores e de torção) decorrentes das ações na estrutura.

A complexidade na avaliação das ações atuantes nas estruturas levou à elaboração de uma norma brasileira específica sobre o assunto e, nos termos da NBR 6118 → 11.2.2, tem-se:

As ações a considerar classificam-se, de acordo com a ABNT NBR 8681, em permanentes, variáveis e excepcionais. Para cada tipo de construção, as ações a considerar devem respeitar suas peculiaridades e as normas a ela aplicáveis.

a) Ações permanentes (NBR 6118 → 11.3)

São as que ocorrem com valores praticamente constantes durante toda a vida da construção. Também são consideradas como permanentes as ações que crescem no tempo tendendo a um valor limite constante.

São classificadas em:

1) *Diretas*:

"Constituídas pelo peso próprio da estrutura, pelos pesos dos elementos construtivos fixos, das instalações permanentes e dos empuxos permanentes". (subseção 11.3.2).

2) *Indiretas*:

"Constituídas pelas deformações impostas por retração e fluência do concreto, deslocamentos de apoio, imperfeições geométricas e protensão" (subseção 11.3.3).

b) Ações variáveis (NBR 6118 → 11.4)

São classificadas-se em:

1) *Diretas*:

Constituídas pelas cargas acidentais previstas para o uso da construção, pela ação do vento e da água, devendo-se respeitar as prescrições feitas por Normas Brasileiras específicas (subseção 11.4.1).

Pela NBR 6118 → 11.4.1.4, cabe ainda considerar que as ações variáveis durante a construção, caso sejam negligenciadas, podem causar incidentes desagradáveis na execução ou até mesmo após a edificação concluída.

2) *Indiretas*:

Constituídas por ações dinâmicas ou pela influência da temperatura na estrutura. Esta última é considerada como ação variável indireta uniforme quando "[...] causada globalmente pela variação da temperatura da atmosfera e pela insolação direta" (subseção 11.4.2.1).

Na NBR 6118 → 11.4.2.2, considera-se a distribuição de temperatura nas estruturas como um efeito potencial de ações indiretas não uniformes:

"[...] em elementos estruturais em que a temperatura possa ter distribuição significativamente diferente da uniforme [...]". Na falta de dados mais precisos, pode ser admitida uma variação linear entre os valores de temperatura adotados, desde que a variação de temperatura considerada entre uma face e outra da estrutura não seja inferior a 5 °C.

Com respeito à consideração das ações dinâmicas atuantes em estruturas de concreto, em especial aquelas com grande número de pavimentos ou de esbeltez elevada, a subseção 11.4.2.3 da Norma dispõe ainda:

Quando a estrutura, pelas suas condições de uso, está sujeita a choques ou vibrações, os respectivos efeitos devem ser considerados na determinação das solicitações e a possibilidade de fadiga dos materiais deve ser considerada no dimensionamento dos elementos estruturais, de acordo com a Seção 23.

3.9 VALORES CARACTERÍSTICOS

3.9.1 Conceito

> *Valor característico* de uma grandeza de interesse estrutural é um valor fixado com uma probabilidade pré-determinada de não ser ultrapassado no sentido mais desfavorável para a segurança, sob as ações previstas de utilização.

Os valores característicos são adotados por critérios estatísticos e/ou fixados pelas normas, com a finalidade de viabilizar o cálculo estrutural, em face do caráter aleatório das ações, solicitações e resistências dos materiais.

Esses valores são estabelecidos com base nas expectativas das situações mais desfavoráveis pelas quais a estrutura possa passar ao longo de sua vida útil, de modo a garantir a segurança, funcionalidade e durabilidade da edificação.

Por outro lado, os critérios devem procurar, ao máximo, guardar uma relação íntima com o comportamento real da estrutura em serviço.

Para definir os valores característicos das resistências dos materiais, deve ser considerada a dispersão de resultados dos ensaios empregados e características constitutivas próprias do concreto e do aço.

Para os valores característicos das ações, considera-se a incerteza na precisão de seus valores, conforme a finalidade da edificação.

Para as solicitações características, é considerada a incerteza nos métodos de cálculo de esforços, sempre levando em conta a possibilidade de ocorrência de situações desfavoráveis.

3.9.2 Resistência característica dos materiais

3.9.2.1 Conceito

De acordo com a NBR 6118 → 12.2:

> Os valores característicos f_k das resistências são os que, em um lote de material, têm uma determinada probabilidade de serem ultrapassados, no sentido desfavorável para a segurança.

Essa subseção ainda dispõe:

> Usualmente é de interesse a resistência característica inferior $f_{k,inf}$, cujo valor é menor que a resistência média f_m , embora por vezes haja interesse na resistência característica superior $f_{k,sup}$, cujo valor é maior que f_m. Para efeitos desta Norma, a resistência característica inferior é admitida como sendo o valor que tem apenas 5% de probabilidade de não ser atingido pelos elementos de um dado lote de material.

A Norma admite, portanto, a hipótese de que as resistências dos materiais obtidas dos ensaios de controle de um lote podem ser representadas por uma distribuição normal do tipo Gauss. A resistência característica inferior é determinada a partir da resistência média, com um *quantil* de 5% da distribuição considerada, isto é, com uma probabilidade pré-fixada de que apenas 5% dos resultados de ensaios tenham valores abaixo do valor característico.

Dessa forma, tem-se:

f_m = valor médio da distribuição dos resultados obtidos de um lote, com relação à frequência de ocorrência (tomado como a resistência média do material nos ensaios de tração ou de compressão);

s = desvio padrão dos resultados de ensaio em relação ao valor médio;

$f_{k,inf}$ = resistência característica inferior do lote de material ensaiado.

A partir da adoção do quantil de 5% na distribuição normal, tem-se:

$$f_{k,inf} = f_m - 1,65s \tag{3.1}$$

3.9.2.2 Resistência característica do concreto à compressão

Conforme a NBR 12655 – *Concreto de cimento Portland – Preparo, controle, recebimento e aceitação - Procedimento*, disposto em sua seção 4 – *Atribuições de responsabilidades*:

O concreto para fins estruturais deve ter definidas todas as características e propriedades de maneira explícita, antes do início das operações de concretagem. O proprietário da obra e o responsavel técnico por ele designado devem garantir o cumprimento desta Norma e manter documentação que comprove a qualidade do concreto conforme descrito em 4.4.

Para o profissional responsável pelo projeto estrutural, a NBR 12655 → 4.2 estabelece responsabilidades "[...] a serem explicitadas nos contratos e em todos os desenhos e memórias que descrevem o projeto tecnicamente, com remissão explícita para determinado desenho ou folha da memória", nas alineas que se transcrevem a seguir:

a) registro da resistência característica do concreto (f_{ck}) em todos os desenhos e memórias que descrevem o projeto tecnicamente;

b) especificação, quando necessário, dos valores de f_{ck} para as etapas construtivas, tais como: retirada de cimbramento, aplicação de protensão ou manuseio de pré-moldados;

c) especificação dos requisitos correspondentes à durabilidade da estrutura e elementos pré-moldados, durante sua vida útil, inclusive da classe de agressividade adotada em projeto (tabelas 1 e 2);

d) especificação dos requisitos correspondentes às propriedades especiais do concreto, durante a fase construtiva e vida útil da estrutura, tais como:

- módulo de deformação mínimo na idade de desforma, movimentação de elementos pré-moldados ou aplicação da protensão;
- outras propriedades necessárias à estabilidade e durabilidade da estrutura.

Cabe, portanto, ao projeto estrutural definir a resistência característica do concreto f_{ck} , da qual se fixa a resistência de dosagem f_{cj} , que "[...] deve atender às condições de variabilidade prevalescentes durante a construção [...]", de acordo com a expressão:

$$f_{cj} = f_{ck} - 1,65s_d \qquad (3.2)$$

onde:

f_{cj} = resistência de dosagem do concreto ou resistência média à compressão prevista na idade de "j" dias, em MPa. Pela NBR 6118 → 8.2.4: "Quando não for indicada a idade, as resistências referem-se à idade de 28 dias". E ainda:

> A evolução da resistência à compressão com a idade deve ser obtida por ensaios especialmente executados para tal. Na ausência desses resultados experimentais, pode-se adotar, em caráter orientativo, os valores indicados em 12.3.3.

s_d = desvio padrão da dosagem, em MPa.

Conforme a NBR 12655 → 5.6.3.3, no início da obra ou quando ainda não se conhece o desvio-padrão, a resistência de dosagem é determinada conforme uma *condição de preparo*, a ser mantida durante a construção, como segue:

— *Condição A*: a mais rigorosa, aplicável a concretos de resistência característica à compressão até $80MPa$ (classe C80), lembrando que a NBR 6118: 2014 permite até $90MPa$;

— *Condição B*: intermediária, aplicável às classes C10 até C25, mas a NBR 6118 → 8.2.1 permite apenas concretos até C15, mesmo assim em obras provisórias ou concreto sem fins estruturais;

— *Condição C*: mais precária, para classes C10 e C15, a primeira não admitida pela NBR 6118.

O cálculo da resistência de dosagem do concreto depende, entre outras variáveis, das condições de preparo, definidas pela NBR 12655 → 5.6.3.1:

❖ Condição A: $s_d = 4,0MPa$, resultando em: $f_{cj} = f_{ck} + 6,6MPa$;

❖ Condição B: $s_d = 5,5MPa$, resultando em: $f_{cj} = f_{ck} + 9,1MPa$;

❖ Condição C: $s_d = 7,0MPa$, resultando em: $f_{cj} = f_{ck} + 11,6MPa$.

Para o profissional responsável pela execução da obra, a NBR 12655 → 4.3 estabelece as seguintes responsabilidades:

a) escolha da modalidade de preparo do concreto (ver 4.1);

b) escolha do tipo de concreto a ser empregado e sua consistência, dimensão máxima do agregado e demais propriedades, de acordo corn o projeto e com as condições de aplicação;

c) atendimento a todos os requisitos de projeto, inclusive quanto à escolha dos materiais a serem empregados;

d) aceitação do concreto, definida em 3.2.1, 3.2.2 e 3.2.3;

e) cuidados requeridos pelo processo construtivo e pela retirada do escoramento, levando em consideração as peculiaridades dos materiais (em particular do cimento) e as condições de temperatura ambiente;

f) verificação do atendimento a todos os requisitos desta Norma.

No início da obra, devem ser definidos os procedimentos para a realização do *controle tecnológico do concreto*, por laboratório idôneo, visando a comprovar que a execução atenda ao valor de resistência f_{ck} especificada no projeto.

Para os ensaios de resistência a compressão do concreto, a NBR 12655 dispõe que a *amostragem* deve ser feita dividindo-se a estrutura em lotes que atendam aos limites da tabela 7 da subseção 6.2.1. Esses limites dependem da solicitação principal dos elementos estruturais: compressão ou compressão e flexão (pilares e paredes estruturais) ou flexão simples (vigas e lajes).

É relevante entender o termo *amostragem* da NBR 12655 → 6.2.2:

As amostras devem ser coletadas aleatoriamente durante a operação de concretagem [...]. Cada exemplar deve ser constituído por dois corpos-de-prova da mesma amassada, conforme a ABNT NBR 5738, para cada idade de rompimento, moldados no mesmo ato. Toma-se como resistência do exemplar o maior dos dois valores obtidos no ensaio do exemplar.

A NBR 12655 → 6.2.3 define dois tipos de controle de resistência do concreto:

– Controle estatístico do concreto por amostragem parcial;

– Controle do concreto por amostragem total (100%).

Para cada tipo de controle, por amostragem parcial ou total, a NBR 12655 → 6.2.3.1 a 6.2.3.3 estabelece um método próprio de obtenção do *valor estimado da resistência característica* ($f_{ck,est}$). O controle por amostragem total (100%) é o mais rigoroso, que "Consiste no ensaio de exemplares de cada amassada de concreto e aplica-se a casos especiais, a critério do responsável técnico pela obra." (subseção 6.2.3.2).

Com os resultados do controle tecnológico, o laboratório fornece ao responsável técnico da obra a resistência característica estimada para o lote em questão, a partir da qual se decide, com base na subseção 6.2.4, a aceitação ou rejeição dos lotes de concreto, sendo aceito automaticamente se $f_{ck,est} \geq f_{ck}$. Em casos de rejeição com $f_{ck,est} < f_{ck}$, considerada uma *não-conformidade* do lote, cabe aos responsáveis pelo projeto e obra definirem, em conjunto, as providências no trecho da estrutura em que se situa o problema.

A versão 2003 da NBR 6118, subseção 25.3.3 – *Existência de não-conformidades em obras executadas*, orientava sobre as providências a se tomar em casos de rejeição de lotes pelo controle tecnológico, na ordem de aplicação: revisão do projeto, ensaios de testemunhos do concreto extraídos do lote e ensaio de prova de carga da estrutura, inclusive com recomendações relativas à última.

Na subseção 25.3.4, a edição anterior da Norma prescrevia que:

Constatada a não-conformidade final de parte ou do todo da estrutura, deve ser escolhida uma das seguintes alternativas: a) determinar as restrições de uso da estrutura; b) providenciar o projeto de reforço; c) decidir pela demolição parcial ou total.

É importante considerar que as três ações citadas implicam custos adicionais à edificação. Na versão de 2014, todas as prescrições sobre *não-conformidades* em obras executadas foram excluídas da atual Seção 25 – *Interfaces do projeto com a construção, utilização e manutenção*. No entanto, na subseção 14.5.6 – *Análise através de modelos físicos*, consta: "Para o caso de provas de carga, devem ser atendidas as prescrições da Seção 25". Essa é a única menção ao termo *provas de carga* em toda a Norma, mas que não é por ela abordada na seção referida!

3.9.2.3 Resistência característica do concreto à tração

Segundo a NBR 6118 → 8.2.5:

[...] a resistência à tração indireta $f_{ct,sp}$ e a resistência à tração na flexão $f_{ct,f}$ devem ser obtidas em ensaios realizados segundo as ABNT NBR 7222 e ABNT NBR 12142 , respectivamente.

O ensaio para determinação da resistência do concreto à tração indireta por compressão diametral dos corpos de prova (*splitting test*) é internacionalmente conhecido como *método brasileiro*, desenvolvido pelo emérito engenheiro e pesquisador Fernando Luiz Lobo Barbosa Carneiro (1913-2001).

Sendo um ensaio de execução complexo, pela NBR 6118 → 8.2.5 a resistência do concreto à tração direta f_{ct} pode ser considerada igual a $0,9f_{ct,sp}$ ou $0,7f_{ct,f}$. Na falta de ensaios para obter $f_{ct,sp}$ e $f_{ct,f}$, exigidos só em casos especiais pela Norma, a resistência característica do concreto à tração pode ser avaliada da resistência à compressão, pelas expressões seguintes:

$$f_{ctk,inf} = 0,7f_{ct,m} \quad (MPa) \tag{3.3}$$

$$f_{ctk,sup} = 1,3f_{ct,m} \quad (MPa) \tag{3.4}$$

A resistência média à tração $f_{ct,m}$, conforme as classes da NBR 8953, é dada pelas expressões da NBR 6118 → 8.2.5, em MPa:

a) Concretos de classes até C50:

$$f_{ct,m} = 0,3f_{ck}^{2/3} \quad (MPa) \tag{3.5}$$

b) Concretos de classes C55 a C90:

$$f_{ct,m} = 2,12.ln(1 + 0,11f_{ck}) \quad (MPa) \tag{3.6}$$

Das expressões (3.3) a (3.6), a tabela 3.1 mostra as resistências características do concreto à tração – média, inferior e superior –, usadas pela Norma conforme o tipo de verificação ou cálculo para as classes C20 a C90 da NBR 8953. Vale notar que apenas até a C50 a resistência $f_{ctk,sup}$ supera $10\%f_{ck}$, o que justifica desprezar o concreto à tração nos ELU.

Tabela 3.1: Resistências características do concreto à tração (MPa)

f_{ck}	20	25	30	35	40	45	50	55	60	65	70	75	80	85	90
$f_{ct,m}$	2,21	2,56	2,90	3,21	3,51	3,80	4,07	4,14	4,30	4,45	4,59	4,72	4,84	4,95	5,06
$f_{ctk,inf}$	1,55	1,80	2,03	2,25	2,46	2,66	2,85	2,90	3,01	3,11	3,21	3,30	3,39	3,47	3,54
$f_{ctk,sup}$	2,87	3,33	3,77	4,17	4,56	4,93	5,29	5,38	5,59	5,78	5,96	6,13	6,29	6,44	6,58

3.9.2.4 Resistência característica do aço à compressão e à tração

O aço de armadura passiva de estruturas de concreto armado é classificado nas categorias CA-25, CA-50 e CA-60 pela NBR 7480 (EB-3), norma que estabelece os valores característicos da resistência de escoamento, diâmetros e seções transversais das barras, entre outras disposições.

Conforme a NBR 6118 → 8.3.6, para os aços usados no Brasil, os valores da resistência característica de escoamento f_{yk}, da resistência à tração f_{stk} e da deformação na ruptura ε_{uk} devem ser obtidos de ensaios de tração realizados segundo disposições da NBR ISO 6892-1.

Os procedimentos para determinação da resistência de escoamento característica e de cálculo dos aços brasileiros para concreto armado são tratados no subitem 3.11.1.

Para determinados casos, o diagrama tensão-deformação do aço obtido dos ensaios de amostras de barras não exibe um patamar de escoamento nítido. Nessas situações, a resistência de escoamento característica f_{yk} é obtida como uma tensão correspondente a um valor convencional da deformação permanente, ou residual, fixada pela NBR 7480 em $0,002$ ou $0,2\%$, como detalhado no subitem 3.11.1.3.

As resistências características dos aços nacionais à tração, f_{ytk}, e à compressão, f_{yck}, são praticamente iguais, como demonstram resultados experimentais, desde que dispositivos especiais sejam usados nos ensaios à compressão para evitar a flambagem das barras. Por isso, basta usar a notação f_{ytk}.

Em razão do controle de qualidade rigoroso na produção do aço e variações reduzidas de resistência, no caso de haver ensaios de recepção dos lotes de barras adota-se diretamente como resistência característica, à tração ou compressão, a tensão mínima de escoamento f_y dos ensaios.

Não sendo efetuados os ensaios de recepção dos lotes, admite-se o valor de resistência declarado pelo fabricante, sendo adotado:

❖ $f_{yk} = f_y$ = resistência característica nominal de escoamento de cada aço das categorias definidas pela NBR 7480.

3.9.3 Ações e solicitações características

Conforme a finalidade da edificação e a possibilidade específica de situações desfavoráveis, é indispensável considerar nos métodos de cálculo, assim como no dimensionamento dos elementos estruturais, a incerteza na estimativa de valores das ações e solicitações.

a) Ações características

No estágio atual do conhecimento, mesmo para ações que, em princípio, possam ter representação estatística, não existem ainda dados experimentais suficientes para a determinação de valores característicos com o rigor que prevê a sua definição. Por essa razão, é necessário recorrer à quantificação das ações por meio de seus *valores representativos ou nominais*, a partir da análise das condições previstas na execução da estrutura e utilização da edificação.

No Brasil, o projeto estrutural deve observar as disposições da NBR 6120 (ou NB-5) – *Cargas para o cálculo de estruturas de edificações.* As ações variáveis atuantes na estrutura podem ter seus valores reduzidos para as verificações aos estados-limites de serviço, conforme exposto no subitem 3.10.3 deste capítulo e exemplificado no capítulo 8.

b) Solicitações características

São os esforços solicitantes nas peças da estrutura, calculados por modelos apropriados da Teoria da Estruturas, a partir dos valores característicos das ações. Dessa forma, uma solicitação característica produzida por uma ação genérica F_k em um elemento estrutural de resposta linear pode ser expressa por:

$$S_k = efeito\ de\ F_k.$$

Nos capítulos subsequentes, serão apresentadas situações específicas relativas às ações e solicitações características a considerar no cálculo de estruturas de concreto armado.

3.10 VALORES DE CÁLCULO

3.10.1 Conceito

> Os *valores de cálculo* de uma grandeza de interesse estrutural são obtidos dos valores característicos, multiplicando-os por coeficientes de ponderação, que visam a uma previsão da possibilidade de ocorrência de valores ainda mais desfavoráveis na execução ou durante a vida útil da estrutura, com a edificação sob utilização nas condições previstas em projeto.

a) Materiais:

A minoração nas resistências características deve ser introduzida para prever a ocorrência de resistências ainda inferiores aos valores definidos para f_k, em razão problemas executivos e/ou deficiências dos materiais constitutivos, inerentes à própria natureza das construções de concreto e de imperfeições inerentes ao controle tecnológico.

b) Ações/solicitações

Majorações adicionais devem ser previstas no processo de cálculo, para se levar em conta a possível ocorrência de esforços superiores àqueles obtidos da análise estrutural.

São diversos os fatores que conduzem à necessidade de majoração dos valores característicos das solicitações, entre outros: imprecisão na avaliação de ações e carregamentos, hipóteses aproximadas dos métodos de cálculo e imperfeições geométricas inevitáveis na execução da estruturais em relação às dimensões originais de projeto.

Não é exagero afirmar que a precisão na execução de estruturas de concreto é da ordem de *centímetros*, mesmo naquelas com boa técnica, enquanto nas metálicas a precisão usual é de *milímetros*.

3.10.2 Resistências de cálculo

Pela NBR 6118 → 12.3.1, a resistência de cálculo de um material é dada pela expressão $f_d = f_k / \gamma_m$ e esse coeficiente de minoração das resistências por:

$$\gamma_m = \gamma_{m1} \cdot \gamma_{m2} \cdot \gamma_{m3}$$

onde:

γ_{m1} : considera a variabilidade da resistência dos materiais envolvidos;

γ_{m2} : considera a diferença entre as resistências obtidas nos corpos de prova e na estrutura;

γ_{m3} : considera os desvios gerados na construção e as aproximações feitas em projeto do ponto de vista das resistências dos materiais.

A NBR 6118 → 12.3.3 expressa as resistências de cálculo dos materiais na forma seguinte:

❖ *Concreto*:

$$\begin{aligned} &\text{– à compressão: } f_{cd} = f_{ck} / \gamma_c & (3.7) \\ &\text{– à tração: } \quad\quad f_{td} = f_{tk} / \gamma_c \end{aligned}$$

❖ *Aço:*

$$\text{– à compressão e à tração: } f_{yd} = f_{yk} / \gamma_s \qquad (3.8)$$

Para o dimensionamento e as verificações de estruturas de concreto armado no ELU, a Norma fornece os valores:

Tabela 3.2: Valores de γ_c e γ_s (NBR 6118 → 12.4.1, Tabela 12.1)

Combinações	Concreto (γ_c)	Aço (γ_s)
Normais	1,4	1,15
Especiais ou de construção	1,2	1,15
Excepcionais	1,2	1,0

Na mesma subseção, a Norma prescreve, ainda, a necessidade de aumentos eventuais nos coeficientes γ_c e γ_s:

> Para a execução de elementos estruturais nos quais estejam previstas condições desfavoráveis (por exemplo, más condições de transporte, ou adensamento manual, ou concretagem deficiente por concentração de armadura), o coeficiente γ_c deve ser multiplicado por 1,1. [...] Admite-se, nas obras de pequena importância, o emprego de aço CA-25 sem a realização do controle de qualidade estabelecido na ABNT NBR 7480, desde que o coeficiente de ponderação para o aço seja multiplicado por 1,1.

Nos projetos de estruturas usuais, os valores para os coeficientes de minoração das resistências dos materiais são: $\gamma_s = 1,15$ e $\gamma_c = 1,4$.

Em certos tipos de solicitação, como torção, cisalhamento, aderência, pressão em áreas reduzidas, estados múltiplos de tensão, etc., a Norma trabalha, ainda, com *valores últimos de cálculo de forças* e *tensões*, que são limites a serem verificados em cada caso, obtidos das solicitações máximas de cálculo.

As verificações relativas aos estados-limites de serviço não exigem a minoração dos coeficientes dos materiais, podendo se considerar $\gamma_m = 1,0$.

Como será abordado no capítulo 8, a suposição para fins de cálculo de que as resistências características representam de forma mais adequada a estrutura sob utilização normal baseia-se no fato de que o comportamento aos ELS depende, principalmente, das propriedades médias dos materiais, sem haver influência marcante de variações localizadas do concreto e aço.

Para os cálculos aos ELU, tendo em vista garantir a segurança à ruptura, as variações das propriedades dos materiais impõem a aplicação de coeficientes para a minoração de resistências.

3.10.3 Ações e solicitações de cálculo

3.10.3.1 Valores das ações de cálculo

Os valores de cálculo das ações genéricas, F_d, são obtidos dos correspondentes valores representativos, multiplicando-os por coeficientes de ponderação γ_f. Conforme previsto na NBR 6118 → 11.7 e justificado na NBR 8681 – *Ações e Segurança nas Estruturas* → 4.2.3.1, o coeficiente de segurança γ_f é desdobrado em três coeficientes parciais "[...] discriminados em função de peculiaridades dos diferentes tipos de estruturas e de materiais de construção considerados":

$$\gamma_f = \gamma_{f1} \cdot \gamma_{f2} \cdot \gamma_{f3} \tag{3.9}$$

onde:

γ_{f1} : considera a variabilidade das ações;

γ_{f2} : considera a simultaneidade das ações;

γ_{f3} : considera os possíveis erros de avaliação dos efeitos das ações, seja por problemas construtivos, seja por deficiência do método de cálculo.

As ações são quantificadas por seus *valores representativos*, que podem ser:

❖ valores característicos (NBR 6118 → 11.6.1); valores convencionais arbitrados para ações excepcionais; e valores reduzidos, em função de combinações que têm por base uma ação considerada principal, acompanhada de duas ou mais ações variáveis de naturezas diferentes.

A NBR 6118 → 11.8.1 dispõe que:

um carregamento é definido pela combinação das ações que têm possibilidade não desprezíveis de atuarem simultaneamente sobre a estrutura, durante um período preestabelecido.

A Norma ainda dá tratamento diferente para o coeficiente de segurança γ_f, conforme a verificação seja efetuada nos ELU ou ELS, estabelecendo dois tipos de combinações das ações com relação aos efeitos mais desfavoráveis na estrutura: *combinações últimas* e *combinações de serviço*.

a) Coeficientes de ponderação das ações no Estado-Limite Último (ELU)

Para verificações de segurança de estruturas de concreto armado no ELU, o coeficiente $\gamma_f = \gamma_{f1}.\gamma_{f3}$ assume os valores da tabela 3.3, a seguir, modificação da tabela 11.1 da NBR 6118 → 11.7.1, que estabelece:

> Para elementos estruturais esbeltos críticos para a segurança da estrutura, como pilares e pilares-paredes com espessura inferior a 19 cm e lajes em balanço com espessura inferior a 19 cm, os esforços solicitantes de cálculo devem ser multiplicados pelo coeficiente de ajustamento γ_n (ver 13.2.3 e 13.2.4.1).

Vale destacar que essa prescrição torna quase inviável nos projetos de estruturas usuais de concreto armado satisfazer um detalhe arquitetônico, ainda presente no Brasil, de embutir os pilares em todas as paredes revestidas, se respeitados os valores mínimos da Norma para o espaçamento e cobrimento das barras de aço, condição essencial à durabilidade da edificação.

Tabela 3.3: Valores do coeficientes$\gamma_f = \gamma_{f1}.\gamma_{f3}$ para peças de concreto armado

Combinações de ações	Permanentes (g)		Variáveis (q)		Recalques de apoio e retração	
	D	F	D	T	D	F
Normais	1,4 [a]	1,0	1,4	1,2	1,2	0
Especiais ou de construção	1,3	1,0	1,2	1,0	1,2	0
Excepcionais	1,2	1,0	1,0	0	0	0
onde: D é desfavorável, F é favorável, G representa cargas variáveis em geral e T é a temperatura. [a] Para cargas permanentes de pequena variabilidade, como o peso próprio das estruturas, especialmente as pré-moldadas, esse coeficiente pode ser reduzido para 1,3.						

O coeficiente γ_{f2} considera a simultaneidade de ações variáveis de naturezas diferentes – cargas acidentais de edifícios, vento e temperatura –, e assume os valores-base da NBR 6118 → 11.7.2, da Tabela 11.2.

Para o ELU, os valores de γ_{f2} são função de ψ_0, que varia de 0,5 a 0,8. É, portanto, um fator de redução que "considera muito baixa a probabilidade de ocorrência simultânea dos valores característicos de duas ou mais ações variáveis de naturezas diferentes" (subseção 11.6.2). Caso se adote em projeto no ELU apenas o produto $\gamma_f = \gamma_{f1} . \gamma_{f3}$, o cálculo fica a favor da segurança.

Ainda pela NBR 8681 → 4.2.3.1:

> [...] o índice do coeficiente γ_f pode ser alterado para identificar a ação considerada, resultando os símbolos γ_g, γ_q, γ_p, γ_ε, respectivamente para as ações permanentes, para as ações diretas variáveis, para a protensão e para os efeitos de deformações impostas (ações indiretas).

Para os ELU, a NBR 6118 → 11.8.2.4 apresenta, na tabela 11.3, expressões gerais para as combinações últimas usuais das ações. Considerando as estruturas de concreto armado de edificações comuns, a combinação última oriunda dessa tabela pode ser escrita na forma simplificada seguinte:

$$F_d = \gamma_g F_{gk} + \gamma_q F_{qk} + \gamma_\varepsilon F_{\varepsilon k} \tag{3.10}$$

onde:

$F_{gk} =$ ações permanentes diretas (peso próprio, equipamentos fixos);

$F_{qk} =$ ações variáveis diretas (sobrecargas de utilização);

$F_{\varepsilon k} =$ ações indiretas devido a deformações impostas à estrutura (variações de temperatura, retração, recalques de apoio, etc.);

γ_g, γ_q, $\gamma_\varepsilon =$ coeficientes de ponderação da ação, da tabela 3.3.

Na expressão (3.10), buscam-se, sempre, as situações mais desfavoráveis, que conduzam aos valores máximos no cálculo das solicitações ou esforços internos nas seções. É o caso, por exemplo, do peso próprio, que, em certas situações, não muito comuns, pode ter efeito favorável à segurança estrutural e, nesses casos, deve-se tomar o coeficiente $\gamma_g = 1,0$.

b) Coeficientes de ponderação das ações no Estado-Limite de Serviço (ELS)

Nos ELS, o coeficiente de ponderação é dado por $\gamma_f = \gamma_{f2}$, em geral. Esse último é variável conforme a verificação, assumindo os valores da Tabela 11.2 da NBR 6118 → 11.7.2: $\gamma_{f2} = 1,0$ para combinações raras; $\gamma_{f2} = \psi_1$ para combinações frequentes; e $\gamma_{f2} = \psi_2$ para combinações quase permanentes.

Também na tabela 11.2, os valores de γ_{f2} são discriminados conforme o tipo de ações variáveis de naturezas diferentes (cargas acidentais de edifícios, vento e temperatura) e são função de ψ_1 e ψ_2, que variam de 0 a 0,7.

Trata-se, portanto, de fatores de redução dos valores característicos das ações frequentes e quase permanentes, respectivamente, e que atuam em conjunto com a ação principal.

3.10.3.2   *Valores das solicitações de cálculo*

Segundo a NBR 8681 $\rightarrow$ 5.1.2.1, sendo o cálculo dos esforços feito em regime elástico linear, uma determinada solicitação de cálculo, produzida por uma ação característica genérica F_k, pode ser expressa por:

$$S_d = \gamma_f\, S_k = \gamma_f(\textbf{\textit{esforço causado por }} F_k) \tag{3.11}$$

Para verificações no estado-limite último de estruturas de concreto armado, em geral, os esforços solicitantes de cálculo podem ser obtidos diretamente da multiplicação dos esforços característicos calculados a partir das ações permanentes e variáveis pelo coeficiente $\gamma_f = 1{,}4$, na forma:

$$S_d = 1{,}4\,(\,S_{gk} + S_{qk}\,) \tag{3.12}$$

Para verificações aos estados-limites de serviço – fissuração e flechas –, de estruturas comuns de concreto armado, não é exigida a majoração dos esforços característicos, ou seja, toma-se, de forma simplificada, $\gamma_f = 1{,}0$.

Para os ELS, pode-se, inclusive, adotar valores reduzidos, conforme o subitem anterior 3.10.3.1, alínea b), para solicitações provenientes de ações variáveis de origens diversas e probabilidade reduzida de ocorrência simultânea.

3.11 MATERIAIS CONSTITUTIVOS

3.11.1 Aços de armaduras passivas para concreto armado

3.11.1.1 Propriedades principais

Nos projetos de estruturas de concreto armado, a NBR 6118 → 8.3.1 prescreve os aços classificados pela norma NBR 7480 – *Aço destinado a armaduras para estruturas de concreto armado – Especificação*, cujos valores característicos da resistência de escoamento são identificados em três categorias:

- aços CA-25, CA-50 e CA-60.

Quanto ao processo de fabricação e resistências de escoamento características f_{yk}, a NBR 7480 apresenta as seguintes denominações aos aços para concreto armado usados no Brasil:

❖ *Barras*:

Produtos de diâmetro nominal (ou bitola) $\Phi \geq 5,0mm$, obtidos por processo de laminação a quente. As propriedades são introduzidas na laminação, em decorrência da composição química (teores de ferro e carbono). São também denominados aços de *dureza natural* ou *doces* e têm alta ductilidade.

- Categorias: CA-25, com $f_{yk} = 250MPa$ e CA-50, com $f_{yk} = 500MPa$.

❖ *Fios*:

Produtos de diâmetro nominal (ou bitola) $\Phi < 10mm$, obtidos por trefilação ou processo equivalente. As propriedades físicas são resultantes do processo de laminação do aço, de sua composição química e de um posterior tratamento mecânico, a baixas temperaturas (torção, trefilação, etc.). São denominados aços *encruados* e de ductilidade normal.

- Categoria: CA-60, com $f_{yk} = 600MPa$.

Na notação brasileira, o prefixo CA é a abreviação para *aços para Concreto Armado*. O número na sequência indica o valor da resistência característica de escoamento f_{yk} ou f_y, expresso na unidade kgf/mm^2.

Quanto às propriedades mecânicas obtidas em ensaios de tração de barras de aço, a NBR 7480 estabelece que a resistência característica de escoamento é tomada como a tensão correspondente ao patamar de escoamento do diagrama tensão-deformação (σ-ε). Para barras sem patamar de escoamento definido no diagrama, a resistência de escoamento é convencionada como o valor da tensão correspondente à deformação residual ou permanente $0,2\%$.

Em edições anteriores das normas NBR 7480, de1996, e NBR 6118, de 1978, aços *com* e *sem* patamar de escoamento eram classificados, respectivamente, como classes A e B, notação que prevaleceu por muito tempo no Brasil.

A utilização do aço classificado como CA-50B era bastante frequente; assim, deve-se ter atenção em verificações do projeto de estruturas existentes mais antigas, construídas com esse tipo de aço, pois o diagrama tensão-deformação de cálculo apresentava peculiariedades que influenciavam o dimensionamento, em especial de peças fletidas.

A seguir, apresenta-se uma série de considerações práticas sobre os aços fabricados no Brasil para armaduras de estruturas de concreto armado, extraídas das normas NBR 7480 e NBR 6118 → 8.3:

a) O aço da categoria CA-50 é usado em todos os tipos de armadura, longitudinal ou estribos. O aço CA-60 é empregado apenas na armadura longitudinal de lajes e nos estribos de vigas e pilares, sendo que no caso de estribos, como será visto adiante, não resulta em economia, apesar de sua maior resistência característica. O aço CA-25 é de emprego limitado apenas a pequenas obras.

b) Os aços CA-25 e CA-50 são fornecidos em bitolas de *5mm* a *40mm* (barras). O CA-25 é produzido em barras com superfície lisa e o CA-50 em barras com saliências na superfície, chamadas *mossas*, com a finalidade de melhorar mecanicamente a aderência e a resistência do conjunto aço-concreto, necessidade oriunda da maior resistência do aço CA-50.

c) Os aços CA-60 são fornecidos na forma de fios com entalhes na superfície e bitolas de *2,4mm* a *10mm* (ver tabela 4.1, ao final do capítulo 4, que apresenta as bitolas padronizadas da NBR 7480).

d) As barras comerciais são fornecidas em feixes ou rolos, de comprimentos de até *11m*, com tolerância de ± *9%*. Sob encomenda, podem ser fornecidas barras de até *26m* de comprimento, com aumento médio de preço de *15%*. Diâmetros nominais diferentes também podem ser produzidos a pedido, para obras especiais.

e) A NBR 7480 exige identificação obrigatória de barras com bitola $\Phi \geq 10mm$, feita por laminação em relevo ao longo da superfície, com espaçamento não inferior a *2m*, indicando o fabricante e a classe do aço.

f) A identificação das barras de aço com bitola $\Phi < 10mm$ pela NBR 7480 é feita por pintura das suas extremidades, de acordo com um código de cores dessa norma (por exemplo: CA-60 – cor azul, CA-50 – branca).

g) Os aços encruados por processo a frio não devem sofrer emendas por solda, pois o aquecimento das barras pode provocar a perda das propriedades mecânicas obtidas com o tratamento mecânico a baixas temperaturas.

h) Permite-se o emprego simultâneo de diferentes categorias de aço em uma mesma peça, desde que uma delas seja usada na armadura principal e outra apenas em armaduras secundárias.

i) O valor da massa específica do aço de armaduras passivas de qualquer categoria pode ser admitido igual a *7850kg/m³*.

j) O coeficiente de dilatação térmica linear dos aços para concreto armado é admitido igual a $10^{-5}\,°C^{-1}$ para intervalos entre *-20* e *150°C*.

k) O valor do módulo de elasticidade do aço, na falta de ensaios ou valores fornecidos pelo fabricante, pode ser admitido igual a $210GPa$.

3.11.1.2 Aços com patamar de escoamento definido (CA-25 e CA-50)

Os aços classificados como de dureza natural ou doces, em geral, apresentam no diagrama tensão-deformação (σ-ε) obtido de ensaios de suas barras, à tração ou à compressão, um *patamar de escoamento* bem definido, indicado pela reta paralela ao eixo horizontal ε_s, mostrada na figura 3.2, a seguir.

A inclinação da reta na origem do diagrama é aproximadamente constante para todos os tipos de aço especificados pela NBR 7480. A tangente do ângulo α é denominada *módulo de elasticidade* ou *módulo de Young*.

Na falta de ensaios de determinação, a NBR 6118 → 8.3.5 admite o módulo de elasticidade do aço com o valor constante $E_s = 210GPa = 2,1.10^5 MPa$.

O diagrama σ-ε e o módulo de elasticidade do aço são parâmetros essenciais para o dimensionamento dos elementos de concreto armado. Desses conceitos se estabelecem as expressões de cálculo, que tomam por base as relações de equilíbrio de esforços nas seções e de compatibilidade de deformações, conforme a natureza das solicitações.

A deformação específica do aço ε_s ($= \Delta l / l$ = deformação absoluta por unidade de comprimento) é adimensional e expressa comumente, por comodidade em se tratando de números muito pequenos, nas notações mm/m ou $\%_o$.

Por exemplo, a deformação específica de escoamento de cálculo do aço CA-50 é igual a $\varepsilon_{yd} = 0,00207$ e expressa na forma $2,07\%_o$ ou $2,07mm/m$.

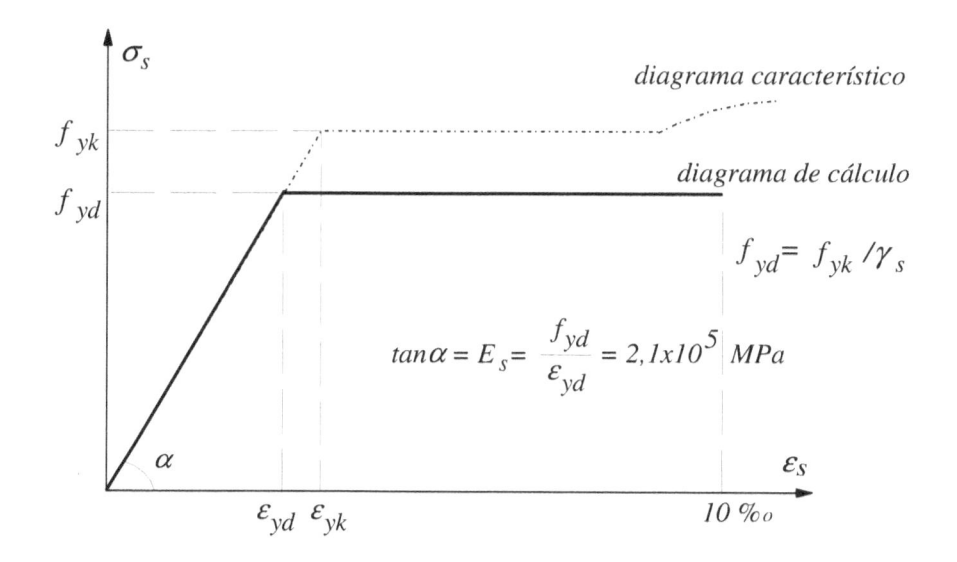

Figura 3.2: Diagrama tensão-deformação dos aços CA-25 e CA-50

Fisicamente, isso significa que uma barra de aço de comprimento *1,0m* deve entrar em escoamento quando atinge a deformação aproximada de *2,07mm*.

A deformação específica do aço é limitada, ao final do patamar de escoamento, pelo valor máximo convencional *10‰*, para evitar a ocorrência de deformações plásticas excessivas das armaduras tracionadas de peças fletidas no ELU.

É importante destacar que, na maior parte dos ensaios à tração de amostras de aço realizados no Laboratório de Ensaios de Materiais do Departamento de Engenharia Civil e Ambiental da UnB, constatou-se que os aços classificados como CA-50 com diâmetro inferior a *10mm* não apresentam no diagrama σ-ε um patamar de escoamento bem definido, fato também observado em outros centros de pesquisa. Esse patamar, na realidade, apresenta-se de forma mais nítida apenas em barras com $\Phi \geq 10mm$, mostrando a influência da geometria da barra nessa propriedade do aço.

3.11.1.3 Aços sem patamar de escoamento definido (CA-60)

Para os aços sujeitos a processo de encruamento a frio, as propriedades físicas são alteradas e o diagrama tensão-deformação obtido dos ensaios de barras submetidas à tração não apresenta patamar de escoamento definido.

Após o trecho inicial linear, que se estende até um valor de tensão aproximado de $0,7f_{yk}$, denominado *limite de proporcionalidade*, o diagrama σ-ε torna-se uma curva, como mostra a figura 3.3.

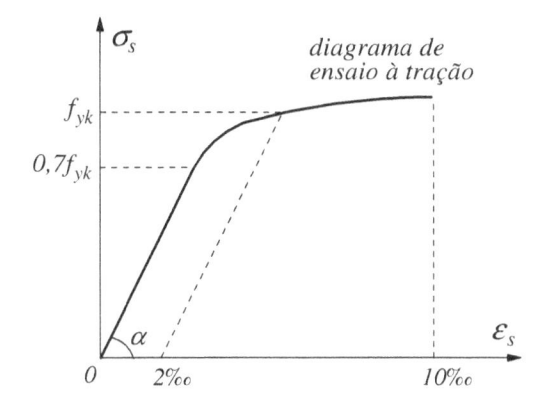

Figura 3.3: Diagrama tensão-deformação do aço CA-60 (encruado) e
aços CA-25 e CA-50 com $\Phi < 10mm$

No diagrama σ-ε, o alongamento máximo das barras de aço é também limitado ao valor $10‰$, para prevenir deformações plásticas excessivas no ELU de elementos fletidos.

Não havendo para esses aços patamar de escoamento definido, a NBR 7480 estabelece um *escoamento convencional,* como a ordenada correspondente ao cruzamento da curva com a reta paralela à reta de origem, traçada a partir da abcissa $0,2\%$ (ou $2‰$), correspondente à deformação permanente residual, após a carga aplicada voltar a zero durante o ensaio.

3.11.1.4 Diagrama simplificado de cálculo: aços CA-25, CA-50 e CA-60

Para cálculos nos estados-limite de serviço e último, a NBR 6118 → 8.3.6 apresenta um diagrama simplificado de cálculo σ-ε , conforme a figura 3.4, válido para aços com ou sem patamar de escoamento, aplicado às tensões de tração e compressão e temperaturas entre *-20* e *150º C.*

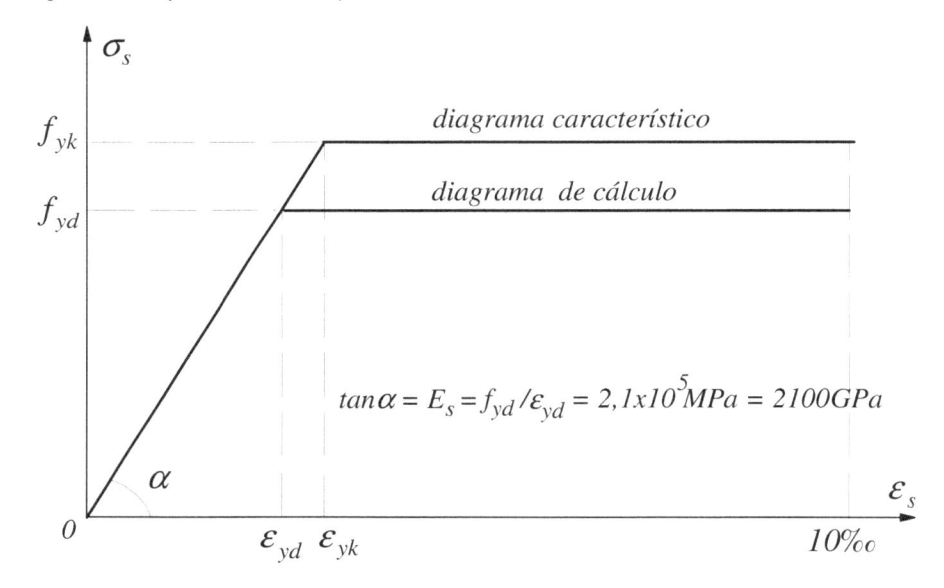

Figura 3.4: Diagrama σ-ε simplificado de cálculo dos aços CA-25, 50 e 60

Do diagrama σ-ε, os aços para concreto armado observam as expressões:

$$\sigma_s = E_c \varepsilon_s \quad \text{para} \quad 0 \le \varepsilon_s \le \varepsilon_{yd} \qquad (3.13)$$
$$\sigma_s = f_{yd} \quad \text{para} \quad \varepsilon_{yd} \le \varepsilon_s \le 10\ \text{‰}$$

Com base no diagrama simplificado e nas expressões (3.13), a tabela 3.4, a seguir, apresenta os valores de grandezas de interesse ao projeto estrutural relativas às propriedades mecânicas dos aços.

Para obtenção dos valores da tabela, foi adotado o coeficiente de minoração do aço $\gamma_s = 1,15$, usual no projeto de estruturas de concreto armado. No caso de emprego de aço CA-25 sem controle de qualidade, em obras de pequena importância, o coeficiente γ_s deve ser multiplicado por *1,1*, como prescreve a NBR 6118 → 12.4.1. Assim, as resistências e deformações da tabela devem ser recalculadas.

A última coluna da direita da tabela 3.4 mostra os valores da tensão f'_{yd}, que representam a resistência máxima de cálculo de armaduras de aço em peças comprimidas de concreto armado. Eles correspondem à deformação específica de esmagamento do concreto à compressão axial, definidas pela NBR 6118 → 8.2.10.1 como $\varepsilon_{c2} = 2‰$ para as classes de concreto até C50.

Para as classes de concreto C55 a C90, cada valor de f'_{yd} deve ser calculado pela expressão (3.13), com a deformação ε_{c2} obtida da tabela 3.5, à frente.

Tabela 3.4: Propriedades mecânicas dos aços para concreto armado

$A\varsigma o$	$f_{yk}\,(MPa)$	$f_{yd} = f_{yk}/1,15$	$\varepsilon_{yd}\,(‰)$	$f'_{yd}\,(MPa)$
CA-25	250	217	1,035	217
CA-50	500	435	2,070	420
CA-60	600	522	2,484	420

A limitação da tensão no aço comprimido se justifica pois, quando o concreto esmaga, as barras isoladas não são capazes de garantir a capacidade resistente do elemento de concreto armado. Portanto, essa prescrição é exigida no cálculo da armadura comprimida de pilares, tema do capítulo 5.

O aço CA-50 é quase exclusivo nas armaduras de pilares e vigas de concreto armado, pois o CA-60 é fornecido apenas em bitolas até *10mm*, de grande aplicação em lajes, mas é o valor mínimo da Norma para barras longitudinais de pilares e, além disso, sua resistência elevada não é aproveitada para uso em estribos, como será visto nos capítulos 5 e 6. Em geral, o CA-25 é usado somente em obras de pequena importância.

3.11.2 Concreto

3.11.2.1 *Propriedades principais*

Segundo a NBR 6118 → 8.2.1, os dispositivos da Norma se aplicam a concretos compreendidos nas classes de resistência dos grupos I e II da NBR 8953, ou seja, concretos das classes C20 a C90 ($20MPa \leq f_{ck} \leq 90MPa$). A seguir, apresentam-se algumas considerações práticas, e também extraídas da NBR 6118 → 8.2, sobre o concreto utilizado no Brasil,:

a) A resistência característica à compressão mínima para estruturas apenas com armadura passiva é $f_{ck} = 20MPa$ (classe C20). Essa resistência exigida para o concreto armado, a partir da NBR 6118: 2003, foi uma indispensável restrição aos valores muito baixos antes usados nas obras no Brasil. A edição de 2014 avançou até a classe C90 ($f_{ck} = 90MPa$), do grupo II da NBR 8953, apontando para resistências mais elevadas, uma tendência irreversível, pois, além de representar economia nos volumes de concreto e aço, implica maior durabilidade da estrutura.

b) A classe C15 é permitida apenas em obras provisórias ou para concreto sem fim estrutural.

c) Cabe alertar que o emprego de resistências mais elevadas do concreto implica a exigência de controle tecnológico rigoroso do concreto e da execução, pois, caso contrário, o projeto estrutural estará em risco ao adotar valores elevados.

d) Para concretos com armadura ativa, em estruturas de concreto protendido, o valor mínimo é $25MPa$ (classe C25).

e) As prescrições da Norma aplicam-se a concretos de massa específica normal, isto é, concretos que, depois de secos em estufa, apresentam uma massa específica (ρ_c) compreendida entre $2000kg/m^3$ e $2800kg/m^3$ (NBR 6118 → 8.2.2).

f) Se a massa específica real do material não é conhecida e quando não forem realizados ensaios, para efeito de cálculo, pode-se adotar para o concreto simples $\rho_c = 2400kg/m^3$ e para o concreto armado $\rho_{ca} = 2500kg/m^3$.

g) A Norma estabelece parâmetro para a consideração aproximada da taxa volumétrica de armaduras de aço em estruturas de concreto armado, ao declarar: "Quando se conhecer a massa específica do concreto utilizado, pode-se considerar para valor da massa específica do concreto armado aquela do concreto simples acrescida de 100kg/m^3 a 150kg/m^3". Ou seja, em cada m^3 de concreto armado, pode-se estimar de 100 a $150kg$ de aço.

h) O valor do coeficiente de dilatação térmica linear do concreto pode ser admitido igual a $10^{-5}\,°C^{-1}$, para efeito da análise estrutural.

3.11.2.2 *Diagrama tensão-deformação do concreto sob compressão*

Para cálculo de elementos de concreto armado no regime elástico, é necessário definir o módulo de elasticidade do concreto, mesmo não havendo trecho linear nítido no diagrama tensão-deformação.

Segundo a NBR 6118 → 8.2.10.1:

Para tensões de compressão menores que $0,5f_c$, pode-se admitir uma relação linear entre tensões e deformações, adotando-se para módulo de elasticidade o valor secante dado pela expressão constante em 8.2.8.

A figura 3.5(a) esboça um diagrama σ-ε para as resistências $f_{ck} \leq 50MPa$, baseado em resultados experimentais. Nota-se uma inclinação acentuada no início da curva e o encurtamento específico para a tensão máxima tem valor aproximado de $2mm/m$ ou $2‰$. Para análises no ELU, a Norma indica um diagrama tensão-deformação à compressão *idealizado*, apresentado a seguir na figura 3.5(b).

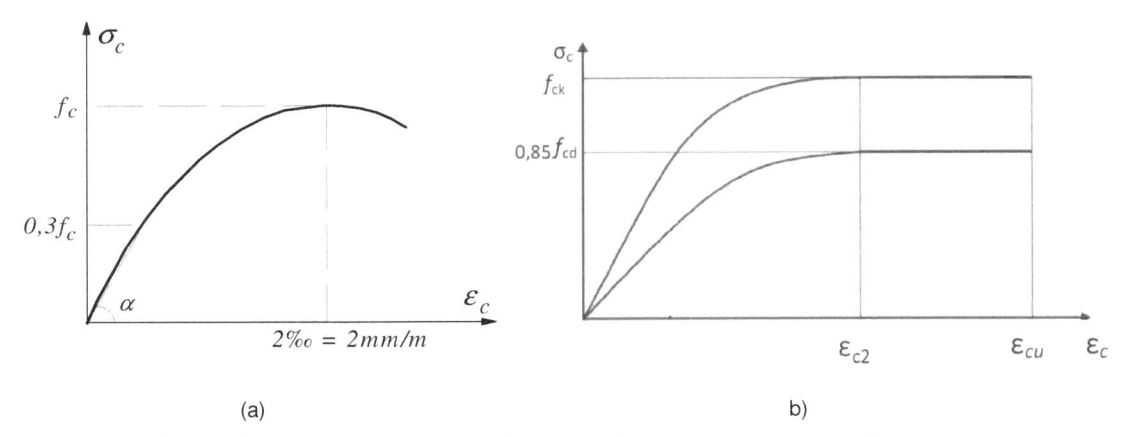

(a)   b)

Figura 3.5: Diagramas tensão-deformação do concreto à compressão

No diagrama σ-ε idealizado, usualmente denominado *diagrama parábola-retângulo,* conforme a NBR 6118 → 8.2.10.1, a tensão de compressão de cálculo do concreto no trecho parabólico é expressa por:

$$\sigma_c = 0{,}85f_{cd}[1 - (1 - \varepsilon_c/\varepsilon_{c2})^n] \tag{3.14}$$

onde: $n = 2$ para $f_{ck} \leq 50MPa$

$n = 1{,}4 + 23{,}4[(90 - f_{ck})/100]^4$ para $f_{ck} > 50MPa$.

As deformações específicas de encurtamento do concreto no início do patamar plástico, ε_{c2}, e na ruptura, ε_{cu}, são definidos conforme a resistência por:

❖ Classes até C50: $\varepsilon_{c2} = 2‰$ e $\varepsilon_{c2} = 3{,}5‰$

❖ Classes C55 a C90: $\varepsilon_{c2} = 2{,}0‰ + 0{,}085‰(f_{ck} - 50)^{0{,}53}$ e   (3.15)

$$\varepsilon_{cu} = 2{,}6‰ + 35‰[(90 - f_{ck})/100]^4.$$

Uma noção dos valores das deformações específicas do concreto ε_{c2} e ε_{cu} é de interesse, como expõe a tabela 3.5, segundo as classes de resistência característica à compressão f_{ck}, das expressões (3.15).

Tabela 3.5: Valores dos encurtamentos específicos do concreto no início do patamar plástico, ε_{c2}, e na ruptura, ε_{cu}, conforme a resistência

Grandezas	Classes de resistência característica do concreto (MPa)								
	20 a 50	55	60	65	70	75	80	85	90
ε_{c2} (‰)	2,000	2,199	2,288	2,357	2,416	2,468	2,516	2,559	2,600
ε_{cu} (‰)	3,500	3,125	2,884	2,737	2,656	2,618	2,604	2,600	2,600

Da tabela 3.5, verifica-se a perda progressiva de dutilidade do concreto com o aumento da resistência e a diminuição do patamar plástico, chegando ao extremo para $f_{ck} = 90MPa$, quando se tem $\varepsilon_{c2} = \varepsilon_{cu} = 2,6‰$.

Os concretos acima de C50 proporcionam vantagens inegáveis, mas implicam maior cuidado no projeto e na execução para prevenir a ruptura frágil por esmagamento do concreto comprimido, além de garantir suas propriedades.

Na expressão (3.14), o coeficiente de redução $0,85$ aplicado sobre a tensão de cálculo f_{cd} visa a considerar a influência sobre a resistência à compressão do concreto das ações de longa duração atuantes na estrutura. O pesquisador alemão Rusch (1981) foi o pioneiro, na década de 1940, na proposta desse parâmetro, justificado por Graziano (2011) pela consideração de três fatores:

a) Diminuição de resistência do concreto sob ações de longa duração; ensaios com carga aplicada de forma muito lenta mostram que as resistências são 27% menores, em média, que às de ensaios usuais de curta duração.

b) Crescimento da resistência após 28 dias, prazo convencional em que se considera atingir a maturação do concreto e sua resistência máxima. Na realidade, a resistência cresce com o tempo, podendo alcançar, em função da composição, valores até 22% maiores, em média, após meses ou anos.

c) Diferença para menos nas resistências dos corpos de prova e do concreto da estrutura, em média de 5%; ensaios mostram também que corpos de prova mais esbeltos apresentam redução na resistência à compressão.

Desses três fatores, resultaria o coeficiente obtido como o produto:

$$0,85 = 0,73. \ 1,22. \ 0,95 \tag{3.16}$$

Segundo a NBR 8522: *Concreto – Determinação do módulo estático de elasticidade à compressão*, toma-se para o módulo de deformação tangente à origem ou inicial do concreto, E_{ci}, um valor "[...] equivalente ao módulo de deformação secante ou cordal entre 0,5 MPa e 30% f_c (ver 7.1), para o carregamento estabelecido neste método de ensaio".

Na falta de ensaios, a NBR 6118 → 8.2.8 propõe a estimativa do módulo de elasticidade do concreto em função da resistência característica à compressão e do agregado graúdo utilizado. Dessa subseção, o módulo de elasticidade tangente inicial é estimado pelas expressões a com f_{ck} e E_{ci} em MPa:

$$E_{ci} = \alpha_e 5600 f_{ck}^{1/2} \quad \text{para} \ \ f_{ck} \text{ de } \textbf{20 a 50MPa} \tag{3.17}$$

$$E_{ci} = 21,5.10^3 \alpha_e (f_{ck}/10 + 1,25)^{1/3} \text{ para } f_{ck} \text{ de } \textbf{55 a 90MPa}$$

Em função do agregado graúdo, o coeficiente α_e assume os valores:

❖ $\alpha_e = 1,2$ para basalto e diabásio; $\alpha_e = 1,0$ para granito e gnaisse;

❖ $\alpha_e = 0,9$ para calcário; $\alpha_e = 0,7$ para arenito.

Para análises elásticas, em especial nas verificações aos ELS, adota-se o *módulo de elasticidade secante*, obtido pelo método de ensaio da NBR 8522 ou estimado pela expressão da NBR 6118 → 8.2.8:

$$E_{cs} = \alpha_i E_{ci} \tag{3.18}$$

com: $\alpha_i = 0,8 + 0,2 f_{ck}/80 \leq 1,0$.

A tabela 8.1 da Norma é transcrita no capítulo 8, mostrando E_{ci}, E_{cs} e α_i para concretos C20 a C90 e agregado graúdo de granito, em que o coeficiente redutor α_i varia de $0,85$ a $1,0$.

Os módulos E_{cs} e E_{ci} são usados em situações distintas de projeto, com valores adaptados à análise global da estrutura ou à análise que considera as não linearidades de elementos isolados.

Nos diversos métodos utilizados nas análises linear e não linear, trabalha-se, na realidade, com o módulo de rigidez $E.I$ dos elementos estruturais, produto do módulo de elasticidade pelo momento de inércia da seção, como pode ser visto, por exemplo, na NBR 6118 → 14.6.4.1, 14.7.3.1 e 15.7.3.

Para verificação aos ELS, sendo o módulo secante do concreto representativo das tensões em serviço de estruturas usuais, a NBR 6118: 2003 adotava apenas a expressão $E_{cs} = 0,85E_{ci}$, a favor da segurança, em geral.

3.11.2.3 Deformações do concreto

As deformações do concreto estrutural, desde a fase de moldagem e após a introdução das ações e solicitações subsequentes, com a retirada dos escoramentos, podem ser classificadas em dois grupos:

❖ *Próprias ou autógenas*: ocorrem mesmo antes da retirada do escoramento da estrutura e de sua entrada em carga, em virtude das características de porosidade e permeabilidade do material. É o caso das deformações térmicas e de retração.

❖ *Deformações sob carga*: produzidas na etapa seguinte à retirada do escoramento e à entrada dos carregamentos na estrutura, compreendendo as deformações *imediata* e *lenta*. Essa última ocorre ao longo do tempo, sendo denominada deformação de *fluência*.

A seguir, são apresentadas considerações sucintas sobre essas deformações, cujo estudo é complexo, apenas a título de informação de caráter geral.

a) Retração do concreto

> *Conceito:* fenômeno de variação de volume em peças de concreto, em razão da estrutura interna porosa e ação de forças capilares; o processo é acentuado nas primeiras idades e tende a se estabilizar após meses ou anos, em função de fatores diversos: ambientais, de execução e dimensionais.

Nas peças de concreto com cura (ou secagem) ao ar livre, a retração pode ter três causas distintas e não excludentes:

1) *Retração química por secagem ou primária*:

Resultante da contração das partículas do gel, camada que se forma em torno dos grãos de cimento, da reação com a água durante o processo de hidratação. A reação é exotérmica, isto é, produz aumento da temperatura no interior do concreto, que torna-se superior à externa, fato marcante em obras de *concreto massa*, como em barragens de concreto.

2) *Retração por evaporação*:

Decorrente do processo de evaporação, por capilaridade da parte da água utilizada no amassamento do concreto, que excede a estritamente exigida para a hidratação do cimento, e é necessária para dar trabalhabilidade.

3) *Retração por carbonatação ou secundária*:

Ocorre em ambientes com alto teor de dióxido de carbono (CO_2), como garagens e estacionamentos, associado ao teor de umidade elevado, com a carbonatação de produtos decorrentes da hidratação do cimento.

A retração é tema da NBR 6118 → 8.2.11 e tabela 8.2, que, para casos em que não se exige grande precisão, fornece valores característicos superiores da deformação específica de retração $\varepsilon_{cs}(t_\infty, t_0)$, em função da umidade média ambiente e espessura fictícia do elemento estrutural $2A_c/u$, em que A_c é a área de sua seção transversal e u o perímetro em contato com a atmosfera (o índice *s* da deformação reporta ao termo em inglês: *shrinkage*).

Os termos t_∞ e t_0 indicam, respectivamente, a idade do concreto com retração estabilizada, em tempo infinito, e a idade de aplicação de uma tensão constante, não havendo impedimento à livre deformação do concreto.

Sobre a tabela 8.2, a Norma declara:

Os valores desta Tabela são relativos a temperaturas do concreto entre 10 °C e 20 °C, podendo-se, entretanto, admiti-los como válidos para temperaturas entre 0 °C e 40 °C . Esses valores são válidos para concretos plásticos e de cimento Portland comum.

A figura 3.6, a seguir, simula o encurtamento de retração em uma peça linear de concreto de comprimento unitário, entre os tempos t_0 e t_∞, supondo que se estabilize em um tempo *infinito*, variável de um a três anos, em geral. Da citada tabela 8.2 e do diagrama da figura 3.6, após a estabilização em um tempo t_∞, os valores do encurtamento específico por retração para as peças estruturais de concreto armado variam entre os extremos:

❖ $\varepsilon_{cs}(t_\infty, t_0) = -0,15‰$: umidade média ambiente *90%*;

espessura fictícia = *60cm* ; t_o = *5 a 60 dias*.

❖ $\varepsilon_{cs}(t_\infty, t_0) = -0,53‰$: umidade média ambiente *40%*;

espessura fictícia = *20cm* ; t_o = *5 dias*.

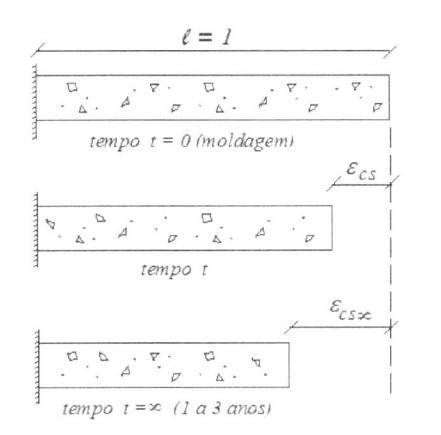
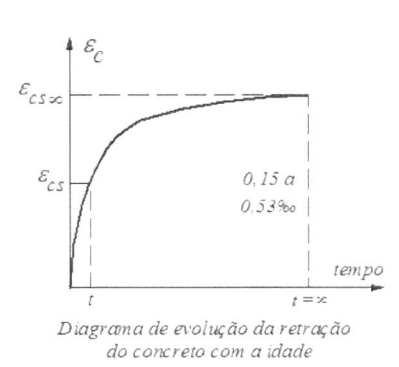

Figura 3.6: Deformação do concreto por retração

São fatores principais de influência sobre a retração do concreto: consumo e finura do cimento; relação água/cimento; adensamento e cura; dimensões das peças estruturais, em especial se expostas; disposição de armaduras; variações e gradiente de temperatura interna-externa; umidade relativa do ar e intensidade do vento.

As fissuras no concreto em virtude da retração têm como características:

- Pouca profundidade, uniforme em toda sua extensão;

- Estabilizam-se rapidamente, quando não associadas a outros fatores;

- Em peças laminares, as fissuras apresentam, em geral, um aspecto de malha ou mapa, cortando-se em ângulos de, aproximadamente, 90°;

- Em peças alongadas ou barras, as fissuras têm espaçamento uniforme, aproximadamente, ao longo da peça.

b) Deformações térmicas do concreto

As variações de temperatura ambiente provocam deslocamentos nas estruturas, que podem ser permanentes: encurtamentos com diminuições de temperatura e alongamentos com os aumentos. Se os vínculos existentes na estrutura impedem as deformações térmicas, elas introduzem tensões de naturezas distintas: de tração, se os encurtamentos são impedidos, e de compressão, se alongamentos são restringidos.

Uma vantagem essencial da associação concreto-aço é o fato de os materiais apresentarem valores bastante próximos para o coeficiente de dilatação térmica linear, o que vem minimizar as tensões térmicas internas, podendo então se tomar para o material concreto armado: $\alpha_{ca} = 10^{-5}\,^oC^{-1}$.

A consideração da temperatura em estruturas de concreto é complexa, envolvendo uma grande gama de fatores, como variações de temperatura não uniformes, a vinculação efetiva entre peças, diferenças relativas entre vãos e seções transversais, etc.

No caso mais geral de estruturas usuais, para peças cuja menor dimensão não seja superior a *50cm*, a NBR 6118 → 11.4.2.1 dispõe que seja considerada uma oscilação de temperatura em torno da média, de ±*10 a 15°C*, e admite que:

> [...] a variação da temperatura da estrutura, causada globalmente pela variação da temperatura da atmosfera e pela insolação direta, é considerada uniforme. Ela depende do local de implantação da construção e das dimensões das peças que a compõem.

Na edição 1978 da NBR 6118 → 3.1.14, havia uma prescrição que dispensava o cálculo de esforços oriundos de variações de temperatura em estruturas cuja dimensão máxima em planta não superasse *30m* e em estruturas envolvidas permanentemente por terra ou água. Tal disposição não constava da edição anterior, de 2003, que, na subseção 11.4.2.1, prescrevia apenas que "Em edifícios de vários andares devem ser respeitadas as exigências construtivas prescritas por esta Norma para que sejam minimizados os efeitos das variações de temperatura sobre a estrutura da construção".

Na edição atual, de 2014, subseção 24.4 – *Juntas e disposições construtivas*, a NBR 6118 adotou uma postura mais prudente:

> As juntas de dilatação devem ser previstas pelo menos a cada 15 m. No caso de ser necessário afastamento maior, devem ser considerados no cálculo os efeitos da retração térmica do concreto (como consequência do calor de hidratação), da retração hidráulica e das variações de temperatura.

As mudanças consecutivas nessas três edições da Norma mostram como é complexa a modelagem dos efeitos de temperatura sobre a estrutura de uma edificação.

No caso da edição de 1978, a dimensão máxima de *30m* já era objeto de questionamento por especialistas, como Sussekind (1980), que argumentava ser: "[...] excessivamente simplista (e errado) afirmar-se que, limitada a 30m a distância entre juntas de dilatação de uma estrutura, a mesma estará livre de esforços elevados oriundos de deformações impostas".

Vale ressaltar que a advertência de Sussekind, mesmo com as mudanças na Norma, ainda procede e o posicionamento e espaçamento das juntas de dilatação (de separação ou de movimento) exigem uma análise acurada no lançamento estrutural, sempre de acordo com o projeto de arquitetura e a correta execução.

Em estruturas muito hiperestáticas, tendo um *núcleo rígido* cuja inércia possa ser considerada infinita (composto, em geral, por caixas de escadas e poços de elevadores, com grande concentração de pilares e vigas), e que esteja distante do seu *centro de dilatação*, deslocamentos elevados podem ser impostos à estrutura, principalmente aos pilares periféricos.

Portanto, recomenda-se posicionar esse núcleo rígido o mais próximo possível do centro do prédio em planta, para reduzir deformações impostas por variações de temperatura.

As deformações absolutas das variações de temperatura Δl, determinantes para definir o espaçamento das juntas de dilatação, podem ser estimadas pela expressão:

$$\Delta l = \varepsilon_{ct}\, l \qquad\qquad (3.19)$$

onde:

l = distância do centro de dilatação da estrutura à seção considerada;

$\varepsilon_{ct} = \alpha\, \Delta T =$ deformação específica axial causada por variação uniforme de temperatura ΔT, sendo o coeficiente de dilatação térmica linear do concreto armado $\alpha_{ca} = 10^{-5\,o}C^{-1}$.

As tensões de origem térmica, se impedidas por vínculos, podem provocar fissuração prematura de peças estruturais.

Em um exemplo bastante simples, considere-se uma viga biengastada de concreto, com resistência característica $f_{ck} = 20MPa$ e submetida à redução uniforme de temperatura de 10^oC.

Pela expressão (3.19), o encurtamento da variação de temperatura seria:
$\varepsilon_{ct} = \alpha\, \Delta T = 10^{-5}.\, 10 = 10^{-4} = 0,1\%_o$.

Das expressões (3.17) e (3.18) anteriores, para $f_{ck} = 20MPa$, o módulo de elasticidade secante do concreto é $E_{cs} = 2,13.10^{4}MPa$. Com ele, pode-se calcular a tensão de tração oriunda da deformação de redução de temperatura impedida pelos engastes, admitindo-se a estrutura em regime elástico:
$\sigma_{ct} = E_{c}.\varepsilon_{ct} = 2,13MPa.$

Da tabela 3.5, obtém-se resistência à tração inferior do concreto:
$f_{ctk,inf} = 1,55MPa.$

Portanto, sendo a tensão de tração σ_{ct} superior à resistência característica à tração inferior do concreto, podem aparecer fissuras na peça. No entanto, isso vai depender, também, de outros aspectos do dimensionamento, como a rigidez relativa das peças, a disposição de armaduras e a qualidade da execução.

Vale acrescentar que as deformações de retração se superpõem às de variação de temperatura. Sendo necessário considerar o encurtamento de retração do concreto com o valor máximo previsto pela Norma, descrito anteriormente neste item como $\varepsilon_{cs,\infty} = 0,53\%_o = 53.10^{-5}$, essa deformação equivaleria à variação de temperatura uniforme a $53^{o}C$!

c) Deformação lenta ou fluência do concreto

Ao se retirar o escoramento de uma estrutura, ela entra em carga e ocorrem os deslocamentos iniciais das peças, que devem ser de natureza elástica, e o concreto sofre deformações imediatas. No entanto, com o aumento da idade, essas deformações continuam a aumentar, mesmo sob estado constante de carregamento e tensões.

Esse fenômeno é conhecido como deformação lenta ou de fluência, associado à natureza do concreto, pelo elevado teor de vazios no seu interior, à sua composição e à ação do meio ambiente. Os principais fatores de influência no tempo de estabilização e no valor final das deformações de fluência são: idade do concreto na aplicação do primeiro carregamento, umidade relativa e dimensões relativas das peças.

A deformação específica final é a soma das deformações imediata ε_{co} e de fluência ε_{cc}, em que o índice c reporta ao termo fluência em inglês: *creep*.

As deformações de fluência tendem a se estabilizar após alguns anos. De forma simplificada, a figura 3.7, a seguir, simula o encurtamento de uma coluna de concreto de comprimento unitário, entre as idades $t = 0$ e t_∞.

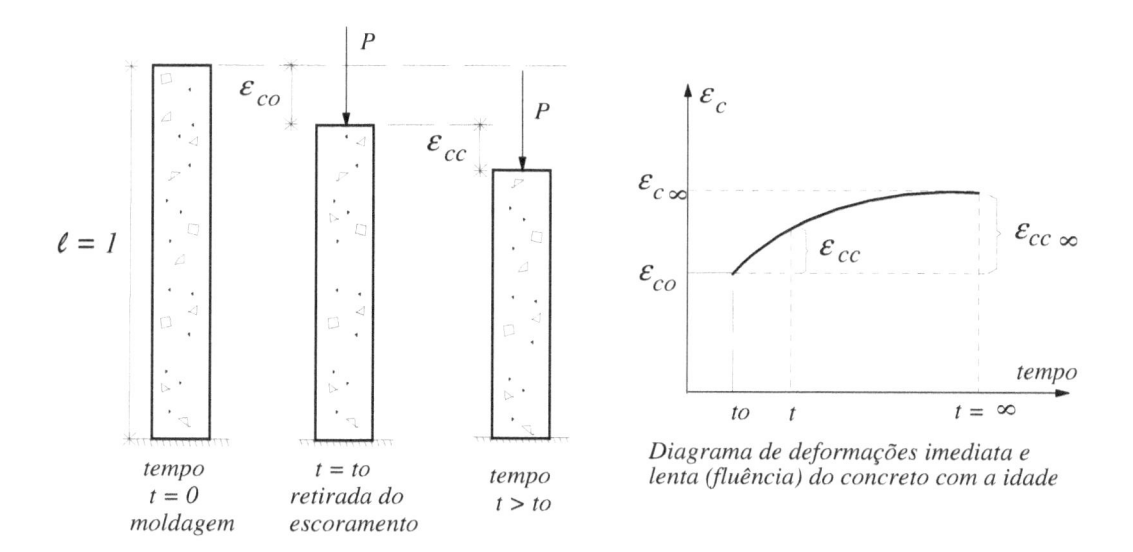

Diagrama de deformações imediata e lenta (fluência) do concreto com a idade

Figura 3.7: Deformações imediata e de fluência do concreto

Ao se retirar o escoramento da estrutura, em uma idade t_0, passa a atuar sobre o elemento uma força axial P, que provoca a deformação imediata ε_{co}, em seguida acrescida da deformação por fluência ε_{cc}. O fenônemo se estabiliza em tempo *infinito*, com uma deformação adicional $\varepsilon_{cc,\infty}$.

A tabela 8.2 da NBR 6118 → 8.2.11 fornece valores finais para o coeficiente de fluência $\varphi(t_\infty, t_o)$, para casos em que não é necessária grande precisão, em função da umidade média ambiente, de 40 a 90%, e da espessura fictícia da peça $2A_c/u$ (A_c é a área da seção transversal e u seu perímetro em contato com a atmosfera), para concretos das classes C20 a C45 e C50 a C90, além da idade t_o, quando do primeiro carregamento.

Os valores da tabela 8.2 da Norma são admitidos válidos para concretos plásticos e de cimento Portland comum e temperaturas entre 0 e $40°C$.

Ainda da tabela 8.2 da NBR 6118, a situação mais crítica em relação à fluência seria para a umidade relativa 40%, idade do concreto de $5\ dias$ no primeiro carregamento, concretos das classes C20 a C45 e espessura fictícia do elemento estrutural de $20cm$.

A consideração da fluência é obrigatória nas verificações de flechas em vigas nos estados-limites de serviço, estimando-se, por processo aproximado, a *flecha diferida no tempo,* decorrente de ações de longa duração, associadas às cargas permanentes na estrutura (NBR 6118 → 17.3.2.1.2).

Pela Norma, a flecha adicional diferida no tempo, proveniente da fluência do concreto, é obtida multiplicando-se a flecha imediata do cálculo elástico por um coeficiente que considera o encurtamento crescente do elemento fletido e a consequente alteração em sua curvatura.

Para concretos com idade igual ou superior a 70 meses ($5,8$ anos), a tabela 17.1 da subseção citada da Norma indica um fator multiplicador da flecha elástica que chega ao valor $2,0$. Ou seja, a flecha imediata obtida com a retirada do escoramento pode até dobrar após esse tempo!

A consideração incorreta do efeito da fluência é, muitas vezes, responsável por sérios problemas de funcionalidade e até mesmo da estrutura da edificação, como, por exemplo, o apoio de elementos estruturais em peças não resistentes, tema que será abordado no capítulo 8.

3.12 Notas sobre qualidade e durabilidade de estruturas de concreto

3.12.1 Requisitos gerais de qualidade e durabilidade

Conforme citado no subitem 2.6.2.2 do capítulo 2, a norma NBR 6118: 2014, entre outros aperfeiçoamentos, dedicou relevante atenção aos requisitos de qualidade da estrutura e do projeto e às exigências sobre a durabilidade, com três seções específicas nesses temas, a saber:

❖ Seção 5: Requisitos gerais de qualidade da estrutura e avaliação da conformidade do projeto;

❖ Seção 6: Diretrizes para durabilidade das estruturas de concreto; e

❖ Seção 7: Critérios de projeto que visam a durabilidade.

Além dessas acima, cabe menção à Seção 25 da Norma – *Interfaces do projeto com a construção, utilização e manutenção*, citada no subitem 3.9.2.2 deste capítulo.

Apesar da enorme importância dessas seções, sendo fortemente recomendada a leitura atenta de seus conteúdos, foge ao objetivo deste livro um maior aprofundamento sobre cada tema. Ao longo dos capítulos, algumas questões pertinentes serão tratadas, mas iremos abordar no item seguinte apenas um aspecto indispensável ao projeto de estruturas de concreto.

3.12.2 Espessura da camada de cobrimento de concreto

A durabilidade de uma estrutura de concreto é fortemente condicionada por algumas propriedades, tendo especial destaque a resistência à compressão do concreto, sua correspondente relação água-cimento e a espessura e qualidade do concreto de cobrimento das armaduras.

Quanto à primeira propriedade, paradoxalmente, deve-se atentar para o fato que a melhoria da qualidade dos cimentos pode até ter influência negativa à durabilidade, por possibilitar concretos de resistência razoável com valores elevados da relação água-cimento, mas com porosidade e permeabilidade inadequadas.

Sobre a qualidade do concreto, a tabela 7.1 da NBR 6118 → 7.4.2 apresenta valores mínimos para a relação água-cimento, admitindo quatro classes de agressividade ambiental, tratadas neste subitem.

Para garantir um cobrimento mínimo (c_{min} = *menor valor a ser respeitado ao longo de todo o elemento considerado*) das barras mais externas de armaduras, o projeto e a execução devem trabalhar com o cobrimento nominal (c_{nom}) igual ao cobrimento mínimo acrescido da tolerância de execução (Δc).

Importante enfatizar que a Norma considera que o atendimento ao cobrimento mínimo constitui um *critério de aceitação* da estrutura.

Tabela 3.6: Valores do cobrimento nominal para concreto armado

Componente ou elemento estrutural	Classes de agressividade ambiental			
	I	*II*	*III*	*IV*
	Cobrimento c_{nom} (mm)			
Viga / Pilar	*25*	*30*	*40*	*50*
Laje	*20*	*25*	*35*	*45*
Em contato com o solo	*30*		*40*	*50*

Assim, as armaduras e os espaçadores entre as barras de aço e dessas com as formas dos elementos de concreto armado devem respeitar rigorosamente o cobrimento nominal da tabela 3.6, extraída da NBR 6118 → 7.4.7.6, tabela 7.2. Esses valores incorporam uma tolerância $\Delta c = 10mm$ sobre o cobrimento mínimo, para as quatro classes de agressividade ambiental.

Pela NBR 6118 → 7.4.7.5, os cobrimentos nominais e mínimos são sempre referidos à superfície da armadura externa, em geral a face do estribo, no caso de pilares e vigas. Além disso, a espessura do cobrimento nominal deve ser sempre maior ou igual ao diâmetro da barra longitudinal a ser protegida.

A subseção 7.4.7.4 ainda dispõe que:

Quando houver um controle adequado de qualidade e limites rígidos de tolerância da variabilidade das medidas durante a execução, pode ser adotado o valor Δc = 5 mm, mas a exigência de controle rigoroso deve ser explicitada nos desenhos de projeto. Permite-se, então, a redução dos cobrimentos nominais, prescritos na Tabela 7.2, em 5 mm.

Cabe alertar que esse controle aplica-se a estruturas pré-moldadas, pois é quase impossível de se obter em obras comuns. No entanto, a Norma admite maior tolerância com o cobrimento da face superior de lajes e vigas:

[...] revestidas com argamassa de contrapiso, com revestimentos finais secos tipo carpete e madeira, com argamassa de revestimento e acabamento, como pisos de elevado desempenho, pisos cerâmicos, pisos asfálticos, aceitando um menor cobrimento nominal ≥ 15mm.

Por outro lado, exigências adicionais são dedicadas a superfícies expostas a ambientes mais agressivos, como reservatórios, estações de tratamento de água e esgoto e trechos dos pilares em contato com o solo, junto aos elementos de fundação.

As classes de agressividade ambiental e respectivos riscos de deterioração para estruturas usuais de edifícios urbanos, residenciais e comerciais, podem ser apresentados na forma simplificada seguinte:

a) Classe I - Agressividade fraca (risco de deterioração insignificante)

- ambientes internos secos: dependências de apartamentos residenciais e conjuntos comerciais ou ambientes com concreto revestido com argamassa e pintura;

- obras em regiões de clima seco (umidade relativa do ar ≤ 65%); partes da estrutura protegidas de chuva em ambientes predominantemente secos ou regiões onde raramente chove.

b) Classe II - agressividade moderada (risco de deterioração pequeno)

- ambientes internos úmidos ou com concreto aparente;
- ambientes em atmosfera marinha: internos secos de dependências de edificações residenciais e comerciais ou com concreto revestido com argamassa e pintura;
- obras em regiões de clima úmido (umidade relativa > 65%); partes da estrutura expostas à chuva em ambientes predominantemente secos ou regiões onde chove com frequência.

c) Classe III - agressividade forte (risco de deterioração grande)

- ambientes em atmosfera marinha: externos, internos úmidos ou com concreto aparente.

d) Classe IV - agressividade muito forte (risco de deterioração elevado)

- edificações sujeitas a respingos de maré ou em ambientes quimicamente agressivos.

A espessura e qualidade da camada de cobrimento de concreto têm extrema importância para a durabilidade de estruturas, mas são negligenciadas com grande frequência em obras de todo o Brasil.

Na execução, essa falha ocorre, em geral, pela ausência ou insuficiência dos espaçadores entre as barras de aço das armaduras, sem a garantia da distância mínima entre as barras ou entre elas e a superfície das formas de moldagem ou mesmo pela fabricação insatisfatória de espaçadores na própria obra.

No entanto, os danos podem também, ser motivados pelo projeto estrutural que não tenha previsão adequada nas plantas de detalhamento de armaduras para o espaçamento de barras e a camada de cobrimento de concreto.

Segundo a NBR 6118 → 7.5 – *Detalhamento das armaduras*, o projeto estrutural de qualidade deve satisfazer às duas prescrições seguintes, que merecem destaque especial:

As barras devem ser dispostas dentro do componente ou elemento estrutural, de modo a permitir e facilitar a boa qualidade das operações de lançamento e adensamento do concreto;

Para garantir um bom adensamento, é necessário prever no detalhamento da disposição das armaduras espaço suficiente para entrada da agulha do vibrador.

3.13 AUTOAVALIAÇÃO

3.13.1 Enunciados

1) Para os valores de deformação específica $\varepsilon_s = 1,5mm/m$ e $2,1mm/m$, determinar as tensões correspondentes para barras de aços CA-25, CA-50 e CA-60, a partir dos respectivos diagramas idealizados de cálculo da NBR 6118, e verificar a situação dessas barras quanto ao escoamento.

2) Para os valores de tensão no aço $\sigma_s = 400;\ 500$ e $600MPa$, determinar as deformações específicas correspondentes, a partir dos diagramas idealizados de cálculo dos aços CA-50 e CA-60.

3) Para uma barra de bitola $\Phi = 20mm$, sob uma força de tração de $100kN$, determinar a deformação específica correspondente para os aços CA-50, CA-60 e CA-25.

4) Para uma barra de aço com bitola $\Phi = 12,5mm$, submetida à força de tração $25kN$, determinar a deformação específica correspondente do aço CA-25, em obra de pequena importância, sem controle de qualidade.

5) Repetir o exercício 3, tomando as barras de aço com bitolas $\Phi\ (mm) = 10;$ $12,5;\ 16;\ 20;\ 22;\ 25;\ 32$ e 40, para o aço CA-50.

6) Para concretos das classes de resistência C20, C40, C60, C70 e C90, da NBR 8953, determinar para o aço CA-50 as tensões máximas admissíveis para barras comprimidas em peças de concreto armado.

7) Classificar cada afirmação a seguir como verdadeira (V) ou falsa (F):

a) A resistência característica do concreto à tração média das classes da NBR 8953 caracteriza-se por manter valor aproximado de $10\%f_{ck}$ (   ).

b) A resistência característica do concreto à tração superior caracteriza-se por superar o valor de $10\%f_{ck}$ nas classes até C50.   (   )

c) A resistência característica do concreto à tração inferior caracteriza-se por não superar $10\%f_{ck}$ em nenhuma classe da NBR 8953.   (   )

8) O projeto estrutural de uma obra especificou o concreto da classe C20. Durante a concretagem de um pavimento, constatou-se uma alteração significativa na umidade dos agregados, tendo o controle tecnológico fornecido o valor da resistência característica estimada $f_{ck,est} = 17MPa$. Que providências devem ser tomadas em relação à parte já concretada?

9) Em uma obra projetada com $f_{ck} = 25MPa$, foram ensaiados os corpos de prova dos exemplares de um lote de $50m^3$ de concreto, sendo obtidos os seguintes resultados individuais da resistência à compressão do concreto (em MPa): $30;\ 25;\ 25;\ 27;\ 22,5;\ 28;\ 26;\ 28;\ 29;\ 32;\ 33;\ 24$ e 29. Determinar o valor de $f_{ck,est}$ segundo o controle estatístico por amostragem parcial da NBR 12655.

10) Segundo dados do Departamento de Engenharia Civil e Ambiental da UnB, para um volume de concreto estrutural de $97000m^3$ lançado por mês em obras no Distrito Federal, no ano de 2004, foram ensaiados 8.900 corpos de

prova pelos laboratórios de controle tecnológico em atividade. Estimar a percentagem desse concreto que passou por efetivo controle de aceitação naquele ano, segundo exigências do controle estatístico por amostragem total da NBR 12655.

3.13.2 Comentários e sugestões para resolução dos exercícios propostos

1) Para cada categoria de aço, enquadrar as deformações específicas fornecidas em um dos trechos, linear elástico inicial ou no patamar de escoamento, do diagrama de cálculo σ-ε da figura 3.4, de acordo com os valores da tabela 3.4. Obter as tensões no aço das expressões (3.13).

2) Enquadrar as tensões fornecidas em um dos trechos do diagrama de cálculo da figura 3.4, conforme a categoria do aço e os respectivos valores limites da tabela 3.4. Observar que os aços podem não chegar a alcançar alguns dos valores de tensão do enunciado. As deformações específicas são obtidas a partir de uma das expressões (3.13).

3) Calcular, inicialmente, a tensão na barra. Se o valor for inferior à tensão de escoamento de cálculo da tabela 3.4, obter a deformação específica da primeira das expressões (3.13). Se a tensão for superior, significa que o aço não alcança a força aplicada para a bitola fornecida.

4) Similar ao exercício 3. No caso do aço CA-25, conforme o subitem 3.11.1.4 deste capítulo, no parágrafo que antecede a tabela 3.4, é necessário fazer a alteração do coeficiente de minoração da resistência do aço γ_s e as consequentes mudanças nos valores da tensão e da deformação de escoamento de cálculo do aço da mesma tabela.

5) Calcular as tensões correspondentes a cada bitola, cuja área da seção pode ser obtida diretamente da tabela 3.7 ao final deste capítulo. Determinar as deformações específicas como no exercício 3.

6) Obter as deformações do concreto da tabela 3.5 e as tensões no aço, a partir do diagrama σ-ε simplificado de cálculo da figura 3.4 e da expressão (3.13), revendo a tabela 3.4.

7) Na tabela 3.1, consultar as resistências características do concreto à tração média, superior e inferior, usadas pela Norma de acordo com o tipo de verificação ou cálculo, para as classes C20 a C90 da NBR 8953.

8) Consultar a parte final do subitem 3.9.2.2 deste capítulo, referente à aceitação ou rejeição de lotes de concreto, após o responsável técnico da obra receber os resultados do controle tecnológico. Ver ainda a alínea a) do subitem 3.11.2.1.

9) Rever o subitem 3.9.2.2 deste capítulo e a NBR 12655, itens 6.2.3.1 a 6.2.3.3, no que se refere aos tipos de controle da resistência do concreto e aos métodos de obtenção do valor estimado da resistência característica de um determinado lote.

10) Consultar a subseção 6.2.3.2 da NBR 12655 e supor todo o concreto produzido por central. O controle por amostragem total (100%) prescreve o ensaio de exemplares de cada amassada, no caso um caminhão betoneira, com capacidade usual de $8,0m^3$. Em geral, moldam-se quatro corpos de prova por caminhão, sendo dois rompidos aos sete dias e dois aos 28 dias.

Observação:

❖ Cerca de 2/3 do volume mensal de concreto no DF é produzido por centrais, sendo o restante moldado nas próprias obras, em geral de pequeno porte. A preferência pelo concreto usinado é recente, em virtude do custo acessível, pela forte concorrência no setor, da melhor qualidade e das áreas reduzidas dos canteiros de obras. No entanto, é erro comum, às vezes com consequências graves, acreditar que o concreto produzido por central estaria dispensado do controle de recepção na obra.

Tabela 3.7: Áreas das seções de armaduras passivas de aço $A_s \, (cm^2)$
para as bitolas padronizadas pela NBR 7480

$\Phi \, (mm)$ [1]		Massa Linear kg/m [2]	Número de fios ou barras									
Fios	Barras		1	2	3	4	5	6	7	8	9	10
2,4	-	0,04	0,05	0,09	0,14	0,18	0,23	0,27	0,32	0,36	0,41	0,45
3,4	-	0,07	0,09	0,18	0,27	0,36	0,46	0,55	0,64	0,73	0,82	0,91
3,8	-	0,09	0,11	0,23	0,34	0,45	0,57	0,68	0,79	0,90	1,02	1,13
4,2	-	0,11	0,14	0,28	0,42	0,56	0,70	0,83	0,97	1,11	1,25	1,39
4,6	-	0,13	0,17	0,33	0,50	0,66	0,83	1,00	1,16	1,33	1,49	1,66
5	5	0,16	0,20	0,39	0,59	0,79	0,98	1,18	1,37	1,57	1,77	1,96
5,5	-	0,19	0,24	0,48	0,71	0,95	1,19	1,43	1,67	1,90	2,14	2,38
6	-	0,22	0,28	0,57	0,85	1,13	1,42	1,70	1,98	2,26	2,55	2,83
-	6,3	0,24	0,31	0,62	0,94	1,25	1,56	1,87	2,18	2,49	2,81	3,12
6,4	-	0,25	0,32	0,64	0,97	1,29	1,61	11,93	2,25	2,58	2,90	3,22
7	-	0,30	0,39	0,77	1,16	1,54	1,93	2,31	2,70	3,08	3,47	3,85
8	8	0,40	0,50	1,00	1,50	2,01	2,51	3,02	3,52	4,02	4,52	5,03
9,5	-	0,56	0,71	1,42	2,13	2,84	2,55	4,25	4,96	5,67	6,38	7,09
10	10	0,62	0,79	1,58	2,37	3,14	3,93	4,71	5,50	6,28	7,07	7,85
-	12,5	0,97	1,23	2,46	3,69	4,91	6,14	7,36	8,59	9,82	11,04	12,27
-	16	1,58	2,01	4,02	6,03	8,04	10,05	12,06	14,07	16,09	18,10	20,11
-	20	2,46	3,14	6,28	9,42	12,57	15,71	18,85	21,99	25,13	28,27	31,42
-	22	2,98	3,80	7,60	11,40	15,21	19,01	22,81	26,61	30,41	34,21	38,01
-	25	3,85	4,91	9,82	14,73	19,64	24,54	29,45	34,36	39,27	44,18	49,09
-	32	6,31	8,04	16,08	24,12	32,17	40,21	48,26	56,30	64,34	72,38	80,43
-	40	9,87	12,57	25,14	37,71	50,27	62,83	75,40	87,96	100,53	113,10	125,66

[1] Outros diâmetros podem ser produzidos para obras especiais, por encomenda específica.

[2] A massa linear (em kg/m) referente a cada bitola é obtida pelo produto da área da seção nominal da barra (em m^2) por $7850kg/m^3$, valor da massa específica do aço.

Capítulo 4

CÁLCULO DE ELEMENTOS LINEARES À FLEXÃO PURA

4.1 Objetivos
4.2 Elementos lineares de concreto armado no estado-limite último por solicitações normais
4.3 Dimensionamento de seções com armadura simples
4.4 Prescrições da NBR 6118
4.5 Cálculo de seções com armadura dupla
4.6 Cálculo de seções em forma de T
4.7 Exemplos
4.8 Autoavaliação

Foto: Palácio do Itamaraty - escada do salão principal
(Acervo pessoal do autor)

Cálculo de elementos lineares à flexão pura

4.1 OBJETIVOS

> *Conceito:* a flexão de um elemento linear caracteriza-se pela atuação de *momentos fletores*, que produzem tensões normais à seção transversal do elemento e sua rotação em relação a eixos contidos na própria seção.

Conforme os esforços solicitantes que atuam na seção transversal além do momento fletor, a flexão pode ser classificada em:

❖ *Flexão pura:* quando se considera apenas o momento fletor (M) solicitando a seção, que fica sujeita somente a tensões normais.

❖ *Flexão simples:* quando atuam conjuntamente o momento fletor e a força cortante ($M; V$), produzindo tensões normais e tangenciais na seção.

❖ *Flexão composta:* quando atuam conjuntamente o momento fletor e a força normal ($M; N$), produzindo tensões normais na seção.

Quando o plano solicitante contém um dos eixos principais de inércia da seção transversal do elemento linear, a flexão é denominada *plana, normal ou reta*, caracterizada por momentos fletores que produzem rotação apenas em relação ao outro eixo principal da seção. Caso contrário, tem-se a *flexão oblíqua.* Como o peso próprio sempre atua nas peças estruturais, a flexão pura é uma abstração teórica.

Conforme a classificação da NBR 6118: 2014, nas subseções 14.4.1 e 14.4.1.1, apresentada no item 3.2 deste livro, denominam-se *vigas* os elementos lineares, ou barras, em que o comprimento longitudinal l supera em pelo menos três vezes a maior dimensão h da seção transversal e a flexão simples é a solicitação predominante.

A figura 4.1 esquematiza o ensaio à flexão de uma viga de concreto armado, com comprimento l, seção retangular $b.h$ e uma armadura de flexão, simbolizada por três barras longitudinais de tração. Uma força P normal ao eixo da viga é aplicada por meio de um *atuador* ou *macaco* hidráulico, sendo dividida em duas forças simétricas de igual valor, $P/2$, por um perfil metálico de distribuição.

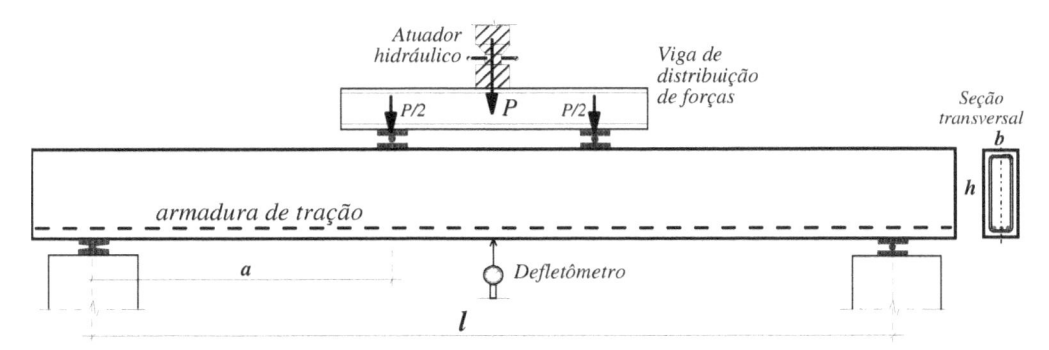

Figura 4.1: Ensaio à flexão de viga de concreto armado

Esse dispositivo de ensaio, em que as forças atuam em estágios crescentes até a ruptura da peça, é conhecido usualmente como *Ensaio de Stuttgart*. Nos vários estágios, podem ser medidas ou estimadas diversas grandezas, como: flechas por meio de *defletômetros*, como o *relógio comparador*, simplificado na figura 4.1; deformações absolutas e específicas no concreto e aço, por *extensômetros*; e rotações usando *clinômetros*.

Esse tipo de ensaio tem a vantagem de permitir a observação simultânea do comportamento da viga sob dois tipos distintos de solicitação. Uma flexão pura atua entre as forças simétricas $P/2$, com o momento fletor constante $M = Pa/2$. Já no trecho entre cada força e o apoio ocorre uma flexão simples, em que o momento fletor tem variação linear e a força cortante é constante, $V = P/2$.

Se as dimensões da viga da figura 4.1 observam a relação $l/h \geq 3$, pode-se admitir no dimensionamento das armaduras longitudinais que as seções estejam sob flexão pura, isto é, submetidas ao efeito isolado de momentos fletores.

O cálculo da armadura transversal das forças cortantes é feito em etapa posterior, mas depende da armadura longitudinal conhecida. Na etapa *detalhamento*, as duas armaduras são compatibilizadas para levar em conta a atuação conjunta momento fletor-força cortante, por meio de prescrições da Norma.

Pretende-se que o conteúdo deste capítulo contribua para os seguintes objetivos:

a) Disposição e finalidade da armadura de flexão de vigas de concreto armado.

b) Entendimento dos conceitos de *estádios de comportamento* à flexão pura e *domínio de deformações* da seção transversal de elementos lineares de concreto armado no estado-limite último produzido por solicitações normais.

c) Modos de ruptura à flexão de vigas de concreto armado.

d) Hipóteses básicas do dimensionamento do concreto armado à flexão pura.

e) Procedimentos para cálculo de vigas de seção retangular e T, com armaduras simples e dupla, segundo as disposições da NBR 6118: 2014.

f) Prescrições da Norma sobre dimensões da seção transversal de concreto, arranjo e taxas mínima e máxima da armadura longitudinal.

4.2 ELEMENTOS LINEARES DE CONCRETO ARMADO NO ESTADO-LIMITE ÚLTIMO POR SOLICITAÇÕES NORMAIS

4.2.1 Estádios de comportamento de vigas à flexão pura

Considere-se uma viga de concreto armado no ensaio à flexão do tipo Stuttgart, da figura 4.1, com cargas aplicadas em estágios de valores crescentes até a ruptura e desprezando o peso próprio da peça, muito reduzido frente às duas forças. A análise das grandezas medidas ou estimadas permite identificar três fases bem definidas do comportamento do trecho sob flexão pura, denominadas *estádios* na literatura técnica brasileira, termo usado na NBR 6118, apesar de não ser por ela definido de forma explícita.

A figura 4.4, a seguir, mostra os estádios típicos de flexão de uma viga de seção retangular, com armadura de tração A_s simbolizada por três barras de aço. As distribuições de tensões normais são vistas à direita do corte longitudinal.

Sob atuação do momento M, a seção indeformada a-a passa à posição a'-a', com rotação em torno da *linha neutra* – lugar geométrico dos pontos de tensão nula da seção –, permanecendo plana até a ruptura, na parte central da figura.

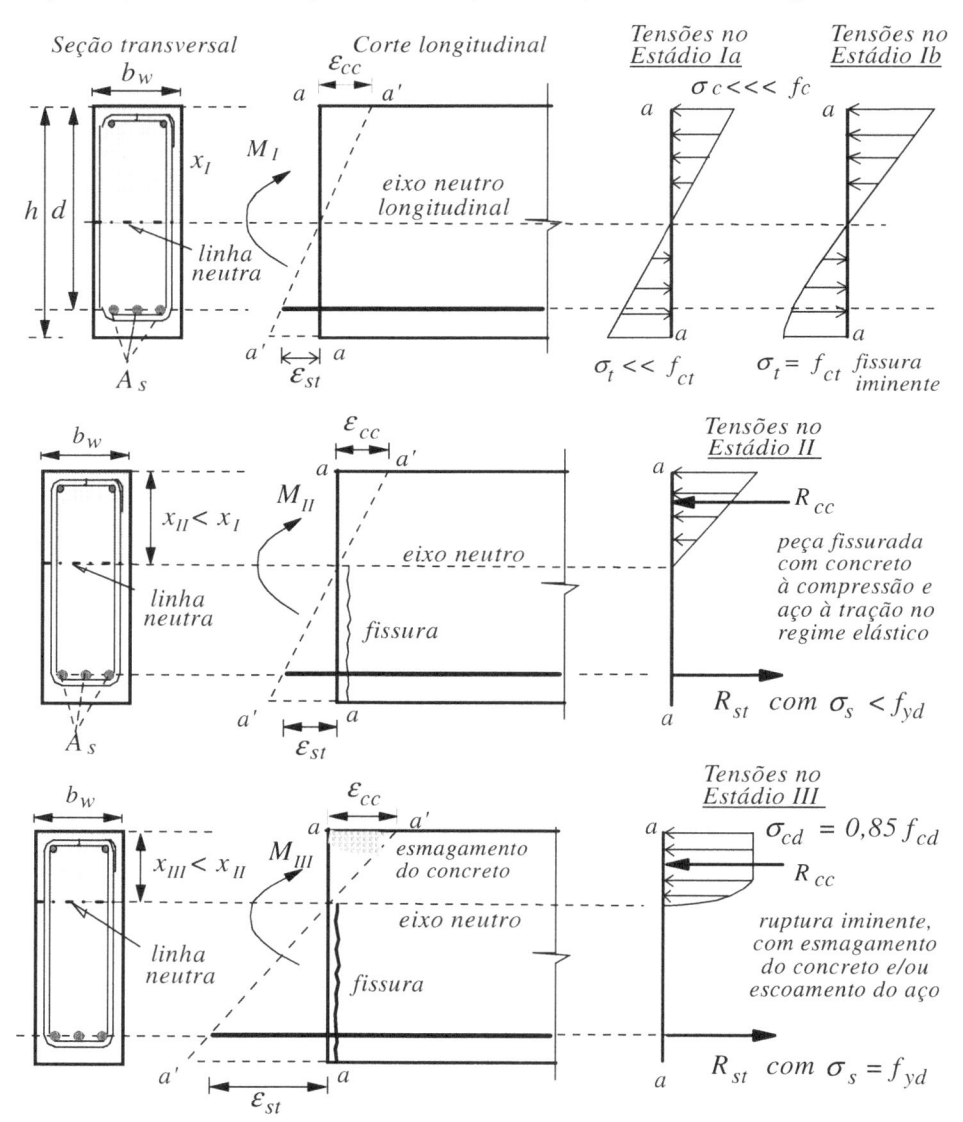

Figura 4.2: Estádios de comportamento do concreto armado sob flexão pura

Representa-se por ε_{cc} um encurtamento específico genérico do concreto e por ε_{st} o alongamento genérico do aço tracionado.

Os três estádios típicos da flexão pura são definidos como segue:

a) Estádio I - peça não fissurada

Fase inicial do ensaio, para valores do momento fletor M_I não muito elevados. As tensões normais em cada ponto da seção têm variação linear com sua distância à linha neutra: na zona tracionada, a tensão máxima σ_t é inferior à resistência à tração do concreto f_{ct} e a tensão máxima σ_c na zona comprimida está ainda longe de atingir a resistência à compressão do concreto.

❖ Estádio Ib (aparecimento iminente de fissuras – final do estádio I)

   Com o aumento dos valores de carga, antes de o concreto esgotar a resistência à tração, ele sofre plastificação na zona tracionada, isto é, deixa de haver resposta linear tensão-deformação. A primeira fissura vai surgir em função de fragilidade local, por não ser o concreto um material homogêneo.

b) Estádio II (peça fissurada)

Fase em que o concreto esgota a resistência à tração, passando as tensões a ser absorvidas apenas pela armadura longitudinal. Apesar da viga fissurada, o aço tracionado, com $\sigma_s < f_{yd}$, e o concreto comprimido estão ambos na fase elástica. Essa é a resposta linear prevista para o elemento fletido nos estados-limites de serviço. O momento fletor M_{II} é resistido por um binário interno constituído pelas resultantes das tensões de compressão no concreto R_{cc} e tração no aço R_{st}. Dessa forma, na viga com comportamento elástico em serviço, o momento fletor característico obtido dos diagramas traçados a partir de modelos da Teoria das Estruturas corresponde a um valor nessa fase, isto é: $M_{II} = M_k$.

c) Estádio III (peça na iminência de ruptura por flexão)

Para aproveitamento integral da capacidade resistente dos materiais, ao atingir o estado-limite último (ELU), a ruptura da viga deve ocorrer com o esmagamento do concreto à compressão e escoamento do aço à tração.

Dimensionar uma peça à flexão no ELU significa, portanto, estabelecer uma margem adequada de segurança no projeto para que não se atinja o Estádio III. Ou seja, o momento fletor de ruptura, também chamado *momento de cálculo, último* ou *de projeto*, deve ser no mínimo igual ao momento característico (ou de serviço) majorado por um coeficiente preestabelecido: $M_{III} = M_{Sd} = \gamma_f M_k$.

4.2.2 Modos de ruptura à flexão pura

Sendo o ELU de um elemento de concreto armado sob flexão pura dependente da intensidade do momento fletor solicitante, das dimensões da seção transversal, das resistências do concreto e do aço e respectiva área de armadura longitudinal de tração, pode prevalecer um dos seguintes modos na ruptura:

a) Ruptura balanceada

ELU da peça com o esmagamento do concreto à compressão e o escoamento do aço tracionado. Segundo a NBR 6118 → 17.2.2 – Figura 17.1, a seção que rompe desse modo é denominada *subarmada*. Deve-se atentar que isso não significa armadura insuficiente, pois os dois materiais componentes alcançam o limite de suas resistências convencionais de cálculo, à compressão e à tração, e a viga, antes da ruptura, mostra sinais visíveis de aviso de situações de risco: fissuras de abertura elevada e flechas excessivas.

Da literatura em inglês, este texto adota *ruptura balanceada* para os ELU em que o concreto esmaga e a deformação do aço está em qualquer ponto do patamar de escoamento. Se o ELU ocorresse com o aço exatamente no início do patamar e com o esmagamento do concreto, usava-se no Brasil o termo *seção normalmente armada*. No entanto, isso veio a perder o sentido perante os limites da Norma para garantir a dutilidade de peças fletidas, como será visto à frente.

b) Ruptura frágil à compressão

O esmagamento da zona comprimida ocorre sem escoamento do aço, por haver excesso de armadura de tração, com o concreto atingindo a deformação limite convencional ε_{cu}. O elemento não apresenta sinais de aviso de ruptura, pois são reduzidos os deslocamentos, o número, as aberturas e a extensão das fissuras.

c) Ruptura frágil à tração

Caracterizada pelo colapso brusco, quando a armadura de tração é insuficiente para absorver as tensões de tração transferidas pelo concreto ao aço após a fissuração. Ocorre quando a armadura de tração é inferior à mínima exigida pela Norma; o aço escoa e ultrapassa rapidamente o alongamento convencional máximo de *10‰*, com as barras longitudinais podendo romper no ELU.

A edição NB-1/78 explicitava, no item 5.1, como critério de segurança que:

> [...] as peças fletidas serão dimensionadas pretendendo-se que, se levadas à ruína, esta ocorra quando atingido o momento fletor de ruptura, sem que haja antes ruptura por cisalhamento, por escorregamento da armadura ou por deficiência da ancoragem desta.

Apesar de essa ênfase não constar das edições da NBR 6118: 2003 e 2014, trata-se de critério fundamental que pode ser resumido: "a ruptura por flexão deve ocorrer antes de qualquer outro tipo de ruptura do elemento". Como os elementos lineares de concreto armado têm as armaduras longitudinal e transversal obtidas a partir de esforços isolados, é essencial levar em conta a ação conjunta momento fletor-força cortante, devendo o detalhamento fazer a sua correta compatibilização.

4.2.3 Hipóteses básicas do cálculo à flexão pura

Para a análise no ELU dos esforços nas seções transversais de um elemento linear de concreto armado – viga, pilar ou tirante –, submetido a momento fletor e força normal, ou seja, solicitações normais, adotam-se as seguintes hipóteses básicas da NBR 6118 → 17.2.2:

a) As seções transversais se mantêm planas após a deformação, até a ruptura da peça. Essa hipótese é conhecida como *de Bernouilli* e admitida com plena validade quando se despreza o *empenamento* da seção, efeito produzido pelas tensões tangenciais oriunda das forças cortantes.

b) A deformação das barras da armadura passiva, em tração ou compressão, é considerada igual à do concreto em seu entorno.

c) As tensões de tração no concreto, normais à seção transversal, ou seja, sua a resistência à tração, são desprezadas no ELU.

d) A tensão no aço das armaduras é obtida com os valores de cálculo definidos na NBR 6118 → 8.3.6, mostrados no capítulo 3, pelo diagrama tensão-deformação simplificado da figura 3.4, expressões (3.13) e tabela 3.3, com o coeficiente usual para concreto armado de minoração $\gamma_s = 1,15$.

e) A distribuição de tensões de compressão no concreto faz-se de acordo com o diagrama parábola-retângulo idealizado da figura 3.5(b), abordado no subitem 3.11.2.2 do capítulo 3, com a tensão máxima $0,85f_{cd}$. Essa distribuição pode ser substituída por um *diagrama retangular simplificado*, à direita na Figura 4.3, com base em dois princípios: a resultante de compressão no concreto R_{cc} deve ser aproximadamente igual nos dois diagramas, bem como sua posição na altura da seção, de modo a garantir que sejam iguais os braços de alavanca das resultantes de compressão e de tração e, por consequência, o momento do binário interno resistente $R_{cc}.z$.

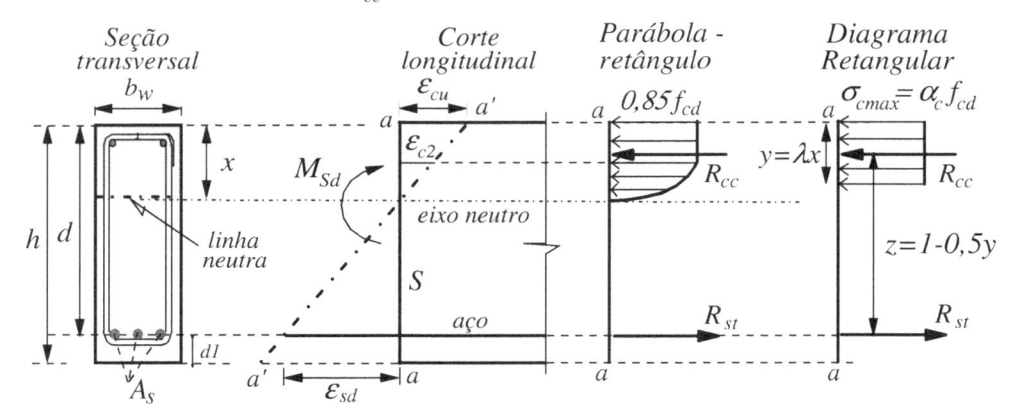

Figura 4.3: Tensões na seção de concreto armado no ELU por flexão pura

Os coeficientes λ e α_c que definem a altura do diagrama retangular e a tensão máxima no concreto, da NBR 6118 → 17.2.2(e), são dados por:

$$f_{ck} \le 50MPa: \ \lambda = 0,8 \ \text{e} \ \alpha_c = 0,85 \tag{4.1}$$

$$f_{ck} > 50MPa: \ \lambda = 0,8 - (f_{ck} - 50)/400 \ \text{e} \ \alpha_c = 0,85[1,0 - (f_{ck} - 50)/200]$$

Para as classes C20 a C90, a tabela 4.1 do subitem 4.3.3 apresenta os valores dos coeficientes λ e α_c, das expressões (4.1), e as deformações limites ε_{c2} e ε_{cu}.

A figura 4.4 apresenta exemplos de variação da largura da zona comprimida medida paralelamente à linha neutra, que, nos casos a), não diminuem na direção da borda.

Para concretos de classes até C50, valem os dois valores indicados na figura para σ_{cd}. Para os casos b) das classes C55 a C90, a tensão σ_{cmax} da expressão (4.1) deve ser multiplicada por $0,9$.

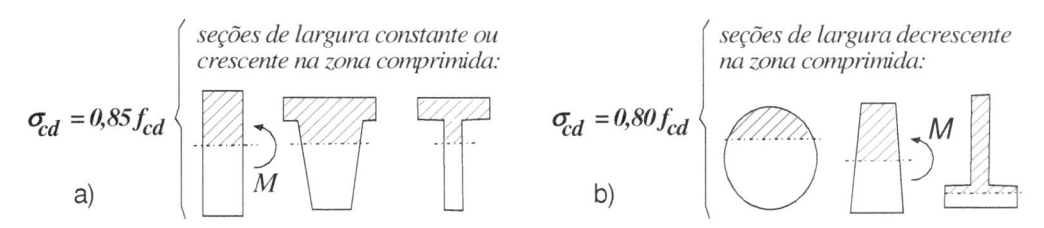

Figura 4.4: Valores da tensão máxima no concreto nos ELU de flexão

Na Figura 4.3 e neste livro, adota-se a simbologia seguinte, baseada quase toda em convenção internacional:

h = altura total da seção transversal = distância da fibra mais comprimida à fibra mais tracionada;

d = altura útil = distância do CG da armadura de tração à fibra mais comprimida da seção;

$d1 = h - d$ = distância do CG da armadura de tração à fibra mais tracionada;

x = profundidade da linha neutra: distância à fibra mais comprimida;

y = altura do diagrama retangular simplificado: define a linha neutra *fictícia*, abaixo da qual as tensões de compressão no concreto seriam nulas;

z = braço de alavanca das resultantes de tração e compressão na seção;

M_{Sd} = momento fletor solicitante de cálculo, último ou de projeto;

ε_{cd}; σ_{cd} = encurtamento e tensão genéricos máximos no concreto no ELU;

ε_{sd}; σ_{sd} = alongamento e tensão genéricos máximos no aço no ELU.

4.2.4 Domínios de deformações da seção no estado-limite último

> *Conceito: domínio de deformações* da seção transversal de um elemento linear de concreto armado no ELU por solicitação normal é a denominação atribuída ao intervalo que representa graficamente todas as possíveis situações convencionais em projeto para a ruptura da seção para aquela solicitação.

Para um elemento linear de concreto armado sob solicitação normal, podem ser identificados diferentes estados-limites últimos e modos de ruptura, em função da intensidade e natureza dos esforços solicitantes, das resistências dos materiais – concreto e aço –, das dimensões da seção e da quantidade e disposição das armaduras. Um ELU ocorre ao se atingir a deformação específica convencional máxima de um dos materiais, concreto ou aço, ou ambos de forma simultânea (rever estado-limite último: subitem 3.8.2 do capítulo 3).

Pelo subitem 3.8.3, "dimensionar uma estrutura de concreto significa definir as dimensões das peças e as armaduras correspondentes, a fim de garantir uma margem de segurança pré-fixada aos estados limites últimos [...]". Essa margem é estabelecida no projeto de duas formas: por meio de *situações convencionais* de ruptura, com os domínios de deformação; e com os valores de cálculo, que modificam esforços e resistências característicos por coeficientes de majoração ou minoração (rever subitem 3.10 do capítulo 3).

Nas rupturas convencionais de seções de concreto armado, os materiais são abordados como segue:

❖ *Aços CA-25, 50 e 60:*

   – Deformação de escoamento de cálculo ε_{yd} e alongamento convencional *10‰*, de acordo com o diagrama tensão-deformação simplificado da figura 3.4, expressões (3.13) e tabela 3.3, com o coeficiente $\gamma_s = 1,15$.

❖ *Concreto:*

   – Deformação específica de esmagamento ε_{cu}, do diagrama σ-ε idealizado da figura 3.5(b) e das expressões (3.15), conforme a classe do concreto.

A figura 17.1 da NBR 6118 → 17.2.2 representa, de forma conjunta, todos os domínios de ELU por solicitação normal da seção, ou seja, todas as situações de ruptura convencional de projeto para peças lineares de concreto. A assimilação do conceito de *domínio de deformações* não é simples numa primeira abordagem. No entanto, sua compreensão adequada é essencial em todo o processo de dimensionamento de estruturas de concreto e vale um estudo minucioso das diversas fases que levam à elaboração da figura 17.1 da Norma, reproduzida na figura 4.10 deste item.

❖ *Atenção*: não confundir os conceitos de *domínio* e *estádio*; o primeiro é uma representação gráfica de diversas situações convencionais de ELU, enquanto o segundo nomeia as três fases típicas de uma peça sob flexão pura, do comportamento elástico (estádios I e II) até a ruptura, ou estádio III.

À direita da figura 4.5, a seguir, representa-se a seção transversal S de um elemento linear e, ao lado, um corte longitudinal normal à seção. A posição 00 indica a seção indeformada, isto é, sem nenhum esforço atuante. A armadura longitudinal é simbolizada pelas três barras inferiores. À esquerda da posição 00 indicam-se as deformações de tração e, à direita, de compressão.

a) Domínio 1: ELU de tração não uniforme sem compressão

Ruptura convencional com deformação plástica excessiva do aço (alongamento máximo $10‰$), sem compressão no concreto.

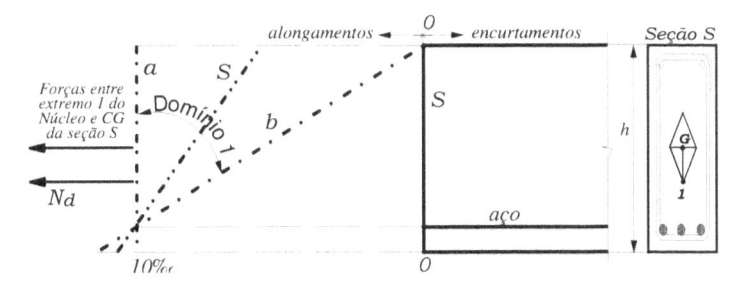

Figura 4.5: Domínio 1: Tração não uniforme sem compressão

A reta a indica ELU por força axial de tração N_d. A seção S sofre apenas translação, da posição indeformada 00 para $10‰$, alongamento convencional máximo do aço.

Se a resultante N_d de tração mantém-se dentro do *núcleo central de inércia* [1] da seção, todas as tensões são de tração. A reta limite b da figura 4.5 indica ruptura com N_d excêntrica no limite inferior do NCI (ponto 1): o aço sofre alongamento de *10‰* e a compressão no concreto é nula no extremo oposto de S. Para qualquer força normal entre o extremo 1 do NCI e o CG, as seções rompem assumindo uma posição entre as retas limites a e b da figura, tendo a deformação de *10‰* no aço como polo de giro. Essa ruptura convencional é denominada *Domínio 1: tração não uniforme, sem compressão* ou *tração com pequena excentricidade*, que implica força normal dentro do NCI. Esse ELU é característico de tirantes, não recomendados para o concreto armado, por dependerem exclusivamente da armadura, visto que se despreza a resistência à tração do concreto.

b) <u>Domínio 2: ELU de flexão sem ruptura do concreto</u>

Ruptura convencional com flexão predominante e deformação convencional máxima do aço de *10‰*, sem esmagamento do concreto, ou seja, $\varepsilon_c < \varepsilon_{cu}$.

O limite inferior do domínio 2 é a reta b do domínio 1 e o superior, a reta c. No ELU, as seções assumem posições entre as retas b e c, tendo a deformação *10‰* como polo de giro.

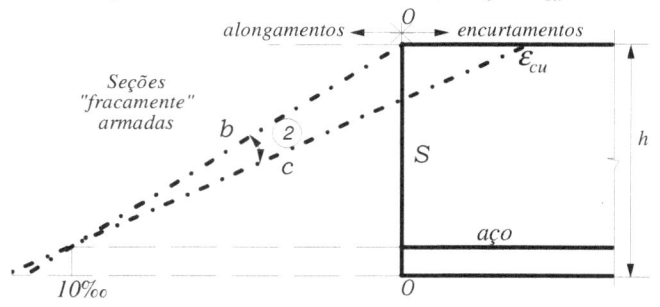

Figura 4.6: Domínio 2: flexão sem ruptura do concreto

No domínio 2, deve-se verificar a necessidade de armadura mínima, para prevenir ruptura frágil da zona tracionada, sendo neste livro identificado como das *seções fracamente armadas*, nome indicado por Polillo (1980). Cabe destacar que o termo *fracamente armada* não significa armadura deficiente, mas apenas uma seção de dimensões muito elevadas para o momento fletor atuante.

---

[1] *Núcleo central de inércia da seção*: região em que, estando nela aplicada a resultante das forças normais, as tensões têm todas o seu sentido: tração ou compressão. Na seção retangular sem armadura, pode-se demonstrar que o NCI é um losango com diagonal igual a *h/3*.

c) <u>Domínio 3: ELU de flexão com ruptura do concreto e escoamento do aço</u>

Ruptura convencional por flexão simples ou composta com o encurtamento limite do concreto à compressão ε_{cu} e escoamento da armadura de tração (figura 4.7). O limite inferior do ELU é a reta c do domínio 2. O limite superior do domínio 3 é a reta d, com o aço no início do escoamento e alongamento ε_{yd} e o máximo encurtamento do concreto no extremo superior da seção S.

Cabe a nota da alínea b) anterior sobre concretos C20 a C50, com encurtamento $\varepsilon_{cu} = 3,5\%_0$. O domínio 3 abrange as seções subarmadas, com ruptura balanceada, aproveitando os materiais de forma adequada e sinais de aviso de ELU.

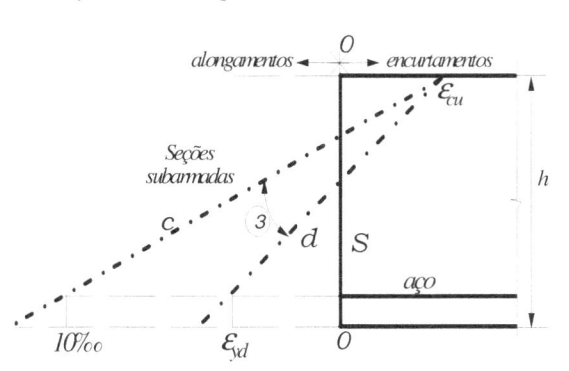

Figura 4.7: Domínio 3: flexão sem ruptura do concreto

Deve ser entendido que o termo subarmada não indica deficiência de armadura, mas um dimensionamento que implica uma ruptura com aviso. Mesmo assim, a Norma impõe limites no domínio 3 para garantir a dutilidade[2] da peça tema do subitem 4.3.4.1, à frente. A reta c da figura 4.7, limite entre domínios 2 e 3, implica a solução mais racional no ELU por flexão simples, pois ambos os materiais alcançam os limites máximos da Norma.

d) <u>Domínio 4: ELU de flexão com ruptura do concreto, sem escoamento do aço</u>

Ruptura convencional por flexão simples ou composta com esmagamento do concreto, sem escoar o aço tracionado ($\varepsilon_s < \varepsilon_{yd}$). A reta d do domínio 3 é o limite inferior do domínio 4 e a reta e, o limite superior. No ELU a deformação do aço é de $0\%_0$, inviável na flexão simples, mas possível na flexão composta.

---

[2] NBR → 17.2.2: "Em relação aos ELU, além de se garantir a segurança adequada, isto é, uma probabilidade suficientemente pequena de ruína, é necessário garantir uma boa dutilidade, de forma que uma eventual ruína ocorra de forma suficientemente avisada, alertando os usuários".

O cálculo no domínio 4 não é admitido na flexão simples, pois as seções seriam superarmadas, com risco de ruptura sem aviso, além da dutilidade reduzida, tema abordado no subitem 4.3.4.1. No entanto, essa situação pode ocorrer em elementos sob flexão composta.

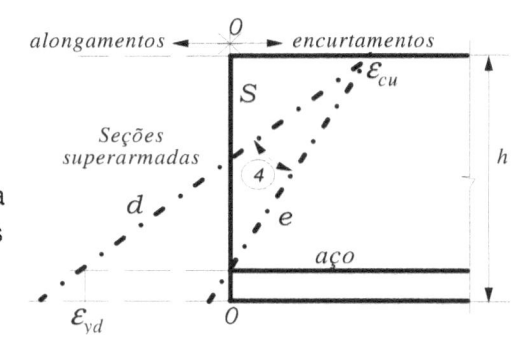

Figura 4.8: Domínio 4: flexão com ruptura do concreto

e) Domínio 5: ELU por compressão excêntrica, sem tração

A seção S da figura 4.9, a seguir, está toda sob compressão, com a resultante das forças dentro do núcleo central de inércia. A reta f indica ELU com N_d no limite superior do NCI (ponto 2). O encurtamento da fibra mais próxima é ε_{cu}.

A tração é nula no extremo oposto da seção S e a tensão de compressão no aço é muito reduzida. A reta g indica translação, com a seção paralela à posição indeformada 00 ou ELU por compressão axial, com o encurtamento do concreto ε_{c2}, das expressões (3.15) e tabelas 3.5 e 4.1.

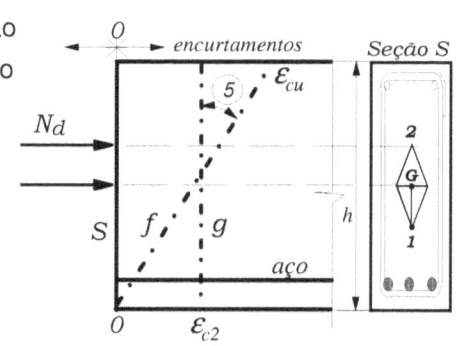

Figura 4.9: Domínio 5: ruptura sem tração no concreto

A ruptura no domínio 5 é denominada *compressão com pequena excentricidade* e a linha neutra cai fora da seção, ou seja, $x > h$, na figura 4.3.

Do exposto nas alíneas a) a e), conclui-se que cada um dos cinco domínios de deformações identifica um modo próprio de ruptura ou ELU, associado ao tipo de solicitação normal, dimensões da peça, taxas e disposição das armaduras.

Segundo a figura 17.1 da NBR 6118 → 17.2.2, as deformações no ELU da seção transversal são reunidos na figura 4.10.

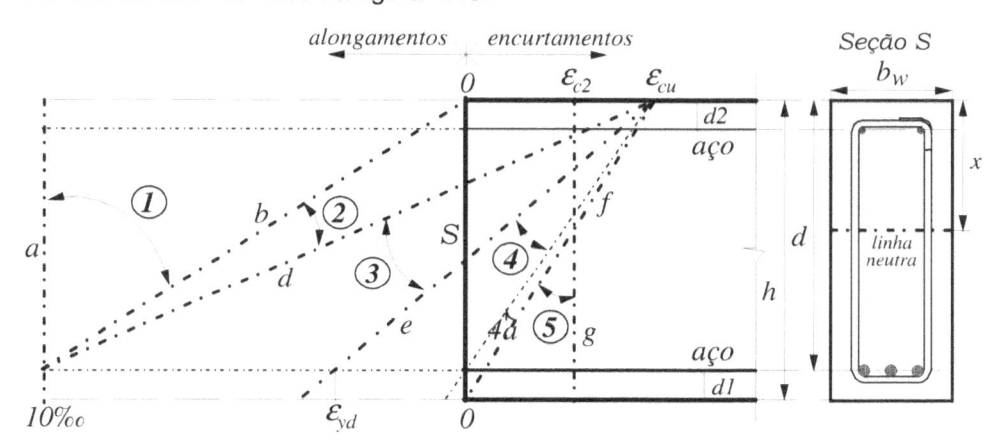

Figura 4.10: Domínios de deformação das seções no estado-limite último

A Norma inclui ainda o *domínio 4a*, uma pequena região de transição, de ELU por flexão composta, com ambas armaduras comprimidas e uma reduzida zona de concreto tracionada, nas fibras da seção abaixo da armadura inferior.

Na figura 4.10, as retas a e g indicam os ELU convencionais em que a seção transversal S rompe com translação, respectivamente, por tração ou compressão axial. Nos demais casos, a seção sofre rotação em torno da linha neutra, situada à distância x (notação internacional) da fibra mais comprimida.

As armaduras inferiores da figura estão sempre tracionadas nos domínios 1 a 4 e comprimidas nos domínios 4a e 5. As armaduras superiores são sempre comprimidas nos domínios 3 a 5 e quase todo o domínio 2, mas tracionadas no domínio 1. As duas barras longitudinais superiores ou porta-estribos devem ter bitola no mínimo igual à dos estribos, sendo obrigatórias como armadura de montagem, mesmo não sendo considerada a sua contribuição no cálculo.

Neste livro, as distâncias do CG da armadura tracionada (ou menos comprimida) e da armadura mais comprimida às fibras extremas da seção mais próximas são identificadas por $d1$ e $d2$, respectivamente, como mostrado na figura 4.10.

No dimensionamento no ELU das seções de vigas sob flexão pura, em que se considera apenas a atuação de momentos fletores, somente teriam significado os domínios 2, 3 e 4. No entanto, esse último não se aplica, pelo risco de ruptura sem aviso e dutilidade reduzida, como abordado na alínea d, subitem 4.2.4.

Da figura 4.10, para esses três domínios, as deformações específicas limites dos materiais componentes das seções de concreto armado no ELU – concreto, ε_{cd}, e aço, ε_{sd} –, podem ser assim expressas:

1) *Limite entre domínios 1 e 2:* $\varepsilon_{cd} = 0$ e $\varepsilon_{sd} = 10\%o$

   $\updownarrow$

   <u>Domínio 2</u>: $0 < \varepsilon_{cd} < \varepsilon_{cu}$ e $\varepsilon_{sd} = 10\%o$ – *seções fracamente armadas* (dimensões excessivas da seção de concreto: o dimensionamento deve prevenir ruptura frágil, verificando-se a armadura mínima de tração);

   $\updownarrow$

2) Limite entre domínios 2 e 3: $\varepsilon_{cd} = \varepsilon_{cu}$ e $\varepsilon_{sd} = 10\%o$ (ambos os materiais alcançam os limites convencionais máximos da Norma)

   $\updownarrow$

   <u>Domínio 3</u>: $\varepsilon_{cd} = \varepsilon_{cu}$ e $\varepsilon_{yd} < \varepsilon_{sd} < 10\%o$ – *seções subarmadas* (ruptura balanceada: os dois materiais atingem seus limites convencionais máximos de resistência no ELU)

   $\updownarrow$

3) *Limite entre domínios 3 e 4*: $\varepsilon_{cd} = \varepsilon_{cu}$ e $\varepsilon_{sd} = \varepsilon_{yd}$

   $\updownarrow$

   <u>Domínio 4</u>: $\varepsilon_{cd} = \varepsilon_{cu}$ e $\varepsilon_{sd} < \varepsilon_{yd}$ – *seções superarmadas* (dimensionamento deve evitar risco de ruptura sem aviso).

Para maior clareza das denominações acima, relativas aos diversos tipos de estado-limite último das seções de concreto armado, é recomendável rever o subitem 4.2.4 – *Modos de ruptura à flexão pura*.

4.3 DIMENSIONAMENTO DE SEÇÕES COM ARMADURA SIMPLES

4.3.1 Princípios básicos

> *Conceito:* a seção de concreto armado é calculada com *armadura simples* quando o cálculo à flexão indica a necessidade apenas de armadura na zona de tração para garantir a segurança ao estado-limite último.

O dimensionamento de seções no ELU consiste de duas etapas:

❖ Estabelecimento das dimensões da seção transversal e área das armaduras, de modo a garantir margem pré-estabelecida de segurança ao ELU, que deve ocorrer para o momento fletor de ruptura ou de cálculo: $M_{Sd} = \gamma_f M_k$.

❖ Verificação do comportamento aos estados-limites de serviço adequados, em geral, flechas e fissuração, para os valores característicos ou de serviço das resistências dos materiais e do momento fletor M_k.

Assim, em uma seção com armadura simples, sendo o momento fletor solicitante de cálculo M_{Sd} equilibrado pelo momento resistente M_{Rd}, apenas o concreto da zona comprimida é suficiente para constituir um binário interno com a armadura de tração.

A figura 4.11, a seguir, mostra, à esquerda, a seção transversal retangular de uma viga e ao centro um corte longitudinal representa o eixo neutro real da peça e as deformações do concreto e do aço. À direita, as tensões normais na seção e suas resultantes de compressão e de tração, que formam o binário interno resistente: $M_{Rd} = R_{cc}.z = R_{st}.z$. No diagrama retangular: $y = \lambda x$ e $\sigma_{cmax} = \alpha_c f_{cd}$.

As duas barras longitudinais acima, armadura de montagem ou porta-estribos, mesmo não sendo consideradas no cálculo com armadura simples, ainda assim colaboram com o concreto à compressão.

As expressões de cálculo são obtidas pelas condições a) e b) descritas a seguir, que serão detalhadas nos próximos subitens.

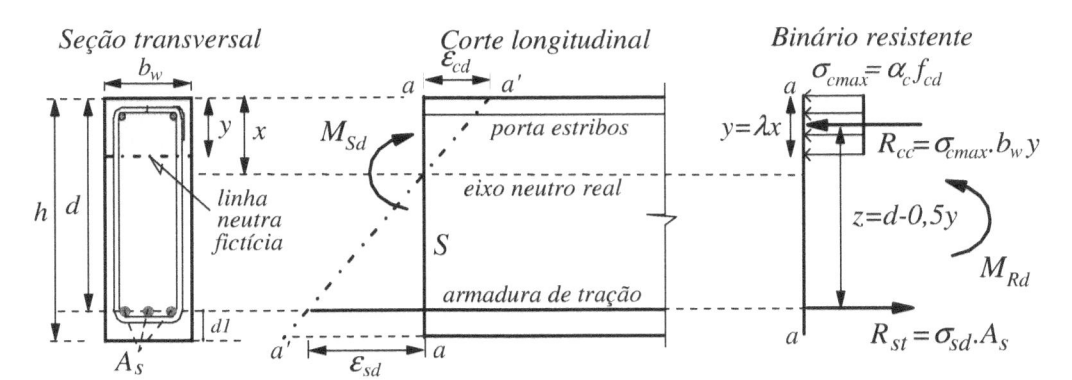

Figura 4.11: Seção retangular com armadura simples no estado-limite último

a) <u>Compatibilidade de deformações</u>

– Condição baseada na hipótese das seções planas, que permite estabeler relação entre as deformações específicas do concreto e aço no ELU.

b) <u>Equilíbrio de forças na seção</u>

– Condição que impõe ser o momento solicitante de cálculo igual ou inferior ao momento do binário interno resistente ($M_{Sd} \le M_{Rd}$).

4.3.2 Compatibilidade de deformações entre o aço e concreto

A seção transversal plana e indeformada a-a submetida ao momento fletor M_{Sd} sofre rotação em torno da linha neutra real da figura 4.11, vindo a assumir a posição a'-a', mas ainda permanecendo plana. Por semelhança de triângulos, as deformações do aço e concreto no ELU, ε_{cd} e ε_{sd}, são relacionadas na forma seguinte, sendo de interesse para a formulação definir o coeficiente adimensional:

❖ $k_x = x/d$ = *altura ou profundidade relativa da linha neutra.*

$$\varepsilon_{sd} = \frac{d-x}{x}\,\varepsilon_{cd} = \frac{1-x/d}{x/d}\,\varepsilon_{cd} = \frac{1-k_x}{k_x}\,\varepsilon_{cd} \quad e \quad \varepsilon_{cd} = \frac{k_x}{1-k_x}\,\varepsilon_{sd} \qquad (4.2)$$

$$k_x = \frac{x}{d} = \frac{\varepsilon_{cd}}{\varepsilon_{cd}+\varepsilon_{sd}} \qquad (4.3)$$

Entrando na expressão (4.3) com os valores limites das deformações do aço e concreto, expostas no final do subitem 4.2.4, podem ser definidos os intervalos para o coeficiente k_x nos domínios 2, 3 e 4 de solicitações normais:

a) <u>Limite entre domínios 1 e 2</u>: $k_x = 0$

$\updownarrow$

Domínio 2

$\updownarrow$

b) <u>Limite entre domínios 2 e 3</u>: $k_x = k_{xlim2\text{-}3} = \varepsilon_{cu}/(\varepsilon_{cu} + 10\%o)$

$\updownarrow$

Domínio 3

$\updownarrow$

c) <u>Limite entre domínios 3 e 4</u>: $k_x = k_{xlim3\text{-}4} = \varepsilon_{cu}/(\varepsilon_{cu} + \varepsilon_{yd})$

$\updownarrow$

Domínio 4

$\updownarrow$

d) <u>*Limite entre domínios 4 e 4a*</u>: $k_x = 1,0$

Portanto, o intervalo $0 \leq k_x \leq 1,0$ abrange todas as possibilidades de seções no ELU sob solicitações normais. Os extremos $k_x = 0$ e $k_x = 1$ não ocorrem nos domínios 2 e 4 de flexão simples, respectivamente, mas só na flexão composta.

No domínio 4, o cálculo deve ser evitado pois a seção seria superarmada com risco de ruptura brusca, e além disso, a Norma impõe limites mais rigorosos de dutilidade, inclusive para o domínio 3, tema do subitem 4.3.4.1, à frente.

É útil, ainda, introduzir k_z = *coeficiente do braço de alavanca relativo*, relativo às resultantes de compressão no concreto e de tração no aço, também adimensional, essencial nas expressões para cálculo das armaduras de flexão de seções de concreto armado, obtido da figura 4.11 como:

$$k_z = z/d = (d - 0,5y)/d = (d - 0,5\lambda x)/d = \mathbf{1 - 0,5\lambda k_x} \qquad (4.4)$$

A figura 4.12 associa os diagramas σ-ε do aço e concreto aos domínios da flexão simples, sendo o limite 2-3 independente do tipo de aço.

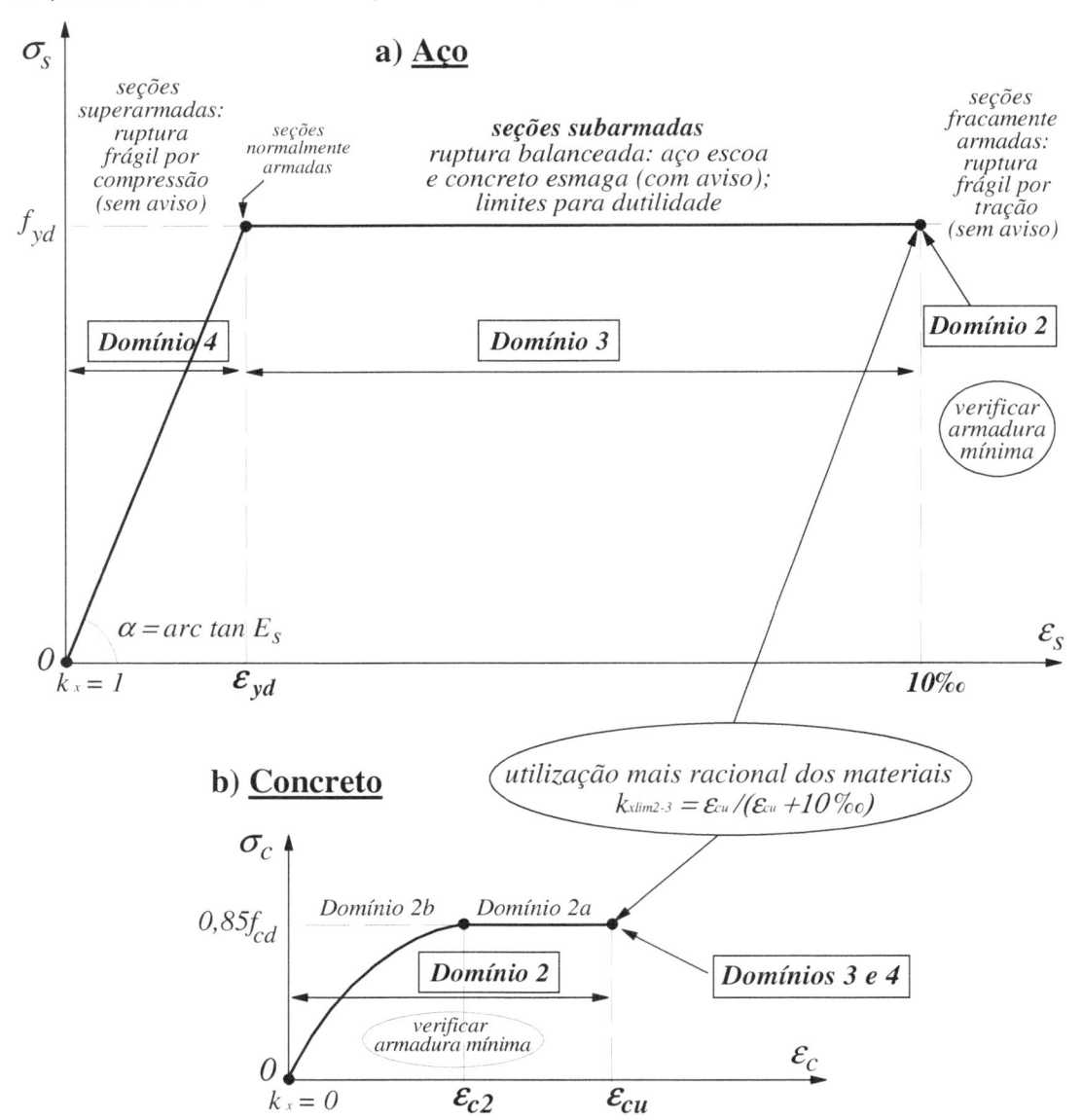

Figura 4.12: Diagramas σ-ε e domínios da flexão simples

4.3.3 Equilíbrio de momentos fletores solicitantes e resistentes na seção

Da distribuição de tensões na seção sujeita ao momento de cálculo M_{Sd}, da figura 4.11 e expressão (4.5), o momento do binário interno resistente do concreto à compressão e aço à tração pode ser expresso como segue:

a) Concreto à compressão:

$$M_{Sd} = R_{cc}z = (\sigma_{cmax}b_w y)(d - \lambda x/2) = (\alpha_c f_{cd} b_w \lambda x)(1 - \lambda x/2) d$$
$$M_{Sd} = (\alpha_c \lambda k_x k_z) b_w d^2 f_{cd}$$

Para uma formulação mais genérica, é de interesse o parâmetro adimensional:

$k_{md} = \alpha_c \lambda k_x k_z$ = coeficiente do momento fletor de cálculo, ficando:

$$M_{Sd} = k_{md} b_w d^2 f_{cd} \quad \Rightarrow \quad k_{md} = \frac{M_{Sd}}{b_w d^2 f_{cd}} \tag{4.5}$$

De (4.5), o coeficiente do momento k_{md} é associado às propriedades da seção transversal de concreto, b_w e d, e à resistência à compressão f_{cd}. Em geral, é o primeiro a ser obtido no cálculo, a partir do projeto de arquitetura.

Dos parâmetros α_c e λ, da expressão (4.1), do coeficiente k_z, que de (4.4) é função de k_x e este, por sua vez, depende das deformações genéricas ε_{cd} e ε_{sd} do concreto e do aço no ELU, pode-se escrever:

$$k_{md} = \alpha_c \lambda k_x k_z = \alpha_c \lambda k_x (1 - 0{,}5\lambda k_x) \tag{4.6}$$

De (4.6), a profundidade relativa da linha neutra k_x fica, então:

$$k_x = [1 - (1 - 2k_{md}/\alpha_c)^{1/2}]/\lambda \tag{4.7}$$

Para classes C20 a C50, fica: $k_x = 1{,}25 - 1{,}917(0{,}425 - k_{md})^{1/2}$.

Uma programação numérica para obter os coeficientes interdependentes é simples. No entanto, é util ter uma noção de valores das grandezas envolvidas para as classes de resistência do concreto, como na tabela a seguir, que inclui os principais limites do cálculo à flexão, sendo $y = \lambda x$ e $\sigma_{cmax} = \alpha_c f_{cd}$.

Tabela 4.1: Valores de grandezas essenciais para cálculo de vigas à flexão

Grandezas	Classes de resistência do concretos (f_{ck} em MPa)								
	20 a 50	**55**	**60**	**65**	**70**	**75**	**80**	**85**	**90**
ε_{c2} (‰)	2,000	2,199	2,288	2,357	2,416	2,468	2,516	2,559	2,600
ε_{cu} (‰)	3,500	3,125	2,884	2,737	2,656	2,618	2,604	2,600	2,600
λ	0,800	0,788	0,775	0,763	0,750	0,738	0,725	0,713	0,700
α_c	0,850	0,829	0,808	0,786	0,765	0,744	0,723	0,701	0,680
$k_{xlim2-3}$	0,259	0,238	0,224	0,215	0,210	0,207	0,207	0,206	0,206
$k_{zlim2-3}$	0,896	0,906	0,913	0,918	0,921	0,923	0,925	0,926	0,928
$k_{mdlim2-3}$	0,158	0,141	0,128	0,118	0,111	0,105	0,100	0,096	0,091
$k_{dlim2-3}$	2,517	2,665	2,796	2,908	3,002	3,085	3,161	3,235	3,313
Dutilidade k_{xlim}	0,450	0,350	0,350	0,350	0,350	0,350	0,350	0,350	0,350
k_{zlim}	0,820	0,862	0,864	0,867	0,869	0,871	0,873	0,875	0,878
k_{mdlim}	0,251	0,197	0,189	0,182	0,174	0,167	0,160	0,153	0,146
k_{dlim}	1,996	2,253	2,298	2,345	2,394	2,446	2,499	2,556	2,615

Pode-se notar na tabela que, para concretos das classes a partir de C55, Grupo II da NBR 8953, as deformações ε_{c2} crescem, enquanto as ε_{cu} diminuem, indo se igualar para a C90. Essa redução do patamar do diagrama σ-ε do concreto à compressão da figura 3.5 do capítulo 3 indica a perda progressiva de dutilidade das classes de resistência mais elevada.

As diferenças de α_c são mais significativas que em λ, ou seja, a tensão σ_{cmax} no ELU varia mais do que a altura do diagrama retangular. As últimas oito linhas da tabela mostram os coeficientes mais relevantes para o cálculo: os limites entre domínios 2 e 3 e de garantia da dutilidade, objeto do subitem 4.3.4, à frente.

b) Aço à tração

Da figura 4.11, o momento é equilibrado pelo binário resistente do aço, com a resultante das tensões de tração $R_{st} = A_s \sigma_{sd}$. Assim, com o momento de cálculo $M_{Sd} = R_{st}.z = (A_s \sigma_{sd})(z/d)d$ e o coeficiente $k_z = z/d$, a área de armadura é:

$$A_s = \frac{M_{sd}}{k_z\, d\, \sigma_{sd}} \tag{4.8}$$

A tensão de tração de cálculo do aço σ_{sd} no ELU é dada por:

❖ Domínios 2 ou 3: $\sigma_{sd} = f_{yd}$

❖ Domínio 4: $\sigma_{sd} = E_s \varepsilon_{sd}$. – a deformação do aço no ELU, com $\varepsilon_{sd} < \varepsilon_{yd}$, é obtida da expressão (4.3), função de k_x e ε_{cu}.

As áreas de armadura, nas bitolas padronizadas pela NBR 7480, estão nas tabelas 3.5 e 4.5, com A_s em cm^2, unidade mais usual no Brasil.

c) Coeficiente da altura útil da seção (k_d)

Da expressão 4.5, esse coeficiente pode ser definido como:

$$k_d = \frac{1}{\sqrt{k_{md}}} \quad \rightarrow \quad d = k_d \sqrt{\frac{M_{Sd}}{b_w f_{cd}}} \tag{4.9}$$

Na literatura técnica brasileira, era usual a seção ser denominada *normalmente armada* quando os coeficientes da flexão estavam exatamente no limite dos domínios 3 e 4 e utilizava-se o termo *altura útil mínima*, como uma referência para evitar peças superarmadas, em especial na época do cálculo manual e na etapa do pré-dimensionamento. Esse valor limite da altura útil era definido por:

$$d_{min} = k_{dlim3,4} \sqrt{\frac{M_{Sd}}{b_w f_{cd}}} \tag{4.10}$$

No entanto, esse conceito veio perder sua relevância com os limites estabelecidos para a dutilidade das peças fletidas pelas edições 2003 e 2014 da NBR 6118, descritos no subitem 4.3.4.

Obtido esse valor teórico d_{min} e com a altura útil dada d, era feita a classificação:

❖ $d = d_{min}$: seção normalmente armada – limite dos domínios 3 e 4;

❖ $d > d_{min}$: seção subarmada ou fracamente armada – domínios 2 ou 3;

❖ $d < d_{min}$: seção superarmada – domínio 4.

4.3.4 Considerações gerais sobre o cálculo com armadura simples

4.3.4.1 Garantia da dutilidade e redistribuição de momentos fletores

Pela NBR 6118 → 14.5.2:

> Os esforços solicitantes decorrentes de uma análise linear podem servir de base para o dimensionamento dos elementos estruturais no estado-limite último, mesmo que esse dimensionamento admita a plastificação dos materiais, desde que se garanta uma dutilidade mínima às peças.

A dutilidade e a capacidade de rotação das seções dependem da profundidade relativa da linha neutra no ELU. Valores elevados do coeficiente k_x reduzem a dutilidade e implicam risco de ruptura frágil, a se evitar no cálculo. Pela NBR 6118 → 14.6.4.3, para "Para proporcionar o adequado comportamento dútil em vigas e lajes, a posição da linha neutra no ELU deve obedecer aos seguintes limites":

$$k_x = x/d = 0,45 \quad \text{para} \quad f_{ck} \leq 50MPa \qquad (4.11)$$
$$k_x = x/d = 0,35 \quad \text{para} \quad 50MPa < f_{ck} \leq 90MPa$$

Nota:

❖ Neste livro, nos limites de dutilidade acima, o coeficiente da linha neutra é nomeado como k_{xlim}, bem como seus correspondentes k_{zlim}, k_{mdlim} e k_{dlim}, mostrados na tabela 4.1, de grande relevância no cálculo. **Destaque-se que esses limites estão dentro do domínio 3, pois a Norma exige precaução quanto à dutilidade das peças mesmo para seções subarmadas com ruptura balanceada.**

Também as tabelas 4.3 e 4.4, descritas no subitem a seguir, dão destaque especial a esses coeficientes adimensionais. Esses limites de dutilidade são particularmente relevantes nas regiões de apoio de vigas e ligações entre elementos estruturais, onde ocorrem cargas concentradas, e também no cálculo de seções com armadura dupla, objeto do subitem 4.5.

Outra consideração relevante refere-se aos diagramas de momentos traçados a partir da análise linear da estrutura, como vigas contínuas ou pórticos, em que os momentos negativos, em geral, são mais elevados que os positivos.

Esse fato induz as normas a permitir simplificações, tais como arredondar o diagrama de momentos sobre os apoios, pontos de aplicação de forças concentradas e nós de pórticos, além de proceder à redistribuição de momentos, reduzindo o momento fletor do diagrama em uma determinada seção transversal, de M para δM. O arredondamento do diagrama de momentos pode ser feito de modo aproximado, como indica a figura 14.6 da NBR 6118 → 14.6.3.

No aspecto da redistribuição de momentos, a NBR 6118 → 14.6.4.3 estabelece uma limitação para a profundidade da linha neutra na seção, por meio do coeficiente de redistribuição δ, na forma:

a) $k_x \leq (\delta - 0,44)/1,25$ ⇨ para concretos com $f_{ck} \leq 50MPa$;

b) $k_x \leq (\delta - 0,56)/1,25$ ⇨ para concretos com $50MPa < f_{ck} \leq 90MPa$.

O coeficiente de redistribuição deve observar, ainda, os valores $\delta \geq 0,90$, para estruturas de nós móveis, e $\delta \geq 0,75$, para qualquer outro caso.

4.3.4.2 Tabelas de coeficientes adimensionais para cálculo à flexão

A tabela 4.3, ao final deste capítulo, para concretos das classes C20 a C50, apresenta os coeficientes da flexão, com as respectivas deformações do concreto comprimido e do aço tracionado, correntes na grande maioria de obras no Brasil. A tabela abrange um amplo intervalo de valores, com $0,02 \leq k_x \leq 0,45$, esse último sendo o limite superior da NBR 6118: 2014 para garantir a dutilidade de peças sob flexão, como descrito no subitem anterior.

Os coeficientes adimensionais no limite entre os domínios 2 e 3 independem do tipo de aço, sendo $k_{xlim2-3} = \varepsilon_{cu}/(\varepsilon_{cu} + 10‰)$, da expressão (4.3) e alínea b) do subitem 4.3.2, também fornecido na tabela 4.1. Esse limite merece destaque por propiciar o uso mais racional dos materiais no dimensionamento ao ELU, com relação às deformações convencionais máximas do concreto e aço prescritas pela Norma. Na tabela 4.3, está sublinhado o coeficiente $k_{xlim2-3} = 0,259$, bem como os seus correspondentes.

A tabela 4.4 é mais direta e elaborada para todas as classes C20 a C90, contendo apenas os coeficientes da linha neutra relativa k_x, do momento k_{md} e do braço de alavanca k_z, este para cálculo de armaduras, pela expressão (4.8). Como antes mencionado, a programação para os coeficientes interdependentes é simples, com base na relação entre as grandezas e as classes de concreto, por meio de α_c e λ, da tabela 4.1, e expressões anteriores.

4.3.4.3 Domínio 2: variação das tensões de compressão no concreto

Nesse domínio, com $k_x < 0,259$, o aço atinge o alongamento limite de 10%, sem esmagamento do concreto. Deve-se verificar a necessidade de armadura mínima, em especial para $k_x < 0,17$, para prevenir o risco de ruptura frágil por tração, seguindo a prescrições do subitem 4.4.3, à frente. Conforme mostra o diagrama parábola-retângulo das figuras 4.12b) e 4.3, em função do encurtamento máximo do concreto, ε_{cd}, da segunda das expressões (4.2) e dos valores de ε_{c2} e ε_{cu} da tabela 4.1,o domínio 2 pode ser dividido em dois intervalos de tensões:

❖ Domínio $2a$: $\varepsilon_{c2} \leq \varepsilon_{cd} \leq \varepsilon_{cu}$ ⇨ no patamar do diagrama, com $\sigma_{cmax} = 0,85f_{cd}$
❖ Domínio $2b$: $0 \leq \varepsilon_{cd} \leq \varepsilon_{c2}$ ⇨ no trecho parábolico e σ_{cmax} da expressão (4.1).

Conforme o subitem 4.2.3, na alínea e), a Norma admite substituir o diagrama parábola-retângulo por um retangular simplificado para as tensões de compressão no concreto. No domínio 2, no entanto, é necessário corrigir a tensão do diagrama retangular $\sigma_{cmax} = 0,85f_{cd}$ para manter o mesmo valor da resultante R_{cc} nos dois diagramas.

A outra base da substituição de diagramas, o braço de alavanca z, das resultantes do concreto à compressão e do aço à tração, rigorosamente, sofre uma ligeira alteração. Entretanto, como a profundidade da linha neutra, x,em relação à altura da peça é muito reduzida no domínio 2, o erro resulta desprezível, além de ser a favor da segurança (SUSSEKIND, 1980).

Essa correção pode ser feita sobre a tensão no concreto, $\sigma_{cmax} = \beta \alpha_c f_{cd}$, por meio do fator β, obtido da compatibilidade de deformações na zona comprimida e de princípios básicos da Mecânica dos Sólidos, como expresso a seguir, sendo o encurtamento último de cálculo do concreto, ε_{cd}, a segunda das expressões (4.2), com $\varepsilon_{sd} = 10\%o$ e ε_{c2}, λ e α_c da tabela 4.1, para as classes C20 a C90.

$$\text{Domínio } 2a: \quad \beta = 0{,}85(1 - \varepsilon_{c2}/3\varepsilon_{cd})/(\alpha_c \lambda) \qquad (4.12)$$

$$\text{Domínio } 2b: \quad \beta = 0{,}57(\varepsilon_{cd}/\varepsilon_{c2})^{1/2}/(\alpha_c \lambda)$$

A tabela 4.3, apenas para concretos C20 a C50, ao final deste capítulo, apresenta os coeficientes de flexão, incluindo, para cada linha, as deformações específicas do concreto e aço no ELU. No domínio 2, são fornecidos os valores de β, das expressões (4.12), para obter a tensão máxima corrigida de compressão no concreto como $\sigma_{cmax,cor} = \beta.\alpha_c f_{cd}$. Mas, para manter o equilíbrio do binário resistente da expressão (4.5), é preciso corrigir também o coeficiente do momento, na forma $k_{md,cor} = \beta.\alpha_c \lambda k_x k_z$, para coeficientes $k_x < 0{,}259$, o que se faz nas tabelas 4.3 e 4.4, esta genérica, para as classes C20 a C90 da NBR 6118.

No entanto, uma providência adicional é tomada na tabela 4.4 para garantir a formulação de cálculo das classes C55 a C90 no domínio 2, para valores do coeficiente $k_x \geq 0{,}17$. Obtido $\sigma_{cmax,cor}$, não pode ocorrer $\beta.\alpha_c > \alpha_c$ e $\varepsilon_{cd} > \varepsilon_{cu}$, conforme a tabela 4.1, pois ambas desigualdades caracterizam inconsistências nas figuras 4.12(b) e 4.3 e invalidam a aplicação do fator de correção β.

Este tema foi objeto de artigo recente da Revista *Concreto & Construções*, em abordagem um pouco distinta, com um modelo que, em lugar do fator β, utiliza diretamente a tensão de compressão σ_c do diagrama parábola-retângulo σ_c - ε_c idealizado da figura 3.5 do capítulo 3 (SILVA; ARAÚJO; LIMA, 2015). Para concretos C55 a C90, é necessário também o estabelecimento do limite superior $\sigma_c \leq \alpha_c f_{cd}$, para superar a inconsistência antes mencionada. Da comparação dos resultados pelos dois métodos de um exemplo apresentado no artigo referenciado, a diferença é desprezível.

4.4 PRESCRIÇÕES DA NBR 6118

4.4.1 Largura mínima da seção transversal de vigas

Conforme dispõe a NBR 6118 → 13.2.2:

A seção transversal das vigas não deverá apresentar largura menor que 12cm, e a das vigas parede, menor que 15cm. Estes limites podem ser reduzidos, respeitando-se um mínimo absoluto de 10cm em casos excepcionais, sendo obrigatoriamente respeitadas as seguintes condições: a) alojamento das armaduras e suas interferências com armaduras de outros elementos estruturais, respeitando os espaçamentos e cobrimentos estabelecidos nesta Norma; b) lançamento e vibração do concreto de acordo com a NBR 14931.

Em qualquer caso, a largura mínima de vigas deve ser:

$$b_w \geq 10cm \tag{4.13}$$

No entanto, os exemplos e exercícios dos itens 4.7 e 4.8 mostram que esse valor é muito reduzido, mesmo para exigências mais comuns da NBR 6118 para o projeto e a execução de estruturas de concreto armado, quanto à camada de cobrimento da armadura e ao espaçamento entre as barras.

4.4.2 Disposição das armaduras na largura da viga

A tabela 4.5 contém as áreas de armaduras para as bitolas padronizadas pela NBR 7480 e a largura interna b_s, livre entre estribos de bitola Φ_t, para acomodar o número escolhido de barras longitudinais. Calculada a armadura de aço, para escolher o número de barras, verifica-se a classe de agressividade ambiental e o respectivo cobrimento nominal de concreto, da tabela 3.5 do capítulo 3, e adota-se uma bitola conveniente de estribos.

Da tabela 4.5, à largura b_s adiciona-se $2(c_{nom} + \Phi_t)$ para se obter b_{wmin}, largura necessária para acomodar as barras escolhidas. Se esse valor for inferior à largura da viga disponível b_w, a situação é favorável ao cálculo e à execução, permitindo a disposição da armadura com as *barras em uma camada*. Para todas as barras em uma camada, a distância do centro de gravidade da armadura à fibra mais tracionada, $d1$, da figura 4.11, é dada por:

$$d1 = h - d = c_{nom} + \Phi_t + \Phi/2 \tag{4.14}$$

Em geral, da planta de arquitetura tem-se a altura total h, mas não a altura útil d, de cálculo, pois Φ e Φ_t, bitolas das barras longitudinais e estribos não são ainda conhecidas. Como tentativa, pode-se adotar de início $d1 = 40mm$, para os valores usuais $c_{nom} = 25mm$, de estruturas na classe de agressividade ambiental fraca e bitolas $\Phi = 20mm$ e estribos $\Phi_t = 5mm$.

É comum a largura da viga ser insuficiente para acomodar as barras da área de aço calculada, sendo necessária a *armadura em mais de uma camada*. Nesses casos, busca-se sempre colocar o máximo número de barras na primeira camada, mais próxima da face da viga. As camadas acima são espaçadas igualmente na altura, o que invalida o valor inicial adotado para $d1$, da expressão (4.14). Essa mudança afeta a altura útil d adotada, cabendo verificar o valor de $d1$ para o número de camadas necessário. Se a diferença é apreciável, cabe recalcular a área da armadura, que irá aumentar, em virtude da redução da altura útil.

Na realidade, o processo é iterativo, mas pode ser otimizado com a correta consideração das condições ambientais, resistência do concreto e das dimensões da seção transversal. Para *armadura com barras em duas camadas*, tem-se:

$$d1 = h - d = c_{nom} + \Phi_t + \Phi + a/2 \tag{4.15}$$

com: a = espaçamento vertical entre barras: maior dos valores $2cm$ e Φ.

A disposição de barras em mais de uma camada exige que se verifique uma condição da NBR 6118 → 17.2.4.1, cujo objetivo é garantir que a resultante das tensões na armadura seja considerada concentrada em seu centro de gravidade. Para cada camada adicional, cabe verificar a expressão seguinte, que, caso não atendida para nenhuma bitola, exige aumento na altura ou largura da viga:

$$\Delta \leq 10\%h \tag{4.16}$$

onde:

Δ = distância do centro de gravidade da armadura ao seu ponto mais afastado da linha neutra, medida normalmente a ela.

Para duas camadas de barras, aproximamente: $\Delta = \Phi + a/2$.

Para três camadas: $\Delta = 1,5\Phi + a$.

a = espaçamento vertical entre barras: maior dos valores $2cm$ e Φ .

4.4.3 Armadura longitudinal mínima para vigas

Em observância ao projeto de arquitetura, podem ocorrer dimensões excessivas da seção transversal de algumas vigas ou trechos de uma mesma viga, cujo dimensionamento deverá ser no domínio 2. Nesse caso, precauções devem ser tomadas quanto à armadura de tração, para prevenir ruptura frágil e deformações excessivas, fazendo-se a verificação da área mínima prescrita pela Norma.

O critério para a armadura longitudinal mínima do elemento fletido é que sua área resista a um momento igual ou superior ao de ruptura da seção de concreto sem armadura. Por esse princípio, ao surgir a primeira fissura no estádio I, na transição para o estádio II, e aí desprezando o concreto à tração, a NBR 6118 → 17.3.5.2.1 fornece a expressão do momento fletor resistido pela armadura mínima:

$$M_{d,min} = 0,8W_0 f_{ctk,sup} \qquad (4.17)$$

W_0 = módulo de resistência da seção transversal bruta de concreto relativo à fibra mais tracionada, que para seções retangulares = $I_c/(h/2) = b_w h^2/6$;

$f_{ctk,sup}$ = resistência característica do concreto à tração superior (tabela 3.1).

A armadura mínima é considerada atendida pelos limites da tabela 4.2, obtida da NBR 6118 → 17.3.5.2.1:

Tabela 4.2: Taxas mínimas de armadura de flexão para vigas

Valores de $\rho_{min} = A_{smin}/A_c$ (%) para classes de concreto C20 a C90														
20	25	30	35	40	45	50	55	60	65	70	75	80	85	90
0,15	0,15	0,15	0,164	0,179	0,194	0,208	0,211	0,219	0,226	0,233	0,239	0,245	0,251	0,256
Obs.: valores pressupõem aço CA-50; $d/h = 0,8$; $\gamma_c = 1,4$ e $\gamma_s = 1,15$														

A armadura mínima é $A_{smin} = \rho_{min}(b_w h)$, sendo exigido o mínimo absoluto $0,15\%$ e prescrito recalcular as taxas para valores diferentes da nota inferior da tabela 4.2. Para seções no domínio 2 com $k_x < 0,02$, abaixo do limite inferior das tabelas 4.3 e 4.4, pode-se adotar, diretamente, a armadura mínima.

❖ *Comentários*:

a) Verificações mostram que a tabela 17.3 da NBR 6118: 2014 foi montada a partir do momento fletor $M_{d,min}$ da expressão (4.17), com os valores $\gamma_f = 1,4$ e a relação $d/h = 0,8$.

b) As taxas mínimas da tabela de mesmo número da NBR 6118: 2003, para seções retangulares, eram bastante superiores nas classes de resistência C30 a C50 (máxima prevista naquela edição): $0,173$; $0,201$; $0,230$; $0,259$ e $0,288$, respectivamente. As reduções vão de 15 a 38%, sem justificativa aparente, pois a formulação para $M_{d,min}$ era idêntica à expressão (4.17). A edição anterior apresentava também valores específicos para as taxas de seções transversais em T e circulares, o que não prevaleceu na atual.

c) A Norma prescreve recalcular as taxas de armadura mínima da tabela 4.2 para valores diferentes de $d/h = 0,8$, mas sem indicar a formulação a adotar. Como antes mencionado, para estruturas usuais na classe de agressividade CAA I é razoável adotar $d1 = h - d = 40mm$. Com $h = 50cm$, por exemplo, deveria ser $d = 40cm$ e $d1 = 10cm$, um exagero óbvio. Para $d/h < 0,8$, as taxas ficam a favor da segurança.

4.4.4 Armadura longitudinal máxima

As armaduras das peças fletidas de concreto armado devem respeitar os limites da subseção 17.3.5.2.4 da Norma, que visam a garantir a dutilidade e preservar a validade dos modelos de cálculo. Além disso, a taxa máxima tem a finalidade de evitar altas concentrações de ferragem que comprometam o adensamento e a compactação do concreto, em especial no cruzamento de elementos.

A soma das armaduras de tração e compressão, calculada fora das emendas, ou seja, a área total de aço, é limitada pela área da seção de concreto:

$$A_{s,tot} = (A_s + A'_s) \leq 4\%A_c \qquad (4.18)$$

4.5 CÁLCULO DE SEÇÕES COM ARMADURA DUPLA

4.5.1 Fundamentos de cálculo

No dimensionamento de vigas de concreto armado, a obtenção de um coeficiente do momento $k_{md} > k_{mdlim}$ (ou $k_x > k_{xlim}$), mesmo resultando em seção subarmada com armadura simples no ELU, pode ter dutilidade que não atenda a NBR 6118: 2014. Uma alternativa é aumentar a altura da viga, de modo a ter mais folga nos domínios 3 ou 2, o que, com frequência, não é viável.

Caso a altura da viga não possa ser aumentada, por restrições do projeto de arquitetura, uma alternativa é reforçar a zona comprimida de concreto, com a colocação de armadura de compressão. Denomina-se esse artifício *cálculo com armadura dupla*, ou seja, a seção com duas armaduras longitudinais, nas zonas de tração e de compressão.

Para dimensionar a armadura dupla, o momento fletor de cálculo M_{Sd} é dividido em duas parcelas, como na figura 4.13, a seguir:

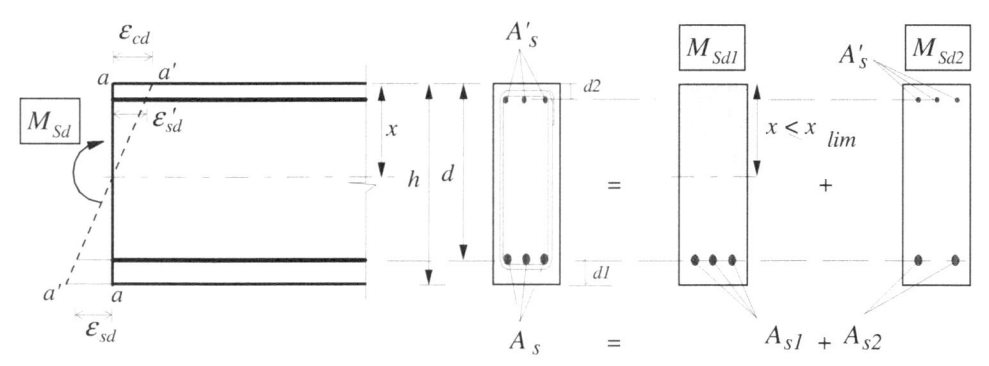

Figura 4.13: Seção retangular com armadura dupla no estado-limite último

a) M_{Sd1} = momento máximo resistido pelo concreto à compressão, ao qual deve corresponder uma parcela da armadura tracionada A_{s1}, calculada para resistir ao momento máximo da seção com armadura simples. Da expressão (4.5), impondo o limite de dutilidade do subitem 4.3.4.1, tem-se:

$$M_{Sd1} = k_{mdlim}\, b_w\, d^2 f_{cd} \qquad (4.19)$$

Para concretos das classes C20-50 a C90, as tabelas 4.1 e 4.4 fornecem a variação do coeficiente do momento $k_{mdlim} = 0,251$ a $0,146$, ficando:

$$M_{Sd1} = 0,251 \text{ a } 0,146 b_w\, d^2 f_{cd} \qquad (4.20)$$

b) M_{Sd2} = excesso do momento fletor M_{Sd}, que deve ser resistido pelo binário da armadura de compressão A'_s com a armadura de tração adicional A_{s2}:

$$M_{Sd2} = M_{Sd} - M_{Sd1} \qquad (4.21)$$

Com a variação de $k_{zlim} = 0,820$ a $0,896$ da tabela 4.1, tem-se para M_{Sd1}:

$$A_{s1} = \frac{M_{Sd1}}{k_{zlim}\, d\, f_{yd}} \qquad (4.22)$$

A segunda parcela M_{Sd2} é resistida pelas armaduras de compressão A'_s e de tração adicional A_{s2}, formando um binário resistente adicional, calculadas como:

$$A_{s2} = \frac{M_{Sd2}}{(d - d_2)\, f_{yd}} \quad e \quad A'_s = \frac{M_{Sd2}}{(d - d_2)\, \sigma'_{sd}} \qquad (4.23)$$

Para ambas as parcelas da armadura de tração, A_{s1} e A_{s2}, a tensão no aço é igual a f_{yd}, pois o escoamento no ELU é consequência das condições impostas para se obter M_{Sd1}, calculado no limite da dutilidade dentro do domínio 3. Dessa forma, a armadura total de tração é a soma das parcelas dos momentos fletores parciais, ou seja, $A_s = A_{s1} + A_{s2}$.

Da figura 4.13, por semelhança de triângulos, obtém-se a deformação no aço da armadura comprimido, ε'_{sd}, como segue, e a tensão a partir do diagrama $\sigma\text{-}\varepsilon$, que, em geral, é igual a f_{yd}:

Em uma formulação adimensional, com $k_x = x/d = k_{xlim}$, no limite da dutilidade:

$$\varepsilon'_{sd} = [(x - d2)/x]\varepsilon_{cu} = [(x/d - d2/d)/(x/d)]\varepsilon_{cu}$$

$$\varepsilon'_{sd} = \varepsilon_{cu}(k_{xlim} - d2/d)/k_{xlim} \tag{4.24}$$

4.5.2 Limite para o emprego de armadura dupla

Apesar de a NBR 6118 não limitar diretamente o emprego de armadura dupla, é razoável adotar algum tipo de restrição, para evitar peças com altura muito reduzida e pouca dutilidade. Algumas publicações (MORAES, 1982; PFEIL, 1985) sugerem um limite para o momento máximo resistido pela armadura dupla, referido como de origem em norma técnica russa e, possivelmente, relacionado à expressão (4.5):

$$M_{Sd} \leq 0,425b_w d^2 f_{cd} \tag{4.25}$$

A expressão (4.25) indica não ser recomendável o recurso da armadura dupla quando o coeficiente do momento do cálculo com armadura simples supera os limites de (4.21), mas ultrapassa $0,425$. As opções para resolver o impasse são calcular a seção em forma de T ou aumentar suas dimensões. Para alteração mínima na seção retangular, impõe-se $k_{md} = 0,425$, adota-se o correspondente $k_d = 1,534$ na expressão (4.10), calcula-se a nova altura útil e dimensiona-se com armadura dupla. Para o aço CA-50, isso equivaleria, aproximadamente, ao valor do momento: $M_{Sd2} > M_{Sd1}/3$.

4.6 CÁLCULO DE SEÇÕES EM T

4.6.1 Introdução

Nas estruturas com o concreto moldado no local, na maioria dos casos as lajes e as vigas que as suportam estão fisicamente interligadas. Com a laje trabalhando solidariamente com a viga e também comprimida pelo momento fletor, como na figura 4.14, há um aumento significativo na zona de compressão de concreto.

Apesar de ser uma solução que, em geral, resulta em grande economia de aço e concreto, parte dos projetistas só lança mão da alternativa de considerar no cálculo a seção transversal em T em vigas de altura muito reduzida, quando a seção retangular se mostra inviável mesmo com armadura dupla.

Segundo a NBR 6118 → 14.6.2.2: "A consideração da seção T pode ser feita para estabelecer as distribuições de esforços internos, tensões, deformações e deslocamentos na estrutura, de uma forma mais realista". Nos casos em que a laje é tracionada pelos momentos fletores, a capacidade resistente não pode ser aumentada, pois a resistência à tração do concreto é desprezada.

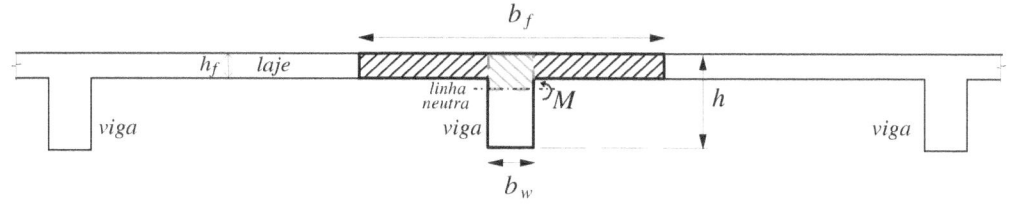

Figura 4.14: Laje solidária com a viga aumenta a zona comprimida de concreto

4.6.2 Largura da laje colaborante ou mesa da viga de seção T

A largura da mesa da viga, b_f, ou seja, a parte da laje considerada no cálculo como *colaborante*, é a soma da largura b_w com as distâncias das extremidades da mesa às faces respectivas da nervura: b_1 do lado interno, onde existe viga adjacente, e b_3 do lado externo, no caso de haver bordo livre sem viga, válido também para vigas T isoladas, comuns em peças pré-moldadas.

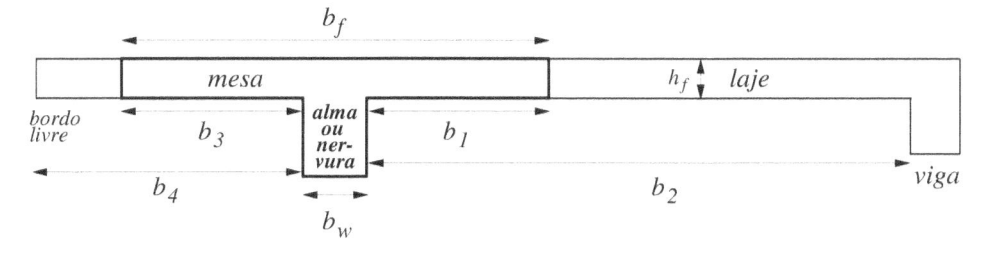

Figura 4.15: Largura da mesa ou laje colaborante de seções T

Na figura 4.15, as distâncias dos extremos da mesa à face da nervura são dadas pela NBR 6118 → 14.6.2.2:

$$b_1 \le \begin{cases} 0,1\,a \\ 0,5\,b_2 \end{cases} \quad e \quad b_3 \le \begin{cases} 0,1\,a \\ b_4 \end{cases} \tag{4.26}$$

b_2 = distância entre as faces de duas nervuras sucessivas;

a = distância entre os pontos de momento nulo medida ao longo do eixo da viga, que pode ser obtida diretamente do diagrama de momentos fletores ou pelos valores aproximados dados pela Norma, em cada tramo de vão l (ver item 4.8 – exercícios 5 e de 11 a 14), sendo:

– viga simplesmente apoiada: $a = l$;

– viga com momento em uma só extremidade: $a = 0,75l$;

– tramo com momento nas duas extremidades: $a = 0,60l$;

– tramo em balanço: $a = 2l$.

Conforme a posição relativa das vigas, tem-se as seguintes situações:

$b_f = b_w + b_{1,esq} + b_{1,dir}$: seção T com duas vigas adjacentes;

$b_f = b_w + b_1 + b_3$: seção T com uma viga e um bordo livre adjacentes;

$b_f = b_w + 2b_3$: seção T isolada (em geral, viga premoldada);

$b_f = b_w + b_1$: viga extrema (cálculo como T ainda é viável, pois, em virtude da rigidez relativa, a laje ainda colabora com a viga).

Portanto, em tramos distintos de vigas contínuas podem ocorrer diferentes valores para a largura b_f para o cálculo como seção T, dependendo da disposição relativa das demais vigas que sustentam a laje daquele piso.

Sobre a largura b_f, a NBR 6118 dispõe :

No caso de vigas contínuas, permite-se calculá-las com uma largura colaborante única para todas as seções, inclusive nos apoios sob momentos negativos, desde que essa largura seja calculada a partir do trecho de momentos positivos onde a largura resulte mínima.

4.6.3 Altura útil de comparação de vigas T

> *Conceito*: a altura útil de comparação (d_o) de uma seção T é definida como um valor da altura para o qual a linha neutra fictícia seria tangente à face inferior da mesa, ficando a mesa da seção totalmente comprimida, ou seja, $y = h_f$.

Essa altura útil d_o é um valor teórico, como um recurso para estimar a posição da linha neutra da seção T e, assim, definir as situações de cálculo.

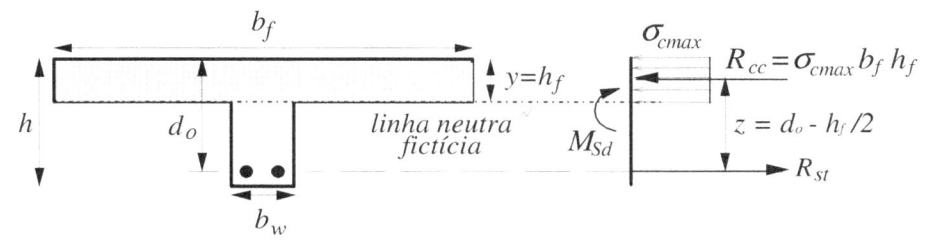

Figura 4.16: Seção T com linha neutra fictícia tangente à mesa $(d = d_o)$

O equilíbrio do momento fletor de cálculo M_{Sd} é garantido por um binário interno resistente em que a resultante de compressão é constituída pela mesa comprimida de concreto em toda a sua espessura h_f, com a tensão constante $\sigma_{cmax} = \alpha_c f_{cd}$ (ver tabela 4.1).

Assim, a expressão para determinação da altura útil de comparação é:

$$M_{Sd} = R_{cc}(d_o - h_f/2) \quad \rightleftharpoons \quad d_o = \frac{M_{Sd}}{\sigma_{cmax} b_f h_f} + h_f/2 \qquad (4.27)$$

Obtida a altura útil de comparação d_o, com a altura útil real d sendo predefinida em função do projeto de arquitetura, pode-se verificar a posição da linha neutra fictícia com a comparação desses dois valores, podendo ocorrer:

❖ $d = d_o \rightarrow y = h_f$: Linha neutra fictícia tangente à mesa;

❖ $d > d_o \rightarrow y < h_f$: Linha neutra fictícia dentro da mesa;

❖ $d < d_o \rightarrow y > h_f$: Linha neutra fictícia dentro da nervura.

4.6.4 Dimensionamento da seção T

Nas duas primeiras situações do final do subitem anterior, a zona comprimida da seção é retangular. Na terceira, a linha neutra fictícia fica dentro da nervura e a zona comprimida assume a forma de T, o que leva a dois casos distintos:

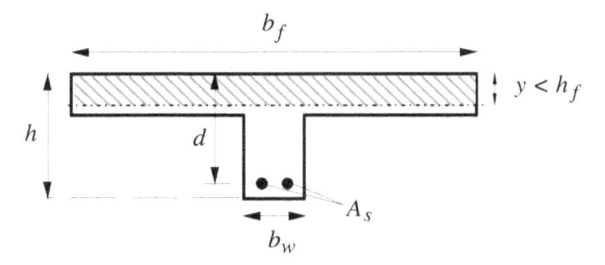

Figura 4.17: Viga de seção T com a linha neutra fictícia na mesa

a) <u>1º Caso: $d \geq d_o$ e $y \leq h_f$</u>

Nesse caso, com a linha neutra fictícia tangente à face inferior da mesa ou em seu interior, a zona comprimida é o retângulo $b_f.y$. O cálculo é feito como uma seção retangular de largura b_f e altura h, pois abaixo da linha neutra despreza-se o concreto à tração, considerando-se apenas o aço.

b) <u>2º Caso: $d < d_o$ e $y > h_f$</u>

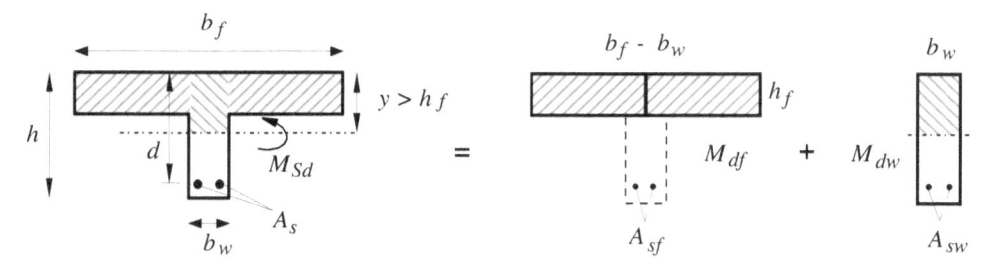

Figura 4.18: Viga de seção T com linha neutra fictícia dentro da nervura

Com a linha neutra fictícia dentro da nervura, a zona comprimida de concreto tem a forma de T, como na figura 4.18. O cálculo da armadura é feito dividindo-se o momento fletor de cálculo M_{Sd} em duas parcelas, como segue:

M_{df} = momento fletor equilibrado na zona comprimida pelas áreas laterais da mesa, com largura $(b_f - b_w)$, e na zona tracionada por parte da armadura de tração A_{sf}, assim expresso:

$$M_{df} = 0,85 f_{cd} h_f (b_f - b_w)(d - h_f/2) \quad \Rightarrow \quad A_{sf} = \frac{M_{df}}{(d - h_f/2) f_{yd}} \qquad (4.28)$$

$M_{dw} = M_{Sd} - M_{df}$ = momento resistido pela seção retangular $b_w h$ do concreto da nervura, equilibrado pela segunda parcela da armadura de tração A_{sw}, obtido pela expressão seguinte:

$$k_{md} = \frac{M_{dw}}{b_w d^2 f_{cd}} \quad \Rightarrow \quad k_z \quad \Rightarrow \quad A_{sw} = \frac{M_{dw}}{k_z d f_{yd}} \qquad (4.29)$$

A área da armadura total de tração será a soma das duas parcela, ou seja:

$$A_s = A_{sf} + A_{sw}.$$

4.6.5 Comentários sobre o cálculo como seção T

a) No dimensionamento da viga T, tanto no 1º caso como para a nervura do 2º caso, o cálculo é feito como seção retangular. Assim, os limites para os coeficientes adimensionais, descritos neste capítulo, devem ser observados. No entanto, caso ocorra $k_{md} > k_{mdlim}$, recomenda-se evitar o dimensionamento de seções T com armadura dupla, por resultar em altura muito reduzida de viga e risco desnecessário de segurança. As alternativas podem ser aumentar as dimensões da viga ou introduzir mudanças no lançamento estrutural.

b) No cálculo como seção T, especialmente no 1º caso, valores dos coeficientes adimensionais abaixo do limite inferior das tabelas 4.3 e 4.4 são comuns. É conveniente nesses casos aplicar, então, as taxas mínimas de armadura da tabela 4.2, subitem 4.4.3, referidas à área total de concreto, isto é, da nervura acrescida da mesa: $A_{smin} = \rho_{min} [b_w h + (b_f - b_w)h_f]$.

c) Apesar de a NBR 6118 não prescrever, algumas normas proíbem o cálculo como seção T em vãos onde exista carga concentrada, ou permitem, mas com redução no valor de b_f, pelo fator de redução ($1 - M_P/M_T$), sendo M_P o momento da carga concentrada e M_T da carga total (MORAES, 1982).

d) Na subseção 18.3.7 – *Armaduras de ligação mesa-alma ou talão-alma*, a NBR 6118 prescreve a colocação de uma armadura adicional para as seções calculadas como T, na forma:

> *As armaduras de flexão da laje, existentes no plano de ligação, podem ser consideradas parte da armadura de ligação, quando devidamente ancoradas, complementando-se a diferença entre ambas, se necessário. A seção transversal mínima dessa armadura, estendendo-se por toda a largura útil e adequadamente ancorada, deve ser de 1,5cm² por metro.*

4.7 EXEMPLOS[3]

4.7.1 Verificar o domínio empregado no dimensionamento à flexão de uma viga de seção retangular com $b_w = 150mm$ e $d = 400mm$, sujeita ao momento fletor de serviço $M = 50kN.m$. Admitir o emprego do aço CA-50, concreto com resistência $f_{ck} = 20MPa$ e a estrutura na classe de agressividade ambiental fraca.

a) <u>Parâmetros da seção transversal</u>

- Como o enunciado não estabele condição específica, adotam-se os valores usuais dos coeficientes: momento $\gamma_f = 1,4$; concreto $\gamma_c = 1,4$ e aço $\gamma_s = 1,15$.

$M_{Sd} = \gamma_f.M_k = 1,4.\ 50 = 70kN.m = 70.10^4\ kgf.cm$

$f_{cd} = f_{ck}/\gamma_c = 20/1,4 = 14,3MPa;\ f_{yd} = 435MPa$ ⇨ tabela 3.3 do capítulo 3.

---

[3] Nos itens Exemplos e Autoavaliação deste livro, dá-se ênfase aos concretos classes C20 a C50, usados na grande maioria de obras no Brasil. O emprego de resistências mais altas exige controle tecnológico rigoroso do concreto, para não deixar a responsabilidade apenas ao projeto estrutural, sem respaldo na execução.

❖ *Observações*:

1) A tabela 4.5 apresenta áreas de aço em cm^2 e dimensões lineares em cm. As unidades kgf e cm são utilizadas nos exercícios, por facilidade, para obter as áreas em cm^2, de uso mais frequente na prática.

2) Para cálculo de vigas, não se aplica o coeficiente γ_n que a NBR 6118 exige para pilares com menor dimensão da seção transversal inferior a $19cm$.

b) <u>Coeficientes adimensionais e domínio de dimensionamento</u>:

- Da expressão (4.5), calcula-se o coeficiente do momento $k_{md} = 0,204$. Desse valor, de (4.7) ou da tabela 4.3, por interpolação linear, tem-se $k_x = 0,349$.

- Seção no Domínio 3, para classe C20: $k_{mdlim} = 0,251$ ou $k_{xlim} = 0,450$
  $k_{md} < k_{mdlim}$ ou $k_x < k_{xlim}$ ⇨ cálculo pode ser feito com armadura simples, ou seja, seção subarmada, com dutilidade garantida e ruptura com aviso.

c) <u>Cálculo da armadura</u>:

- Para $k_x = 0,349$, $k_z = 0,860$. Da expressão (4.8): $A_s = 4,68cm^2$

- Da tabela 4.5, escolhem-se as áreas de aço mais próximas e superiores à calculada, com as opções $4\Phi12,5 = 4,91cm^2$ ou $6\Phi10 = 4,71cm^2$. Sendo a classe de agressividade CAA I, da tabela 3.5 do capítulo 3, o cobrimento mínimo de concreto para momentos positivos é $c_{nom} = 25mm$.

- Para estribos de bitola $5,0mm$, a largura da viga é insuficiente para armadura em uma camada, restando as seguintes opções, com armadura em duas camadas:

  ⇨ $(2\Phi+2\Phi)12,5 = 4,91cm^2$ com $b_s = 4,5cm$
  ⇨ $(3\Phi+3\Phi)10 = 4,71cm^2$ com $b_s = 7,0cm$

- Assim, as distâncias do centro de gravidade da armadura à borda tracionada, da expressão (4.15), seriam: $d_1 = 5,25cm$ ($\Phi = 12,5mm$) e $5,0cm$ ($\Phi = 10mm$). A altura total $h = d + d1$, deve ser, no mínimo, $450mm$.

4.7.2 No exercício anterior, determinar a máxima redução possível na altura útil da seção para que a viga não tenha problemas quanto à dutilidade, considerando para o concreto a resistência $f_{ck} = 60MPa$ e mantendo os demais dados.

- Para a classe C60: $f_{cd} = f_{ck}/\gamma_c = 60/1,4 = 42,9MPa$.

  ⇨ $k_{mdlim} = 0,189$ é o valor limite de dutilidade, das tabelas 4.1 ou 4.4.

  Das expressões (4.10), obtém-se $k_{dlim} = 2,300$ e a altura útil $23,9cm$.

- A redução máxima seria, portanto, de $16,1cm$, mostrando a vantagem do concreto de maior resistência.

4.7.3 O diagrama de momentos fletores de uma viga contínua apresenta valores máximos positivo e negativo, respectivamente, de $50kN.m$ e $75kN.m$. Sendo a seção retangular constante, dados $b_w = 15cm$ e $f_{ck} = 25MPa$, dimensionar a seção, sabendo que, por razões de projeto, a altura total da viga não pode ultrapassar $40cm$. Calcular as armaduras das seções mais solicitadas, com o aço CA-50.

a) Definição da altura total da viga:

- Máximo momento de cálculo em módulo: $M_{Sd} = \gamma_f M = 1,4x75 = 105kN.m$
- $f_{cd} = f_{ck} / \gamma_c = 25/1,4 = 17,9MPa;$ $f_{yd} = 435MPa$, da tabela 3.3.

No caso de momento negativo, do exemplo anterior, deve-se tomar $k_{xlim} = 0,450$, ao qual correspondem $k_{mdlim} = 0,251$ e $k_{dlim} = 1,996$.

Da expressão (4.10), obtém-se a altura útil no apoio para dutilidade com armadura simples: $d = 39,5cm$. Admitindo $d1 = 4cm$, resulta $h = 43,5 > 40cm$, altura máxima do enunciado, donde a seção de máximo negativo precisa de armadura de compressão, ou seja, deve ser dimensionada com armadura dupla.

b) Cálculo da seção de máximo momento negativo:

Para $h = 40cm$, com $d1 = 4cm$ resulta $d = 36cm$.

Das expressões (4.5), (4.22) e (4.25) tem-se: $k_{md} = 0,302 > 0,251$, mas $< 0,425$, verificando-se ser viável armadura dupla. Das expressões (4.22) e (4.23):

$M_{Sd1} = 0,251b_w d^2 f_{cd} = 0,251. 15. 36^2. 179 = 871.329 kgf.cm$ e

$M_{Sd2} = M_{Sd} - M_{Sd1} = 178.671 kgf.cm$;

da expressão (4.22), com $k_{zlim} = 0,820$ ⇨ $A_{s1} = 6,79 cm^2$

de (4.23) tem-se: $A_{s2} = 1,28 cm^2$

⇨ $A_s = A_{s1} + A_{s2} = 8,07 cm^2$: armadura de tração na face superior da viga.

Da tabela 4.5, a área mais próxima é $3\Phi20 = 9,42 cm^2$ com $b_s = 10,0cm$.

Supondo $c_{nom} = 25mm$ e estribos de $5,0mm$, a armadura em uma camada é inviável, pela largura insuficiente. A área com três barras não é razoável em duas camadas. As seguintes opções são viáveis, ambas com duas camadas:

$3\Phi16+2\Phi12,5 = 8,48 cm^2$ ou $(3\Phi+2\Phi)16 = 10,05 cm^2$ com $b_s = 8,8cm$.

É ainda necessário verificar a possibilidade de armadura em duas camadas, tendo em vista a exigência da expressão (4.16): $\Delta \leq 10\%h$. No caso presente:

$\Delta = \Phi + a/2$, tomando $a = 2cm$ e barras $\Phi = 16mm$, tem-se:

$\Delta = 2,6cm < 10\%h = 4,0cm$, sendo a exigência da Norma atendida.

Para a armadura de compressão, da expressão (4.23), com $k_{xlim} = 0,450$:

$\varepsilon'_{sd} = 2,85\%o > \varepsilon_{yd,CA-50} = 2,07\%o$, donde $\sigma'_{sd} = f_{yd} = 435MPa$

De (4.23), $A'_s = 1,18 cm^2$ ⇨ $4\Phi6,3 = 1,25 cm^2$ ou $3\Phi8,0 = 1,51 cm^2$, com as barras na face inferior da viga, por se tratar de momento negativo.

c) Cálculo da armadura da seção de máximo momento positivo

$M_{Sd} = 1,4. 50 = 70 kN.m$. Admitindo-se a altura constante, da expressão (4.5) obtém-se: $k_{md} = 0,202 < k_{mdlim} = 0,251$ ⇨ Armadura simples com dutilidade.

Na tabela 4.3, obtém-se $k_z = 0,864$ e da expressão (4.8) tem-se:

$A_s = 5,17 cm^2$ ⇨ $3\Phi16 = 6,03 cm^2$: armadura simples em uma camada.

Em resumo, as armaduras no apoio e no vão serão:

- Momento negativo $75kN.m$: $A_s = 3\Phi16+2\Phi12,5$ e $A'_s = 3\Phi8,0$;

- Momento positivo $50kN.m$: $A_s = 3\Phi16$.

❖ *Observação*:

No capítulo 7, será vista a disposição das barras longitunais das armaduras, positivas e negativas, para compatibilizar o diagrama de momentos fletores e o cálculo relativo às forças cortantes do capítulo 6.

4.7.4 Determinar o momento fletor resistente característico da seção retangular $20x50cm^2$, com armadura de flexão $4\Phi16$, aço CA-50, concreto com $f_{ck} = 25MPa$ e coeficientes de segurança da NBR 6118.

a) Equilíbrio do binário interno resistente da seção:

$$R_{cc} = R_{st} \Rightarrow b_w y \, \sigma_{cmax} = A_s \sigma_{sd}$$

Supondo, inicialmente, estar a peça nos domínios 2 ou 3, a ruptura ocorreria com esmagamento do concreto e escoamento do aço.

Para $f_{ck} = 25MPa$, tem-se $y = 0,8x$ e $\sigma_{cmax} = 0,85f_{cd}$, donde:

$$b_w \, 0,8x. \, 0,85f_{cd} = A_s f_{yd} \Rightarrow x = (A_s f_{yd})/(b_w \, 0,68 f_{cd} \,).$$

Dados: $f_{cd} = 25/1,4 = 17,9MPa$; $A_s = 8,04cm^2$.

Adotando $d_1 = 4cm$, supondo a classe ambiental CAA I, fica $d = h - 4 = 46cm$ e calcula-se:

$$x = (8,04. \, 4350)/(0,68. \, 20. \, 179) = 14,4cm \Rightarrow k_x = x/d = 14,4/46 = 0,312$$

$$0,259 < k_x < k_{xlim} = 0,450 \Rightarrow \text{Domínio 3 com dutilidade} \Rightarrow \text{suposição OK.}$$

b) Determinação do momento fletor característico resistente da seção:

$$k_x = 0,312 \Rightarrow k_z = 1 - 0,4k_x = 0,875, \text{ analiticamente, ou da tabela 4.3.}$$

$$M_{Sd} = k_z d \, A_s f \, yd = 141kN.m \Rightarrow M_{Sk} = 141/1,4 = 101kN.m.$$

c) Observação para o domínio 4:

Na verificação da alínea a) deste exercício, caso se obtenha $k_x > k_{xlim3-4}$, o cálculo teria sido feito no domínio 4 e a suposição inicial não seria válida, com o valor da profundidade da linha neutra x ficando incorreto. Nesse domínio, a tensão no aço no ELU é $\sigma_{sd} < f_{yd}$ e o concreto esmaga.

Na equação de equilíbrio da alínea a), entra-se com a expressão da tensão no trecho linear $\sigma_{sd} = E_s\,\varepsilon_{sd}$, com ε_{sd} relacionada ao valor de x pela expressão (4.1) e $\varepsilon_{cd} = 3,5\%$o, obtendo-se então k_x, em seguida k_z, e o momento resistente, como na alínea b).

4.7.5 Resolver o exercício anterior com armadura de flexão _7Φ20_ em duas camadas, e concreto com $f_{ck} = 70MPa$.

a) Equilíbrio do binário interno resistente da seção:

$R_{cc} = R_{st} \Rightarrow b_w\,y\,\sigma_{cmax} = A_s\,\sigma_{sd}$

Supondo, inicialmente, estar a viga nos domínios 2 ou 3, a ruptura ocorreria com esmagamento do concreto e escoamento do aço. Para concreto com resistência $f_{ck} = 70MPa$ da tabela 4.1 tem-se $\lambda = 0,75$, $\alpha_c = 0,765$ e $\varepsilon_{cu} = 2,618\%$o, donde $y = 0,75x$ e $\sigma_{cmax} = 0,765f_{cd}$, ficando a equação de equilíbrio:

$b_w.0,75x.\,0,765f_{cd} = A_s f_{yd} \Rightarrow x = (A_s f_{yd})/(b_w\,0,574\,f_{cd})$.

Dados $f_{cd} = 70/1,4 = 50MPa$; $A_s = 22cm^2$.

Na classe ambiental CAA I e da expressão (4.15), adotando armadura em duas camadas resulta $d_1 = 6cm$, ficando $d = h - 6 = 44cm$ e calcula-se:

$x = (22.\,4350)/(0,574.\,20.\,500) = 16,7cm$

$\Rightarrow k_x = x/d = 16,7/44 = 0,379$

$0,350 < k_x < k_{xlim3-4} = \varepsilon_{cu}/(\varepsilon_{cu} + \varepsilon_{yd})$, do subitem 4.3.2, da alínea c), tem-se:

$0,350 < 0,379 < 2,618/(2,618+2.07) = 0,558$

$\Rightarrow$ Domínio 3 e suposição confirmada, mas o cálculo é inadequado, pois não garante a dutilidade da seção.

b) Determinação do momento fletor característico resistente da seção:

$k_x = 0,379 \Rightarrow k_z = 1 - 0,75k_x/2 = 0,858$

$M_{Sd} = k_z d\,A_s f_{yd} = 0,858.\,44.\,22.\,4350 = 3612340\,kgf.cm = 361kN.m$

$M_{Sk} = M_{Sd}/\gamma_f = 361/1,4 = 258kN.m$.

4.7.6 Para a viga contínua de três vãos iguais a *6m* e seção transversal da figura 4.19(e) do item seguinte 4.8, calcular a armadura de flexão da seção de momento positivo máximo do primeiro vão, com o valor de serviço *400kN.m*, concreto com $f_{ck} = 80MPa$, aço CA-50 e classe ambiental CAA I.

a) Largura da mesa ou laje colaborante para cálculo como seção T

Duas vigas adjacentes equidistantes *10m* da nervura central: $b_f = b_w + 2b_1$.

Da figura 4.15 e expressão (4.26), para momento em uma só extremidade no primeiro vão de viga contínua, b_1 é tomado como o menor dos dois valores: $0,5b_2 = 0,5. 10 = 5m$ e $0,1a = 0,1(0,75. 6) = 0,45m$. Portanto:

$b_f = 25 + 2. 45 = 115cm$ = largura da mesa ou laje colaborante.

b) Cálculo da altura útil de comparação

Da tabela 4.1 obtém-se α_c para classe C80 e daí a tensão máxima no concreto $\sigma_{cmax} = \alpha_c f_{cd} = 0,72(80/1,4) = 41MPa$. Com a espessura da laje $h_f = 12cm$, a expressão (4.27) fica, nas unidades *kgf* e *cm*, :

$d_o = [1,4. 400. 10^4 /(410. 115. 12)] + 12/2 = 15,9cm$.

Pelo valor elevado do momento fletor e a altura da viga $h = 65cm$, é razoável admitir de início a armadura em duas camadas e, da expressão (4.15) seria $d1 = 6cm$, donde $d = 65 - 6 = 59cm$, ou seja, $d > d_o$.

Do subitem 4.6.4, tem-se o primeiro caso de dimensionamento de seções T, por estar a linha neutra fictícia dentro da mesa, com a zona comprimida retangular ⇨ cálculo como seção retangular de largura $b_f = 115cm$ e altura útil *59cm*.

c) Cálculo da armadura da seção de máximo momento positivo

- $M_{Sd} = 1,4. 400 = 560kN.m$ e $f_{cd} = 80/1,4 = 57,1MPa$.

  Da expressão (4.5) e tabela 4.1, tem-se:

  $k_{md} = [560. 10^4 /(115. 59^2. 571)] = 0,024 < k_{mdlim} = 0,160$ ⇨ domínio 2.

  Da tabela 4.4: $k_z = 0,97$ e $k_x = 0,08$, aproximadamente, e da expressão (4.8) obtém-se a armadura de tração: $A_{s,cal} = 22,47cm^2$.

- No domínio 2 deve-se verificar a armadura mínima:

para vigas de seção T, do subitem 4.6.5, alínea b):

$A_{smin} = \rho_{min} [b_w h + (b_f - b_w)h_f]$

$\rho_{min} = 0,245\%$ ⇨ concretos da classe C80, da tabela 4.2

$A_{smin,1} = 0,00245[25.65 + (115 - 25)12] = 6,63cm^2 < A_{s,cal}$.

- Como $d/h = 0,9 > 0,8$, conforme a tabela 4.2, cabe calcular a armadura mínima com base no módulo de resistência W_0, da expressão (4.17), apenas para a seção retangular efetiva, ou seja $250x650mm^2$, que poderia fissurar na transição entre os estádios I e II, e $f_{ctk,sup} = 6,29MPa$ (tabela 3.1, C80).

$M_{d,min} = 0,8(b_w h^2/6)f_{ctk,sup} = 0,84(250.650^2) = 88,7x10^6 N.mm = 88,7kN.m$

$k_{md} = [88,7.10^4 /(25.59^2.571)] = 0,025$ ⇨ $k_z = 0,97$ e $k_x = 0,08$ (caso pior sem interpolação da tabela 4.4); e de (4.8): $A_{s,min2} = 4,98cm^2 < A_{s,cal}$.

- Portanto, da tabela 4.5, para dispor a armadura calculada em duas camadas: $5\Phi20 + 4\Phi16 = 23,74cm^2$, sendo $b_s = 18cm$ para a camada inferior $5\Phi20$.

d) Comentário

1) Como $M_{d,min} = 88,7kN.m$ é cerca de 4,5 vezes inferior ao momento fletor máximo, essa viga poderia apresentar fissuras sob cargas de serviço.

2) A armadura mínima $A_{smin,2}$, calculada com base no módulo de resistência da seção transversal bruta de concreto W_0, exigida para $d/h \neq 0,8$, resultou menor que $A_{s,min1}$, obtida por meio da tabela 4.2, em razão de essa última ter utilizado a área da seção T em lugar da seção retangular da primeira.

4.8 AUTOAVALIAÇÃO

4.8.1 Enunciados

1) Uma viga tem seção retangular $20x50cm^2$. Considerando a estrutura na classe de agressividade ambiental fraca (CAA I) e concreto com $f_{ck} = 20MPa$, determinar as armaduras de flexão para resistir ao momento fletor característico (ou de serviço) de $100kN.m$ para aços CA-25, CA-50 e CA-60.

2) Determinar o momento fletor resistente característico de uma viga com seção $20x35cm^2$, armadura longitudinal de flexão $4\Phi20$ (CA-50), $f_{ck} = 25MPa$, com os coeficientes da NBR 6118.

3) Determinar os valores da altura útil e as respectivas áreas de armaduras de flexão, de modo que uma seção retangular resista ao momento fletor de serviço de $1500kN.m$, com largura $b_w = 50cm$, concreto da classe C55 e aço CA-50, para duas condições: a) no limite dos domínios 2 e 3 (uso mais racional dos materiais); e b) seção no limite da dutilidade da NBR 6118.

4) Dimensionar a armadura de flexão da viga de seção retangular $40x175cm^2$ com $f_{ck} = 30MPa$, aço CA-50 e momento fletor $M_k = 2500kN.m$, supondo classe de agressividade ambiental muito forte (CAA IV).

5) A viga de seção retangular da figura 4.19(a), biapoiada e balanços simétricos, está submetida às cargas: permanente $g = 25kN/m$ (inclui peso próprio) e variável $q = 15kN/m$ (comprimento qualquer). Para os carregamentos nas situações mais desfavoráveis, com $b_w = 30cm$, $f_{ck} = 25MPa$ e CA-50, pede-se:
   a) Valores da altura útil e armaduras de flexão correspondentes para a seção central da viga, em duas condições: uso mais racional dos materiais e no limite de comportamento dútil da NBR 6118;
   b) Armaduras nos apoios para as duas alturas calculadas na alínea anterior.

6) Determinar a armadura longitudinal de uma viga de seção retangular, com os dados $M_k = 65kN.m$, $b_w = 12cm$, $d = 40cm$, $f_{ck} = 20MPa$, aço CA-50 e classe de agressividade ambiental CAA III.

7) Uma viga de seção retangular tem altura útil $d = 120cm$ e armadura simples de flexão com área $A_s = 15\Phi20$ (CA-50). Sendo o momento fletor de serviço $1350kN.m$, calcular a profundidade da linha neutra, a largura e a altura total da seção, dados a classe ambiental CAA I e concreto com $f_{ck} = 30MPa$. Criticar esse dimensionamento em vista das dimensões da seção e do valor do momento solicitante.

8) Dimensionar a armadura de flexão da viga de seção transversal retangular $20x65cm^2$, $f_{ck} = 60MPa$ e aço CA-50, submetida ao momento fletor de serviço de $380kN.m$.

9) Numa viga de ponte em agressividade ambiental muito forte, determinar a posição da linha neutra e a armadura de flexão de uma seção retangular $30x120cm^2$, sob atuação simultânea dos momentos fletores característicos: $M_{gk} = 1000kN.m$; $M_{qk} = -700kN.m$; $M_{\varepsilon k} = -200kN.m$ (esse último em razão, por exemplo, da possibilidade de recalque de apoio e/ou retração do concreto). Dados: $f_{ck} = 40MPa$ e aço CA-50.

10) Para a seção retangular $50x140cm^2$, na classe de agressividade ambiental forte, $f_{ck} = 30MPa$ e armadura de flexão $A_s = 16\Phi20$ (CA-50), determinar o máximo momento resistente de serviço da seção.

11) Dimensionar as armaduras de flexão das seções mais solicitadas de uma viga engastada-apoiada de vão $12m$, sujeita à carga total de $15kN/m$ em seu eixo, com as dimensões da nervura central mostrada na figura 4.19(b), para concreto com $f_{ck} = 30MPa$ e aço CA-50.

12) Dimensionar a seção mais solicitada de uma viga engastada-apoiada, com vão de $15m$ e seção da nervura central mostrada na figura 4.19(c) para o aço CA-50 e $f_{ck} = 25MPa$. Além do peso próprio (a ser calculado), a viga está sujeita às cargas atuantes na laje, assim discriminadas: carga permanente de $140kgf/m^2$, em virtude do peso de acabamento do piso e forro/luminárias, e mais uma carga variável de utilização de $1000kgf/m^2$.

13) Uma viga biapoiada com seção da nervura central da figura 4.19(d) tem vão $6,5m$ e está sujeita a uma carga total de serviço de $6,0kN/m$. Determinar a armadura de flexão para aço CA-50, $f_{ck} = 25MPa$ e classe ambiental CAA III.

14) Para uma viga contínua de três vãos iguais a $5m$ e seção transversal da figura 4.19(e), calcular a armadura de flexão da seção central do segundo vão, sujeita ao momento positivo de $320kN.m$, com $f_{ck} = 20MPa$ e CA-50.

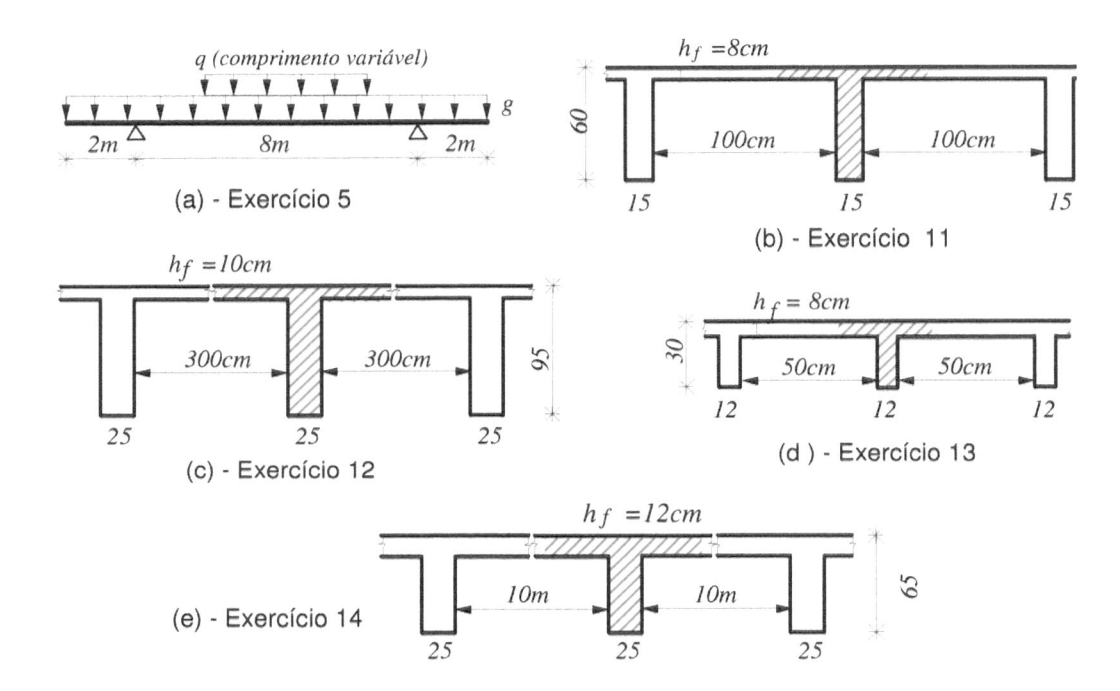

Figura 4.19: Exercícios de autoavaliação do capítulo 4

4.8.2 Comentários e sugestões para resolução dos exercícios propostos

1) Ver o roteiro do exemplo 4.7.1. Lembrar que o aço CA-60 só é fornecido em bitolas apenas até $10mm$ e o CA-25 é usado apenas em pequenas obras.

2) Ver exemplo 4.7.4.

3) Na condição a), a altura útil é obtida da expressão (4.10), com o valor do coeficiente $k_{dlim2-3} = 2,665$, no limite dos domínios 2-3, e a condição b) implica dimensionar com $k_{dlim} = 2,253$, ambos da tabela 4.1.

4) Pelo valor elevado do momento, mesmo com a seção tendo dimensões compatíveis, é muito provável que a armadura exija barras em mais de uma

camada. Na classe CAA IV, com cobrimento *50mm* (tabela 3.5, capítulo 3) e supondo duas camadas com $\Phi \le 25mm$ e estribos até *10mm*, é razoável, de início, tomar $d1 = 10cm$. Calcula-se a área da armadura como no exemplo 4.7.1, determinam-se o número e bitola das barras da tabela 4.5 e verifica-se o número de camadas, conforme o subitem anterior 4.4.2.

5) Na pergunta a), o carregamento mais desfavorável para a seção central da viga ocorre com a carga variável apenas no vão central de *8,0m* e a carga permanente linear em toda a sua extensão, obtida do produto da área da seção pelo peso específico do concreto armado . O cálculo das alturas solicitadas e respectivas armaduras é como no exercício 3. Na pergunta b), o carregamento mais desfavorável para os apoios ocorre com a carga variável somente nos balanços de *2,0m*, com a carga permanente em toda a viga.

6) A classe CAA III exige $c_{nom} = 40mm$, de cada lado da viga. Com $b_w = 12cm$ e estribos $\Phi_t = 5mm$, e o espaço livre *3cm* para acomodar duas barras é muito insuficiente para o espaçamento mínimo de *2cm* entre duas barras. A primeira ação é aumentar a largura para *15cm* e usar barras com $\Phi \le 20mm$.
O cobrimento *40mm* exige $d1 \ge 5,5cm$ na primeira camada com $\Phi \le 20mm$. Pela altura reduzida, pode ser necessária armadura dupla. Se o momento for negativo, pelo subitem 3.12.2 – capítulo 3, com argamassa de contrapiso e revestimento final seco, a Norma admite $c_{nom} = 15mm$. Isso é favorável para a largura e altura útil, com a armadura em uma camada exigindo $d1 = 3,0cm$, em uma situação em que isso seja mais necessário.

7) Supondo seção subarmada, calcula-se k_z do equilíbrio de M_{Sd} com o momento do binário à tração. Verifica-se a validade da suposição, como no exemplo 4.7.4, e obtém-se k_x, k_{md} e $x = k_x.d$. Do equilíbrio do momento fletor com o binário à compressão calcula-se a largura b_w e, após verificar o número de camadas de barras longitudinais, a altura total h.

8) Não sendo explicitado, supor classe CAA I. Para garantir a dutilidade com armadura simples e $f_{ck} = 60MPa$, impõe-se $k_{xlim} = 0,350$, cabendo verificar se $k_{md} \leq k_{mdlim}$, das tabelas 4.1 e 4.4. Caso contrário, usar armadura dupla.

9) Obter dois valores do momentos de cálculo da expressão (3.10) do capítulo 3, pois, da tabela 3.2, γ_g pode ser $1,4$ ou $1,0$. Assim, com $\gamma_q = 1,4$ ou $\gamma_\varepsilon = 1,2$, os momentos podem resultar com sinais contrários. Portanto, devem ser calculadas armaduras em posições distintas para a seção, cuja capacidade deve ser ainda verificada para o momento isolado da carga permanente.

10) Ver exemplo 4.7.4. Analisar o número de camadas para a armadura de flexão, necessário para determinar a altura útil da seção.

11) Os momentos fletores máximos, negativo e positivo, podem ser obtidos do diagrama respectivo da tabela 8.5 do capítulo 8. No dimensionamento, deve-se analisar primeiro o momento negativo, de valor superior ao positivo, lembrando que para aquela seção não se aplica a opção de cálculo como T, pois a laje superior é tracionada. A seção do momento positivo máximo pode ser calculada como T; como a altura da seção é constante, deve haver folga, cabendo ser verificada a armadura mínima prevista na tabela 4.2.

12) A viga central recebe as cargas das lajes a partir da metade da distância entre nervuras laterais, ou seja, a $1,5m$ de cada face; portanto, a largura $3,25m$, de influência das cargas sobre o eixo da viga, multiplicada pelas parcelas permanente e variável, fornece a carga uniforme por unidade de comprimento. Para o peso próprio por metro da viga central, multiplica-se a soma de áreas de laje ($3,0.\ 0,10m^2$) e da área da seção da viga ($0,25.\ 0,95m^2$) pelo peso específico do concreto armado. Para o cálculo como seção T, a largura da laje colaborante é $b_f = b_w + 2b_1$. Da primeira desigualdade da expressão (4.26), pois na viga engastada-apoiada existe momento em apenas uma extremidade tem-se: $b_1 = 0,1a = 0,1.(0,75.\ 15) = 1,13m < 0,5b_2 = 0,5.\ 3,0 = 1,5m$.

13) Assim como o exercício 6, a largura dada é insuficiente para a classe CAA III, que exige cobrimento mínimo de $40mm$. Portanto, deve-se aumentar a largura.

No cálculo como seção T, se for necessária mais de uma camada de barras da armadura, pode haver problema com o limite da expressão (4.16), por altura insuficiente da viga. A largura da mesa é como o exercício 12 e prevalece o menor limite da expressão (4.26): $b_1 = 0,5b_2 = 25cm$.

14) A largura da mesa é obtida na mesma forma do exercício 12. Na expressão (4.26), para o tramo da viga com momento fletor nas duas extremidades, fica $b_1 = 0,1a = 0,1(0,6 . 5,0) = 0,30m < 0,5b_2 = 0,5 . 10 = 5,0m$. O restante da solução é similar ao exercício 13.

Tabela 4.3: Coeficientes para dimensionamento à flexão (concretos C20 a C50)

k_x	k_z	k_{md}	k_d	ε_{cd} (‰)	ε_{sd} (‰)	β	
0,020	0,992	0,004	16,67	0,20	10,00	0,267	
0,030	0,988	0,007	12,30	0,31	10,00	0,328	
0,040	0,984	0,010	9,905	0,42	10,00	0,381	Domínio 2: $\sigma_{cmax} = \beta\alpha_c f_{cd}$
0,050	0,980	0,014	8,374	0,53	10,00	0,428	
0,060	0,976	0,019	7,299	0,64	10,00	0,471	
0,070	0,972	0,024	6,498	0,75	10,00	0,512	
0,080	0,968	0,029	5,875	0,87	10,00	0,550	
0,090	0,964	0,035	5,375	0,99	10,00	0,587	
0,100	0,96	0,041	4,963	1,11	10,00	0,622	Domínios 2 e 3: $\sigma_{sd} = f_{yd}$
0,110	0,956	0,047	4,617	1,24	10,00	0,656	
0,120	0,952	0,054	4,323	1,36	10,00	0,689	
0,130	0,948	0,060	4,068	1,49	10,00	0,721	
0,140	0,944	0,068	3,845	1,63	10,00	0,753	
0,150	0,940	0,075	3,648	1,76	10,00	0,784	
0,160	0,936	0,083	3,473	1,90	10,00	0,814	
0,167	**0,933**	**0,088**	**3,367**	**2,00**	**10,00**	**0,832**	Limite intervalos 2a-2b
0,180	0,928	0,099	3,184	2,20	10,00	0,868	
0,190	0,924	0,107	3,063	2,35	10,00	0,893	
0,200	0,920	0,114	2,955	2,50	10,00	0,915	
0,210	0,916	0,122	2,860	2,66	10,00	0,935	
0,220	0,912	0,130	2,773	2,82	10,00	0,953	
0,230	0,908	0,138	2,695	2,99	10,00	0,970	
0,240	0,904	0,145	2,624	3,16	10,00	0,985	
0,250	0,900	0,153	2,558	3,33	10,00	0,999	
0,259	**0,896**	**0,158**	**2,000**	**3,50**	**10,00**	**1,000**	Limite domínios 2-3
0,270	0,892	0,164	2,000	3,50	9,46		
0,280	0,888	0,169	2,432	3,50	9,00		Domínio 3: $\sigma_{cmax} = \alpha_c f_{cd}$
0,290	0,884	0,174	2,395	3,50	8,57		
0,300	0,880	0,180	2,360	3,50	8,17		$k_x = \varepsilon_{cd}/(\varepsilon_{cd} + \varepsilon_{sd})$
0,310	0,876	0,185	2,327	3,50	7,79		
0,320	0,872	0,190	2,296	3,50	7,44		$k_z = 1 - 0,5\lambda k_x$
0,330	0,868	0,195	2,266	3,50	7,11		
0,340	0,864	0,200	2,237	3,50	6,79		$k_{md} = M_{Sd}/(b_w d^2 f_{cd})$
0,350	**0,860**	**0,205**	**2,210**	**3,50**	**6,50**		
0,360	0,856	0,210	2,185	3,50	6,22		$k_x = [1 - (1 - 2k_{md}/\alpha_c)^{1/2}]/\lambda$
0,370	0,852	0,214	2,160	3,50	5,96		
0,380	0,848	0,219	2,136	3,50	5,71		$A_s = M_{Sd}/(k_z d f_{yd})$
0,390	0,844	0,224	2,114	3,50	5,47		
0,400	0,840	0,228	2,092	3,50	5,25		$k_d = (1/k_{md})^{1/2}$
0,410	0,836	0,233	2,071	3,50	5,04		
0,420	0,832	0,238	2,051	3,50	4,83		$d = k_d [M_{Sd}/(b_w f_{cd})]^{1/2}$
0,430	0,828	0,242	2,032	3,50	4,64		
0,440	0,824	0,247	2,014	3,50	4,45		
0,450	**0,820**	**0,251**	**1,996**	**3,50**	**4,28**		

❖ $y = \lambda x$ e $\sigma_{cmax} = \alpha_c f_{cd}$; classes C20 a C50: $\lambda = 0,8$ e $\alpha_c = 0,85$.

Tabela 4.4: Coeficientes adimensionais para cálculo à flexão (concretos C20 a C90)

f_{ck}	20 a 50		55		60		65		70		75		80		85		90	
λ	0,80		0,79		0,78		0,76		0,75		0,74		0,73		0,71		0,70	
α_c	0,85		0,83		0,81		0,79		0,77		0,74		0,72		0,70		0,68	
k_x	k_z	k_{md}	k_z	k_{md}	k_z	k_{md}	k_z	k_{md}	k_z	k_{md}	k_z	k_{md}	k_z	k_{md}	k_z	k_{md}	k_z	k_{md}
0,02	0,99	0,004	0,99	0,003	0,99	0,003	0,99	0,003	0,99	0,003	0,99	0,003	0,99	0,003	0,99	0,003	0,99	0,003
0,04	0,98	0,010	0,98	0,010	0,98	0,010	0,98	0,009	0,99	0,009	0,99	0,009	0,99	0,009	0,99	0,009	0,99	0,009
0,06	0,98	0,019	0,98	0,018	0,98	0,018	0,98	0,017	0,98	0,017	0,98	0,017	0,98	0,017	0,98	0,017	0,98	0,017
0,08	0,97	0,029	0,97	0,028	0,97	0,027	0,97	0,027	0,97	0,027	0,97	0,026	0,97	0,026	0,97	0,026	0,97	0,026
0,10	0,96	0,041	0,96	0,039	0,96	0,038	0,96	0,038	0,96	0,037	0,96	0,037	0,96	0,037	0,96	0,036	0,97	0,036
0,12	0,95	0,054	0,95	0,051	0,95	0,050	0,95	0,050	0,96	0,049	0,96	0,048	0,96	0,048	0,96	0,048	0,96	0,047
0,14	0,94	0,068	0,94	0,065	0,95	0,064	0,95	0,063	0,95	0,062	0,95	0,061	0,95	0,061	0,95	0,060	0,95	0,060
0,17	0,93	0,089	0,93	0,085	0,94	0,083	0,94	0,082	0,94	0,081	0,94	0,080	0,94	0,080	0,94	0,078	0,94	0,075
0,20	0,92	0,112	0,92	0,108	0,92	0,107	0,92	0,105	0,93	0,104	0,93	0,100	0,93	0,096	0,93	0,092	0,93	0,087
0,22	0,91	0,128	0,91	0,124	0,92	0,122	0,92	0,119	0,92	0,114	0,92	0,109	0,92	0,105	0,92	0,100	0,92	0,095
0,24	0,91	0,143	0,91	0,140	0,91	0,135	0,91	0,129	0,91	0,124	0,91	0,118	0,91	0,113	0,92	0,108	0,92	0,103
0,26	0,90	0,158	0,90	0,152	0,90	0,146	0,90	0,140	0,90	0,134	0,90	0,127	0,91	0,123	0,91	0,117	0,91	0,112
0,28	0,89	0,169	0,89	0,162	0,89	0,156	0,89	0,149	0,90	0,143	0,90	0,137	0,90	0,131	0,90	0,126	0,90	0,120
0,30	0,88	0,179	0,88	0,172	0,88	0,165	0,89	0,159	0,89	0,152	0,89	0,146	0,89	0,140	0,89	0,133	0,90	0,127
0,32	0,87	0,189	0,87	0,182	0,88	0,175	0,88	0,168	0,88	0,161	0,88	0,154	0,88	0,148	0,89	0,141	0,89	0,135
0,33	0,87	0,194	0,87	0,187	0,87	0,180	0,87	0,173	0,88	0,165	0,88	0,159	0,88	0,152	0,88	0,145	0,88	0,139
0,34	0,86	0,199	0,87	0,192	0,87	0,184	0,87	0,177	0,87	0,170	0,87	0,163	0,88	0,156	0,88	0,149	0,88	0,142
0,35	0,86	0,204	0,86	0,196	0,86	0,189	0,87	0,181	0,87	0,174	0,87	0,167	0,87	0,160	0,88	0,153	0,88	0,146

k_x	k_z	k_{md}
0,36	0,86	0,209
0,37	0,85	0,214
0,38	0,85	0,219
0,39	0,84	0,223
0,40	0,84	0,228
0,41	0,84	0,233
0,42	0,83	0,237
0,43	0,83	0,242
0,44	0,82	0,246
0,45	0,82	0,251

$$k_{md} = \frac{M_{Sd}}{b_w d^2 f_{cd}} \qquad A_s = \frac{M_{Sd}}{k_z d f_{yd}}$$

$$k_x = (1 - \sqrt{1 - 2k_{md}/\alpha_c})/\lambda \qquad y = \lambda x$$

$$k_z = 1 - 0,5\lambda k_x \qquad \sigma_{cmax} = \alpha_c f_{cd}$$

CAPÍTULO 4 - CÁLCULO DE ELEMENTOS LINEARES À FLEXÃO PURA

Tabela 4.5: Áreas de armadura A_s (cm²) e espaço livre entre estribos b_s (cm)

bitola ϕ (mm)	Número de barras (n)																		
	1	**2**		**3**		**4**		**5**		**6**		**7**		**8**		**9**		**10**	
	A_s	A_s	b_s	A_s	b_s	A_s	b_s	A_s	b_s	A_s	b_s	A_s	b_s	A_s	b_s	A_s	b_s	A_s	b_s
5,0	0,20	0,39	3,0	0,59	5,5	0,79	8,0	0,98	10,5	1,18	13,0	1,37	15,5	1,57	18,0	1,8	20,5	1,96	23,0
6,3	0,31	0,62	3,3	0,94	5,9	1,25	8,5	1,56	11,2	1,87	13,8	2,18	16,4	2,49	19,0	2,8	21,7	3,12	24,3
8,0	0,50	1,01	3,6	1,51	6,4	2,01	9,2	2,51	12,0	3,02	14,8	3,52	17,6	4,02	20,4	4,5	23,2	5,03	26,0
10,0	0,79	1,57	4,0	2,36	7,0	3,14	10,0	3,93	13,0	4,71	16,0	5,50	19,0	6,28	22,0	7,1	25,0	7,85	28,0
12,5	1,23	2,45	4,5	3,68	7,7	4,91	11,0	6,14	14,3	7,36	17,5	8,59	20,8	9,82	24,0	11,0	27,3	12,3	30,5
16,0	2,01	4,02	5,2	6,03	8,8	8,04	12,4	10,0	16,0	12,1	19,6	14,1	23,2	16,1	26,8	18,1	30,4	20,1	34,0
20,0	3,14	6,28	6,0	9,42	10,0	12,6	14,0	15,7	18,0	18,9	22,0	22,0	26,0	25,1	30,0	28,3	34,0	31,4	38,0
22,0	3,80	7,60	6,6	11,4	11,0	15,2	15,4	19,0	19,8	22,8	24,2	26,6	28,6	30,4	33,0	34,2	37,4	38,0	41,8
25,0	4,91	9,82	7,5	14,7	12,5	19,6	17,5	24,5	22,5	29,4	27,5	34,4	32,5	39,3	37,5	44,2	42,5	49,1	47,5
32,0	8,04	16,1	9,6	24,1	16,0	32,2	22,4	40,2	28,8	48,2	35,2	56,3	41,6	64,3	48,0	72,4	54,4	80,4	60,8
40,0	12,6	25,1	12,0	37,7	20,0	50,3	28,0	62,8	36,0	75,4	44,0	88,0	52,0	100,5	60,0	113,1	68,0	125,7	76,0

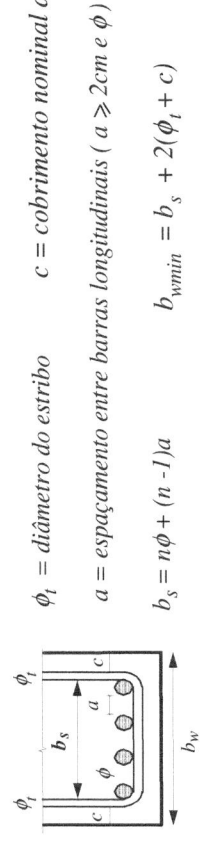

ϕ_t = diâmetro do estribo c = cobrimento nominal de concreto

a = espaçamento entre barras longitudinais ($a \geqslant 2cm$ e ϕ)

$b_s = n\phi + (n-1)a$ $b_{wmin} = b_s + 2(\phi_t + c)$

Capítulo 5

CÁLCULO DE PILARES À
FLEXÃO COMPOSTA

Foto: Palácio da Justiça
(Acervo pessoal do autor)

Cálculo de pilares à flexão composta

5.1 OBJETIVOS

> *Conceito:* pilares são elementos lineares de eixo reto, usualmente dispostos na vertical, em que as forças normais de compressão são preponderantes e a maior dimensão da seção transversal não excede cinco vezes a menor.

Esse conceito complementa a definição da NBR 6118, apresentada no capítulo 3, marcando a diferença em relação aos *pilares-paredes* quanto às dimensões da seção, abordadas no subitem 5.4.1. Conforme destaca o item 3.6, os pilares são parte da estrutura primária da superestrutura da edificação, essenciais à segurança global.

Nos pilares de edificações usuais, predominam a força normal e o momento fletor, denominadas *solicitações normais*, por induzirem tensões normais à seção transversal do elemento. Esses esforços são calculados de acordo com o modelo adotado no projeto estrutural e recebem a seguinte classificação:

❖ *Compressão centrada, axial ou simples:*
  Quando se consideram apenas forças normais solicitando a seção. No entanto, a NBR 6118: 2014 → 16.3 tornou obrigatório o cálculo de pilares sob atuação de momentos fletores, ou seja, não são mais aceitos os processos aproximados à compressão centrada das versões de 1978 e 2003. Essa é a mudança mais relevante neste livro com relação às edições anteriores, que abordavam apenas os processos aproximados para pilares curtos e medianamente esbeltos, descritos à frente. O processo simplificado ainda é útil no pré-dimensionamento e na estimativa da área mínima de armadura longitudinal.

❖ *Flexão composta:*
  Atuação conjunta da força normal e do momento fletor na seção; conforme a natureza das tensões normais produzidas, essa solicitação pode receber as denominações *flexocompressão* ou *flexotração*.

A figura 5.1 mostra uma força normal N aplicada à seção retangular, com excentricidades e_x e e_y e os momentos resultantes com relação aos eixos principais de inércia pelo centro de gravidade (baricêntricos). Reduzida ao CG, a força produz um momento fletor M, representado pelo vetor de seta dupla, que pode ser decomposto em $M_x = N.e_y$ e $M_y = N.e_x$.

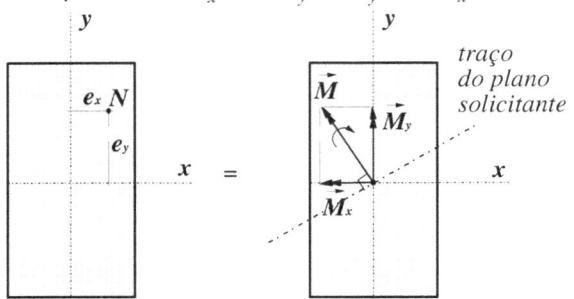

Figura 5.1: Seção transversal retangular sob flexão composta oblíqua

Conforme as excentricidades, a flexão composta é classificada em:

1) *Flexão composta normal, reta ou plana:*

Quando e_x ou e_y for igual a zero ou desprezível: a resultante dos momentos na seção tem componentes apenas em relação a um dos eixos principais. Cada parcela isolada, associada à força normal, induz uma flexão composta plana. Um eixo de simetria das seções é sempre um dos eixos principais e qualquer diâmetro da seção circular é um eixo principal.

Cabe retomar aqui o conceito de *núcleo central de inércia* da seção da nota de rodapé n° 1 e figura 4.5 do capítulo 4. Na flexo-compressão, mais comum em pilares, a posição da força normal relativa ao NCI pode resultar apenas em tensões de compressão (duas armaduras comprimidas) ou em tensões de compressão e tração (armaduras comprimida e tracionada).

Das figuras 4.5 a 4.10, podem ocorrer no ELU os domínio 3, 4, 4a ou 5, com as tensões normais na seção assumindo a forma genérica da Mecânica dos Sólidos, $\sigma = N/A \pm M/W$, sendo A a área da seção e W o seu módulo de resistência à flexão, relativo à fibra mais tracionada ou menos comprimida.

2) *Flexão composta oblíqua*:

A resultante dos momentos fletores na seção tem componentes segundo os dois eixos principais; na figura 5.1, o vetor momento M tem direção normal ao traço na seção transversal do plano solicitante, que contém as forças resultantes no elemento linear.

A flexão composta sempre predomina nos pilares de edificações usuais, pois as forças de compressão estão sujeitas a excentricidades de diversas naturezas: de imprecisões geométricas inevitáveis da execução com relação à posição prevista no projeto; oriundas dos momentos induzidos pelas vigas e lajes vinculadas aos pilares; efeitos de 2ª ordem, citados no item 3.5 do capítulo 3, que em elementos esbeltos somam-se aos demais, incrementando a flexão; e inerentes à própria constituição do concreto, como o efeito da deformação de fluência ou lenta.

Do refinamento dos métodos de cálculo e maior arrojo das edificações, as normas passaram a prescrever como obrigatório o cálculo de pilares à flexão composta, bem como os efeitos de 2ª ordem em peças esbeltas, com seu equilíbrio sendo analisado com a configuração deformada, como ilustra a figura 5.7, à frente. Nos pilares esbeltos, deve-se ainda levar em conta a ação do tempo, oriunda da fluência do concreto, como descrito no subitem 3.11.2.3 do capítulo 3. A NBR 6118: 2014 adota esses procedimentos, mas, perante a complexidade dos processos de cálculo e sob condições favoráveis, admite simplificações.

Como citado no item 3.5, a NBR 6118 → 15.4.2 prescreve:

As estruturas são consideradas, para efeito de cálculo, de nós fixos, quando os deslocamentos horizontais dos nós são pequenos e, por decorrência, os efeitos globais de 2ª ordem são desprezíveis (inferiores a 10% dos respectivos esforços de 1ª ordem). Nessas estruturas, basta considerar os efeitos locais e localizados de 2ª ordem.

Conforme o mesmo item, a subseção 15.4.3 dispõe sobre as ações horizontais:

Por conveniência de análise, é possível identificar, dentro da estrutura, subestruturas que, devido à sua grande rigidez a ações horizontais, resistem à maior parte dos esforços decorrentes dessas ações. Essas subestruturas são chamadas subestruturas de contraventamento. Os elementos que não participam da subestrutura de contraventamento são chamados elementos contraventados.

O contraventamento de edificações usuais é fornecido por pilares-paredes, lajes e pórticos, formados por vigas e pilares de grande rigidez ou pórticos treliçados, que, em geral, fazem parte da estrutura que sustenta as caixas de elevadores e escadas, além das alvenarias de tijolos.

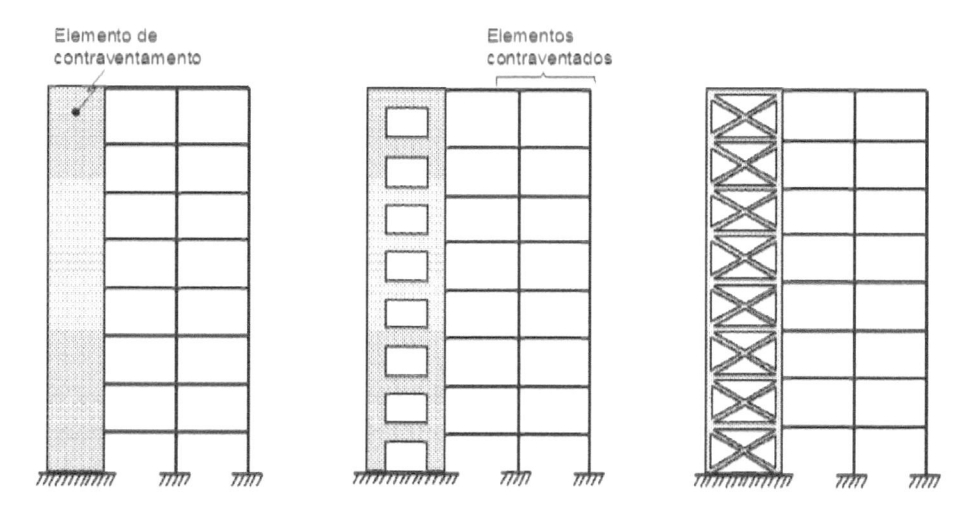

Figura 5.2: Estruturas com elementos de contraventamento (GUIMARÃES, 2014)

E, ainda, pela NBR 6118 → 15.6:

Nas estruturas de nós fixos, o cálculo pode ser realizado considerando cada elemento comprimido isoladamente, como barra vinculada nas extremidades aos demais elementos estruturais que ali concorrem, onde se aplicam os esforços obtidos pela análise da estrutura efetuada segundo a teoria de 1ª ordem.

Vale remarcar as três etapas do projeto que se desenvolvem após a análise estrutural – *dimensionamento, verificação* e *detalhamento* –, sendo que a NBR 6118 → 16.2.2 declara em seus princípios gerais: "Essas três etapas devem estar sempre apoiadas em uma visão global da estrutura, mesmo quando se detalha um único nó (região de ligação entre dois elementos estruturais)".

Por outro lado, em 16.2.2, a Norma estabelece a distinção entre as visões global e local do comportamento da estrutura, destacando:

> [...] o detalhamento de um elemento particular deve levar em conta que o seu desempenho depende de aspectos locais que não foram levados em conta na análise global.
>
> Esse é o caso da verificação da flecha de uma viga, que deve se levar em conta rigidez menor que a média da estrutura, bem como a perda de rigidez com a fissuração.
>
> Esse é o caso ainda, quando se verifica o ELU do lance de um pilar, de se levar em conta erros locais de construção e efeitos locais de 2ª ordem, que não foram considerados na análise global.

A análise global das estruturas, de pequena ou grande complexidade, está cada vez mais inserida na realidade dos projetos, em razão da evolução significativa dos sistemas computacionais. Edificações usuais terão sempre menor ou maior grau de deslocamentos de diversas fontes: características geométricas, assimetria dos carregamentos, desaprumos inevitáveis de execução, ação do vento e efeitos de variações de temperatura, retração e fluência (BUENO, 2014).

Do exposto, percebe-se que o cálculo de pilares sob flexão composta não é tema dos mais simples. Sendo o principal público-alvo deste trabalho os estudantes de graduação, a dosagem do conteúdo deste capítulo é criteriosa, levando em conta a qualidade e disponibilidade da bibliografia nacional sobre os processos de cálculo de uso corrente na prática, que utilizam dispositivos auxiliares – ábacos, tabelas e programas computacionais.

Deste capítulo, espera-se que o leitor possa adquirir entendimento satisfatório sobre os seguintes pontos relativos aos pilares de concreto armado:

a) Disposição e finalidade das armaduras longitudinal e transversal (estribos).

b) Características gerais dos pilares das estruturas de edificações usuais.

c) Noções básicas sobre o fenômeno de instabilidade de equilíbrio e flambagem de barras comprimidas.

d) Visão geral das situações de cálculo dos pilares de concreto e sua função no comportamento local e global da estrutura.

e) Procedimentos para cálculo de pilares sob flexão composta pela NBR 6118.

f) Prescrições normativas sobre dimensões da seção de pilares, taxas mínima e máxima e arranjo das armaduras longitudinal e transversal e principais disposições construtivas visando à durabilidade.

5.2 CONCEITOS PRELIMINARES

5.2.1 Disposição e finalidade das armaduras de pilares

Nos pilares de concreto armado, as armaduras são dispostas nas direções longitudinal e transversal ao eixo, com diferentes finalidades. A figura 5.3, a seguir, mostra a disposição das armaduras de um pilar de concreto armado de seção transversal retangular, no trecho entre dois pisos. À esquerda tem-se um corte normal à seção e, à direita, a armadura longitudinal constituída por seis barras de diâmetro Φ e um estribo de bitola Φ_t, com a notação geral:

A_s : área total da seção transversal das barras da armadura longitudinal de tração;

A'_s : área total das barras da armadura longitudinal de compressão;

A_c : área da seção de concreto; em geral, tomada igual à da seção transversal do pilar, sem descontar a área da armadura.

a) Armadura longitudinal ou principal

Constituída por barras retas paralelas ao eixo do pilar, tem a função prioritária de resistir às tensões de compressão em colaboração com o concreto, permitindo a redução das dimensões da seção transversal, em virtude da maior resistência do aço. Para o CA-50, de uso mais comum no Brasil, a resistência de escoamento de $f_{yk} = 500MPa$ é 25 vezes a resistência mínima à compressão $f_{ck} = 20MPa$, estipulada para estruturas de concreto armado pela NBR 6118: 2014.

Já nos pilares submetidos à flexão composta, essa armadura pode trabalhar toda comprimida ou parte comprimida e outra tracionada. São também elementos de especial importância na garantia da estabilidade global da estrutura e na restrição aos esforços oriundos de deformações de fluência e retração do concreto.

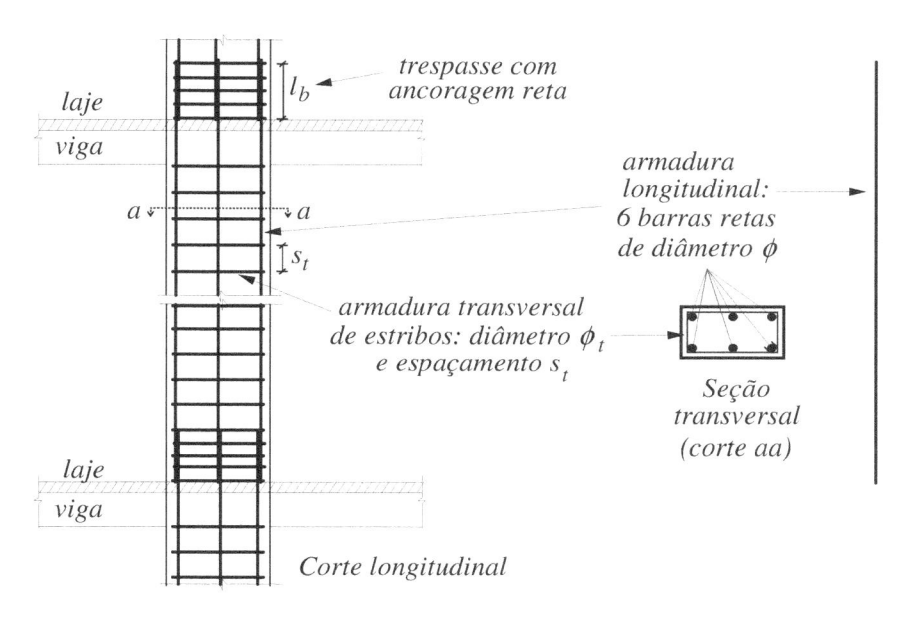

Figura 5.3: Armaduras em pilares de concreto armado

As barras longitudinais estendem-se por todo o comprimento do pilar e são prolongadas, acima e abaixo das faces superior e inferior das vigas e lajes. Nesses trechos, denominados *esperas ou arranques*, são feitas as emendas das barras, por *trespasse* ou dispositivos mecânicos como soldas ou luvas, a fim de garantir a continuidade da armadura nos pavimentos sucessivos e o caráter monolítico da peça estrutural.

b) Armadura transversal constituída por estribos

Constituída por barras transversais ao eixo do pilar, são dobradas em *estribos*, fechados e ancorados nos cantos em torno da barra longitudinal. Têm a função de evitar a flambagem das barras longitudinais, manter sua posição durante a concretagem e inibir fissuras de fendilhamento do concreto comprimido.

A versão de 1978 da Norma previa os *pilares cintados* de concreto armado, em que se admitia o aumento da capacidade resistente pelo espaçamento reduzido de estribos ($s_t \leq 8cm$), efeito decorrente do *confinamento* ou *cintamento* do núcleo do pilar e da restrição imposta às deformações laterais do concreto.

Essa possibilidade não é mais prevista desde a NBR 6118: 2003, fato que, em princípio, implica sua não utilização no projeto estrutural, o que se explica pela alta concentração de armaduras e dificuldades de execução.

No entanto, no reforço de pilares de concreto armado com resistência deficiente, o cintamento é um recurso muito utilizado, por meio de estribos adicionais ou chapas metálicas e reparo posterior do pilar com concreto novo ou argamassa especial.

Também na técnica de reforço de pilares com mantas flexíveis de polímero reforçado com fibras (*fiber reinforced polymer* – FRP), o processo de cálculo da capacidade da estrutura pós-reforço tem por base o cintamento do núcleo de concreto, pelo confinamento das deformações laterais por meio de mantas que envolvem toda a seção do pilar.

5.2.2 Pilares de estruturas de edificações usuais

Para as estruturas, ou partes delas, que possam ser assimiladas a elementos lineares (vigas, pilares, tirantes, arcos, pórticos, grelhas, treliças), admitem-se as seguintes hipóteses básicas, vistas no capítulo 4, da NBR 6118 → 14.6.1:

  a) manutenção da seção plana após a deformação;
  b) representação dos elementos por seus eixos longitudinais;
  c) comprimento limitado pelos centros de apoios ou pelo cruzamento com o eixo de outro elemento estrutural.

Nos projetos estruturais podem ser adotados diferentes modelos de cálculo, inclusive em uma mesma estrutura, com níveis variados de precisão e eficácia, em função dos equipamentos disponíveis e da experiência dos projetistas.

Nos modelos convencionais, calculam-se separadamente os esforços nas lajes e vigas e depois dimensionam-se os pilares. Recebendo as cargas das lajes, as vigas podem ser analisadas como vigas contínuas isoladas ou em conjunto como grelhas, com os pilares tratados em separado. Nas estruturas constituídas por *lajes cogumelo, lisas ou planas*, as vigas e lajes são modeladas em conjunto como grelhas, transferindo as reações aos pilares para seu cálculo posterior.

Com a evolução dos sistemas computacionais, cresceu a importância da análise global da estrutura e a modelagem espacial na configuração indeformada permite determinar os esforços nas lajes, vigas e nos pilares de modo conjunto.

Para estruturas usuais de edifícios, a NBR 6118 → 14.6.6 admite o emprego do:

> [...] modelo clássico de viga contínua, simplesmente apoiada nos pilares, para o estudo das cargas verticais, observando-se a necessidade das seguintes correções adicionais:
>
> a) não podem ser considerados momentos positivos menores que os que se obteriam se houvesse engastamento perfeito da viga nos apoios internos;
>
> b) quando a viga for solidária com o pilar intermediário e a largura do apoio, medida na direção do eixo da viga, for maior que a quarta parte da altura do pilar, não pode ser considerado o momento negativo de valor absoluto menor do que o de engastamento perfeito nesse apoio;
>
> c) quando não for realizado o cálculo exato da influência da solidariedade dos pilares com a viga, deve ser considerado, nos apoios extremos, momento fletor igual ao momento de engastamento perfeito multiplicado pelos coeficientes estabelecidos nas seguintes relações:
>
> – na viga: $(r_{inf} + r_{sup})/(r_{vig} + r_{inf} + r_{sup})$
>
> – no tramo superior do pilar: $r_{sup}/(r_{vig} + r_{inf} + r_{sup})$
>
> – no tramo inferior do pilar: $r_{inf}/(r_{vig} + r_{inf} + r_{sup})$
>
> sendo $r_i = I_i/\ell_i$
>
> onde: r_i é a rigidez do elemento i no nó considerado, avaliada conforme indicado na figura 14.8.

Dessa forma, na ausência de cálculo mais preciso, a Norma admite o modelo de viga contínua para determinação dos momentos de equilíbrio em um pilar de apoio, ou nó de pórtico, com a multiplicação de coeficientes de ponderação das rigidezes relativas da viga e dos lances superior e inferior do pilar pelo momento de engastamento perfeito naquela extremidade da viga. Ou seja, esse cálculo aproximado pondera os índices de rigidez das barras conectadas no apoio para obter três momentos fletores, cuja soma deve resultar igual ao momento de engastamento perfeito M_{eng}.

Nos pilares extremos é obrigatória a consideração dos momentos oriundos das vigas, que podem ser obtidos por processos aproximados, mas, atualmente, predominam os modelos computacionais mais refinados.

Para os pilares intermediários, a consideração dos momentos transmitidos pelas vigas pode ser dispensada em determinadas situações, descritas no item 5.3.

A figura 5.4, a seguir, esquematiza as abordagens citadas numa planta básica de lajes de mesmo nível $L1$ a $L4$, de estrutura usual.

As linhas cheias representam os eixos das vigas de suporte $V1$ a $V6$, supostas contínuas de dois vãos (a e b). Admite-se no exemplo que os cruzamentos das vigas coincidam com os eixos dos pilares $P1$ a $P9$, representados pelos pontos cheios na planta.

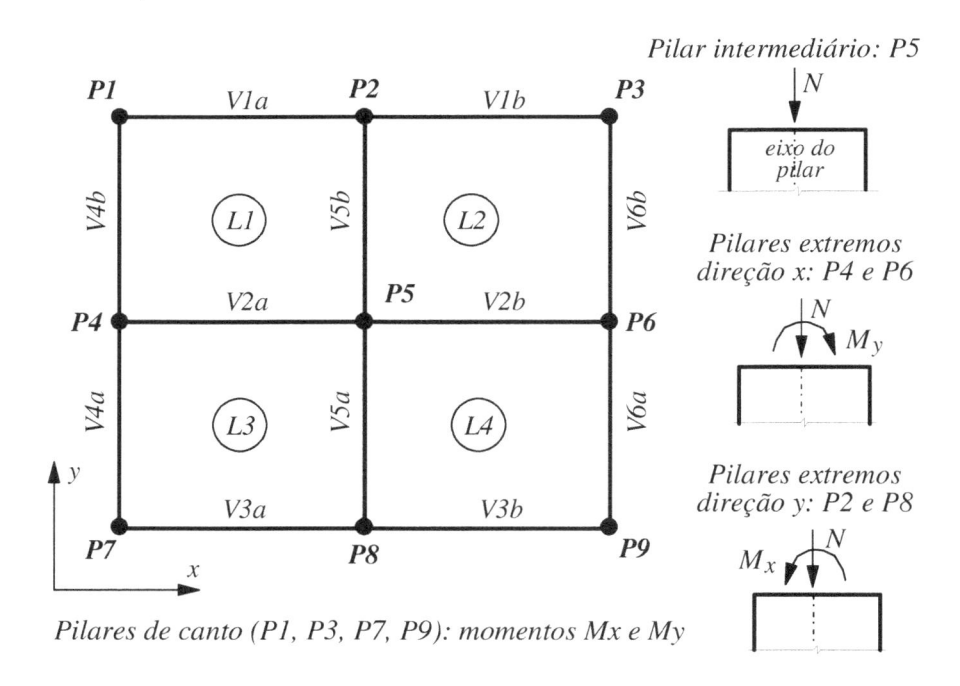

Figura 5.4: Momentos transmitidos por lajes e vigas aos pilares

Conforme a posição relativa na planta, os pilares são classificados em:

1) *Pilar intermediário:* não é obrigatório considerar no cálculo os momentos fletores transmitidos pelas vigas. No entanto, o dimensionamento deve ser sempre efetuado à flexão composta, pela exigência de serem consideradas as excentricidades da força normal: de imperfeições da execução, iniciais da posição da viga em relação ao eixo do pilar e eventuais excentricidades de 2ª ordem e deformações de fluência, nos casos de esbeltez elevada.

2) *Pilar extremo*: obrigatório considerar apenas o momento transmitido pelo vão extremo da viga nele apoiada, além de outros, oriundos de excentricidades acidentais de execução, iniciais ou de 2ª ordem e fluência.

3) *Pilar de canto*: cálculo obrigatório à flexão composta oblíqua, pela atuação de momentos relativos a dois eixos principais, provenientes de duas ou mais vigas de bordo nele apoiadas, além dos outros efeitos mencionados.

5.2.3 Noções de instabilidade de equilíbrio e flambagem de barras comprimidas

Conceito: flambagem é um fenômeno de instabilidade de equilíbrio, que pode provocar a ruptura de uma peça com compressão predominante, antes de se esgotar a sua capacidade resistente à compressão.

De início, cabe ressaltar ser improvável que os pilares de concreto armado, exceto por graves deficiências de projeto ou construtivas, sofram ruptura brusca por flambagem propriamente dita, como pode ocorrer com peças metálicas esbeltas. As dimensões das seções, as armaduras e restrições nas ligações com vigas e lajes e a interação força normal-momento fletor fazem prevalecer um ELU por flexocompressão, ocorrendo o esgotamento da resistência dos materiais, concreto e/ou aço, podendo a estrutura, inclusive, indicar algum sinal de risco de ruptura.

Dessa forma, apesar do uso corrente, a expressão *verificação à flambagem* não é muito adequada a pilares de concreto armado e não é empregado pela NBR 6118, que adota *instabilidade* e a define na subseção 15.2:

Nas estruturas de concreto armado, o estado-limite último de instabilidade é atingido sempre que, ao crescer a intensidade do carregamento e, portanto, das deformações, há elementos submetidos a flexocompressão em que o aumento da capacidade resistente passa a ser inferior ao aumento da solicitação.

O termo *flambagem* aparece apenas uma vez na NBR 6118: 2014, na mesma subseção, quando apresenta três tipos de instabilidade e aponta no primeiro que: "a) nas estruturas sem imperfeições geométricas iniciais, pode haver (para casos especiais de carregamento) perda de estabilidade por bifurcação do equilíbrio **(flambagem)** [...]". No entanto, optou-se por manter no livro o título deste subitem, em vista da prática e terminologia ainda vigentes no país.

Na análise da instabilidade estrutural, definido pela Mecânica dos Sólidos em função do comprimento e da natureza dos vínculos da barra comprimida e das dimensões da seção transversal, um parâmetro importante é seu *índice de esbeltez*, da expressão:

$$\lambda = l_e / i \tag{5.1}$$

onde:

l_e = *comprimento equivalente* (ou de flambagem) da barra comprimida;

$i = (I/A)^{1/2}$ = raio de giração da seção em relação a um eixo baricêntrico;

I = momento de inércia da seção transversal em relação ao mesmo eixo;

A = área da seção.

a) Comprimento equivalente ou de flambagem (l_e)

Dispõe a NBR 6118 → 15.6:

Nas estruturas de nós fixos, o cálculo pode ser realizado considerando cada elemento comprimido isoladamente, como barra vinculada nas extremidades aos demais elementos estruturais que ali concorrem, onde se aplicam os esforços obtidos pela análise da estrutura efetuada segundo a teoria de 1ª ordem.

Portanto, essa teoria estuda o equilíbrio a partir da configuração geométrica inicial da barra, isto é, sem considerar as deformações sob carga.

Da subseção 15.4, o comprimento equivalente l_e do pilar com vínculos em suas extremidades é o menor dos valores:

$$l_e \leq \begin{cases} l_o + h \\ l \end{cases}$$ (5.2)

Na figura 5.5, tem-se:

l_0 = distância entre as faces internas dos elementos estruturais supostos horizontais – as vigas, em geral –, que se vinculam ao pilar;

h = dimensão da seção transversal do pilar, medida no plano em estudo;

l = distância entre eixos das vigas aos quais o pilar está vinculado.

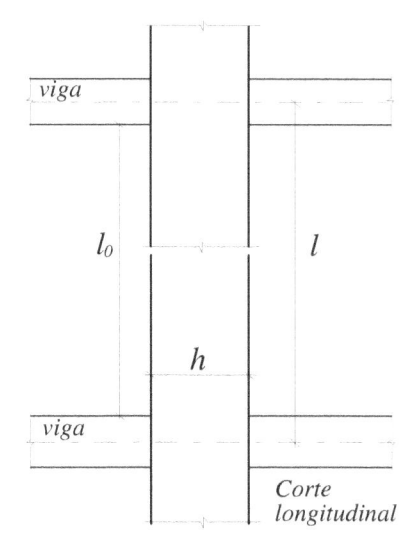

Figura 5.5: Comprimento equivalente de pilar vinculado nas extremidades

Para outras condições de vínculos nos extremos, conforme a maior ou menor liberdade de rotação no apoio da Mecânica dos Sólidos, o comprimento de equivalente pode assumir outros valores, como mostra a figura 5.6, a seguir, em que o valor de l é a distância entre os eixos das vigas entre as quais o pilar está situado. Cabe ao projetista, com justificativa consistente, optar por um casos, conforme a rigidez relativa do pilar e vigas nele apoiadas.

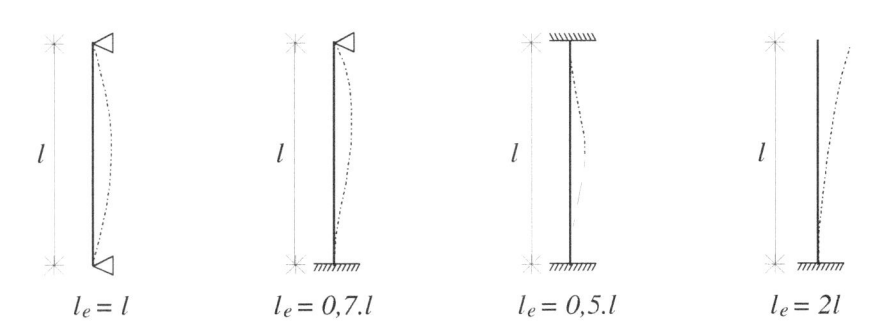

$$l_e = l \qquad l_e = 0,7.l \qquad l_e = 0,5.l \qquad l_e = 2l$$

Figura 5.6: Comprimentos equivalentes para barras em várias condições de apoio

Na expressão (5.1), a situação que conduz a λ_{max} ocorre para $l_e = 2l$, a mais desfavorável portanto, que pode ser adotada mesmo com a presença de vigas na extremidade superior do pilar, mas sem capacidade suficiente para restringir seu deslocamento horizontal.

b) <u>Raio de giração da seção transversal</u>

Da expressão (5.1), o maior risco de instab da barra é identificado pelo máximo índice de esbeltez λ e, portanto, ao valor mínimo do raio de giração i da seção em relação aos eixos baricêntricos. Portanto, a maior possibilidade de rotação das seções ocorre em relação ao eixo de momento de inércia mínimo, o qual se costuma denominar *direção de maior esbeltez*. Na barra de seção retangular da figura 5.7, a seguir, supondo as dimensões $b \leq h$, tem-se o momento de inércia $I_{min} = hb^3/12$, que resulta no λ_{max} da expressão (5.3), com o eixo 2 sendo a direção principal de maior esbeltez.

Definido pelo eixo reto da barra e o mesmo eixo após deformação, o *plano de instabilidade ou flambagem* é normal à seção transversal e contém o eixo principal 1, de momento de inércia máximo. Para pilares de seção transversal retangular e dimensões $b \leq h$, o índice de esbeltez máximo é dado por:

$$\lambda_{max} = l_e/(I/A)^{1/2} = l_e/[(hb^3/12)/bh]^{1/2} = l_e/(b^2/12)^{1/2} = 3,46l_e/b \qquad (5.3)$$

Para a seção transversal circular de diâmetro d, tem-se:

$$\lambda_{max} = \lambda_{min} = 4l_e/d.$$

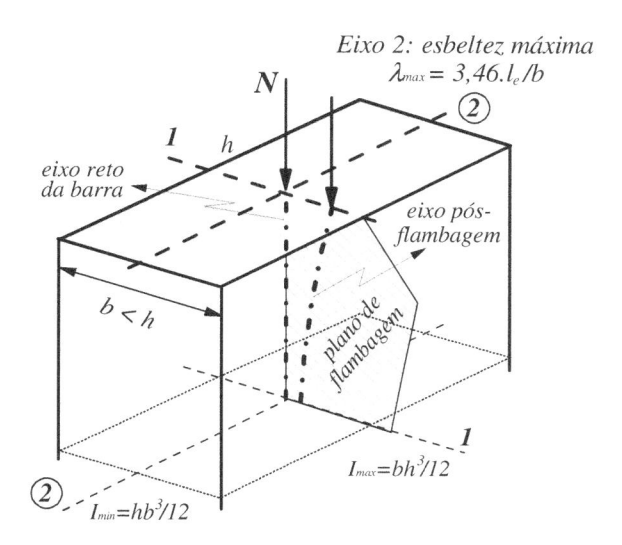

Figura 5.7: Esboço do efeito da instabilidade em barra comprimida

Numa barra sem restrições a deslocamentos transversais, submetida apenas à força normal axial crescente N, como ilustra a figura 5.8, uma instabilidade de equilíbrio pode ocorrer e ruptura por flambagem, quando a força atinge um valor crítico, chamada *força ou carga de Euler*, dada pela expressão (5.4):

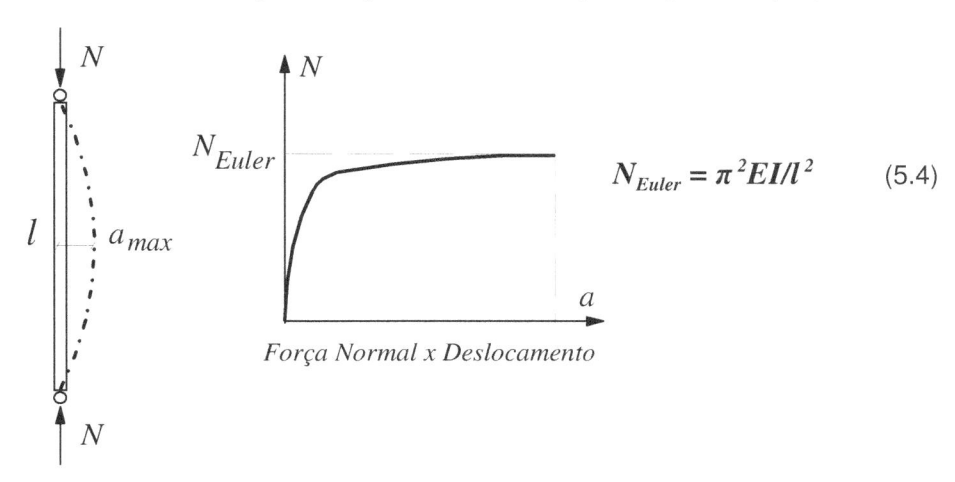

$$N_{Euler} = \pi^2 EI/l^2 \qquad (5.4)$$

Figura 5.8: Instabilidade de barra sob força normal axial

A teoria de 2ª ordem considera o aumento dos deslocamentos a da força normal com relação ao eixo da barra da figura 5.8, o que causa a ampliação dos momentos fletores calculados com a configuração não deformada ou pela teoria de 1ª ordem.

A edição da Norma de 1978, entre os critérios de segurança, prescrevia na subseção 5.1 que:

> Quando for determinada diretamente a solicitação de flambagem, admite-se que há segurança se essa solicitação não é inferior a 3 vezes a solicitação correspondente à ação característica.

Por esse critério, era obrigatória a verificação $N_{Euler} \geq 3N_k$ para o cálculo de pilares de concreto armado, que não mais consta das edições 2003 e 2014, possivelmente, em virtude do maior rigor na análise dos efeitos de 2ª ordem. No entanto, trata-se de informação relevante e de interesse prático.

5.3 CONSIDERAÇÕES GERAIS SOBRE PILARES DE CONCRETO

5.3.1 Excentricidades para cálculo à flexão composta

A capacidade resistente do pilar, com geometria, características do concreto e aço e taxa de armadura definidas, depende da excentricidade resultante da força normal na seção, além dos momentos fletores nela atuantes.

A figura 5.9 detalha as situações da planta da figura 5.4 anterior, para pilares de seção retangular sujeitos à força normal característica N_k (ou simplesmente N), a soma das reações das vigas neles apoiadas e acumuladas de pavimentos superiores, obtida do cálculo estático e majorada por coeficiente de segurança, resultando na força de cálculo $N_{Sd} = \gamma_f N_k$, ou apenas N_d.

Sobre a força normal atuam diversas excentricidades em relação ao eixo do pilar e eixos baricêntricos da seção.

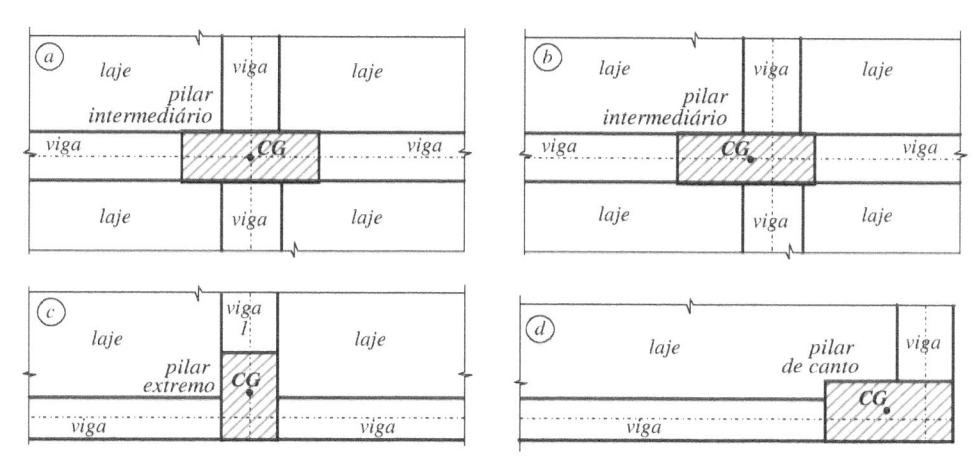

Figura 5.9: Situações do cálculo à flexão composta na Planta de Formas (trechos)

A excentricidade resultante na seção de cada pilar está relacionada ao momento fletor e à força normal atuantes na forma: $e = M/N = M_d/N_d$, que pode ser decomposta segundo os eixos principais conforme mostra a figura 5.1. Caso uma excentricidade componente seja associada à força normal acumulada, ela induz, isoladamente, uma flexão composta plana. As excentricidades para o cálculo à flexão composta podem ser classificadas como de *1ª* ou de *2ª ordem*, como detalham os subitens seguintes.

5.3.1.1 Excentricidades de *1ª* ordem

São relacionadas à análise da estrutura na configuração geométrica inicial não deformada, podendo se subdividir em:

a) Excentricidades oriundas de imperfeições geométricas (e_a)

Denominação usada pela NBR 6118 → 15.1, que prescreve em 11.3.3.4:

Na verificação do estado-limite último das estruturas reticuladas, devem ser consideradas as imperfeições geométricas do eixo dos elementos estruturais da estrutura descarregada. Essas imperfeições podem ser divididas em dois grupos: imperfeições globais e imperfeições locais.

O mesmo subitem dispõe ainda que "O desaprumo não precisa ser considerado para os Estados-Limites de Serviço".

As figuras 5.10 e 5.11 reproduzem disposições da NBR 6118 sobre desaprumos de elementos verticais na análise global da estrutura, incluindo ações de vento (NBR 6118 → figura 11.1) e imperfeições geométricas locais (figura 11.2).

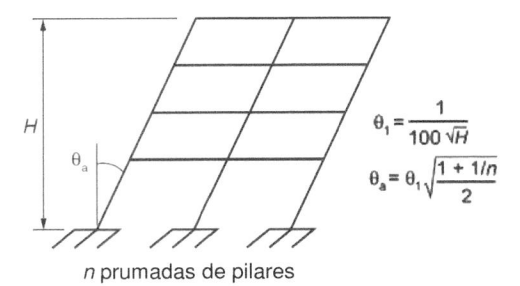

$$\theta_1 = \frac{1}{100\sqrt{H}}$$

$$\theta_a = \theta_1 \sqrt{\frac{1 + 1/n}{2}}$$

n prumadas de pilares

Figura 5.10: Imperfeições geométricas globais

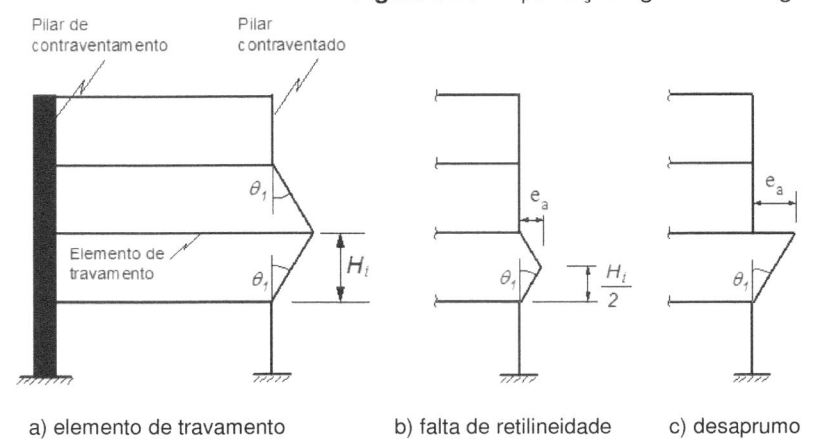

a) elemento de travamento   b) falta de retilineidade   c) desaprumo

Figura 5.11: Imperfeições geométricas globais

No exemplo da figura 5.9(a), a força normal N_d seria centrada, com os eixos das vigas cruzando-se sobre o eixo do pilar em planta; no entanto, a Norma exige no projeto a consideração das excentricidades causadas por imperfeições geométricas inevitáveis na execução. Lembrar o comentário do subitem 3.10.1, capítulo 3: a precisão em estruturas de concreto moldadas *in loco*, mesmo com boa técnica, é de centímetros, enquanto nas metálicas é de milímetros.

b) Excentricidade inicial das vigas em relação ao eixo do pilar (e_i)

Nos casos das figuras 5.9(b), (c) e (d), uma ou mais vigas têm o eixo excêntrico ao eixo do pilar. Conforme a alínea a), subitem 5.2.3, o elemento comprimido da estrutura de nós fixos pode ser analisado como barra isolada, vinculada aos elementos que concorrem em suas extremidades, onde se aplicam os esforços do cálculo da estrutura não deformada ou da teoria de 1ª ordem.

c) Excentricidades transmitidas pelas vigas ao pilar (e_{viga})

São oriundas dos momentos causados pelas vigas apoiadas nos pilares, com situações diversas, conforme a posição relativa do pilar na planta: de formas.

Por exemplo, no pilar extremo da figura 5.9(c), pode-se considerar apenas a força normal e o momento transmitido pela viga 1, que induzem na seção do pilar uma flexão composta plana. Já no pilar de canto da figura 5.9(d), os dois momentos transmitidos pelas vigas vinculadas ao pilar atuam junto com a força normal o que resulta em flexão composta oblíqua.

Essa análise é efetuada automaticamente por programas computacionais. Como mostrado no subitem 5.2.2, a Norma admite um processo que pondera o momento de engastamento perfeito M_{eng} nos extremos de cada viga, com os valores de rigidez das barras concorrentes no apoio.

As excentricidades de 1ª ordem definidas nas alíneas b) e c) podem ser identificadas como provenientes da modelagem estrutural utilizada no processo de cálculo, sendo "[...] introduzidas pela vinculação do pilar com os outros elementos estruturais contíguos." (GRAZIANO, 2011).

Segundo a NBR 6118 → 11.3.3.4, para a "[...] verificação de um lance de pilar, deve ser considerado o efeito do desaprumo ou da falta de retilineidade do eixo do pilar".

E a subseção 11.3.3.4.3, prescreve: "O efeito das imperfeições locais nos pilares e pilares-parede pode ser substituído, em estruturas reticuladas, pela consideração do momento mínimo de 1ª ordem dado a seguir":

$$M_{1d,min} = N_d\,(0,015 + 0,03h) \qquad (5.5)$$

h = altura total da seção transversal na direção da excentricidade considerada, medida em *metros*.

Ao valor de $M_{1d,min}$ devem ser acrescidos os momentos fletores de 2ª ordem, admitindo-se que, mesmo com a estrutura descarregada, a força N_d possa ser afetada pela *excentricidade mínima de 1ª ordem* descrita na alínea a), também chamada de *acidental*, que, de (5.5), pode ser expressa por:

$$e_{1,min} = 1,5cm + 0,03h \geq e_a \qquad (5.6)$$

Para a excentricidade acidental, a Norma acrescenta um limite referido à altura de um lance do pilar, das figuras 5.11(b) e (c), impondo o ângulo de inclinação $\theta_{1min} = 1/300$. Para dimensionamento ou verificação, considerando os efeitos de desaprumo ou falta de retilineidade, os valores limites são, respectivamente, $e_a \geq H_i/300$ ou $e_a \geq H_i/600$. Nos casos usuais, apenas o segundo limite é suficiente (GUIMARÃES, 2014). Segundo a NBR 6118 → 15.1, a excentricidade de 1ª ordem *não inclui a excentricidade acidental*, donde pode se concluir que $e_{1,min} \geq e_a$ deve ser somada às demais de 1ª ordem das alíneas b) e c).

A excentricidade $e_{1,min}$ é medida segundo cada eixo principal baricêntrico, que coincide com o traço do plano solicitante na seção transversal do pilar. Na figura 5.7, por exemplo, supondo um pilar de seção $b = 20cm$ e $h = 60cm$, as excentricidades mínimas de 1ª ordem nas duas direções principais são, respectivamente, $e_{1,min,b} = 2,1cm$ e $e_{1,min,h} = 3,3cm$. Essa última excentricidade tem maior valor absoluto, mas referida à dimensão paralela da seção tem menor influência, pois $e_{1,min,h}/h = 0,055$ é inferior a $e_{1,min,b}/b = 0,105$. Ou seja, a excentricidade relativa ao lado menor b, com a força normal se deslocando no eixo principal 1, tem maior influência na instabilidade da barra.

Para pilares de seção retangular, a NBR 6118 → 11.3.3.4.3 (figura 11.3) dispõe que: "[...] a verificação do momento mínimo pode ser considerada atendida quando, no dimensionamento adotado, obtém-se uma envoltória resistente que englobe a envoltória mínima de 1ª ordem". Para um momento fletor com componentes nas duas direções principais x e y, tem-se:

$$(M_{1d,min,x}/M_{1d,mín,xx})^2 + (M_{1d,min,y}/M_{1d,mín,yy})^2 = 1 \qquad (5.7)$$

onde:

$M_{1d,x}$ e $M_{1d,y}$: componentes do momento em flexão composta oblíqua;

$M_{1d,mín,xx}$ e $M_{1d,mín,yy}$: momentos mínimos de 1ª ordem da expressão (5.5).

No dimensionamento, ao se adicionar a $e_{1,min}$ da expressão (5.6) as demais excentricidades de 1ª ordem, fica atendida a envoltória mínima de (5.7).

5.3.1.2 Excentricidades de 2ª ordem

Segundo a NBR 6118 → 15.4.1:

Sob a ação das cargas verticais e horizontais, os nós da estrutura deslocam-se horizontalmente. Os esforços de 2ª ordem decorrentes desses deslocamentos são chamados efeitos globais de 2ª ordem. Nas barras da estrutura, como um lance de pilar, os respectivos eixos não se mantêm retilíneos, surgindo aí efeitos locais de 2ª ordem que, em princípio, afetam principalmente os esforços solicitantes ao longo delas.

A consideração dos efeitos de 2ª ordem é obrigatória em pilares de esbeltez elevada, levando-se em conta a fluência do concreto. Precreve a NBR 6118 → 11.3.3.4.3: "Quando houver a necessidade de calcular os efeitos locais de 2ª ordem em alguma das direções do pilar, a verificação do momento mínimo deve considerar ainda a envoltória mínima com 2ª ordem, conforme 15.3.2".

Na análise com a configuração deformada, as excentricidades de 2ª ordem somam-se às de 1ª ordem, ampliando os deslocamentos da configuração não deformada, caracterizando-se, então, a *análise não linear* da estrutura.

5.3.2 Análise não linear – conceitos básicos

Conforme menciona o item 3.5 do capítulo 3, a NBR 6118 → 14.2.1 dispõe que nas hipóteses básicas da análise estrutural:

As equações de equilíbrio podem ser estabelecidas com base na geometria indeformada da estrutura (teoria de 1ª ordem), exceto nos casos em que os deslocamentos alterem de maneira significativa os esforços internos (teoria de 2ª ordem).

Em outras palavras, ao serem aplicadas ações variáveis, a análise estrutural a ser considerada poderá ser linear ou não linear, com base no comportamento ou resposta da estrutura aos efeitos que ela deve assimilar – deslocamentos, esforços, tensões e deformações (CAMPOS, 2013):

❖ *resposta linear*: quando os efeitos variam na mesma proporção das ações;
❖ *resposta não linear*: os efeitos variam em proporção diferente das ações.

A NBR 6118 → 14.5.5 também prescreve que:

Condições de equilíbrio, de compatibilidade e de dutilidade devem ser necessariamente satisfeitas. Análises não lineares podem ser adotadas tanto para verificações de estados-limites últimos como para verificações de estados-limites de serviço.

Nas estruturas de concreto armado, o comportamento não linear é associado diretamente a dois fatores (BUENO, 2014):

1) *Não linearidade física* (NLF): proveniente das características dos materiais constituintes, em especial por mudanças nas propriedades do concreto ao longo do tempo, – deformações por temperatura, retração e fluência –, de alterações do módulo de elasticidade e do momento de inércia da seção transversal pós-fissuração e pelo escoamento do aço;

2) *Não linearidade geométrica* (NLG): ocasionada pela alteração da geometria inicial da estrutura, produzindo alterações nos esforços internos, em geral acréscimos, e com o princípio da superposição perdendo a validade.

Nos métodos usados nas análises linear e não linear de estruturas de concreto armado, é um parâmetro essencial o módulo de rigidez à flexão EI, introduzido no subitem 3.11.2.2 do capítulo 3 e abordado no capítulo 8.

A *curvatura* de elemento estrutural é uma grandeza definida como a variação do ângulo de rotação do eixo de um trecho desse elemento, expressa em função do módulo de rigidez à flexão e do momento fletor por $1/r = M/EI$. Para peças de concreto armado, ela também é definida em termos das deformações específicas do materiais constituintes, concreto e aço.

Nos três estádios de comportamento à flexão do subitem 4.2.1 do capítulo 4, o módulo de elasticidade e o momento de inércia sofrem alterações; logo, o módulo EI é variável, bem como as curvaturas dos elementos estruturais.

As não linearidades física e geométrica podem ocorrer ou não simultâneamente e com efeitos global ou local na estrutura, em uma viga ou um lance de pilar. Para fins de cálculo, as não linearidades de estruturas de concreto armado são analisadas de forma aproximada ou refinada, como resume o quadro:

Quadro 5.1: Tipos de não linearidades e a análise estrutural

Análise	Não linearidade física	Não linearidade geométrica
Aproximada	Valores distintos da rigidez dos elementos no ELU (pilares: $0,8EI$; vigas: $0,4EI$)	Posição pré-determinada do equilíbrio final da barra
Refinada	Relação momento-curvatura real de cada seção (NBR 6118 → 15.8.3.2)	Equilíbrio final por processos iterativos denominados $P-\Delta$

A dispensa no cálculo da consideração dos esforços globais de 2ª ordem é admitida pela NBR 6118 → 15.5.2 e 15.5.3, fundamentada em dois processos aproximados, que:

[...] podem ser utilizados para verificar a possibilidade de dispensa da consideração dos esforços globais de 2a. ordem, ou seja, para indicar se a estrutura pode ser classificada como de nós fixos, sem necessidade de cálculo rigoroso.

Para emprego dos dois processos, em 15.5.2 e 15.5.3, respectivamente, a Norma introduz os seguintes conceitos:

α = *parâmetro de instabilidade*, que permite considerar estruturas reticuladas simétricas como sendo de nós fixos, se observado um limite α_1, função do "número de níveis de barras horizontais (andares) acima da fundação ou de um nível pouco deslocável do subsolo", da "altura total da estrutura, medida a partir do topo da fundação ou [...]", do "somatório de todas as cargas verticais atuantes na estrutura" e do "somatório dos valores de rigidez de todos os pilares na direção considerada";

γ_z = coeficiente "destinado a avaliar a importância dos esforços de segunda ordem globais" e "[...] válido para estruturas reticuladas de no mínimo quatro andares". Pode ser determinado a partir dos resultados da análise linear de 1ª ordem para cada carregamento, adotando-se os valores de rigidez do quadro anterior para a não linearidade física.

Pela relevância sobre a consideração no cálculo dos elementos isolados e a estrutura com nós fixos, vale transcrever a classificação da NBR 6118 → 15.4.4:

São considerados elementos isolados os seguintes:

a) os elementos estruturais isostáticos;

b) os elementos contraventados;

c) os elementos das estruturas de contraventamento de nós fixos;

d) os elementos das subestruturas de contraventamento de nós móveis, desde que, aos esforços nas extremidades, obtidos em uma análise de 1ª ordem, sejam acrescentados os determinados por análise global de 2ª ordem.

Pelos objetivos expostos ao final do item 5.1, o conteúdo a seguir não aborda a análise global de 2ª. ordem, priorizando o cálculo de pilares isolados de estruturas de nós fixos de concreto armado por processos aproximados. No entanto, busca fornecer as bases para aprofundamento no tema.

5.3.3 Pilares de concreto: índice de esbeltez e instabilidade de equilíbrio

Como elemento essencial da estrutura primária da edificação, a segurança dos pilares aos ELU é primordial. Além disso, em conjunto com as demais peças estruturais devem garantir dutilidade suficiente para produzir sinais de aviso de ruptura, ou seja, capacidade de redistribuição de esforços.

Na análise de elementos isolados, pela NBR 6118 → 15.8.1, os pilares de concreto devem ter índice de esbeltez menor ou igual a 200, sendo permitido exceder esse limite apenas em *elementos pouco comprimidos*, considerados como aqueles em que a força normal é menor que $0,10f_{cd}A_c$.

Conforme o índice de esbeltez, os pilares de concreto são classificados pela NBR 6118: 2014 na forma a seguir, valendo notar que ela não adota os termos apresentados, de uso comum na prática:

a) <u>Pilares curtos</u>: $\lambda \leq 35$

Efeitos locais de 2ª ordem podem ser desprezados no cálculo.

b) <u>Pilares medianamente esbeltos</u>: $35 < \lambda \leq 90$

Efeitos locais de 2ª ordem podem ou não ser desprezados, função da desigualdade $\lambda \leq \lambda_1$, a ser abordada no próximo subitem.

c) <u>Pilares esbeltos</u>: $90 < \lambda \leq 140$

Consideração obrigatória dos efeitos locais de 2ª ordem e da fluência do concreto. Na análise, a NBR 6118 exige que os esforços solicitantes finais de cálculo sejam multiplicados pelo fator $\gamma_{n1} = 1 + [0,01(\lambda - 140)/1,4]$. Na prática, isso implica desestimular o emprego desses pilares, em razão do consumo elevado de aço e de processos de cálculo mais complexos.

d) <u>Pilares muito esbeltos</u>: $140 < \lambda \leq 200$

É obrigatório o método geral da NBR 6118 → 15.8.1, que:

Consiste na análise não linear de 2ª ordem efetuada com discretização adequada da barra, consideração da relação momento-curvatura real em cada seção e consideração da não linearidade geométrica de maneira não aproximada.

5.3.4 Dispensa dos esforços locais de 2ª ordem

Conforme a prescrição da NBR 6118 → 15.8.2: "Os esforços locais de 2ª ordem em elementos isolados podem ser desprezados quando o índice de esbeltez for menor que o valor-limite λ_1 estabelecido nesta subseção". Ou seja, o índice de esbeltez da expressão (5.1) deve ser comparado ao limite:

$$\lambda \leq \lambda_1 = \frac{25 + 12,5\, e_1/h}{\alpha_b} \qquad (5.8)$$

$$com \quad 35 \leq \lambda_1 \leq 90$$

O limite λ_1 tem como fatores preponderantes:

1) O diagrama de momentos fletores de 1ª. ordem, ou seja, traçado a partir das equações de equilíbrio com a geometria não deformada da estrutura.

2) A excentricidade de 1ª ordem e_1 medida no plano dos momentos em estudo, relativa a uma dimensão genérica da seção (e_1/h), na extremidade do pilar onde o momento tem maior valor absoluto.

3) A vinculação dos extremos da coluna isolada, por meio do termo α_b, definido pela NBR 6118 → 15.8.2 como segue:

CAPÍTULO 5 - CÁLCULO DE PILARES À FLEXÃO COMPOSTA

a) Pilares biapoiados sem cargas transversais:

$$1,0 \geq \alpha_b = 0,60 + 0,40M_B/M_A \geq 0,40$$

M_A = maior dos momentos de 1ª ordem em valor absoluto no pilar;

M_B = sinal positivo se esse momento traciona a mesma face que M_A e negativo, caso contrário, como ilustra a figura 5.12.

b) Pilares biapoiados com cargas transversais significativas na altura:

$$\alpha_b = 1,0.$$

c) Pilares em balanço:

$$1,0 \geq \alpha_b = 0,80 + 0,20M_C/M_A \geq 0,85$$

M_A : momento no engaste; M_C : momento de 1ª ordem no meio do pilar.

d) Pilar biapoiado com momento < momento mínimo da expressão (5.5):

$$\alpha_b = 1,0.$$

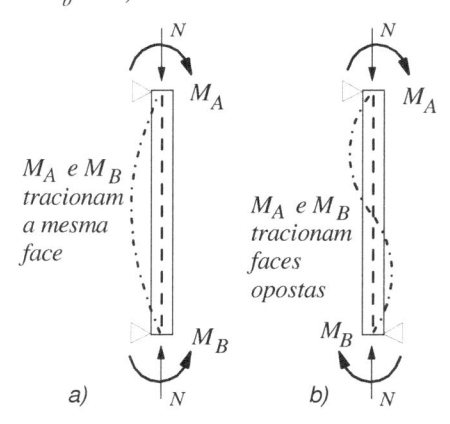

Figura 5.12: Influência dos momentos de 1ª ordem nos extremos de pilar biapoiado

5.3.5 Cálculo de excentricidades de 2ª ordem em pilares com $\lambda \leq 90$

Apesar de não explicitar fórmula para determinação da excentricidade de 2ª ordem, a NBR 6118 → 15.8.3.3.2 – *Método do pilar-padrão com curvatura aproximada* indica um procedimento para obtê-la, com a ressalva seguinte:

"Pode ser empregado apenas no cálculo de pilares com $\lambda \leq 90$, com seção constante e armadura simétrica e constante ao longo de seu eixo".

Para avaliação da curvatura das seções críticas, a Norma indica a expressão aproximada (h = dimensão da seção na direção considerada, em *metros*):

$$\frac{1}{r} = \frac{0,005}{h\,(v+0,5)} \leq \frac{0,005}{h} \qquad (5.9)$$

Com a *força normal adimensional*, também denominada *reduzida* ou *relativa,* dada por:

$$v = N_d/(A_c f_{cd}) \qquad (5.10)$$

Da subseção 15.8.3.3.2 e expressão (5.10), deduz-se:

$$e_2 = \frac{l_e^2}{10} \cdot \frac{1}{r} \qquad (5.11)$$

O método do pilar-padrão prescreve um *momento total máximo no pilar*, por:

$$M_{d,tot} = a_b M_{1d,A} + N_d e_2 \geq M_{1d,A} \qquad (5.12)$$

onde:

$M_{1d,A}$: valor de cálculo do momento de 1ª ordem M_A, com mesmas definições do parágrafo 3) do subitem anterior 5.3.4;

α_b : mesmas definições do parágrafo iii do subitem 5.3.4.

Para pilares com $\lambda > 90$, a NBR 6118 → 15.3.2 prescreve uma *envoltória mínima com 2ª ordem* na figura 15.2 sendo obrigatório, ainda, considerar a fluência do concreto, incluindo uma excentricidade complementar e_{cc}.

Conforme a NBR 6118 → 15.8.4, e_{cc} pode ser avaliada de maneira aproximada, sendo função da excentricidade acidental, da expressão (5.6), do momento e da força normal obtidos da combinação quase-permanente das ações; do módulo de elasticidade tangente inicial, do momento de inércia da seção bruta de concreto e do comprimento equivalente do pilar. Essa excentricidade complementar deve ser somada à de 2ª ordem da expressão (5.11), bem como às acumuladas de 1ª ordem.

5.3.6 Comentários sobre o cálculo de pilares de concreto armado

a) Na maioria das edificações usuais, em que é o concreto moldado *in loco*, podem-se considerar como constituídas por pórticos indeslocáveis, ou seja, com os nós fixos, observado o disposto na alínea a) do subitem 5.2.3, transcrito da NBR 6118 → 15.6. Nas construções pré-moldadas, no entanto, é comum ser necessário considerar os pórticos deslocáveis.

b) Na maior parte das estruturas usuais, os pilares são medianamente esbeltos. O uso de pilares esbeltos, além do processo de cálculo mais complexo, conduz a taxas de armaduras muito elevadas, sendo antieconômicos e de difícil concretagem. Sua ocorrência em projetos dá-se, principalmente, em projetos especiais de arquitetura, com a exigência de altura do pé-direito maior ou de edifícios industriais.

c) As subestruturas de contraventamento, conforme o item 5.1 e a figura 5.2, têm a função de restringir os deslocamentos horizontais provenientes das ações variáveis. No entanto, nas últimas décadas do século XX, com a tendência de aumento dos vãos das lajes, a redução do número de vigas e a substituição da alvenaria por divisórias leves e uso de grandes esquadrias, as estruturas passaram a ter deslocamentos mais significativos e cresceu a necessidade de verificar a estabilidade global. O incremento dos sistemas computacionais teve, também, relevante contribuição nesse processo.

d) O subitem seguinte 5.4.1 destaca que a NBR 6118 prescreve para pilares e pilares-paredes com dimensão da seção transversal inferior a *19cm* que os esforços solicitantes de cálculo sejam multiplicados por um coeficiente de ajuste $\gamma_n \leq 1,25$. Além disso, as espessuras da camada de cobrimento de concreto (tabela 3.6 do capítulo 3) e os espaçamentos mínimos entre as barras de armadura (subitem 5.4.2.2, a seguir) exigidos pela Norma tornam quase inviável embutir pilares em todas as paredes revestidas em estruturas de concreto armado (ver valores usuais de espessuras de paredes na tabela 7.1 do capítulo 7).

Por isso, não é demais reforçar a importância do cumprimento das citadas exigências quanto aos pilares, elementos classificados pela Norma como *críticos para a segurança da estrutura*, pois a questão não é apenas satisfazer um detalhe arquitetônico, mas garantir um requisito essencial à segurança e durabilidade da edificação. Vale informar, ainda, que o detalhe de sempre embutir pilares nas paredes tem pouco significado em países com requisitos maiores quanto a sismos no projeto estrutural.

5.4 PRESCRIÇÕES DA NBR 6118

5.4.1 Dimensões mínimas da seção de pilares e coeficiente de ajuste γ_n

Quanto às dimensões da seção, a NBR 6118 → 13.2.3 exige que "A seção transversal dos pilares e pilares-parede maciços, qualquer que seja a sua forma, não pode apresentar dimensão menor que 19 cm".

Essa mesma subseção admite, porém, uma tolerância condicionada:
Em casos especiais, permite-se a consideração de dimensões entre 19 cm e 14 cm, desde que se multipliquem os esforços solicitantes de cálculo a serem considerados no dimensionamento por um coeficiente adicional γ_n, de acordo com o indicado na tabela 13.1 e na Seção 11. Em qualquer caso, não se permite pilar com seção transversal de área inferior a 360 cm^2.

Por exemplo, em pilares de seção retangular de lado *15cm,* a outra dimensão deve ser no mínimo *24cm,* com o alerta da alínea d) do subitem anterior. Em pilares maciços com dimensão da seção inferior a *19cm,* os esforços finais de cálculo são majorados pelo coeficiente da tabela 13.1 da Norma:

$$1,0 \leq \gamma_n = 1,95 - 0,05b \leq 1,25 \qquad (5.13)$$

onde: b = menor dimensão da seção transversal do pilar, em *cm*.

De acordo com a Norma, esse fator γ_n é um coeficiente de ajuste que se aplica a elementos de concreto com dimensões reduzidas e que "[...] considera o aumento de probabilidade de ocorrência de desvios relativos significativos na construção (aplicado em pilares, pilares-paredes e lajes em balanço com dimensões menores que certos valores)".

Os *pilares-paredes* são definidos pela NBR 6118 → 14.4.2.4 como:

Elementos de superfície plana ou casca cilíndrica, usualmente dispostos na vertical e submetidos preponderantemente à compressão. Podem ser compostos por uma ou mais superfícies associadas. Para que se tenha um pilar-parede, em alguma dessas superfícies a menor dimensão deve ser menor que 1/5 da maior, ambas consideradas na seção transversal do elemento estrutural.

Portanto, se a menor dimensão da seção transversal é menor que um quinto da maior, a peça estrutural deve observar as disposições específicas do cálculo como pilar-parede, algumas derivadas dos critérios para pilares simples, como pode ser analisado na NBR 6118 → 15.9.

Um termo comum utilizado no Brasil para pilar-parede era *parede estrutural*, não mais empregado pela Norma.

Para um elemento linear, então, ser classificado como pilar, a maior dimensão da seção deve ser menor ou igual a cinco vezes a menor. Para a seção retangular, essa condição fica: $h \leq 5b$.

É razoável ainda inferir que o elemento estrutural vertical com uma seção transversal composta por superfícies associadas que observem a relação citada possa ser analisado como um pilar simples, desde que sejam adotadas as precauções para garantir seu comportamento monolítico.

Para pilares de seção vazada, desaconselhados por motivos de execução e de manutenção, mas, às vezes, encontrados em determinadas estruturas, como pontes de grandes seções transversais, a NBR 6118 não indica prescrições específicas.

Quando necessário utilizar pilares com seção transversal vazada e a adoção das prescrições da Norma para seção composta de superfícies associadas, cabe ao projeto estrutural tomar as precauções necessárias para garantia da manutenção e durabilidade.

5.4.2 Armadura longitudinal de pilares

5.4.2.1 Diâmetro mínimo das barras e taxas limites da armadura

Comforme a NBR 6118 → 18.4.2.1, o diâmetro das barras longitudinais de pilares não deve ser inferior a *10mm*, nem superior a *1/8* da menor dimensão da seção:

$$10mm \leq \Phi \leq b/8 \tag{5.14}$$

A NBR 6118 → 17.3.5 dispõe que os elementos estruturais de concreto armado devem respeitar taxas mínimas e máximas da armadura longitudinal. Essas exigências visam a prevenir ruptura frágil – por insuficiência ou excesso de armadura –, garantir a dutilidade (ver nota de rodapé 2 do capítulo 2 e NBR 6118 → 17.2.2), preservar a validade dos modelos de cálculo e evitar concentrações muito elevadas de armadura, que possam comprometer o bom adensamento e a compactação do concreto.

A NBR 6118 → 17.3.5.3 dispõe que a taxa de armadura longitudinal de pilares, referida à área da seção transversal, deve observar os limites abaixo, expressos em percentagens:

$$\rho = \frac{A_s}{A_c} \begin{cases} \geq \rho_{min} = 0,15N_d/(f_{yd}A_c) \geq 0,4\% \\ \leq \rho_{max} = 8,0\% \end{cases} \tag{5.15}$$

De (5.10) e (5.15), a taxa mínima pode ser escrita:

$$\rho_{min} = 0,15v(f_{cd}/f_{yd}) \tag{5.16}$$

A tabela 5.3, ao final deste capítulo, para as classes de concreto C20 a C90, apresenta valores de ρ_{min} para a força normal reduzida v de *0,1* a *2,0*, valendo a interpolação linear nesse intervalo.

A taxa máxima de armadura deve ser respeitada inclusive nas regiões de emendas por trespasse, onde ocorre a sobreposição de barras longitudinais, para garantir o caráter monolítico dos pilares entre pavimentos contínuos.

Isso implica adotar valores inferiores à taxa máxima de armadura longitudinal, cerca da metade, nos trechos centrais do pilar, fora da região de emendas. Caso seja necessário fazer o trespasse de todas as barras, a fim de garantir ligação monolítica dos trechos superior e inferior entre pavimentos sucessivos, a taxa de armadura fora da região de trespasse não deve ser, portanto, superior ao limite de *4%*.

Para um dimensionamento econômico e arranjos de armaduras que permitam uma concretagem adequada, havendo ou não emendas por trespasse, a taxa de armadura longitudinal na região central do pilar, deve, preferencialmente, ficar entre *1%* e *4%*.

Graziano e Siqueira (2011) apresentam duas recomendações sobre a taxa máxima de armadura que merecem ser transcritas por sua relevância:

> Em projetos profissionais, o que se faz é dimensionar a seção de concreto do pilar com taxas limites máximas (4%) no andar tipo mais inferior e aumentar a seção abaixo deste andar, de forma a que se atinja um projeto econômico;

> Caracteriza-se este andar de aumento de seção do pilar, aquele que deixa de ser tipo ou que tenha uma mudança de piso a piso.

5.4.2.2 Disposição da armadura na seção transversal de pilares

Conforme a NBR 6118 → 18.4.2.2:

> As armaduras longitudinais devem ser dispostas na seção transversal, de forma a garantir a resistência adequada do elemento estrutural. Em seções poligonais, deve existir pelo menos uma barra em cada vértice; em seções circulares, no mínimo seis barras distribuídas ao longo do perímetro.

Portanto, na definição do número mínimo de barras da seção transversal, o critério principal é a existência de uma barra longitudinal em cada canto do estribo poligonal. Como na figura 5.13, os estribos das superfícies associadas devem estar todos ancorados dentro do núcleo comum.

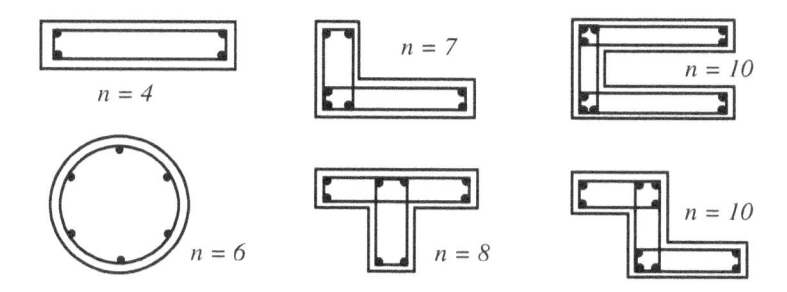

Figura 5.13: Número mínimo de barras longitudinais em seções de pilares

Nos quatro exemplos à direita da figura 5.13, o ideal seria a colocação de mais uma barra longitudinal no cruzamento dos estribos, para aumentar a rigidez do conjunto dessa armadura, ficando as seções em L, T, Z e cantoneira, com 8, 10 e 12 barras, respectivamente.

A figura 5.14 resume as prescrições da NBR 6118 → 18.4.2.2 quanto ao espaçamento das barras longitudinais de pilares.

a) Espaçamento *mínimo livre* entre as faces das barras longitudinais

medido no plano da seção transversal, fora da região de emendas, deve ser igual ou superior ao maior dos seguintes:
– 20mm; diâmetro da barra, do feixe ou da luva;
– 1,2 vez a dimensão máxima característica do agregado graúdo.

b) Espaçamento *máximo entre eixos* de barras ou centros de feixes de barras

[...] deve ser menor ou igual a duas vezes a menor dimensão da seção no trecho considerado, sem exceder 400 mm.

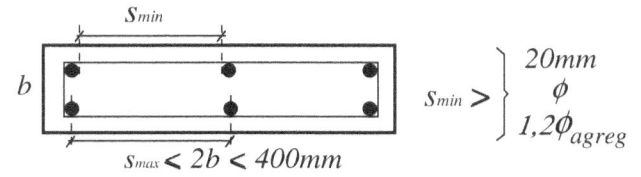

Figura 5.14: Espaçamento das barras longitudinais na seção transversal

É complexo no projeto atender o limite relativo ao agregado, $1,2\Phi_{agreg}$, pois caberia decidir, além da resistência característica do concreto e da relação água-cimento, um detalhe sobre a dosagem que é muito difícil de acompanhar na prática.

Um aspecto essencial à segurança de pilares é a proteção contra a flambagem das barras longitudinais, conforme a NBR 6118 → 18.2.4 e sua figura 18.2:

Sempre que houver possibilidade de flambagem das barras da armadura, situadas junto à superfície do elemento estrutural, devem ser tomadas precauções para evitá-la. Os estribos poligonais garantem contra a flambagem as barras longitudinais situadas em seus cantos e as por eles abrangidas, situadas no máximo à distância de $20\Phi_t$ do canto, se nesse trecho de comprimento $20\Phi_t$ não houver mais de duas barras, não contando a de canto. Quando houver mais de duas barras nesse trecho ou barra fora dele, deve haver estribos suplementares.

Os estribos suplementares devem ter mesmo diâmetro do principal, sendo permitidos os *grampos* de barras retas com ganchos ou em *S*, envolvendo a barra longitudinal nos extremos, como na figura 5.15. Para proteger mais de uma barra, o gancho suplementar deve envolver o estribo principal.

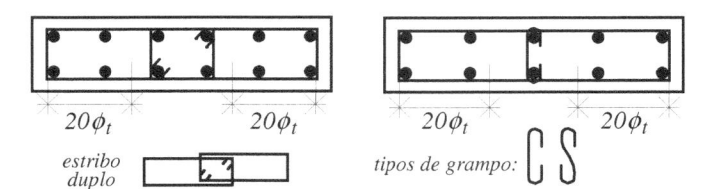

Figura 5.15: Dispositivos para proteção contra flambagem das barras

Da NBR 6118: 2014 → 18.24.3 consta uma inclusão relevante:

NOTA: Com vistas a garantir a dutilidade dos pilares, recomenda-se que os espaçamentos máximos entre os estribos sejam reduzidos em 50 % para concretos de classe C55 a C90, com inclinação dos ganchos de pelo menos 135°.

Essa disposição deve ser indicada de modo destacado no detalhamento de pilares, pois a flambagem das barras longitudinais é um dos motivos principais associados à ruptura dessas peças. Esse foi o caso, por exemplo, do Edifício Palace 2, no Rio de Janeiro, em 1998, em que a ausência de grampos e o cobrimento insuficiente foram apontados entre as causas principais do colapso.

Ainda na subseção 18.2.4 a Norma dispõe que:

> No caso de estribos curvilíneos cuja concavidade esteja voltada para o interior do concreto, não há necessidade de estribos suplementares. Se as seções das barras longitudinais se situarem em uma curva de concavidade voltada para fora do concreto, cada barra longitudinal deve ser ancorada pelo gancho de um estribo reto ou pelo canto de um estribo poligonal.

As seções circulares enquadram-se no primeiro caso, de estribos curvilíneos com concavidade voltada para o interior do concreto.

5.4.3 Armadura transversal de pilares

De acordo com a NBR 6118 → 18.4.3:

> A armadura transversal de pilares, constituída por estribos e, quando for o caso, por grampos suplementares, deve ser colocada em toda a altura do pilar, sendo obrigatória sua colocação na região de cruzamento com vigas e lajes.

As funções dos estribos em pilares usuais são:

a) garantir o posicionamento das barras longitudinais na execução e protegê-las contra a flambagem; nessa segunda função, tem também papel relevante a camada de cobrimento de concreto;

b) garantir as costuras nas emendas de barras longitudinais.

O diâmetro dos estribos (Φ_t) em pilares não pode ser inferior a *5mm* nem a *1/4* do diâmetro da barra isolada ($\Phi/4$) ou do diâmetro equivalente do feixe que constitui a armadura longitudinal.

O espaçamento dos estribos na direção paralela ao eixo do pilar, s_t, na figura 5.16, a seguir, deve ser igual ou inferior ao menor dos seguintes valores:

$$s_t \leq \begin{cases} \textbf{200 mm} \\ \textbf{menor dimensão da seção} \\ \textbf{24}\Phi \rightarrow aço\,CA\,\textbf{-25};\ \textbf{12}\Phi \rightarrow aço\,CA\,\textbf{-50} \end{cases} \qquad (5.17)$$

Na planta de detalhamento, deve ser informado com clareza, em cada trecho do pilar de comprimento l, o número de estribos n, dado por:

$$n = (\,l\,/s_t\,) + 1 \qquad (5.18)$$

A figura 5.16 esquematiza os estribos de um pilar de seção retangular $b.h$, com espessura da camada de cobrimento de concreto c_{nom}, tratado no próximo subitem. O cobrimento deve ser respeitado em todas as faces laterais do pilar e medido a partir da face externa do estribo, inclusive dos ganchos. Nas plantas, deve ser informado, ainda, o comprimento total reto da barra para fabricar cada estribo e montar a armação do pilar para sua colocação na forma, como detalha a figura 5.20 do exemplo 5.7.1.

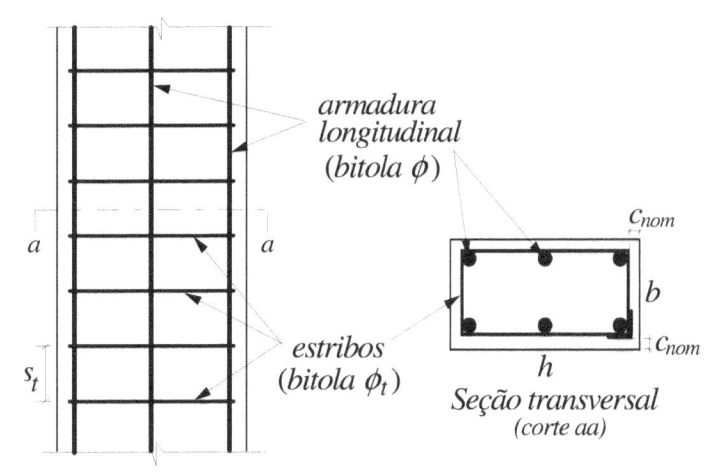

Figura 5.16: Disposição de estribos em pilares de concreto armado

Do detalhamento deve constar o comprimento total reto aproximado de cada estribo, acrescentando aos dois *ramos* ou *pernas* um mínimo de *100mm*, em função da bitola Φ_t, para prever os ganchos de fechamento nos extremos:

$$l_{reto} = 2(b + h - 4c_{nom}) + 100mm \qquad (5.19)$$

5.4.4 Detalhamento das armaduras de pilares

5.4.4.1 Espessura da camada de cobrimento de concreto

Como exposto no capítulo 3, no subitem 3.12.2, a durabilidade de uma estrutura de concreto é condicionada por vários requisitos, com grande destaque para a qualidade do concreto e a espessura da camada de cobrimento das armaduras.

No caso dos pilares, o cobrimento do concreto tem ainda contribuição mais relevante, pois também contribui com os estribos para a proteção das barras longitudinais contra flambagem.

A tabela 3.6 do capítulo 3 contém os valores do cobrimento nominal exigido para as barras mais externas de armadura de pilares de concreto armado, ou seja, os estribos. A Norma prevê uma tolerância de execução de $\Delta c = 10mm$ e no mínimo igual ao diâmetro da barra longitudinal Φ.

Para pilares de estruturas usuais urbanas, residenciais e comerciais, segundo a tabela 6.1 da Norma, os valores do cobrimento c_{nom} variam de $25mm$, na classe de agressividade I – fraca (risco de deterioração insignificante) a $50mm$, na classe IV – muito forte (risco de deterioração elevado).

5.4.4.2 Ancoragem por trespasse de barras longitudinais de pilares

Como condição geral, a NBR 6118 → 9.4.1 exige que:

Todas as barras das armaduras devem ser ancoradas de forma que as forças a que estejam submetidas sejam integralmente transmitidos ao concreto, seja por meio de aderência ou de dispositivos mecânicos ou por combinação de ambos.

A subseção 9.4.1.1 dispõe que a ancoragem por aderência "Acontece quando os esforços são ancorados por meio de um comprimento reto ou com grande raio de curvatura, seguido ou não de gancho".

A Norma ainda acrescenta:

Com exceção das regiões situadas sobre apoios diretos, as ancoragens por aderência devem ser confinadas por armaduras transversais (ver 9.4.2.6) ou pelo próprio concreto, considerando-se este caso quando o cobrimento da barra ancorada for maior ou igual a *3Φ* e a distância entre barras ancoradas for maior ou igual a *3Φ*.

De acordo com a NBR 6118 → 9.4.2.1: "As barras comprimidas devem ser ancoradas sem ganchos". A presença de ganchos teria influência negativa, podendo causar danos ao concreto no seu interior e entorno, além de dificultar a execução em zonas de alta concentração de armaduras.

A NBR 6118 → 9.4.2.4 define o:

[...] comprimento de ancoragem básico como o comprimento reto de uma barra de armadura passiva necessário para ancorar a força-limite $A_s f_{yd}$ nessa barra, admitindo-se, ao longo desse comprimento, resistência de aderência uniforme e igual a f_{bd}, conforme 9.3.2.1.

Para barras longitudinais de bitola Φ, o comprimento básico l_b é:

$$l_b = \frac{\Phi}{4} \cdot \frac{f_{yd}}{f_{bd}} \geq 25\Phi \qquad (5.20)$$

Observação: a desigualdade acima já está corrigida conforme a Errata 1 da NBR 6118, de agosto de 2014, sendo:

f_{bd} = resistência de aderência de cálculo entre concreto e aço, uniforme na superfície lateral da barra no trecho de ancoragem, dada por:

$$f_{bd} = \eta_1 \eta_2 \eta_3 f_{ctd} \qquad (5.21)$$

$f_{ctd} = f_{ctk,inf}/\gamma_c$ = resistência de cálculo à tração inferior do concreto, com os valores da tabela 3.1 do capítulo 3;

η_1 = coeficiente de aderência do aço (= *1,0* para barras lisas - CA-25; *1,4* para barras entalhadas - CA-60; e *2,25* para barras nervuradas - CA-50);

η_2 = coeficiente de posição das barras, da subseção 9.3.2.1 (= *1,0* em situações de boa aderência e *0,7* para má aderência);

$\eta_3 = 1,0$ para $\Phi < 32mm$ e $\eta_3 = (132 - \Phi)/100$ para $\Phi \geq 32mm$.

Em geral, as armaduras de pilares têm condições favoráveis ao adensamento e à vibração do concreto, pela inclinação maior que 45° sobre a horizontal, que seriam *zonas de boa aderência*. Essa denominação não consta da NBR 6118: 2014, que introduziu um coeficiente α para o cálculo do comprimento de ancoragem. Destaca-se a atenção ao lançamento do concreto para prevenir *vazios* ou *ninhos de concretagem*, em especial em pilares de grande altura.

Calculada a área de armadura $A_{s,cal}$, procede-se à escolha de barras e tem-se a área de armadura efetiva $A_{s,ef} \geq A_{s,cal}$, com uma folga que permite reduzir o comprimento básico l_b, resultando no *comprimento de ancoragem necessário*:

$$l_{b,nec} = \alpha l_b \left(A_{s,cal}/A_{s,ef} \right) \geq l_{b,min} \tag{5.22}$$

Da NBR 6118 → 9.4.2.5 (apenas as duas primeiras aplicam-se aos pilares):

$\alpha = 1,0$ para barras sem gancho;

$\alpha = 0,7$ quando houver barras transversais soldadas, conforme 9.4.2.2;

$\alpha = 0,7$ para barras tracionadas com gancho, com cobrimento no plano normal ao do gancho $\geq 3\Phi$;

$\alpha = 0,5$ quando houver barras transversais soldadas e cobrimento no plano normal ao do gancho $\geq 3\Phi$.

O comprimento necessário deve ser superior ao maior dos limites:

$$l_{b,min} \geq \begin{cases} 0,3\,l_b \\ 10\,\Phi \\ 100\,mm \end{cases} \tag{5.23}$$

A tabela 5.4, ao final deste capítulo, apresenta valores para o comprimento de ancoragem básico l_b da expressão (5.20), em termos da bitola das barras de armadura, para aços CA-50 e concretos das classes C20 a C90, observado o limite mínimo de 25Φ. Para concretos acima de C45, notar na tabela 5.4 que prevalece o limite mínimo da expressão (5.20), para evitar comprimentos de ancoragem muito reduzidos com o aumento da tensão de aderência f_{bd}.

5.5 SEÇÕES SOB FLEXÃO COMPOSTA NORMAL

5.5.1 Pilares de seção retangular sob flexocompressão normal

Como no subitem 4.3.1 do capítulo 4, as expressões para o dimensionamento à flexão composta normal, reta ou plana são obtidas por duas vias:

– compatibilidade de deformações dos materiais, baseada na hipótese das seções planas e nos diagramas tensão-deformação dos materiais; e

– equilíbrio de esforços na seção, impondo a condição de o momento fletor solicitante de cálculo ser menor ou igual ao momento interno resistente.

A Mecânica dos Sólidos aplica também esses princípios ao estudo da flexão composta, mas trabalha com materiais elásticos, homogêneos e isótropos, ditos ideais, como menciona o início do capítulo 1. Isso não ocorre com o concreto armado, em que a análise da flexão composta é bem mais complexa, exigindo condições complementares para estabelecer sua formulação.

Da figura 4.10 do capítulo 4, retoma-se o conceito de domínios de deformação no estado-limite último. Na flexão composta com compressão predominante ou flexocompressão, para pilares de concreto armado o ideal são os domínio 4a ou 5 no ELU, com todas as armaduras longitudinais comprimidas. Pode também ocorrer o domínio 4 – flexão com esmagamento do concreto sem escoar o aço. A flexotração deve ser exceção para o concreto armado e, por isso, não será abordada neste livro, como os domínios 3 e 2 no ELU: o aço escoa à tração e o concreto tem encurtamento igual ou inferior aos valores ε_{cu} da tabela 4.1.

Os limites entre os domínios citados, expressos pelo coeficiente da altura relativa da linha neutra $k_x = x/d$, da expressão (4.3) e figura 4.10, dependem das deformações convencionais do concreto e aço:

– Limite entre domínios 2 e 3: $k_{xlim2\text{-}3} = \varepsilon_{cu}/(\varepsilon_{cu} + 10\text{‰})$;

– Limite entre domínios 3 e 4 (aço CA-50): $k_{xlim3\text{-}4} = \varepsilon_{cu}/(\varepsilon_{cu} + 2,07\text{‰})$;

– Limite entre domínios 4 e 4a: $k_x = 1,0$ ou $x = d$;

- Domínio 4a: $k_x \geq 1,0$ ou $d \leq x < h$;

- Domínio 5: $x \geq h$;

  ⇨ limite superior do domínio = compressão axial e x tende ao infinito.

- Para concretos das classes C20 a C50:

  ⇨ $k_{xlim2-3} = 0,259$ e $k_{xlim3-4} = 0,628$.

- Para as classes C55 a C90:

  ⇨ $\varepsilon_{c2} = 2,2$ a $2,6‰$ e $\varepsilon_{cu} = 3,1$ a $2,6‰$, respectivamente, da tabela 4.1.

Na figura 5.17, a seguir, mostra uma seção transversal retangular sob flexão composta normal, com o traço do plano solicitante coincindindo com o eixo principal paralelo ao lado h.

A'_s = área de barras da armadura mais comprimida pela ação conjunta força normal-momento fletor (tabela 3.7 do capítulo 3, bitolas da NBR 7480);

A_s = área da armadura tracionada, como na figura 5.17, ou menos comprimida como na figura 5.18;

$d = h - d'$ = altura útil = distância da armadura A_s à fibra mais comprimida;

d' = distância da fibra mais comprimida à armadura mais comprimida;

x = distância da linha neutra à fibra mais comprimida (**sempre $x \geq 0$**);

$y = \lambda x$ = altura do diagrama retangular simplificado do concreto;

$\sigma_{cmax} = \alpha_c f_{cd}$ = tensão máxima no concreto do diagrama retangular, com λ e α_c da tabela 4.1;

ε_{cd} = encurtamento máximo do concreto no ELU, relacionado às deformações das armaduras pela hipótese das seções planas;

ε'_{sd} e ε_{sd} = deformações das armaduras A'_s e A_s, ligadas a x, d e d' por semelhança de triângulos, pela expressão (4.1) do capítulo 4 ou (5.29), à frente, conforme o domínio no ELU;

σ'_{sd} e σ_{sd} = tensões em A'_s e A_s no ELU; σ_{sd} pode ser de compressão ou de tração, assim como ε_{sd} pode ser encurtamento ou alongamento.

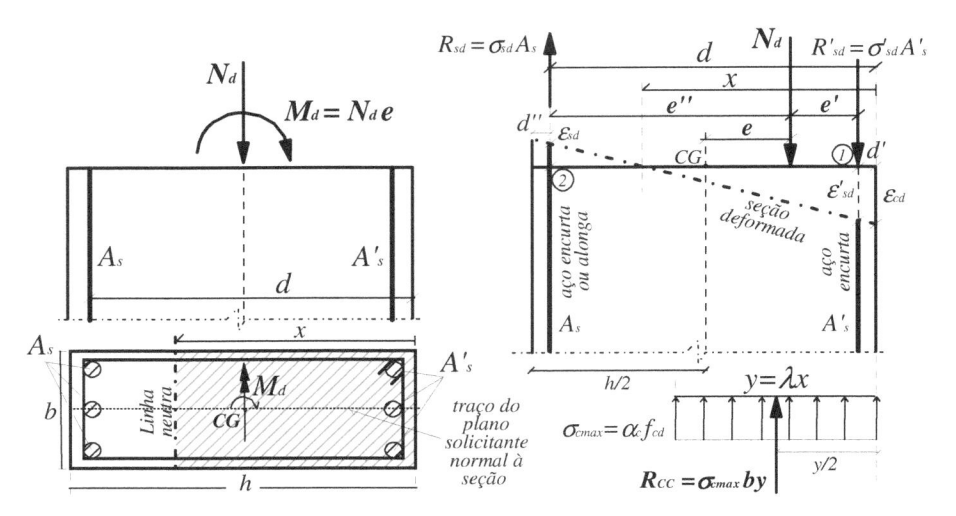

Figura 5.17: Seção retangular sob flexão composta normal
(A'_s: armadura mais comprimida; A_s: armadura tracionada ou menos comprimida)

5.5.2 Equilíbrio de esforços solicitantes e resistentes internos na seção

Na figura 5.17, o equilíbrio é garantido pelas forças:

- Resultante de compressão no concreto: $R_{cc} = \sigma_{cmax} = \alpha_c f_{cd} by = \alpha_c \lambda f_{cd} bx$

- Resultante de forças na armadura mais comprimida: $R'_{sd} = \sigma'_{sd} A'_s$

- Resultante na armadura menos comprimida ou tracionada: $R_{sd} = \sigma_{sd} A_s$

Nas expressões a seguir, para maior clareza e predominância da compressão, essas forças são adotadas com sinal positivo; no caso geral, a tensão σ_{sd} pode ser de compressão ou tração. Para equilíbrio dos momentos resistentes, foram referenciados os pontos *1* e *2*, centros das áreas A'_s e A_s:

$$\Sigma Y = 0 \ \Rightarrow \qquad N_d = \alpha_c \lambda f_{cd} bx + \sigma'_{sd} A'_s - \sigma_{sd} A_s \qquad (5.24)$$

$$\Sigma M_2 = 0 \ \Rightarrow \ M_d = N_d.e'' = \alpha_c \lambda f_{cd} bx(d - \lambda x/2) + \sigma'_{sd} A'_s (d - d') \qquad (5.25)$$

$$\Sigma M_1 = 0 \ \Rightarrow \ M_d = N_d.e' = \alpha_c \lambda f_{cd} bx(\lambda x/2 - d') + \sigma_{sd} A_s (d - d') \qquad (5.26)$$

Da figura 5.17: $\quad e' = (d - d')/2 - e \ ; \ e'' = (d - d')/2 + e \qquad (5.27)$

As expressões (5.24) e (5.25) ou (5.26) configuram um sistema indeterminado de duas equações e três incógnitas, x, A'_s e A_s, com σ'_{sd} e σ_{sd} função de x.

Portanto, a solução depende da adoção de hipóteses adicionais, por exemplo, arbitrando as grandezas e as relações entre as incógnitas, com vistas ao dimensionamento ou à verificação de segurança ao ELU.

É extensa e de qualidade a bibliografia no Brasil sobre a flexão composta de pilares de concreto, mesmo as antigas referenciadas neste trabalho. Deve-se apenas atentar para os baixos valores das resistências do concreto, comuns na maioria das obras do país até o final da década de 1980.

Uma simplificação comum, em função da espessura do cobrimento de concreto e das dimensões da seção, consiste em fixar previamente, para eventual correção posterior, valores de d' e d'', em geral iguais, de *0,05h* a *0,20h*.

Nos processos que arbitram grandezas e relações, o problema passa a ter solução determinada, mas ainda muito trabalhosa. Na prática, são utilizados ábacos, tabelas e programas computacionais adaptados aos tipos de seção e armaduras.

Para tornar as expressões mais sintéticas e genéricas às várias combinações de resistência do concreto e dimensões da seção, é conveniente trabalhar com grandezas adimensionais: a força normal v, da expressão (5.10), e o *momento fletor relativo ou reduzido*, definido por:

$$\mu = M_d/(A_c\,hf_{cd}) = ve/h \qquad (5.28)$$

Para o domínio 5, como na figura 5.18, a seguir, uma hipótese usual refere-se ao aço CA-50, quase exclusivo na armadura longitudinal de pilares. Do seu diagrama σ-ε, a tensão σ'_{sd} na armadura A'_s varia de *420* a *435MPa*. O primeiro dos valores resulta, em geral, em um cálculo ligeiramente a favor da segurança (SUSSEKIND, 1984). Enquanto isso, na armadura longitudinal menos comprimida A_s, a tensão σ_{sd} vai variar de $E_s\varepsilon_{cu}d'/h$ a *420MPa*.

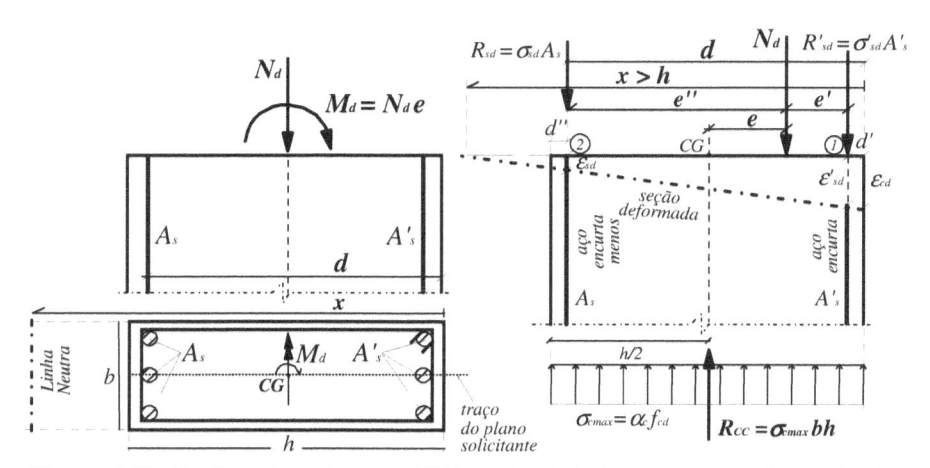

Figura 5.18: Seção retangular com ELU no domínio 5 por compressão excêntrica

No domínio 5, com $x \geq h$, perde o significado a expressão (4.3) para relacionar as deformações do aço e concreto, mas a semelhança de triângulos prevalece. Com os limites da tabela 4.1 de ε_{c2} e ε_{cu}, para concretos classes C20 a C90, as deformações nas armaduras comprimidas A'_s e A_s são obtidas de:

$$\varepsilon'_{sd} = \varepsilon_{c2}\, \frac{x - d'}{x - (\varepsilon_{cu} - \varepsilon_{c2})\, h / \varepsilon_{cu}} \quad e \quad \varepsilon_{sd} = \varepsilon_{c2}\, \frac{x - d}{x - (\varepsilon_{cu} - \varepsilon_{c2})\, h / \varepsilon_{cu}} \tag{5.29}$$

Certos processos para dimensionamento à flexão composta são, na realidade, de verificação da capacidade da seção, pois fixam a disposição e, alguns, até as áreas de armadura, calculando os esforços resistentes e comparando com os solicitantes, fazendo correções posteriores, se necessárias.

Mello (2003) desenvolveu um método inovador para a indeterminação desse sistema em seções retangulares de concreto armado no ELU sob flexão normal composta, com análise experimental positiva no Departamento de Engenharia Civil e Ambiental da UnB. Segundo o autor, o principal objetivo do seu trabalho "[...] é fazer a distinção entre os três ingredientes tradicionais da análise estática das estruturas, estática, cinemática e relações constitutivas dos materiais estruturais". Entretanto, apesar dos vários exemplos práticos apresentados, essa obra não é, ainda, amigável para os cursos de graduação, público principal deste livro.

Campos F. (2014) introduziu uma solução analítica, apresentada a seguir, pelo seu interesse didático e prático, pois, sem grandes dificuldades, pode ser processada em calculadoras e planilhas eletrônicas. Definindo limites para a excentricidade e' da força normal referida ao CG da armadura mais comprimida (figuras 5.17 e 5.18), permite verificar a posição da linha neutra da seção retangular e o domínio no ELU. Abordando apenas as situações mais comuns aos pilares de concreto armado, pode-se sintetizar essa solução pela tabela 5.2 e as expressões das alíneas seguintes, adaptadas à notação deste trabalho.

Tabela 5.1: Situações usuais de pilares sob flexão composta normal no ELU

Transição	Linha neutra	Domínios	Excentricidades da força normal e armaduras
$e' \geq e'_{gp}$	$k_{xlim3\text{-}4} \leq k_x \leq 1$	4	grande excentricidade: A'_s comprimida, A_s
$e'_{gp} < e' \leq e'_{pc}$	$1 < k_x \leq h/d$	4a	pequena excentricidade: A'_s e A_s comprimidas
$e' > e'_{pc}$	$h/d < k_x < \infty$	5	compressão excêntrica: A'_s e A_s comprimidas
$e' \geq e'_0$			compressão excêntrica: armadura mínima

a) <u>Transição entre a flexocompressão de grande excentricidade (domínio 4) e de pequena excentricidade (domínio 4a)</u>:

$$e'_{gp} = [\alpha_c \lambda f_{cd} b.x_{lim3\text{-}4}(0{,}5\lambda x_{lim3\text{-}4} - d')] / N_d \qquad (5.30)$$

– para $e' \geq e'_{gp}$: seção no domínio 4 ou 4a, a posição da linha neutra será $x \geq x_{lim3\text{-}4} = k_{xlim3\text{-}4}.d$; deformações das armaduras A'_s e A_s no ELU são dadas por $\varepsilon'_{sd} \approx \varepsilon_{cu}$ e $\varepsilon_{sd} = \varepsilon_{cu}(x\text{-}d')/x$, esta da expressão (4.1).

– domínio 4: armadura A'_s comprimida e A_s tracionada (figura 5.17);

– domínio 4a: $d < x \leq h$, com A'_s e A_s comprimidas e $A_s \approx 0$ (ver alínea c).

Observação: na expressão (5.30) e seguintes, a dimensão b é o lado da seção retangular perpendicular a h, direção paralela ao eixo onde se consideram as excentricidades, como nas figuras 5.17 e 5.18

b) <u>Transição entre flexocompressão de pequena excentricidade (domínio 4a) e compressão excêntrica (domínio 5)</u>:

$$e'_{pc} = [\alpha_c f_{cd} bh(0{,}5h - d')] / N_d \qquad (5.31)$$

– para $e' > e'_{pc}$: seção no domínio 5 com ambas armaduras comprimidas, A'_s e A_s, como na figura 5.18, e deformações pela expressão (5.29).

– domínio 5: com $h < x < \infty$, o limite superior é a compressão centrada.

c) <u>Transição entre a compressão excêntrica e seção com armadura mínima:</u>

$$e'_0 = N_d /(2a_c f_{cd} b) - d' \qquad (5.32)$$

– para $e' \geq e'_0$, teoricamente, não seria necessária qualquer armadura na seção, pois apenas a resistência fornecida pela zona comprimida de concreto seria suficiente para equilibrar os esforços atuantes.

– conforme o subitem 5.4.2.1, a armadura longitudinal de pilares deve observar a taxa mínima da expressão (5.15).

5.5.3 Soluções particulares da flexão composta normal

5.5.3.1 Seções retangulares com armaduras assimétricas

Mesmo com a contribuição da solução analítica de Campos F. (2014), que permite verificar a posição da linha neutra e o domínio de deformações no ELU, ainda persiste um sistema indeterminado das expressões (5.24) e (5.25) ou (5.26), o que exige a adoção de hipóteses adicionais.

Como antes citado, nos processos de cálculo da prática são usados ábacos, tabelas e programas computacionais. No entanto, entende-se ser relevante para o engenheiro conhecer a origem desses processos e, com essa intenção, são apresentadas as soluções analíticas para armaduras assimétricas, a seguir, de simples aplicação em calculadoras e planilhas eletrônicas.

a) <u>Cálculo no domínio 4a impondo a armadura $A_s = 0$</u>

Essa hipótese prática consiste em analisar se existe uma posição da linha neutra que permita dispensar a armadura menos comprimida, ou seja, se há uma solução real para $A_s = 0$ (SUSSEKIND, 1984; PFEIL, 1978).

Impondo essa condição na expressão (5.25), deve-se pesquisar a existência de um valor real para a profundidade x da linha neutra, da equação:

$$N_d.e' - \alpha_c \lambda f_{cd} bx(\lambda x/2 - d') = 0 \qquad (5.33)$$

Havendo solução real, o equilíbrio estático da seção é garantido pela armadura A'_s junto com o concreto à compressão, devendo, ainda, ser verificada a taxa de armadura longitudinal pela expressão (5.15).

b) <u>Cálculo no domínio 5 impondo a profundidade da linha neutra $x = \infty$</u>

Essa condição implica o concreto trabalhar sob tensão constante $\sigma_{cmax} = \alpha_c f_{cd}$ em toda a altura h da seção, como na figura 5.18. No domínio 5, o limite superior é a compressão centrada, que corresponde à reta b da figura 4.10, capítulo 4. Essa é a solução mais econômica quanto ao aproveitamento do concreto, com x tendendo para ∞, pois toda a seção fica sob tensão máxima (SUSSEKIND, 1984).

Nesse caso, são necessárias duas armaduras de compressão para equilibrar os esforços solicitantes, junto com o concreto, bastando as expressões (5.25) e (5.26) para obter A'_s e A_s, assumindo a forma:

$$N_d.e'' = \alpha_c \lambda f_{cd} bh(d - h/2) + \sigma'_{sd} A'_s (d - d') \qquad (5.34)$$

$$N_d.e' = \alpha_c \lambda f_{cd} bh(h/2 - d') + \sigma_{sd} A_s (d - d') \qquad (5.35)$$

Para $x = \infty$, as duas armaduras comprimidas têm deformações iguais ao concreto, $\varepsilon_{c2} = 2\%_o$ e tensão constante $\sigma'_{sd} = \sigma_{sd} = 420 MPa$. Assim, restam apenas as incógnitas A'_s e A_s no sistema de equações (5.34) e (5.35).

5.5.3.2 Solução analítica para seção retangular com armaduras simétricas

Conforme o subitem anterior, é admissível para sistemas indeterminados de equações arbitrar relações entre as incógnitas. Entre as soluções viáveis, é muito utilizada a adoção de armaduras simétricas, ou seja, $A'_s = A_s$.

As vantagens são a economia na montagem das ferragens e a prevenção do erro grave de inversão das armaduras longitudinais, além de essa solução ser adequada para o caso de alternância do sinal das solicitações na seção, em que determinadas barras podem estar comprimidas ou tracionadas. Na expressão (5.24), fazendo $A'_s = A_s$, tem-se:

$$N_d = \alpha_c \lambda b x f_{cd} + (\sigma'_{sd} - \sigma_{sd})A'_s \qquad (5.36)$$

A solução de Campos F. com armaduras simétricas pode ser resumida na forma seguinte:

Tabela 5.2: Situações da flexocompressão normal com armaduras simétricas

Caso a	$e > (d-d')/2$	$k_x < k_{xlim3-4}$	domínios 2 ou 3: força normal fora das armaduras
Caso b	$e \leq (d-d')/2$	$k_{xlim3-4} \leq k_x < 1$	domínio 4: A_s tracionada; A'_s comprimida
Caso c	força entre as duas armaduras	$1 \leq k_x < h/d$	domínio 4a: A_s, A'_s comprimidas
Caso d		$\infty > k_x \geq h/d$	domínio 5: toda a seção sob tensão $\alpha_c f_{cd}$

Com o auxílio da tabela 5.2, o sistema de equações das expressões (5.25) ou (5.26) e (5.36) pode ser resolvido por hipóteses teóricas e práticas, como nos exemplos do item 5.7, ou por processos iterativos. O caso a) não é abordado, pois os pilares seriam calculados nos domínios 2 ou 3, situações que devem ser excepcionais. Nas transições entre os casos b)-c) e c)-d) da tabela, as excentricidades da força N_d, referidas à armadura mais comprimida, são:

$$e'_{bc} = \alpha_c \lambda f_{cd} bd \; (0{,}5\lambda d - d')/N_d \qquad (5.37)$$

$$e'_{cd} = \left(\frac{d-d'}{2} \right) \left[1 + (\beta_{cc*} - 1) \right] \left(\frac{\sigma'_{sd*} - \sigma_{sd*}}{\sigma'_{sd*} + \sigma_{sd*}} \right) \qquad (5.38)$$

com:
$$\beta_{cc*} = \alpha_c f_{cd} bh/N_d \qquad (5.39)$$

As excentricidades de transição e'_{bc} e e'_{cd} são associadas, diretamente, ao coeficiente k_x nos limites entre os domínios 3 e 4 e 4a e 5, respectivamente (ver subitem 5.5.1). Na transição entre os casos c) e d), as tensões σ'_{sd*} e σ_{sd*} são calculadas com as deformações da expressão (5.29), fazendo $x_{cd} = h/\lambda$, e com as deformações do concreto, ε_{c2} e ε_{cu}, obtidas da tabela 4.1.

No domínio 4a, parte da seção está sob tensão $\alpha_c f_{cd}$, mas toda ela está no domínio 5, com a linha neutra tendendo para ∞. Definido o caso da tabela 5.2, obtém-se as excentricidades de transição e'_{bc} e e'_{cd}, comparam-se os valores com e' da expressão (5.27) e determina-se o domínio no ELU e a posição da linha neutra. Calculam-se, então, as deformações e tensões nas armaduras e resolve-se o sistema de equações das expressões (5.25) e (5.36), como nos exemplos 5.7.2 e 5.7.4.

5.5.3.3 Seção retangular e armaduras simétricas: diagramas de interação

Além das soluções analíticas apresentadas, é relevante a familiarização com os dispositivos auxiliares de cálculo de uso corrente na prática, entre eles os *diagramas de interação*, como os elaborados por Guimarães (2014).

Reproduzidos ao final do capítulo, nas figuras 5.21 a 5.24, esses diagramas são empregados para o dimensionamento e a verificação de seções retangulares com armaduras simétricas sob flexão composta normal, a partir de um par de valores da força normal N_d e do momento fletor M_d no ELU, coordenadas dos pontos das curvas de interação apresentadas.

Os diagramas reproduzidos foram construídos para d'/h de $0,05$ a $0,20$ e armaduras longitudinais de aço CA-50, simétricas em lados opostos da seção.

A área de armadura A_s obtida dos ábacos é o dobro daquela a se alocar nas faces paralelas da seção retangular e referida às dimensões bh e resistências de cálculo do concreto e do aço, usando-se a notação:

❖ $v_d = N_d/(bh.f_{cd}) = v$ ⇨ da expressão (5.10);

❖ $\mu_d = M_d/(bh^2 f_{cd}) = \mu$ ⇨ da expressão (5.28); e

❖ $\omega = A_s f_{yd}/(bh.f_{cd})$ ⇨ taxa mecânica de armadura longitudinal.

Nas figuras 5.21 a 5.24, a inclinação da reta que liga cada ponto das curvas à origem, $\mu_d = (e/h)v_d$, fornece a excentricidade total $e = M_d/N_d$.

Os diagramas são utilizados para:

a) Dimensionamento

– Parâmetros de entrada: v_d e μ_d dos quais se obtém ω na curva apropriada e calcula-se A_s.

b) Verificação

– Podem ocorrer dois casos:

    1) dados a força N_d e armadura A_s, obter a excentricidade total:

      – com os parâmetros v_d e ω, acha-se μ_d na curva, donde $e = M_d/N_d$.

    2) dadas a armadura A_s e excentricidade e, obter a força N_d:

      – interseção da reta $\mu_d = (e/h)v_d$ com curva ω fornece v_d e daí N_d.

5.5.3.4 Seções com armadura mínima

Da alínea c) do subitem anterior, quando $e' \geq e'_0$, somente o concreto à compressão, teoricamente, poderia garantir o equilíbrio, mas é obrigatório alocar a taxa mínima da expressão (5.15).

Cabe acentuar que a formulação de cálculo apresentada refere-se aos esforços obtidos com as excentricidades de 1ª e de 2ª ordem acumuladas somente em relação a apenas um dos eixo principais da seção. Portanto, observando as prescrições pertinentes da Norma, é necessário complementar o processo, levando em conta a flexão composta normal relativa ao outro eixo.

5.5.4 Pilares de seção circular sob flexocompressão normal

5.5.4.1 Considerações sobre outras formas de seção transversal

As formulações até aqui apresentadas devem ter mostrado, pelo menos em parte, a complexidade do dimensionamento de pilares de concreto armado com seção transversal retangular sob flexão composta normal.

Quando o cálculo se estende a outras formas de seção, em especial se não houver simetria e for indispensável a consideração de efeitos de 2ª ordem, o problema torna-se muito mais complexo, pois é quase inevitável ter que se tratar com a flexão composta oblíqua, definida no item 5.1.

No item 2.5 do capítulo 2, foi citada como vantagem do material concreto armado ser "facilmente adaptável às formas, por ser lançado em estado semifluido, o que abre enormes possibilidades à concepção arquitetônica". O projeto de arquitetura se beneficia dessa vantagem para conceber pilares de formas as mais diversas, fato que, inclusive, consagrou vários profissionais brasileiros em nível internacional, em especial a partir da segunda metade da década de 1950, com a construção de Brasília.

São poucas as prescrições na NBR 6118: 2014 a outras formas de seção transversal de pilares, além da retangular, e referências a pilares com seções compostas de superfícies associadas de retângulos. Muitas vezes, é possível realizar simplificações razoáveis para adaptar os processos de cálculo já apresentados a outras formas de seção, lançando mão do recurso de aumento adicional nos coeficientes de segurança.

Das formas de seção transversal mais utilizadas em pilares, levam vantagem indiscutível as retangulares e circulares, em edificações de naturezas diversas: edifícios residenciais e comerciais, pontes, reservatórios, etc. Além da maior facilidade na montagem e desmontagem de formas, execução de armaduras, concretagem e adensamento, essas seções permitem bom acabamento superficial em sua produção.

A seção circular detém uma vantagem adicional, pois, com estribos suficientes e a concavidade voltada para o interior, eles fornecem proteção às barras da armadura longitudinal à flambagem, dispensando grampos complementares. Além disso, as seções transversais na forma de polígonos regulares, como as hexagonais ou octogonais, podem ser dimensionadas a favor da segurança, considerando um círculo inscrito em lugar da seção real.

Tendo este trabalho como público-alvo principal os estudantes de graduação, algumas escolhas devem ser feitas, em favor da didática e concisão e, assim, serão abordadas, além das retangulares, apenas as seções circulares. Para isso contribui a constatação de que os processos de cálculo de seções transversais de formato mais complexo não dispensam os dispositivos auxiliares mencionados antes, em especial os programas computacionais.

5.5.4.2 Seção circular à flexocompressão normal: processo simplificado

As menções aos pilares de seção transversal circular na NBR 6118: 2004 limitam-se ao número mínimo de seis barras ao longo do perímetro e ao dimensionamento de lajes à punção apoiadas sobre pilares com esse tipo de seção. No entanto, essas seções são contempladas pela maioria dos processos que envolvem os dispositivos auxiliares citados.

A inclusão de um processo simplificado apresentado por Pfeil (1978), além do objetivo didático, pode contribuir para análises comparativas, benéficas na Engenharia. Destinado a seções circulares com armadura uniforme, a quase totalidade dos casos, por esse processo "[...] o dimensionamento pode ser feito em flexão composta reta, considerando-se, em cada seção, a excentricidade resultante da combinação vetorial das excentricidades totais calculadas em duas direções principais". Essa formulação é expressa por:

$$e_{res} = (e^2_{tot,x} + e^2_{tot,y})^{1/2} \tag{5.40}$$

Cabe ressaltar que a seção transversal circular sob flexão composta enquadra-se na situação da figura 4.4(b) do capítulo 4, em que a largura diminui na direção da borda mais comprimida e a tensão σ_{cmax} da expressão (4.1) deve ser multiplicada por $0,9$, como segue:

– para concretos classes C20 a C50: $\sigma_{cmax} = 0,80f_{cd}$
– para concretos C55 a C90: $\sigma_{cmax} = 0,9\alpha_c f_{cd}$ (com α_c da tabela 4.1).

No exemplo 5.7.6 é apresentada uma aplicação do processo simplificado.

5.6 SEÇÕES SOB FLEXÃO COMPOSTA OBLÍQUA

Como definido no item 5.1, a flexão composta oblíqua caracteriza-se pela atuação da força normal e um momento fletor cujo eixo de rotação não coincide com um dos eixos principais da seção.

Pela complexidade do tema, relatada no subitem 5.5.4.1, apresenta-se apenas um processo aproximado para o dimensionamento à flexão composta oblíqua da NBR 6118 → 17.2.5, que adota expressão de interação:

$$(M_{Rd,x}/M_{Rd,xx})^\alpha + (M_{Rd,y}/M_{Rd,yy})^\alpha = 1 \tag{5.41}$$

$M_{Rd,x}$; $M_{Rd,y}$:   componentes do momento resistente de cálculo na flexão composta oblíqua, segundo os dois eixos principais de inércia da seção bruta, x e y, admitindo a força normal resistente de cálculo N_{Rd} igual à solicitante N_{Sd}. A Norma dispõe que "esses são os valores que se deseja obter";

$M_{Rd,xx}$; $M_{Rd,yy}$:   momentos resistentes segundo cada eixo principal da flexão composta normal, referidos ao mesmo valor de N_{Rd}. Ainda da NBR 6118, "esses valores são calculados a partir do arranjo e da quantidade de armadura em estudo";

α : depende da força normal, da forma da seção transversal, do arranjo e das taxas de armadura, sendo $\alpha = 1$, a favor da segurança, e $\alpha = 1,2$ para seções retangulares.

Pela expressão (5.41), a flexão composta oblíqua pode ser visualizada por uma superfície tridimensional, com planos normais a valores particulares da força normal N_d, que dão os momentos M_{dxx} e M_{dyy}, como na figura 5.19, a seguir.

Trata-se, na realidade, de um processo de verificação, pois são arbitradas as dimensões da seção, o arranjo e quantidade de armaduras, além da resistência do concreto e o tipo de aço. Dessas hipóteses, busca-se, então, uma posição coerente da linha neutra, por tentativas ou integração numérica (PFEIL, 1978; SUSSEKIND, 1984; TEIXEIRA, 2011).

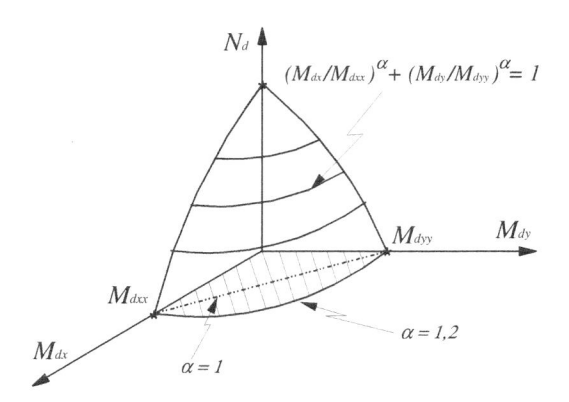

Figura 5.19: Diagrama de interação para seções retangulares de concreto sob flexão composta oblíqua

A partir das hipóteses assumidas no início do processo, arbitra-se um valor para o momento resistente $M_{Rd,x}$ e admite-se a força normal solicitante igual à resistente $N_{Sd} = N_{Rd}$, a fim de se determinar $M_{Rd,y}$, pela expressão (5.41), por tentativas ou integração numérica.

A verificação do pilar deve mostrar, portanto, que, com base nas pré-condições para dimensões, armaduras e materiais, os três esforços internos resistentes, N_{Rd}, $M_{Rd,x}$ e $M_{Rd,y}$, garantem o equilíbrio da seção (TEIXEIRA, 2011).

Pelos objetivos deste livro já mencionados, não são apresentados exemplos sobre esse tópico. Entretanto, aproveitando os resultados do item 5.7, podem ser montados exercícios com as armaduras calculadas, que permitem uma definição prévia dos valores de N_{Rd}, $M_{Rd,xx}$ e $M_{Rd,yy}$.

Os processos que utilizam ábacos, tabelas e programas computacionais para o dimensionamento ou verificação da flexão composta oblíqua são elaborados, em geral, para seções retangulares e circulares. Recomenda-se a consulta às referências disponíveis, ao fim do livro, para assimilar essa formulação, das mais complexas no projeto de estruturas de concreto armado.

5.7 EXEMPLOS[1]

5.7.1 Dimensionar um pilar de concreto armado com seção retangular $30x40cm^2$ e comprimento equivalente $l_e = 3,0m$. Esforços solicitantes de serviço: força normal axial de $1000kN$ e momentos fletores de 1ª ordem (transmitidos por vigas) de $30kN.m$ em relação ao eixo principal paralelo ao lado maior da seção e $15kN.m$ em relação ao outro eixo. Tomar concreto com $f_{ck} = 25MPa$, classe CAA I e armaduras _assimétricas_ de aço CA-50.

a) Parâmetros de entrada

$N_k = 1,0.10^6 N$; $N_d = 1,4.10^6 N$ ⇨ unidades coerentes: N, mm, MPa.

Seção transversal: $b = 300mm$, $h = 400mm$; $A_c = 300 . 400 = 120000mm^2$

- adotando $d' = d'' = 50mm$, nas duas direções principais da seção tem-se (ver figura 5.17 ou 5.18) ⇨ $d_b = b - d' = 250mm$; $d_h = h - d' = 350mm$.

Concreto: $f_{ck} = 25MPa$ ⇨ $f_{cd} = 25/1,4 = 17,9MPa$;

- da tabela 4.1: $\varepsilon_{c2} = 2,0‰$ e $\varepsilon_{cu} = 3,5‰$; $\lambda = 0,80$ e $\alpha_c = 0,85$.

Aço CA-50: $f_{yd} = 435MPa$; $\varepsilon_{yd} = 2,07‰$; para $\varepsilon_{sd} = 2,0‰$ ⇨ $\sigma_{sd} = 420MPa$.

Expressão (5.10): $v = N_d/(A_c f_{cd}) = 0,65$ ⇨ $\rho_{min} = 0,42\%$ (tabela 5.3: C25).

b) Verificação quanto à estabilidade

$\lambda_{max} = 3,46 l_e/b = 3,46 . 300/30 = 34,6 < 35$ ⇨ pilar curto ⇨ excentricidades de 2ª ordem podem ser dispensadas no cálculo.

c) Excentricidades de 1ª ordem nas direções principais

Da expressão (5.7): $e_{1min,b} = 1,5+0,03b = 24mm$ e $e_{1min,h} = 1,5+0,03h = 27mm$

⇨ $e_{1min,b}/b = 24/300 = 0,08 > e_{1min,h}/h = 27/400 = 0,068$.

- direção crítica de excentricidades: sobre o eixo paralelo à menor dimensão da seção, normal ao que resulta na esbeltez máxima (ver figura 5.7).

---

[1] Nestes exemplos, são utilizadas as soluções analíticas apresentadas, visando à boa compreensão dos fundamentos dos ábacos, tabelas e programas computacionais correntes na vida profissional; no entanto, é muito importante verificar os resultados por meio desses dispositivos, para se adquirir conhecimento prático.

1) *Momento em relação ao eixo principal paralelo ao lado maior da seção*

altura útil = $d_b = b - d' = 250mm$

momento mínimo de 1ª ordem: $M_{1d,min,b} = N_d e_{1min,b} = 33,6.10^6 N.mm$

que somado ao $M_{d,viga,b} = 1,4. 30.10^6 = 42.10^6 N.mm$:

$M_{d,tot,b} = 75,6.10^6 N.mm$ ⇨ atende à envoltória mínima da expressão (5.7).

2) *Momento em relação ao eixo principal paralelo ao lado menor da seção*

altura útil = $d_h = h - d' = 350mm$

momento mínimo de 1ª ordem: $M_{1d,min,h} = N_d.e_{1min,h} = 37,8.10^6 N.mm$

⇨ a ser somado ao $M_{d,viga,h} = 1,4. 15.10^6 = 21.10^6 N.mm$

$M_{d,tot,h} = 58,8.10^6 N.mm$ ⇨ de (5.28): $\mu = M_{dh}/(A_c bf_{cd}) = 0,69$.

d) <u>Cálculo das armaduras das faces da seção com $h = 400mm$</u>

1) *Excentricidades da força N_d sobre o eixo paralelo ao lado menor b*

- em relação ao CG da seção, com a altura útil $d_b = 250mm$:

  $e_b = M_{db,tot}/N_d = 54mm < (d_b-d')/2 = 100mm$ ⇨ N entre armaduras A'_s e A_s.

- de N_d em relação ao centro das armaduras, da expressão (5.27):

  $e' = (d_b-d')/2 - e_b = 46mm$; $e'' = (d_b-d') + e_b = 154mm$.

- da expressão (5.32) da solução analítica de CAMPOS F. (2014):

  $e'_0 = 1,4.10^6/(2. 0,85. 17,9. 400) - 50 = 65mm > e'$

  ⇨ exige armaduras nas faces $h = 400mm$.

- excentricidades de transição e posição da linha neutra no ELU:

  $k_{xlim3-4} = 0,628$ ⇨ $x_{lim3-4} = 0,628. 250 = 157mm$.

  da expressão (5.30), com a *Observação* da alínea a), após a tabela 5.1:

  $e'_{gp} = [\alpha_c \lambda.f_{cd} h.x_{lim3-4}(0,5\lambda x_{lim3-4} - d')]/N_d$

  $e'_{gp} = [0,85. 0,8. 17,9. 400. 157(0,5. 0,8. 157 - 50)]/1,4.10^6 = 7mm$

  da expressão (5.31): $e'_{pc} = [\alpha_c f_{cd} hb(0,5b - d')]/N_d$

  $e'_{pc} = [0,85. 17,9. 400. 300 (0,5. 300 - 50)]/1,4.10^6 = 130mm$

  $e'_{gp} < e' = 46mm < e'_{pc}$ ⇨ tabela 5.1: <u>domínio 4a</u> e linha neutra no ELU:

  $1,0 < k_{x,lim 4a-5} = b/d_b = 300/250 = 1,2$ ⇨ A'_s e A_s <u>comprimidas</u>.

2) *Cálculo das armaduras assimétricas, supondo $A_s = 0$*

- A'_s com ε'_{sd} muito próximo de $\varepsilon_{cd} = \varepsilon_{cu} = 3,5‰$ $\Rightarrow$ $\sigma'_{sd} = 435MPa$.

- com $A_s = 0$ $\Rightarrow$ verificar solução real para a equação (5.33):

$N_d.e' - \alpha_c\lambda.f_{cd}h.x(\lambda x/2 - d') = 0$ $\Rightarrow$ $1,4.10^6.46 - 4869x(0,4x - 50) = 0$

$0,4x^2 - 50x - 13227 = 0$ $\Rightarrow$ $x = -130$ (absurdo) e $\underline{x = 255mm}$ real

$1,0 < k_x = 1,02 < k_{x,lim4a-5} = 1,2$ $\Rightarrow$ confirma domínio 4a!

- deformação de A'_s da expressão (4.1) e tensão no aço comprimido:

$\varepsilon'_{sd} = \varepsilon_{cu}(x-d')/x = 3,5‰(255-50)/255 = 2,81‰ > 2,07‰$

$\Rightarrow$ confirma $\sigma'_{sd} = 435MPa$

- com $A_s = 0$ na expressão (5.36):

$A'_s = (N_d - \alpha_c\lambda.f_{cd}h.x)/\sigma'_{sd}$

$A'_{sh} = (1,4.10^6 - 4869. 255)/435 = 364mm^2 = 3,64cm^2$.

$A'_{sh,ef} = 3\Phi12,5 = 3,68cm^2$ ou $5\Phi10 = 3,93cm^2$ $\Rightarrow$ adota-se o segundo.

- da tabela 4.5: $b_s = 13cm$ $\Rightarrow$ OK para $h = 40cm$

$\Rightarrow$ ver figura 5.20 e alínea h) - Comentários.

- na face oposta, seria $A_s = 0$, mas deve-se impor uma parcela igual a 1/4 da armadura mínima de toda a seção, da expressão (5.15):

$A_{sh} = \rho_{min}A_c/4 = 0,0042. 1200/4 = 5,04/4 = 1,26cm^2$

$A_{sh,ef} = 2\Phi10 = 1,57cm^2$ $\Rightarrow$ bitola mínima = $10mm$.

- $A_{sh,tot} = 3,93 + 1,57 = 5,5cm^2$ $\Rightarrow$ nos dois lados com $h = 40cm$.

e) Cálculo das armaduras das faces da seção com $b = 300mm$

Excentricidades da força N_d sobre o eixo paralelo ao lado maior h

- em relação ao CG da seção, com a altura útil $d_h = 350mm$:

$e_h = M_{dh,tot}/N_d = 42mm < (d_h-d')/2 = 150mm$ $\Rightarrow$ N_d entre armaduras A'_s e A_s.

- de N_d em relação ao centro das armaduras, da expressão (5.26):

$e' = (d_h-d')/2 - e_h = 108mm$

- expressão (5.32): $e'_0 = 1,4.10^6/(2. 0,85. 17,9. 300) - 50 = 103mm < e'$.

- da tabela 5.1, para $e' \geq e'_0$, teoricamente, a armaduranão seria necessária, mas deve-se impor uma parcela igual a 1/4 da armadura mínima da seção, da expressão (5.15), em cada face $b = 300mm$:

$A'_{sb,min} = \rho_{min} A_c /4 = 1,26cm^2 \Rightarrow A_{sb,ef} = 2\Phi 10 = 1,57cm^2 \ (\Phi \geq 10mm)$

- $A_{sb,tot} = 3,14cm^2 \Rightarrow$ nos dois lados com $b = 300cm$.

f) Verificação da taxa de armadura da seção

$A_{s,tot} = A_{sh,tot} + A_{sb,tot} = 5,5 + 3,14 = 8,64cm^2 \Rightarrow \rho = 0,72\% < 4\%$

- taxa de armadura econômica e satisfatória para a região central do pilar, pois seu dobro não excede o limite de 8% nas regiões de trespasse.

g) Detalhamento das armaduras do pilar (figura 5.20)

1) Comprimento de ancoragem por trespasse da armadura longitudinal
- da expressão (5.19) e tabela 5.4: $l_b = 38\Phi = 38. 10mm = 38cm$
  sendo $A'_{s,tot,cal}/A'_{s,tot,ef} = (3,64 + 3. 1,26)/8,64 = 0,86$
- de (5.22), o comprimento necessário é: $l_{b,nec} = 0,86. 38 = 33cm$
  valor superior aos limites de (5.23): $0,3l_b = 14cm; 10\Phi = 12,5cm; 10cm$.

2) Espaçamento de estribos (também aço CA-50)
- do subitem 5.4.3 $\Rightarrow \Phi_t = \Phi/4 = 10/4 < 5mm$; adota-se o último.
- da expressão (5.16), o espaçamento é o menor entre:
  $20cm;$ menor dimensão da seção $= 30cm; 12\Phi=24cm \Rightarrow s_t = 20cm$.

3) Comprimento total reto da barra de cada estribo
- para edifício na classe ambiental CAA I, com $c_{nom}= 25mm$, o comprimento reto aproximado da barra do estribo, da expressão (5.19), é:
  $2(b + h - 4c_{nom}) + 10cm = 2 (30+ 40 - 4. 2,5) + 10 = 130cm.$
- da figura 5.15, com $20\Phi_t = 10cm$, os estribos não protegem da flambagem as barras centrais nos lados $h = 40cm$, exigindo grampos de mesma bitola e espaçamento. Na figura 5.20, esses grampos foram fixados em barras alternadas ao longo do pilar. Para $b = 30cm$, a distância $20\Phi_t = 10cm$ cai muito próxima da barra central, sendo razoável dispensar os grampos.

4) *Suposições para detalhamento das armaduras* (figura 5.20, a seguir):

- lance de um pilar situado entre os pisos de níveis *200* e *300*, tendo como referência o nível *00* do piso mais inferior da estrutura do edifício;

- admitir as vigas superior e inferior do lance com altura *50cm*. O enunciado forneceu $l_e = 300cm$ (em geral, a distância de eixo a eixo das vigas); donde a altura livre do pilar: $l_o = 300 - 2.\ 25 = 250cm$.

5) *Número de estribos no lance do pilar entre dois pisos sucessivos*

- da expressão (5.17): $n = (l_o/s_t) + 1 = 13,5 \Rightarrow 14$ estribos.

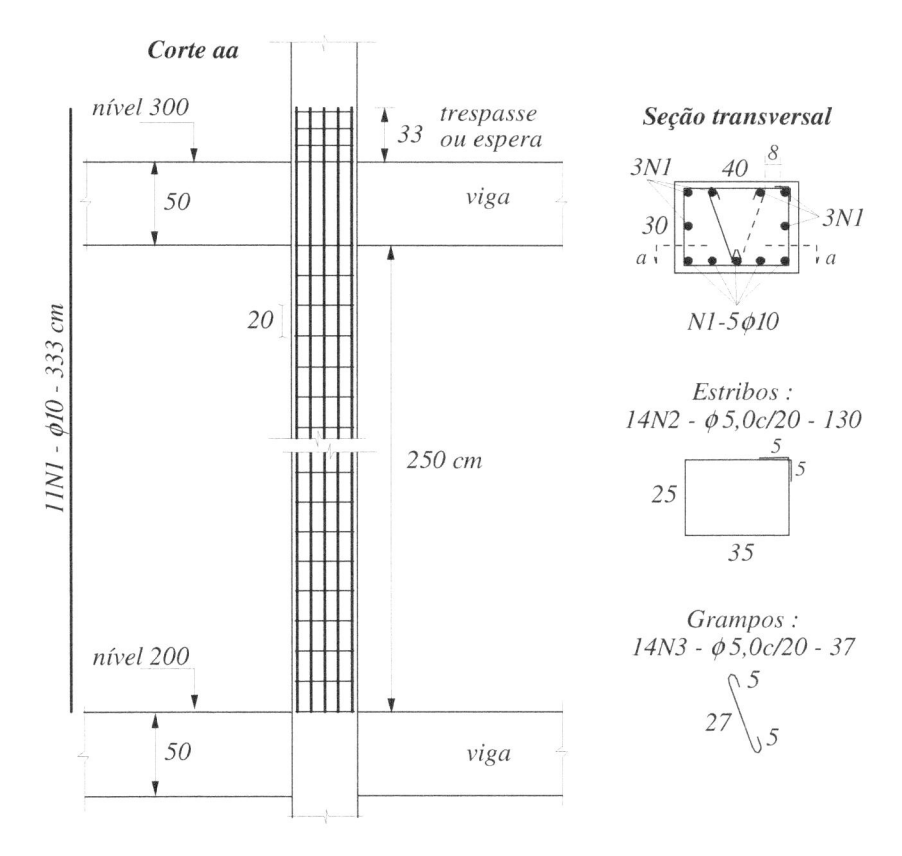

Figura 5.20: Detalhamento das armaduras do pilar do exemplo 5.7.1
(escalas diferentes para corte longitudinal e seção transversal)

h) Comentários

1) Nas planta de armação, cada barra da armadura recebe um *número de ordem* (*N*...) que identifica as barras de *mesma bitola, comprimento e desenho*. Na mesma planta, se houver barras idênticas nesses três aspectos, elas recebem o mesmo número, também chamado *posição*.

2) Conforme o subitem 5.4.3, a Norma exige estribos em toda a altura do pilar. Essa prescrição é muito rigorosa nos trechos de cruzamento do pilar com duas vigas, regiões onde as barras longitudinais estão fortemente confinadas e as barras protegidas contra a flambagem. No exemplo da figura 5.20, supondo existir cruzamento de vigas, optou-se por não alocar estribos, mesmo porque sua colocação nesse trecho é de difícil execução na prática.

3) Na região de trespasse das barras longitudinais, o espaçamento de estribos deve ser reduzido, em geral à metade do trecho central, para aumentar a resistência do concreto por confinamento. Na figura 5.20, foi representada essa redução de espaçamentos apenas no trecho acima do nível *300*, pois não foram representados os trespasses referentes ao pilar inferior.

4) Este exemplo mostra o risco da solução com armaduras assimétricas, que seria maior caso fosse adotada a opção *3Φ12,5* nas faces de *40cm*, no parágrafo 2 da alínea d). Na disposição escolhida, a área de aço é um pouco superior, mas compensada pelo menor comprimento de ancoragem.

5) Os cálculos foram feitos isoladamente para os momentos em relação aos eixos principais da seção, mas foi atendida a envoltória mínima da expressão (5.7).

6) Para informações específicas sobre armaduras, não somente para pilares, recomenda-se o livro *Técnicas de armar as estruturas de concreto*, de Fusco (1995), referência valiosa em detalhes qualitativos e quantitativos.

5.7.2 Dimensionar um pilar de seção retangular $25x50cm^2$, na classe CAA I, sob flexão composta proveniente dos esforços de serviço: força normal axial de $1250kN$ e momento fletor de $100kN.m$ (em relação ao eixo principal paralelo ao lado menor da seção). Considerar concreto da classe C25 e armaduras *assimétricas* de aço CA-50 (CAMPOS F., 2014).

CAPÍTULO 5 - CÁLCULO DE PILARES À FLEXÃO COMPOSTA

a) <u>Parâmetros de entrada</u>

$N_k = 1,25.10^6 N; M_k = 100.10^6 N.mm \Rightarrow N_d = 1,75.106N; M_d = 140.10^6 N.mm.$

Seção $b = 250mm$, $h = 500mm$; $d' = d'' = 50mm \Rightarrow d = h - d' = 450mm.$

Concreto: $f_{ck} = 25MPa \Rightarrow f_{cd} = 25/1,4 = 17,9MPa$;

- da tabela 4.1: $\varepsilon_{c2} = 2,0‰$ e $\varepsilon_{cu} = 3,5‰$; $\lambda = 0,80$ e $\alpha_c = 0,85.$

Aço CA-50: $f_{yd} = 435MPa$; $\varepsilon_{yd} = 2,07‰.$

- coeficientes limites: $k_{xlim3-4} = 0,628 \Rightarrow x_{lim3-4} = 0,628. 450 = 283mm.$

De (5.9) e (5.27): $v = N_d/(A_c f_{cd}) = 0,78$; $\mu = M_d/(A_c h f_{cd}) = 0,125.$

b) <u>Excentricidades de cálculo</u>

N_d em relação ao CG: $e = M_d/N_d = 80mm < (d-d')/2 = 200mm.$
$\Rightarrow$ força normal entre as armaduras.

Excentricidade mínima sobre o eixo principal paralelo ao lado maior da seção:

$e_{1min,h} = 1,5 + 0,03. 50 = 3cm \Rightarrow$ admitir incluída em $e = 8cm.$

Excentricidades de N_d em relação ao centro das armaduras, da expressão (5.27):

$e' = (d-d')/2 - e = 120mm$; $e'' = (d-d')/2 + e = 280mm.$

Da solução analítica de Campos F., expressão (5.32), com a *Observação* da alínea a), após a tabela 5.1:

$e'_0 = 4,2.10^6/(2. 0,85. 28,6. 250) - 50 = 181mm > e' \Rightarrow$ exige armadura.

Verificação da posição da linha neutra no ELU:

da expressão (5.30): $e'_{gp} = [\alpha_c \lambda f_{cd} b x_{lim3-4} (0,5\lambda x_{lim3-4} - d')]/N_d$

$e'_{gp} = [0,85. 0,8. 17,9. 250. 450 (0,5. 0,8. 283 - 50)]/1,75.10^6 = 31mm$

da expressão (5.31): $e'_{pc} = [\alpha_c f_{cd} b h (0,5h - d')]/N_d$

$e'_{pc} = [0,85. 17,9. 250. 450 (0,5. 500 - 50)]/1,75.10^6 = 217mm > e'.$

$e'_{gp} < e' = 120mm < e'_{pc} \Rightarrow$ tabela 5.1: <u>domínio 4a</u>, A'_s e A_s comprimidas.

c) <u>Cálculo das armaduras *assimétricas* das faces com $b = 25cm$</u>

Para A'_s, com ε'_{sd} muito próximo de $\varepsilon_{cd} = \varepsilon_{cu} = 3,5‰ \Rightarrow \sigma'_{sd} = 435MPa.$

Adotando a hipótese $A_s = 0$, verificar se há solução real da equação (5.33):

$N_d.e' - \alpha_c \lambda f_{cd} b x(\lambda x/2 - d') = 1,75.10^6. 120 - 3036x(0,4x - 50) = 0$

$0,4x^2 - 50x - 69176 = 0 \Rightarrow x = -358$ (absurdo) e $\underline{x = 483mm} \Rightarrow$ OK!

⇨ $1,0 < k_x = 1,07 < x_{lim,4-4a} = h/d = 1,11$ ⇨ domínio 4a.

- verificando a deformação de A'_s, da expressão (4.1), e a tensão no aço:

$\varepsilon'_{sd} = \varepsilon_{cu}(x-d')/x = 3,5‰(483-50)/483 = 3,14‰ > 2,07‰$ ⇨ $\sigma'_{sd} = 435MPa$

- com $A_s = 0$ na expressão (5.25): $A'_s = (N_d - \alpha_c\lambda f_{cd}b.x)/\sigma'_{sd}$ ou

$A'_{sb} = (1,75.10^6 - 3036. 483)/435 = 652mm^2 = 6,52cm^2$

$A'_{sb,ef} = 6\Phi12,5 = 7,36cm^2; b_s = 17,5cm$ ⇨ OK para $b = 25cm$ (tabela 4.5).

- da tabela 5.3, com $v = 0,78$ e concreto C25, tem-se: $\rho_{min} = 0,46\%$.

- $A_{sb} = \rho_{min}A_c/4 = 0,0046. 25. 50/4 = 1,44cm^2$ ⇨ $A_{sb,ef} = 2\Phi10 = 1,57cm^2$.

d) Comentários

Ver parágrafos 4 e 5 da alínea h) do exemplo anterior 5.7.1.

5.7.3 Dimensionar um pilar de seção retangular $30x60cm^2$, sob esforços de serviço: força normal axial $3000kN$ e momento fletor $300kN.m$ (oriundo de excentricidades de 1ª ordem sobre o eixo principal paralelo ao lado maior da seção). Admitir a dispensa de excentricidades de 2ª ordem, armaduras simétricas de aço CA-50, $f_{ck} = 40MPa$ e classe CAA I.

a) Parâmetros de entrada

$N_k = 3.10^6 N$; $M_k = 300.10^6 N.mm$ ⇨ unidades coerentes: N, mm, MPa.

- Esforços de cálculo: $N_d = 4,2.10^6 N$; $M_d = 420.10^6 N.mm$.

$b = 300mm, h = 600mm$ ⇨ adotar $d' = d'' = 50mm$; $d = h - d' = 550mm$

Concreto: $f_{ck} = 40MPa$ ⇨ $f_{cd} = 40/1,4 = 28,6MPa$

- da tabela 4.1: $\varepsilon_{c2} = 2,0‰$ e $\varepsilon_{cu} = 3,5‰$; $\lambda = 0,80$ e $\alpha_c = 0,85$.

Aço CA-50: $f_{yd} = 435MPa$; $\varepsilon_{yd} = 2,07‰$

- coeficientes limites: $k_{xlim3-4} = 0,628$ ⇨ $x_{bc} = x_{lim3-4} = 0,628. 550 = 345mm$.

De (5.10) e (5.28): $v = N_d/(A_cf_{cd}) = 0,82$; $\mu = M_d/(A_chf_{cd}) = 0,14$.

b) Excentricidades de cálculo

De N_d em relação ao CG: $e = M/N = 100mm < (d-d')/2 = 250mm$

- força normal entre as duas armaduras *simétricas* das faces $b = 300mm$.

Excentricidade mínima sobre o eixo principal paralelo ao lado maior da seção:

$e_{1min,h} = 1,5+0,03. \ 60 = 3,3cm$ ⇨ admitir incluída em $e = 10cm$.

De N_d em relação ao centro das armaduras, da expressão (5.27):

$e' = (d-d')/2 - e = 150mm$; $\ e'' = (d-d')/2 + e = 350mm$.

Da expressão (5.32), com a *Observação* da alínea a), após a tabela 5.1:

$e'_0 = 4,2.10^6/(2. \ 0,85. \ 28,6. \ 250) - 50 = 238mm$

⇨ $e'_0 > e'$ ⇨ seção precisa de armadura.

Com as armaduras $A'_s = A_s$, da expressão (5.37), tem-se:

$e'_{bc} = [0,85. \ 0,8. \ 28,6. \ 300. \ 550 \ (0,5. \ 0,8. \ 550 - 50)]/4,2.10^6 = 130mm$

⇨ $e' = 150mm > e'_{bc}$; tabela 5.2: casos c) ou d), linha neutra nos domínios 4a
    ou 5 e armaduras comprimidas.

Da expressão (5.29), as deformações do aço para $x_{cd} = h/\lambda = 750mm$ são:

$$\varepsilon'_{sd*} = 2,0 \frac{750 - 50}{750 - (3,5 - 2,0) \, 600/3,5} \ ; \ \varepsilon_{sd*} = 2,0 \frac{750 - 550}{750 - (3,5 - 2,0) \, 600/3,5}$$

$\varepsilon'_{sd*} = 2,84 > 2,07‰$ ⇨ $\sigma'_{sd*} = 435MPa$ e $\varepsilon_{sd*} = 0,81‰$ ⇨ $\sigma_{sd*} = 170MPa$.

Da expressão (5.39), $\beta_{cc*} = 1,04$; com esse valor na expressão (5.38):

$e'_{cd} = 254mm > e' = 175mm > e'_{bc} = 130mm$

Tabela 5.2 ⇨ caso c) e domínio 4a: parte da seção sob tensão $\alpha_c f_{cd}$ e
    $1 \le k_x < h/d = 1,09$ ou $h \ge x > d$.

c) Cálculo com armaduras *simétricas* das faces da seção com $b = 300mm$

Para A'_s, com ε'_{sd} é muito próximo de $\varepsilon_{cd} = \varepsilon_{cu} = 3,5‰$ ⇨ $\sigma'_{sd} = 435MPa$.

Vale a aproximação $x = d$ e $\sigma_{sd} = 0$, nas expressões (5.25) e (5.36):

- de (5.25): $N_d.e'' = \alpha_c \lambda f_{cd} bx(d - \lambda x/2) + \sigma'_{sd} A'_s (d - d')$

    $4,2.10^6.325 = 3205714x-2331x^2+217500A'_s$ ⇨ $A'_s = 0,011x^2-14,7x+6759$

- de (5.36): $N_d = \alpha_c \lambda bx f_{cd} + (\sigma'_{sd} - \sigma_{sd})A'_s$

    $4,2.10^6 = 5829x + 435A'_s$ ⇨ $A'_s = 9655 - 13,4x$

- resta uma única equação: $0,011x^2 - 14,7x + 6759 = 9655 - 13,4x$ ou:

$0,011x^2 - 1,3x - 2896 = 0 \Rightarrow$ só uma raiz real: $\underline{x = 576mm}$

$k_x = x/d = 1,05 \Rightarrow$ confirma caso c) e domínio 4a.

- $A'_{sb} = 9655 - 13,4x = 1937mm^2 = 19,4cm^2 \Rightarrow 6\Phi20 + 2\Phi10 = 20,47cm^2$.

Do subitem 5.4.3: bitola de estribos = $\Phi_t \geq \Phi/4 = 20/4 = 5mm$;

- das tabelas 3.6 ($c_{nom} = 25mm$) e 4.5 do capítulo 4:

  para $6\Phi20mm$: $b_s = 22cm \Rightarrow b = 30cm$ OK.

- $A_{sb,tot} = 2A'_{sb} = 40,94cm^2 \Rightarrow \rho = A_{sb,tot}/A_c = 2,27\% < \rho_{max}/2 = 4\%$.

- Tabela 5.3, com $v = 1,31$ e concreto C40: $\rho_{min}/2 = 0,64\% < \rho \Rightarrow$ OK.

Deformações de A'_s e A_s, por semelhança de triângulos, com $h \geq x > d$ nas figuras 5.17 ou 5.18, validam-se as aproximações adotadas:

$\varepsilon'_{sd} = 3,5\text{‰}(x-d')/x = 3,5 . 526/576 = 3,2\text{‰} \Rightarrow \sigma_{sd} = 435MPa$

$\varepsilon_{sd} = \varepsilon_{cu}[d''-(h-x)]/x = 3,5\text{‰}(50-24)/576 = 0,22\text{‰} \Rightarrow \sigma_{sd} = E_s\varepsilon_{sd} = 4,6MPa$.

d) Comentários

1) As armaduras $A'_{sb} = A_{sb} = 18,6cm^2$ exigiram, em cada face de largura $25cm$, duas camadas de barras $6\Phi20 + 2\Phi10$. Portanto, o valor $d' = 50mm$ passará para $d' = 25 + 5 + 1,5. 20 = 60mm$, resultando em $d = h - d' = 540mm$ e, como consequência, em aumento das áreas de armaduras. Vê-se que esse é, também, um processo iterativo e trabalhoso no cálculo manual.

2) Nos exercícios deste livro, basta indicar a obrigatoriedade de refazer o cálculo de armaduras, quando necessário, conforme o parágrafo anterior.

3) A tensão $\sigma_{sd} = 4,6MPa$ na armadura $A_{sb,}$ apenas 1% do valor de escoamento, configura o cálculo superdimensionado com armaduras simétricas. Entretanto, as vantagens citadas no subitem 5.5.3.1 podem compensar essa situação.

4) A nota de rodapé n°.1 do capítulo 4 afirma que o núcleo central de inércia da seção retangular sem armadura é um losango de diagonal $h/3$ e a distância do CG ao vértice extremo é igual a $h/6$. Neste exemplo, com $h/6 = 10 > e = 5cm$, a força normal estaria dentro do NCI e, portanto, apenas com tensões de compressão na seção. A presença de armaduras simétricas altera a situação, com a ocorrência do domínio 4a no ELU e um trecho muito pequeno sob tração, mas mostra certa coerência nessa verificação.

5) O exemplo considerou apenas a flexão composta em relação ao eixo principal paralelo ao lado menor da seção. Na prática, seria necessário dimensionar também as armaduras referentes ao lado maior.

5.7.4 Refazer o exemplo 5.7.3, com $N_k = 2000kN$ e armaduras *simétricas*, mantendo os demais dados.

a) Parâmetros de entrada

$N_k = 2.10^6 N$; $M_k = 300.10^6 N.mm$ $\Rightarrow$ $N_d = 2,8.10^6 N$; $M_d = 420.10^6 N.mm$

de (5.9) e (5.28): $v = N_d/(A_c f_{cd})=0,54$; $\mu = M_d/(A_c h f_{cd}) = 0,14$.

b) Excentricidades de cálculo

De N_d em relação ao CG: $e = M_d/N_d = 150mm < (d-d')/2 = 250mm$.

- da tabela 5.2 para armaduras simétricas, N_d está entre A'_s e A_s e pode ocorrer um dos casos, b), c) ou d).

Excentricidade mínima sobre o eixo principal paralelo ao lado maior da seção:

$e_{1min,h} = 1,5+0,03. 60 = 3,3cm$ $\Rightarrow$ admitir incluída em $e = 15cm$.

Excentricidades de N_d em relação ao centro das armaduras, da expressão (5.27):

$e' =(d-d')/2 - e = 100mm$; $e'' = (d-d')/2 + e = 400mm$.

Da expressão (5.32): $e'_0 = 2,8.10^6/(2. 0,85. 28,6. 250) - 50 = 142mm$

$e'_0 > e'$ $\Rightarrow$ seção precisa de armaduras nas faces $b = 300mm$.

Da expressão (5.37): $e'_{bc} =545.10^6/2,8.10^6 = 195mm$ $\Rightarrow$ $e' < e'_{bc}$

- da tabela 5.2: caso b), domínio 4 $\Rightarrow$ linha neutra no ELU: $k_{xlim3-4} \le k_x < 1$

- da figura 5.17 $\Rightarrow$ A'_s comprimida, A_s tracionada.

c) Cálculo das armaduras simétricas

Da figura 5.17: ε'_{sd} muito próximo de $\varepsilon_{cd}= 3,5\%o$ $\Rightarrow$ $\sigma'_{sd} = 435MPa$

- da expressão (4.1): $\varepsilon_{sd} = [(d - x)/x]\varepsilon_{cu} = [(550 - x)/x]0,0035$

$\sigma_{sd} = E_s \varepsilon_{sd} = 735(550 - x)/x$ (tração) $\Rightarrow$ sinal negativo na expressão (5.36)

- das expressões (5.25) e (5.36) vem:

de (5.25): $2,8.10^6. 400 = 3205714x - 2331x^2 + 217500A'_s$

de (5.36): $2,8.10^6 = 5829x + [735(550 - x)/x]A'_s$; ou:

de (5.25): $5149 = 14,7x - 0,011x^2 + A'_s \Rightarrow A'_s = 0,011x^2 - 4,7x + 5149$

de (5.36): $6437x = 13,4x^2 + (2,7x - 929)A'_s$

- Substituindo A'_s em (5.36) fica uma única equação:

$$13,4x^2 - 6437x + (2,7x - 929)(0,011x^2 - 14,7x + 5149) = 0$$

apenas uma raiz real: $\underline{x = 445mm}$

$k_{x,bc} = 0,628 < k_x = 0,81 < 1,0. \Rightarrow$ confirma domínio 4 e caso b): tabela 5.2.

- $A'_{sb} = 0,011x^2 - 14,7x + 5149 = 713mm^2 = 7,13cm^2$

$A'_{sb,ef} = 6\Phi12,5 = 7,36cm^2 \Rightarrow$ tabela 4.5: $b_s = 17,5cm$, $b = 25cm$: OK.

$A'_{sb,tot} = 2. 7,36 = 14,72cm^2$

$\Rightarrow \rho_b = 14,72. 100/1800 = 0,79\% > \rho_{min}/2 = 0,54/2 = 0,27\%$.

- Deformações da expressão (4.1) e tensões nas armaduras A'_{sb} e A_{sb} :

$\varepsilon'_{sd} = \varepsilon_{cu}(x-d')/x = 3,5\%o(445-50)/445 = 3,11\%o \Rightarrow \sigma'_{sd} = 435MPa$

$\varepsilon_{sd} = [550-445)/445]0,0035 = 0,00067 \Rightarrow \sigma_{sd} = 140MPa$ (tração).

d) Comentário

Notar que a redução de $1/3$ na força normal de serviço do exemplo 5.7.2 fez a tensão na armadura A_s, de compressão igual a $21MPa$ passar a $140MPa$, de tração. Essa mudança significativa, apenas com a alteração em um parâmetro, indica a sensibilidade da seção submetida à flexão composta e o cuidado a se tomar no processo do cálculo .

5.7.5 Refazer o exemplo 5.7.3 com a força normal axial $2500kN$ e o momento fletor $50kN.m$, ambos esforços solicitantes de serviço, com $f_{ck} = 20MPa$ e mantidos os demais dados.

a) Parâmetros de entrada
$N_k = 2,5.10^6N$; $M_k = 50.10^6N.mm \Rightarrow N_d = 3,5.10^6N$; $M_d = 70.10^6N.mm$

$f_{ck} = 20MPa \Rightarrow f_{cd} = 20/1,4 = 14,3MPa$

De (5.9) e (5.28): $v = N_d/(A_c f_{cd}) = 1,36$; $\mu = M_d/(A_c h f_{cd}) = 0,045$.

b) Excentricidades de cálculo

De N_d em relação ao CG: $e = M_d/N_d = 20mm < (d-d')/2 = 250mm$.

Com $A'_s = A_s$, a força N_d estará entre as duas armaduras: (tabela 5.2).

Excentricidades de N_d em relação ao centro armaduras (expressão (5.27):

$e' = (d-d')/2 - e = 230mm$; $e'' = (d-d')/2 + e = 270mm$.

Da expressão (5.32):

$e'_0 = 2,8.10^6/(2. 0,85. 28,6. 250) - 50 = 430mm$

$e'_0 > e' \Rightarrow$ seção precisa de armadura.

Da expressão (5.37): $e'_{bc} = 545.10^6/2,8.10^6 = 78mm < e' = 230mm$.

- da tabela 5.2: domínio 4a ou 5 $\Rightarrow$ armaduras A'_s e A_s comprimidas.

- deformações do aço como no exemplo 5.7.1:

$\varepsilon'_{sd*} = 2,84 > 2,07‰ \Rightarrow \sigma'_{sd*} = 435MPa$

$\varepsilon_{sd*} = 0,81‰ \Rightarrow \sigma_{sd*} = E_s \varepsilon_{sd*} = 170MPa$.

- da expressão (5.39), $\beta_{cc*} = 0,62$; com esse valor na expressão (5.38):

$$\varepsilon_{sd} = \varepsilon_{c2} \frac{x-d}{x - (\varepsilon_{cu} - \varepsilon_{c2}) h/\varepsilon_{cu}} = \varepsilon_{c2} \frac{x - 550}{x - (3,5 - 2,0) 600/3,5} = 0,002 \frac{x - 550}{x - 257}$$

$e'_{cd} = 211mm \Rightarrow e' = 230mm > e'_{cd} \Rightarrow$ caso d) da tabela 5.2.

- linha neutra: $\infty > k_x \geq h/d \Rightarrow$ toda a seção sob tensão de compressão $\alpha_c f_{cd}$

$\Rightarrow \varepsilon_{cd} = \varepsilon_{c2} = 2‰ \Rightarrow \sigma'_{sd} = \sigma_{sd} = 420MPa$.

c) Cálculo de armaduras *simétricas* das faces $b = 30cm$

Da expressão (5.36), com $\sigma'_{sd} = \sigma_{sd}$, vem:

$3,5.10^6 = 2914x \Rightarrow \underline{x = 1201mm} \Rightarrow k_x = x/d = 2,18$

$\Rightarrow$ confirma o domínio 5 e caso d).

Da expressão (5.34): $N_d.e'' = \alpha_c \lambda f_{cd} bh(d - h/2) + \sigma'_{sd} A'_s (d - d')$

$A'_{sb} = 0,005x^2 - 7,4x + 4345 = 1935mm^2 = 19,35cm^2 = A_{sb}$

$A'_{sb,ef} = 4\Phi20+4\Phi16 =20,6cm^2$: nas duas faces de largura $b = 25cm$.

$A_{sb,tot} = 2.\ 20,6 = 41,2cm^2$

$\rho = 41,2.\ 100/1800 = 2,29\% > \rho_{min} = 0,68/2 = 0,34\%$.

d) Comentários

Ver parágrafos 1, 2 e 5 da alínea d) do exemplo 5.7.3.

5.7.6 Para a seção retangular da figura, obter a força N_d e o momento M_d, empregando o diagrama de interação adequado (GUIMARÃES, 2014).

Dados: $f_{ck} = 35MPa$,

aço CA-50, $A_s = 2A = 45,7cm^2$,

$M_d/N_d = 12cm$.

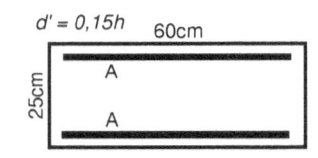 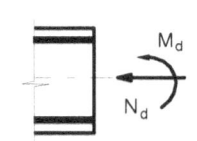

a) Parâmetros de entrada

$f_{cd} = 35/1,4 = 25MPa; f_{yd} = 435MPa$

$e = 120mm$ sobre o eixo perpendicular ao lado $b = 600mm \Rightarrow h = 250mm$

$\omega = A_s f_{yd}/(bh.f_{cd}) = 4570.435/(600.\ 250.\ 25) = 0,53$.

b) Verificação da força normal de cálculo

Para $d' = 0,15h$, emprega-se o diagrama de interação da figura 5.23.

Do subitem 5.5.3.3, tem-se a situação do parágrafo 2 da alínea b):

- a interseção da reta $\mu_d = (120/250)v_d = 0,48v_d$ com a curva $\omega = 0,53$ (por interpolação aproximada) fornece $v_d = 0,6$; $\mu_d = 0,24$, donde:

  $N_d = v_d bh.f_{cd} = 0,6.\ 600.\ 250.\ 25 = 2250kN$ e

  $M_d = \mu_d bh^2.f_{cd} = 0,24.\ 600.\ 250^2.25 = 225kN.m$.

5.7.7 Dimensionar um pilar de canto de estrutura na classe CAA I, com seção circular de diâmetro *30cm* e sujeito aos esforços de serviço: força axial de *1200kN* e dois momentos *52kN.m* em relação a diâmetros ortogonais da seção, transmitidos por vigas em cada extremidade, superior e inferior, do pilar suposto biapoiado sem cargas transversais, com ambos os momentos tracionando faces opostas da seção. Considerar $f_{ck} = 25MPa$, aço CA-50 e comprimento equivalente $l_e = 3,5m$.

a) Parâmetros de entrada

$N_k = 1,2.10^6 N$; $M_k = 52.10^6 N.mm$ ⇨ unidades: N, mm, MPa.

$N_d = 1,68.10^6 N$; $M_d = 72,8.10^6 N.mm$; $f_{ck} = 25MPa$ ⇨ $f_{cd} = 17,9MPa$.

$A_c = \pi 30^2/4 = 707cm^2$; CA-50: $f_{yd} = 435MPa$; $\varepsilon_{yd} = 2,07‰$.

- da expressão (5.9): $v = N_d/(A_c f_{cd}) = 1,32$.

b) Excentricidades de 1ª ordem sobre dois diâmetros ortogonais nas duas seções de extremidade

- mínima, da expressão (5.6): $e_{1,min} = 1,5cm + 0,03d = 2,4cm = 24mm$.

- relativa ao momento fletor M_{viga}: $e_1 = M/N = 52/1,2 = 43mm$

- excentricidade total de 1ª ordem de cada viga: $e = 67mm$

- excentricidade resultante da combinação vetorial das excentricidades totais em duas direções principais em cada seção extrema, da expressão (5.37):

⇨ $e_{res} = (e^2_{tot,x} + e^2_{tot,y})^{1/2} = (2. \, 67^2)^{1/2} = 95mm$.

c) Verificação da estabilidade

$\lambda = 4l_e/d = 4. \, 350/30 = 46,7$ ⇨ pilar medianamente esbelto.

- o enunciado forneceu uma situação menos desfavorável, pois os momentos nos extremos tracionam faces opostas do pilar (ver figura 5.12(b)).

- conforme o subitem 5.3.4, parágrafo 3, alínea a):

$\alpha_b = 0,4$ ⇨ na expressão (5.6) resulta:

$\lambda_1 = [25 + 12,5(e_{res}/d)]/\alpha_b = [25 + 12,5(9,5/30)]/0,4 = 72 > \lambda = 46,7$

⇨ esforços de 2ª ordem podem ser desprezados.

Momento fletor total de cálculo em cada seção extrema:

$$M_{d,tot} = 1,68.10^6.95 = 159,6.10^6 N.mm$$

- de (5.27): $\mu = M_{d,tot}/(A_c d f_{cd}) = 0,421$.

d) <u>Dimensionamento das armaduras</u>

1) A partir deste ponto, procede-se como no exemplo 5.7.3, dimensionando-se a seção circular sob flexão composta normal, tendo como esforços de cálculo $N_d = 1,68.10^6 N$ e $M_{d,tot} = 159,6.10^6 N.mm$.

2) Neste exemplo, para atender a exigência de distribuição uniforme e simétrica da armadura, detalhe usual em seções circulares, para a simetria toma-se como referência o diâmetro a 45° com os eixos longitudinais das vigas superior e inferior apoiadas no pilar.

3) Lembrar que na seção transversal circular, a largura diminui do centro para a direção da borda mais comprimida e, portanto, como visto no subitem 5.5.4.2, a tensão σ_{cmax} deve ser multiplicada por $0,9$.

5.8 AUTOAVALIAÇÃO

5.8.1 Enunciados

1) Resolver o exemplo 5.7.1, adotando a solução analítica de Campos F. (2014), para armaduras *simétricas*. Detalhar as armaduras na seção do pilar.

2) Resolver o exemplo 5.7.2, adotando armaduras *simétricas*.

3) Resolver o exemplo 5.7.2 com armaduras *simétricas*, adotando para o concreto $f_{ck} = 60MPa$ e classe de agressividade ambiental CAA II.

4) Resolver o exemplo 5.7.3, com armaduras *assimétricas*.

5) Resolver os exemplos 5.7.3 e 5.7.4 usando os diagramas de interação para armaduras simétricas de Guimarães (2014), mantendo os demais dados dos enunciados iniciais.

6) Resolver o exemplo 5.7.7 para concreto C50 e classe ambiental CAA II.

7) Uma ponte tem pilares de concreto armado com seção circular de diâmetro $100cm$ e altura $10m$. Admitindo as excentricidades da força normal axial de $4500kN$ e momento fletor de $600kN.m$, ambos de serviço, apenas na direção longitudinal e os pilares engastados nos blocos de fundação e livres na extremidade superior, classe IV de agressividade ambiental e $f_{ck} = 55MPa$, dimensionar a armadura longitudinal de aço CA-50.

8) Dado um pilar extremo de concreto armado com $l_e = 3,0m, f_{ck} = 20MPa$ e aço CA-50, determinar a dimensão mínima da seção transversal retangular para poder desprezar no cálculo os efeitos de 2ª ordem, com os esforços de serviço: força normal axial de $1500kN$ e momentos fletores oriundos das vigas de valor $50kN.m$, igual nas duas extremidades o pilar e tracionando faces opostas da seção. Calcular a armadura longitudinal correspondente.

9) Um pilar curto de seção retangular $20x50cm^2$, na classe CAA I, comprimento equivalente $2,8m$ e armadura longitudinal simétrica com $4\Phi16$ de aço CA-50, apenas nas faces maiores, foi executado com a resistência de dosagem do concreto $38MPa$, na condição de preparo A da NBR 12655 → 5.6.3.1. Verificar a força normal máxima característica do pilar sob flexocompressão reta em relação à direção mais desfavorável.

5.8.2 Comentários e sugestões para resolução dos exercícios propostos

1,2 e 4) Uma comparação minuciosa dos resultados com os respectivos exemplos é importante para o bom entendimento do processo de dimensionamento à flexocompressão normal.

3) A redução de armaduras com o concreto da classe C60 deve ser significativa, mesmo com o aumento necessário no valor de d', pela maior espessura da camada de cobrimento exigida na classe CAA II.

5) Rever o subitem 5.5.3.3 e utilizar ábacos das figuras 5.21 a 5.24.

6) Rever alínea d) Comentários do exemplo 5.7.7.

7) Obter o comprimento equivalente da figura 5.6 e o índice de esbeltez da expressão (5.3). Ver Comentários do exemplo 5.7.7.

8) Da condição dos momentos nas extremidades do pilar, da alínea a) do subitem 5.3.4, determina-se $\alpha_b = 0,5$. A excentricidade máxima de 1ª ordem é a razão do maior momento pela força normal. A dimensão mínima para desprezar os efeitos de 2ª ordem é obtida igualando-se as expressões (5.3) e (5.6).

9) O valor de f_{ck} é calculado a partir do subitem 3.9.2.2 do capítulo 3. Sendo um pilar curto, os efeitos de 2ª ordem podem ser desprezados e a verificação da força máxima pode ser feita com a excentricidade mínima de 1ª ordem tomada sobre o eixo principal perpendicular ao lado maior da seção. A verificação é direta com a utilização dos diagramas de interação para armaduras simétricas de Guimarães (2014).

Tabela 5.3: Valores de ρ_{min} (%) para aço CA-50, $\gamma_c = 1,4$ e $\gamma_s = 1,15$

v	f_{ck} (MPa)														
	20	25	30	35	40	45	50	55	60	55	65	70	75	80	90
0,20	0,40	0,40	0,40	0,40	0,40	0,40	0,40	0,40	0,40	0,40	0,40	0,40	0,40	0,42	0,44
0,30	0,15	0,18	0,22	0,26	0,30	0,33	0,37	0,41	0,44	0,48	0,52	0,55	0,59	0,63	0,67
0,40	0,40	0,40	0,40	0,40	0,40	0,44	0,49	0,54	0,59	0,64	0,69	0,74	0,79	0,84	0,89
0,50	0,40	0,40	0,40	0,43	0,49	0,55	0,62	0,68	0,74	0,80	0,86	0,92	0,99	1,05	1,11
0,60	0,40	0,40	0,44	0,52	0,59	0,67	0,74	0,81	0,89	0,96	1,03	1,11	1,18	1,26	1,33
0,70	0,40	0,43	0,52	0,60	0,69	0,78	0,86	0,95	1,03	1,12	1,21	1,29	1,38	1,47	1,55
0,80	0,40	0,49	0,59	0,69	0,79	0,89	0,99	1,08	1,18	1,28	1,38	1,48	1,58	1,67	1,77
0,90	0,44	0,55	0,67	0,78	0,89	1,00	1,11	1,22	1,33	1,44	1,55	1,66	1,77	1,88	2,00
1,00	0,49	0,62	0,74	0,86	0,99	1,11	1,23	1,35	1,48	1,60	1,72	1,85	1,97	2,09	2,22
1,10	0,54	0,68	0,81	0,95	1,08	1,22	1,35	1,49	1,63	1,76	1,90	2,03	2,17	2,30	2,44
1,20	0,59	0,74	0,89	1,03	1,18	1,33	1,48	1,63	1,77	1,92	2,07	2,22	2,36	2,51	2,66
1,30	0,64	0,80	0,96	1,12	1,28	1,44	1,60	1,76	1,92	2,08	2,24	2,40	2,56	2,72	2,88
1,40	0,69	0,86	1,03	1,21	1,38	1,55	1,72	1,90	2,07	2,24	2,41	2,59	2,76	2,93	3,10
1,50	0,74	0,92	1,11	1,29	1,48	1,66	1,85	2,03	2,22	2,40	2,59	2,77	2,96	3,14	3,33
1,60	0,79	0,99	1,18	1,38	1,58	1,77	1,97	2,17	2,36	2,56	2,76	2,96	3,15	3,35	3,55
1,70	0,84	1,05	1,26	1,47	1,67	1,88	2,09	2,30	2,51	2,72	2,93	3,14	3,35	3,56	3,77
1,80	0,89	1,11	1,33	1,55	1,77	2,00	2,22	2,44	2,66	2,88	3,10	3,33	3,55	3,77	3,99
1,90	0,94	1,17	1,40	1,64	1,87	2,11	2,34	2,57	2,81	3,04	3,28	3,51	3,74	3,98	4,21
2,00	0,99	1,23	1,48	1,72	1,97	2,22	2,46	2,71	2,96	3,20	3,45	3,69	3,94	4,19	4,43

❖ *Observação*: para $v = N_d/(A_c f_{cd}) < 0,2 \Rightarrow \rho_{min} = 0,4\%$.

Tabela 5.4: Comprimento reto de ancoragem básico l_b (CA-50, $\gamma_c = 1,4$ e $\gamma_s = 1,15$)

f_{ck}	20	25	30	35	40	45	50	55	60	65	70	75	80	85	90
f_{bd}	2,49	2,89	3,26	3,61	3,95	4,27	4,58	4,66	4,84	5	5,16	5,31	5,44	5,57	5,7
l_b	44Φ	38Φ	33Φ	30Φ	28Φ	25Φ	25Φ	25Φ	25Φ	25Φ	25Φ	25Φ	25Φ	25Φ	25Φ

❖ *Observação*: $l_{b,nec}$ e $l_{b,min}$ das expressões (5.22) e (5.23).

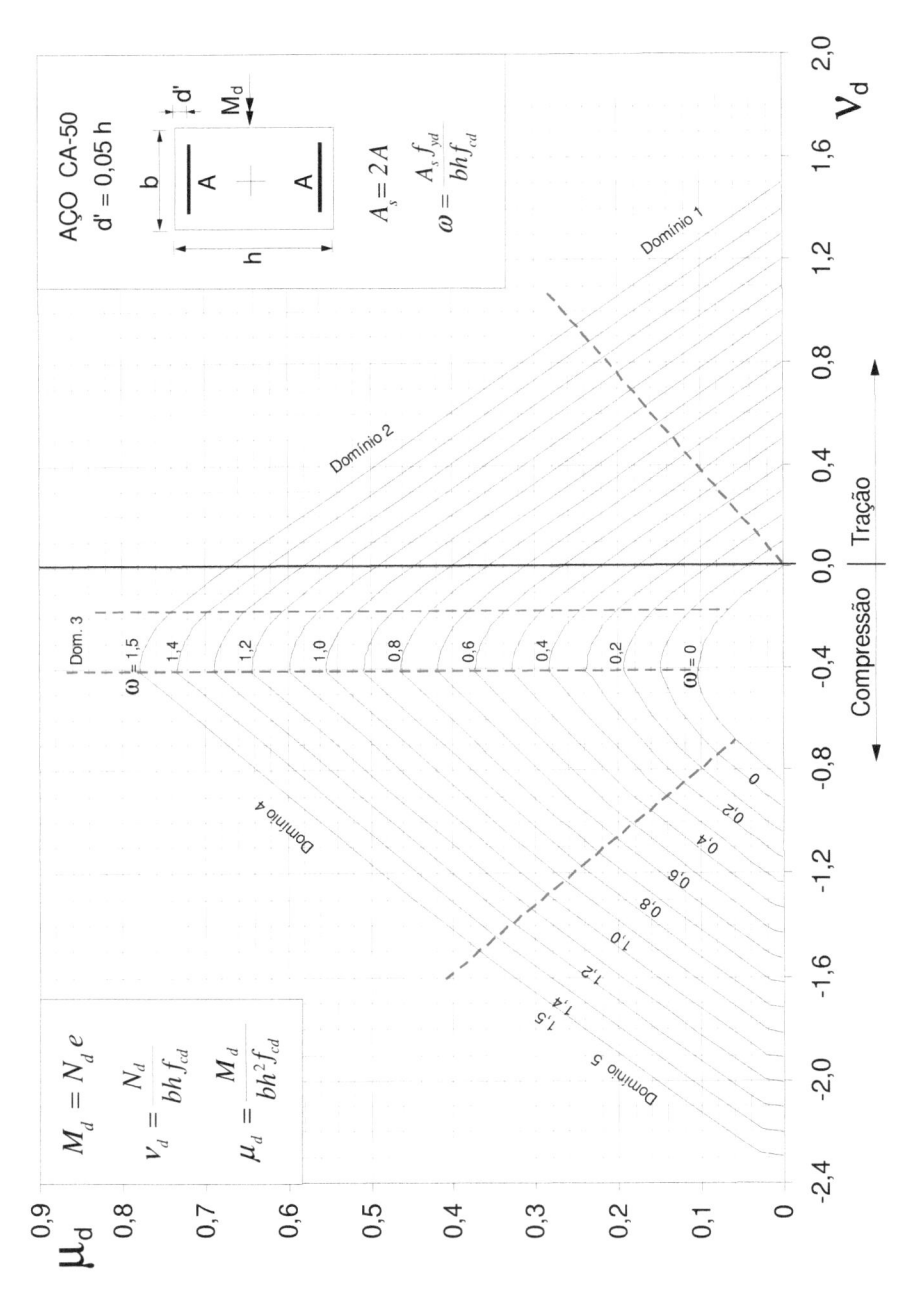

Figura 5.21: Diagrama de interação para seções de concreto armado sujeitas à flexão composta reta para $d' = 0,05h$ (GUIMARÃES, 2014)

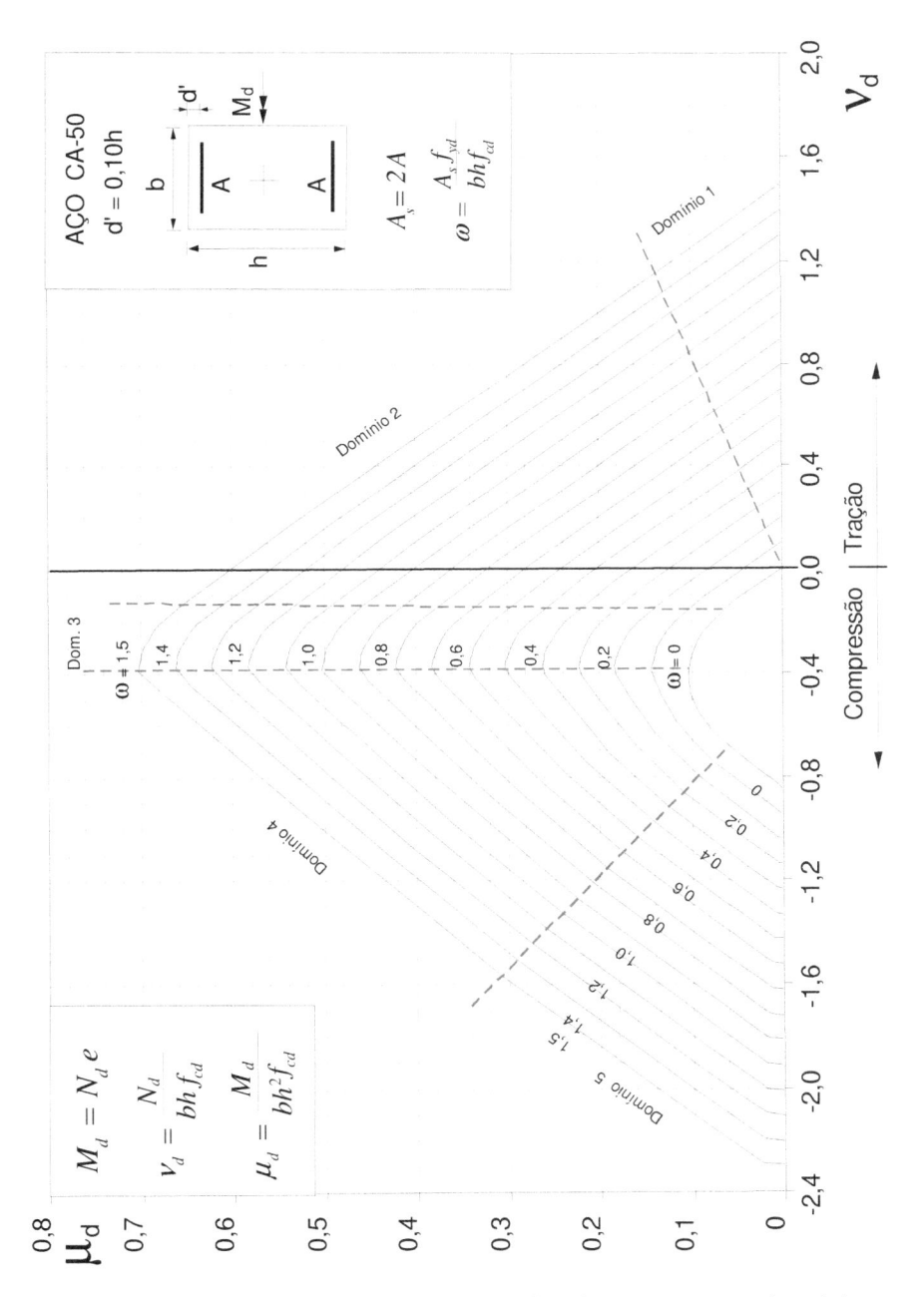

Figura 5.22: Diagrama de interação para seções de concreto armado sujeitas
à flexão composta reta para $d' = 0,10h$ (GUIMARÃES, 2014)

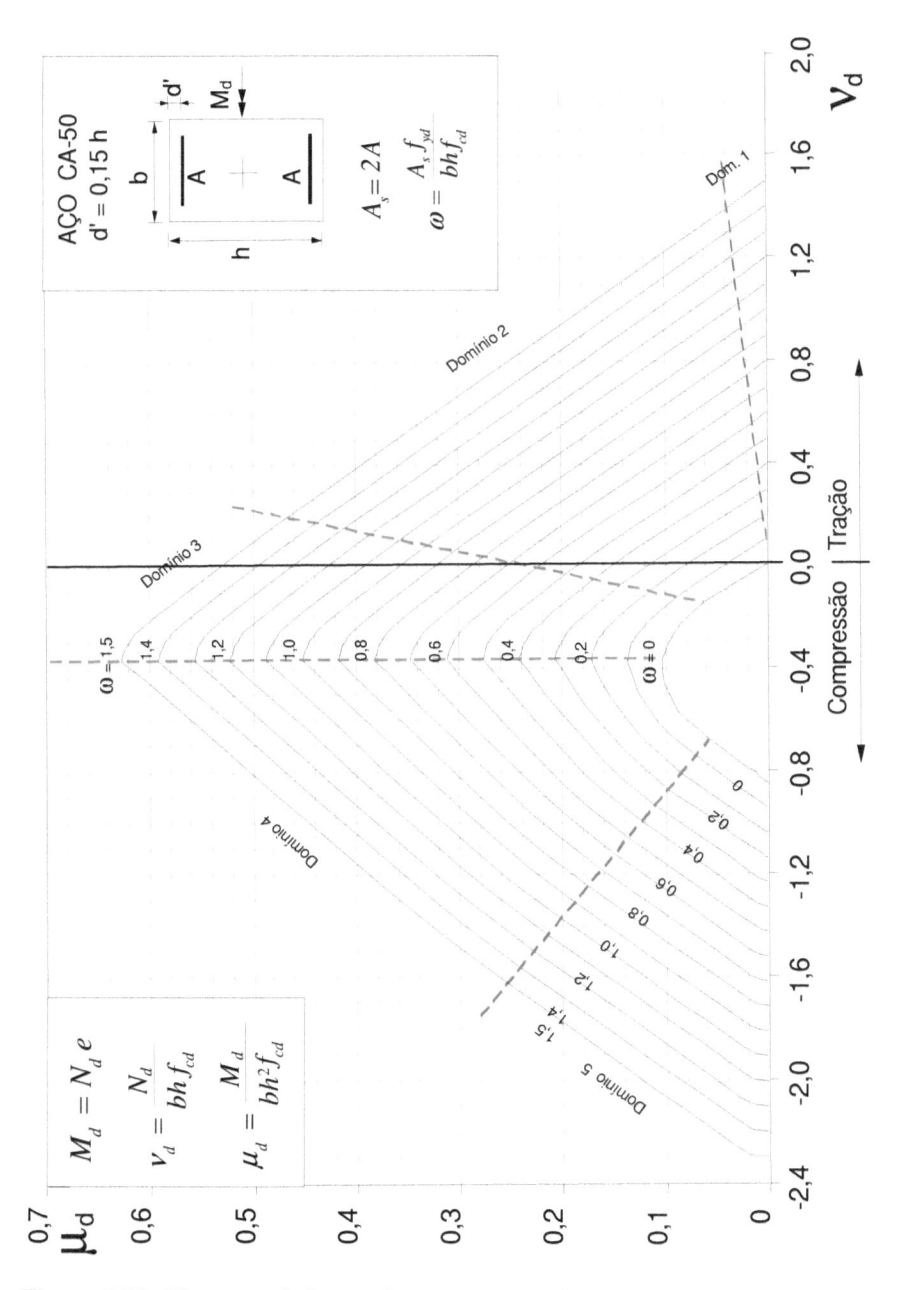

Figura 5.23: Diagrama de interação para seções de concreto armado sujeitas à flexão composta reta para $d' = 0,15h$ (GUIMARÃES, 2014)

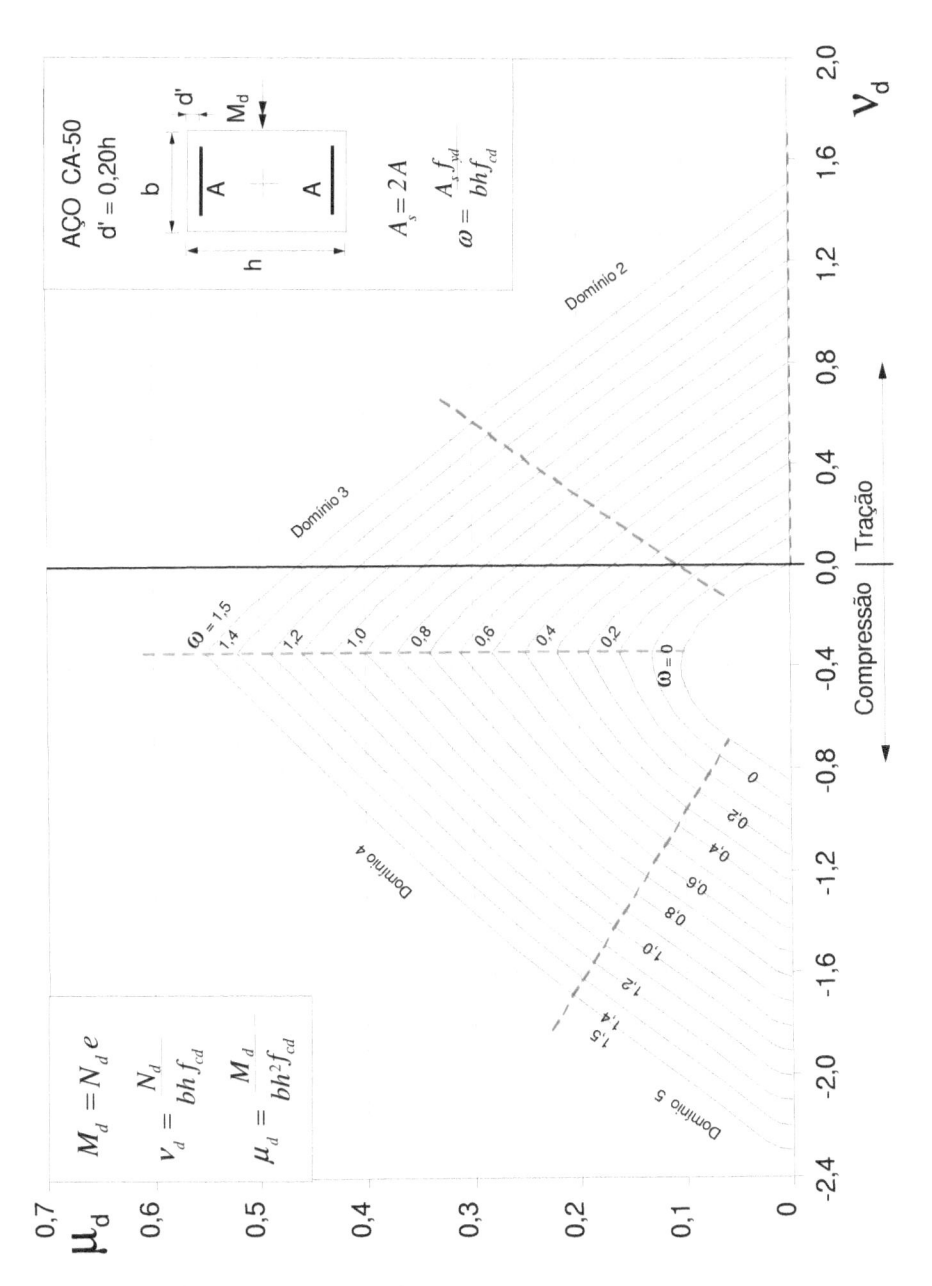

Figura 5.24: Diagrama de interação para seções de concreto armado sujeitas à flexão composta reta para $d' = 0,20h$ (GUIMARÃES, 2014)

Capítulo 6

CÁLCULO DE ELEMENTOS LINEARES À FORÇA CORTANTE

Foto: Palácio do Planalto
(Acervo pessoal do autor)

Cálculo de elementos lineares à força cortante

6.1 OBJETIVOS

> *Conceito:* atuação conjunta de forças cortantes e momentos fletores em elementos estruturais lineares, solicitação usualmente denominada *cisalhamento por força cortante* ou *cisalhamento na flexão*, que deve ser resistida por armadura transversal ao seu eixo, dimensionada em compatibilidade com a armadura longitudinal de flexão calculada.

Conforme descrito no item 4.1 do capítulo 4, o dimensionamento da armadura de flexão em vigas de concreto armado com esbeltez $l/h \geq 3$ é efetuado com o efeito isolado dos momentos fletores, ou seja, como se a seção estivesse sujeita apenas à flexão pura.

Neste capítulo, aborda-se o cálculo da armadura transversal de elementos lineares para resistir às forças cortantes, considerando seu efeito isolado, após conhecida a armadura de flexão. As prescrições da NBR 6118: 2014 para o detalhamento das armaduras longitudinal e transversal são apresentadas, visando à compatibilização da ação conjunta momento fletor-força cortante.

Pretende-se que este capítulo contribua para os seguintes objetivos:

a) Entendimento da finalidade e das formas de disposição da armadura transversal em vigas de concreto armado.

b) Modos de ruptura ao cisalhamento por força cortante.

c) Procedimentos para o cálculo da armadura transversal.

d) Prescrições da NBR 6118 sobre dimensões da seção transversal, espaçamento e taxas da armadura transversal.

e) Disposições do detalhamento de elementos lineares para compatibilizar as armaduras longitudinal e transversal.

6.2 DISTRIBUIÇÃO DE TENSÕES TANGENCIAIS NA SEÇÃO

6.2.1 Peça de concreto não fissurada

Em uma peça estrutural submetida à carga distribuída q contida em seu plano médio, na figura 6.1, o equilíbrio de um elemento longitudinal de comprimento infinitesimal dx, limitado por duas seções transversais paralelas, sob atuação conjunta de momentos fletores M e forças cortantes V, é estabelecido pelas expressões:

$$\Sigma Y = 0 \Rightarrow V - qdx - (V + dV) = 0 \Rightarrow q = -dV/dx$$

$$\Sigma M_O = 0 \Rightarrow M + V(dx/2) = (M + dM) - (V + dV)dx/2 = 0 \Rightarrow V = dM/dx$$

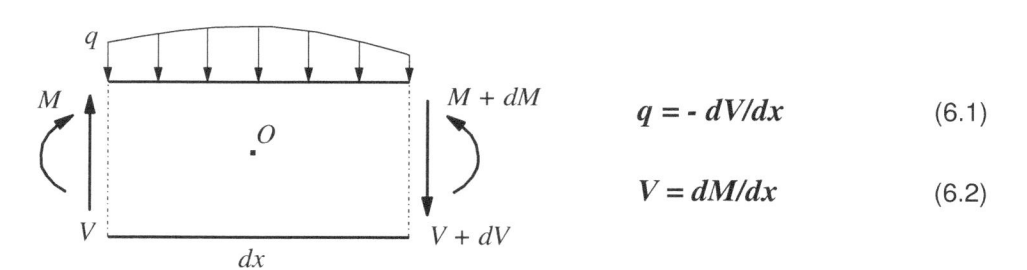

$$q = -dV/dx \qquad (6.1)$$

$$V = dM/dx \qquad (6.2)$$

Figura 6.1: Equilíbrio de um elemento submetido à flexão simples

As expressões (6.1) e (6.2) relacionam, em cada seção, a ordenada de carga com o momento fletor e a força cortante. Elas são indispensáveis à construção dos diagramas desses esforços: nas seções de momento fletor máximo, a força cortante é nula e, nas seções sob carga concentrada o diagrama de momentos fletores apresenta inclinações diferentes, ou seja, um ponto anguloso e duas tangentes, e o de forças cortantes uma descontinuidade.

Em se tratando de uma peça de concreto armado não fissurada, ainda no regime elástico, ou seja, no estádio I, definido no item 5.2 do capítulo 5, em cada seção as tensões normais σ e tangenciais ou de cisalhamento por força cortante τ são dadas pelas expressões (6.3), a seguir, da Mecânica dos Sólidos:

$$\sigma = \frac{My}{I} \quad e \quad \tau = \frac{VS_y}{b\,I} \tag{6.3}$$

onde:

I : momento de inércia da seção total em relação à linha neutra;

b : largura da seção na ordenada y em relação à linha neutra;

S_y: momento estático em relação à linha neutra da área da seção acima de y.

A figura 6.2 mostra as *trajetórias das tensões principais* de uma viga biapoiada na fase elástica, com cargas concentradas simétricas. As trajetórias são linhas em que as tangentes em cada um de seus pontos fornecem as direções das tensões principais de compressão e de tração nesse ponto. À direita da figura, estão representadas as distribuições das tensões normais σ e tangenciais τ ao longo da altura da seção. Essas tensões apresentam variação oposta: nas fibras onde a tensão normal é máxima, a tangencial é mínima e vice-versa.

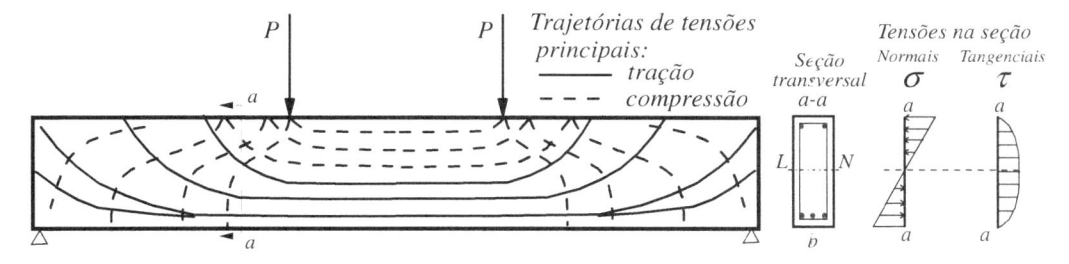

Figura 6.2: Trajetória das tensões principais em viga não fissurada sob flexão simples

Na seção transversal retangular $b.h$, as tensões normal e tangencial assumem os valores máximos:

$$\sigma = \frac{Mh/2}{b\,h^3/12} = \frac{M}{b\,h^2/6} = \frac{M}{W} \quad \Rightarrow \quad nas\ fibras\ extremas$$

$$\tau = \frac{VS_y}{b\,I} = \frac{V(bh/2)(h/4)}{b.bh^3/12} = \frac{3V}{2bh} \quad \Rightarrow \quad na\ linha\ neutra$$

6.2.2 Peça de concreto armado no Estado-Limite Último

Com a viga de concreto armado passando ao Estádio II, ou seja, já fissurada mas com o concreto comprimido na fase elástica, a resistência do concreto à tração é desprezada, admitindo-se que todas as tensões de tração sejam absorvidas pela armadura tracionada A_s. Com o aumento de cargas e atingindo-se o ELU, em qualquer ponto entre a linha neutra e A_s, para obter a tensão tangencial da expressão (6.3), considera-se apenas o momento estático da armadura, que para fins de cálculo pode ser substituída por uma área de concreto equivalente, por meio da relação dos módulos de elasticidade na forma: $(E_s/E_c)A_s$.

Admitindo constante a largura da seção, a tensão tangencial é também constante entre a linha neutra e a armadura, desprezando o concreto à tração.

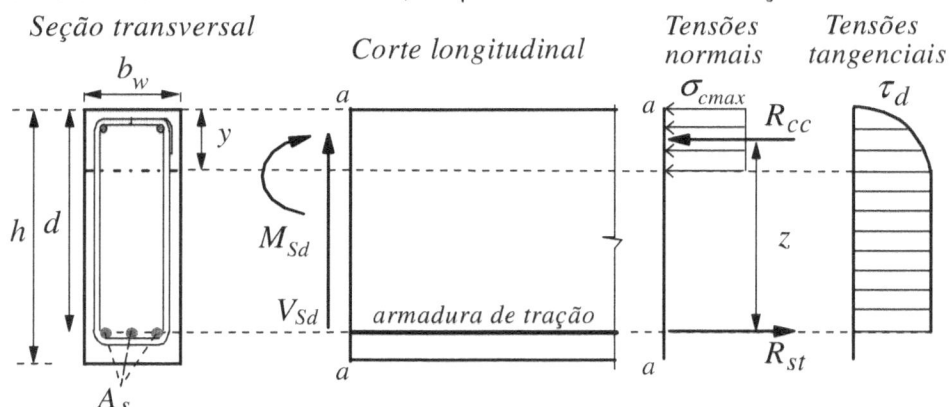

Figura 6.3: Distribuições de tensões normais e tangenciais na seção no ELU

Para um elemento longitudinal de uma viga de concreto armado, de largura b_w e comprimento infinitesimal dx, compreendido entre duas seções paralelas aa e $a'a'$ e submetido a momento fletor e força cortante, a distribuição de tensões normais no estado-limite último é mostrada na figura 6.4.

Estando a peça em equilíbrio, ao se destacar um trecho dx, por um corte paralelo ao eixo longitudinal, ele deve estar também em equilíbrio.

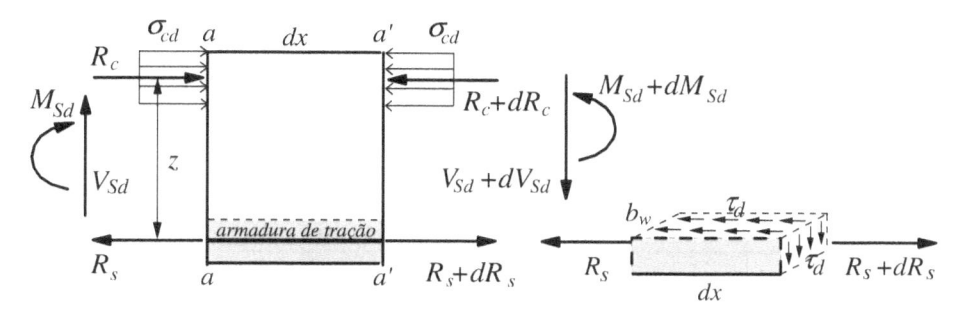

Figura 6.4: Equilíbrio de um elemento linear de viga sob flexão simples no ELU

O equilíbrio é garantido pelas tensões tangenciais τ_d no plano horizontal de corte, distribuídas na largura b_w, cuja resultante $\tau_d.b_w.dx$ deve ser igual à diferença das resultantes das tensões normais R_s e $R_s + dR_s$ nas faces verticais aa e $a'a'$.

$$\Sigma X = 0 \quad \rightsquigarrow \quad dR_s = \tau_d\, b_w\, dx \quad \rightsquigarrow \quad \tau = \frac{dR_s}{dx} \cdot \frac{1}{b_w}$$

Admitindo-se constante o braço de alavanca z da seção em toda a extensão da peça, uma aproximação razoável em vigas de altura uniforme, da expressão (6.2) tem-se:

$$\frac{dR_s}{dx} = \frac{d(M_{Sd}/z)}{dx} = \frac{dM_{Sd}}{dx} \cdot \frac{1}{z} = \frac{V_{Sd}}{z}$$

Com b_w constante, a tensão tangencial máxima de (6.3) é constante na zona tracionada abaixo da linha neutra. Por simplicidade e a favor da segurança, vale também admitir τ_{dmax} constante em toda a altura de seção, ficando:

$$\tau_{dmax} = \frac{V_{Sd}}{b_w\, z} \qquad (6.4)$$

É corrente nas formulações de cálculo à força cortante considerar o braço de alavanca z constante no ELU, também em normas internacionais. Assim, como aproximação aceitável dos coeficientes k_z da tabela 4.4, tem-se:

$$z = 0,9d \qquad (6.5)$$

6.2.3 Peças com altura variável

A figura 6.5 mostra um trecho de elemento linear de concreto armado sob flexão simples, com a altura variável e crescente segundo um ângulo β, acompanhando o aumento dos momentos fletores solicitantes M_{Sd}.

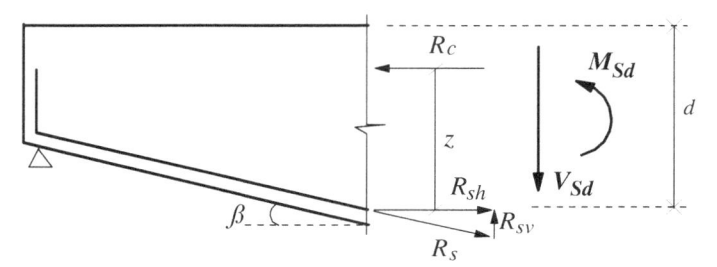

Figura 6.5: Equilíbrio da seção de peça de altura variável sob flexão simples

A resultante R_s das tensões de tração na armadura pode ser projetada em uma força horizontal R_{sh}, que exige uma componente vertical equilibrante R_{sv}, de sentido oposto à força cortante V_{Sd}. Essa componente R_{sv} resulta em uma força de redução $V_{Sd,red}$, dada por:

$$V_{Sd,red} = R_{sv} = R_{sh}\,tg\beta = \frac{M_{Sd}}{z}\,tg\beta$$

Assim, a força cortante total na seção $V_{sd,tot}$ será dada por:

$$V_{Sd,tot} = V_{sd} - \frac{M_{Sd}}{z}\,tg\beta \qquad (6.6)$$

Conforme a variação da altura da peça com relação ao diagrama de momentos fletores, pode-se deduzir que:

a) Se o momento M_{Sd} e a altura útil d são ambos crescentes ou decrescentes no mesmo sentido, como na figura 6.5, o sinal é negativo na expressão (6.6) e a variação da altura é favorável, pois a força cortante sofre redução. É o caso das duas vigas dos exemplos da figura 6.6(a).

b) Se M_{Sd} é crescente e d decrescente, ou vice-versa, o sinal fica positivo na expressão (6.6); assim, essa variação da altura é prejudicial, por resultar em aumento da força cortante, como na viga da figura 6.6(b). No entanto, se uma viga de mesma forma fosse biengastada, em vez de biapoiada, o efeito seria positivo.

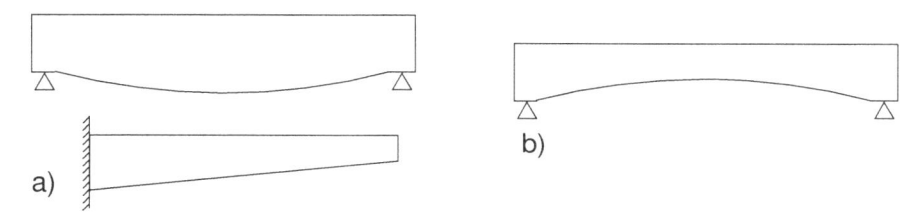

Figura 6.6: Vigas de altura variável

6.2.4 Dimensionamento de vigas de concreto armado à força cortante-flexão

Para vigas com largura constante ou de seção T com nervura de largura constante, situações mais comuns na prática, as tensões principais de tração e de compressão têm na fase elástica as trajetórias mostradas na figura 6.2. Em cada ponto, essas tensões são perpendiculares entre si e com inclinação variável em relação ao eixo da peça.

Caso não haja armadura disposta de forma conveniente, podem surgir fissuras no concreto, com direção perpendicular às tensões principais de tração, ao ser atingida a resistência à tração desse material. Dessa forma, as eventuais fissuras de força cortante – flexão, em geral chamadas *de cisalhamento*, em vigas de concreto vão ter a direção aproximada da trajetória das tensões de compressão, ou seja, as linhas tracejadas da figura 6.2.

Conforme o item 6.2.3, com a seção de largura constante e desprezando-se a resistência do concreto na região tracionada após a fissuração, a tensão tangencial é constante entre a linha neutra e a armadura longitudinal, com o valor da expressão (6.4). Caso a seção tenha largura variável, a distribuição de tensões tangenciais também varia, como na figura 6.7(a), para a seção em T.

O estado de tensões no eixo neutro da viga, considerando um elemento infinitesimal com faces paralelas e perpendiculares ao eixo, mostrado na figura 6.7(b), caracteriza-se pela presença apenas de tensões tangenciais, chamado *estado de cisalhamento puro*. As tensões principais de tração σ_1 e compressão σ_2 são em módulo: $\sigma_1 = \sigma_2 = \tau_d$, com inclinação teórica de 45° em relação ao eixo neutro. Portanto, esse é o ângulo aproximado de eventuais fissuras de força cortante ou de *cisalhamento*, na figura 6.7(c).

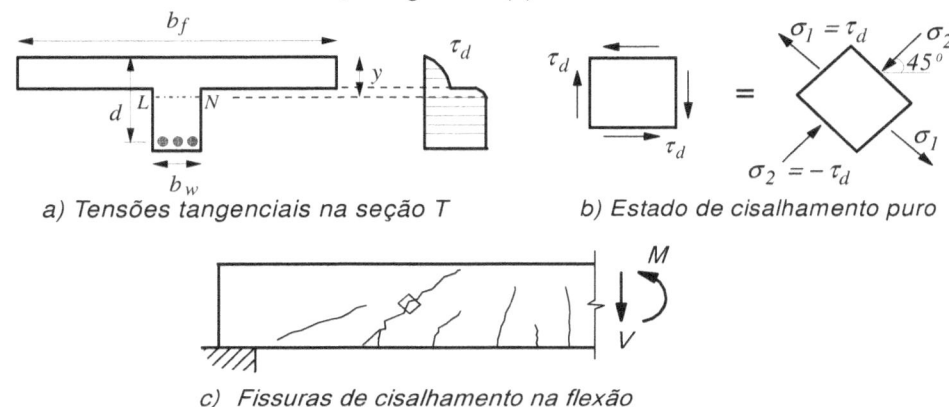

a) Tensões tangenciais na seção T   b) Estado de cisalhamento puro

c) Fissuras de cisalhamento na flexão

Figura 6.7: Distribuição das tensões tangenciais e fissuras da força cortante

Dessa forma, o dimensionamento de um elemento linear de concreto armado à força cortante envolve, sempre, duas etapas:

a) Verificação das *diagonais* ou *bielas* comprimidas de concreto quanto ao seu esmagamento pela ação das tensões de compressão inclinadas σ_2 .

b) Dimensionamento da *armadura transversal de resistência à força cortante*, para absorver as tensões de tração σ_1 no ELU. Essas tensões cortam o plano neutro da peça (plano que contém o eixo neutro e um dos eixos principais da seção transversal) a um ângulo aproximado de 45°. A armadura transversal pode ser constituída então apenas por estribos inclinados ou a 90°, para maior facilidade na execução, ou ainda por barras da armadura de flexão, dobradas a partir das seções em que são dispensadas no combate ao momento fletor. Na prática, é mais comum o uso de estribos a 90°.

Do exposto, pode-se concluir que não existe ruptura típica de cisalhamento ou corte em peças de concreto armado. Na realidade, a ruptura da força cortante e do momento fletor ocorre por esgotamento da resistência do concreto das bielas comprimidas e/ou escoamento do aço da armadura transversal.

O mecanismo resistente de elementos lineares à força cortante-flexão é complexo e envolve diversas variáveis: resistência do concreto e do aço, disposição das armaduras, modo de atuação das cargas em relação aos apoios. A figura 6.8, esquematiza diferentes modos de ruptura possíveis em vigas de concreto armado.

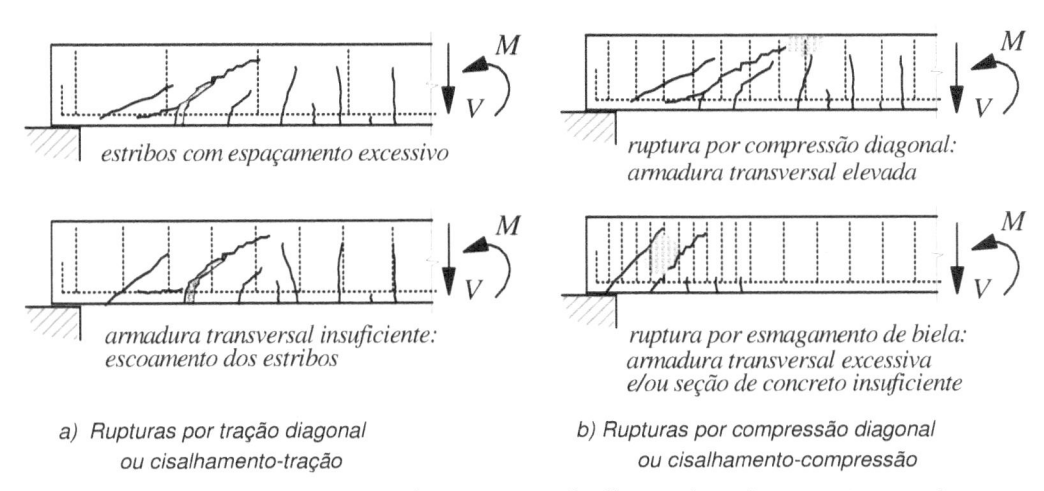

a) Rupturas por tração diagonal ou cisalhamento-tração

b) Rupturas por compressão diagonal ou cisalhamento-compressão

Figura 6.8: Modos de ruptura por força cortante-flexão em vigas de concreto armado

Dos dois modos de ELU da figura 6.8(a), a ruptura da viga em que os estribos têm espaçamento excessivo é brusca e sem aviso, pois as fissuras surgem e não são *costuradas* por nenhuma barra transversal, com o colapso ocorrendo como se não houvesse armadura de cortante.

Na figura 6.8(b), a ruptura por esmagamento do concreto da biela comprimida ocorre também sem aviso, em geral em regiões próximas aos apoios, antes de escoarem os estribos, por insuficiência das dimensões da seção e/ou da resistência do concreto às tensões de compressão inclinadas. Ambas são extremamente perigosas!

6.3 DIMENSIONAMENTO À FORÇA CORTANTE PELO MODELO DA TRELIÇA DE MÖRSCH

6.3.1 Introdução

Os pesquisadores alemães E. Mörsch e W. Ritter, por volta do ano de 1900, idealizaram um modelo revolucionário para explicar a resistência de vigas de concreto armado após a fissuração, supondo seu comportamento análogo a uma treliça isostática interna formada por barras resistentes de concreto e aço. Esse modelo foi exaustivamente testado em laboratório por Mörsch, com os resultados publicados no primeiro livro de sua coleção sobre concreto armado, em 1902, considerada uma das maiores contribuições ao estudo de estruturas de concreto. Ainda hoje, com adaptações, é a base para o dimensionamento de peças de concreto à ação conjunta de flexão com força cortante e momento de torção.

Conforme mostra a figura 6.9, a seguir, a chamada *treliça de Mörsch* interna à viga seria constituída por: banzo longitudinal superior – é a zona de concreto comprimida pela flexão; banzo inferior – é a armadura longitudinal de tração; diagonais tracionadas – são as barras da armadura transversal; e diagonais comprimidas – são compostas pelas bielas inclinadas de concreto.

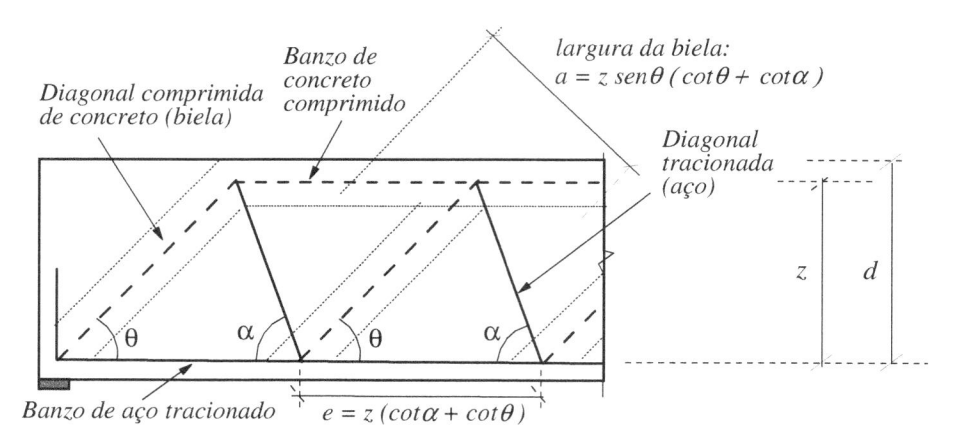

Figura 6.9: Modelo de funcionamento de viga de concreto pela Treliça de Mörsch

No modelo de treliça idealizada para elementos lineares de concreto armado sob força cortante no ELU, da figura 6.9, as barras podem ser assim detalhadas:

a) Diagonais tracionadas – armadura transversal:

Constituídas por barras transversais ao eixo da peça, a 90° ou inclinadas. Para fins do modelo, todas as barras compreendidas entre dois nós consecutivos da treliça, na distância e, são supostas concentradas numa diagonal.

α = ângulo das barras transversais na horizontal: $45^o \leq \alpha \leq 90^o$

– para estribos normais ao eixo de peça : $\alpha = 90^o$

– para barras da armadura principal, dobradas para combater a força cortante, o ângulo mais usual é $\alpha = 45^o$

$e = z\,(cot\theta + cot\alpha)$ = distância entre dois nós consecutivos da treliça.

b) Diagonais comprimidas – bielas de compressão de concreto:

Na proposta original de Mörsch, as diagonais comprimidas da treliça tinham inclinação de 45° com o eixo da peça, no nível da linha neutra, coerente com a trajetória das tensões principais de compressão das figuras 6.2 e 6.7b). Entretanto, resultados de ensaios posteriores demonstram que as armaduras transversais calculadas por essa hipótese resultam superdimensionadas; isto é, a adoção no cálculo de diagonais comprimidas com um ângulo de inclinação inferior a 45° produz maior economia na armadura transversal. Assim, da figura 6.9, pode-se escrever:

$\theta =$ ângulo de inclinação das diagonais comprimidas com o eixo longitudinal;

$a = z(cot\theta + cot\alpha)sen\theta =$ distância entre centros de duas diagonais sucessivas comprimidas = largura da biela de concreto;

$b_w.a$ = área comprimida da diagonal medida na direção da largura da seção.

A NBR 6118 → 17.4.1 admite dois modelos de cálculo para elementos lineares sob força cortante - flexão no ELU: "[...] que pressupõem a analogia com modelo em treliça, de banzos paralelos, associado a mecanismos resistentes complementares desenvolvidos no interior do elemento estrutural e traduzidos por uma componente adicional V_c".

Essa componente V_c é definida pela NBR 6118 → 17.1 como "[...] parcela da força cortante resistida por mecanismos complementares ao modelo em treliça". Trata-se, portanto, de uma *força cortante complementar* resistente que visa a reduzir a armadura transversal do cálculo obtida pela proposta de Mörsch, com $\theta = 45^o$, que se comprovou ser excessiva. Das subseções 17.4.2.2 e 17.4.2.3 da Norma, os dois modelos são:

❖ *Modelo de cálculo I* : diagonais comprimidas com inclinação $\theta = 45^o$;

❖ *Modelo de cálculo II* : diagonais comprimidas com inclinação $30^o \leq \theta \leq 45^o$.

Neste trabalho, é apresentado apenas o Modelo II, em que o ângulo da diagonal comprimida com o eixo da peça varia no intervalo $30^o \leq \theta \leq 45^o$. Sua formulação é mais geral e compatível com a tendência das normas internacionais. O Código Modelo da FIB (2010) é mais arrojado em relação à inclinação das diagonais comprimidas, adotando o limite inferior $\theta \geq 18^o$.

6.3.2 Verificação das bielas comprimidas de concreto ao esmagamento

A análise da treliça da figura 6.9 pode ser feita pelo método de Ritter, com uma seção S cortando uma biela ou diagonal comprimida, como na figura 6.10.

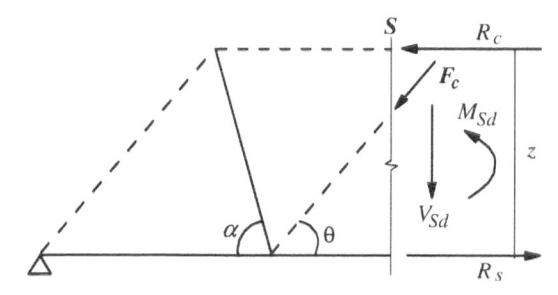

Figura 6.10: Equilíbrio da treliça de Mörsch com seção cortando diagonal comprimida

Do equilíbrio da seção S da figura 6.10 na direção vertical, tomando a biela com a largura a da figura 6.9 e o braço de alavanca das resultantes dos banzos comprimido e tracionado da expressão (6.5), $z = 0,9d$, tem-se:

$$\Sigma Y = 0 \;\; \Rightarrow \;\; F_c = V_{Sd}/sen\theta \;\; \text{com} \;\; F_c = b_w.a.\sigma_{cd}$$

$$\sigma_{cd} = V_{Sd}/(b_w.a.sen\theta) = V_{Sd}/[b_w\,sen\theta.z.sen\theta(cot\theta+cot\alpha)]$$

$$\sigma_{cd} = \frac{V_{Sd}}{0,9\,b_w\,d} \cdot \frac{1}{sen^2\theta\,(cot\theta+cot\alpha)} \tag{6.7}$$

Na expressão (6.7), a tensão de cálculo na biela comprimida de concreto depende de sua inclinação θ e do ângulo α da armadura transversal com o eixo da peça.

A tensão de compressão diagonal para estribos normais ao eixo, ou $\alpha = 90^o$, é o dobro daquela para estribos inclinados a 45°, como pode-se verificar pelos valores a seguir das tensões na biela de concreto comprimida, referidos ao seu ângulo de inclinação $\theta = 45^o$ e à tensão tangencial τ_d da expressão (6.4):

- Armadura transversal composta apenas por estribos normais ao eixo da peça:
$$\alpha = 90^o \;\; \Rightarrow \;\; \sigma_{cd} = 2\tau_d$$

- Armadura transversal apenas com estribos a 45° com o eixo:
$$\alpha = 45^o \;\; \Rightarrow \;\; \sigma_{cd} = \tau_d\,.$$

A Norma limita a tensão de compressão inclinada na biela, pois resultados experimentais mostram que o concreto comprimido fissurado esmaga sob valores inferiores aos limites σ_{cmax} da tabela 4.1 do capítulo 4. No entanto, eles ainda são válidos para o banzo superior comprimido apenas pelo momento fletor.

A NBR 6118 → 17.4.2.3 apresenta um processo simplificado, como segue.

❖ Verificação da compressão diagonal do concreto pela NBR 6118 – Modelo II

A resistência ao esmagamento da biela comprimida de concreto é considerada satisfatória numa determinada seção quando se verifica a condição:

$$V_{Sd} \leq V_{Rd2} \tag{6.8}$$

$V_{Sd} = \gamma_f V_{Sk} =$ força cortante solicitante de cálculo;

V_{Rd2} = força cortante resistente de cálculo, relativa à ruína por esmagamento das diagonais comprimidas de concreto, dada por:

$$V_{Rd2} = 0,54\alpha_{v2}.f_{cd}.b_w.d.sen^2\theta(cot\alpha + cot\theta) \tag{6.9}$$

com:

$$\alpha_{v2} = (1 - f_{ck}/250) \quad com \quad f_{ck} \quad em \quad MPa \tag{6.10}$$

Tabela 6.1: Coeficiente adimensional α_{v2} para verificação de diagonais comprimidas

f_{ck}	20	25	30	35	40	45	50	55	60	65	70	75	80	85	90
α_{v2}	0,92	0,9	0,88	0,86	0,84	0,82	0,8	0,78	0,76	0,74	0,72	0,70	0,68	0,66	0,60

Para valores de f_{ck} de 20 a $90MPa$, o coeficiente α_{v2} varia de $0,92$ a $0,60$, respectivamente. Isso indica que a força cortante resistente de cálculo V_{Rd2}, da expressão (6.9), sofre redução para concretos de classes mais elevadas, uma precaução pertinente quanto ao risco de colapso por esmagamento da diagonal comprimida.

Para estribos a $90°$ com o eixo longitudinal do elemento linear, caso mais comum na prática, da expressão (6.9) tem-se:

$$V_{Sd} \leq V_{Rd2,90} = 0,27\alpha_{v2}f_{cd}.b_w d.sen2\theta \tag{6.11}$$

6.3.3 Cálculo da armadura transversal para força cortante

6.3.3.1 Formulação pela treliça de Mörsch

A figura 6.11, a seguir, mostra a treliça com uma seção S inclinada cortando uma diagonal tracionada. A armadura transversal de área A_{sw}, composta por um grupo de barras inclinadas de mesmo espaçamento s, deve resistir a uma força de tração por unidade de comprimento do eixo da peça igual a $(A_{sw}/s)\sigma_{swd}$.

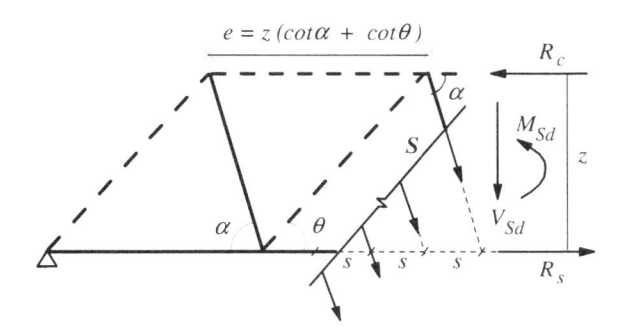

Figura 6.11: Equilíbrio da treliça com seção cortando uma diagonal tracionada

A resultante F_t das forças de tração em todas as barras no trecho entre dois nós consecutivos da treliça, a uma distância e, será dada por $(A_{sw}\, \sigma_{swd})e/s$, cuja componente vertical deve equilibrar a força cortante V_{sd}:

$$F_t = \frac{V_{Sd}}{sen\alpha} = (A_{sw}.\sigma_{swd})\frac{e}{s} = \frac{A_{sw}}{s}\sigma_{swd}.z\,(cot\theta + cot\alpha)$$

onde:

A_{sw}/s = área por unidade de comprimento do eixo longitudinal de todas as barras transversais que cortam o plano neutro da peça;

σ_{swd} = tensão de tração de cálculo na armadura transversal no ELU.

Da expressão da resultante F_t, a área da armadura transversal por unidade de comprimento do eixo da peça pode ser expressa genericamente por:

$$\frac{A_{sw}}{s} = \frac{V_{Sd}}{z}.\frac{1}{\sigma_{swd}\,sen\alpha\,(cot\theta + cot\alpha)} = \frac{V_{Sd}}{0,9d}.\frac{1}{\sigma_{swd}\,sen\alpha\,(cot\theta + cot\alpha)} \quad (6.12)$$

A NBR 6118 adota dois modelos de cálculo e ambos consideram a contribuição na resistência da peça à força cortante de uma parcela V_c, força proveniente de *mecanismos complementares à treliça de Mörsch*, em especial: a resistência ao deslizamento nas faces de fissuras inclinadas, pelo atrito e *engrenamento* entre os agregados graúdos (*aggregate interlock*) e o *efeito de pino ou de rebite* das barras da armadura longitudinal de flexão que cruzam as fissuras (*dowel action*). Portanto, não é adequado nomear essa parcela V_c como uma contribuição do concreto no combate à força cortante, como às vezes se encontra na literatura.

A partir do subitem seguinte, é apresentado apenas o modelo de cálculo II da NBR 6118, mais genérico. Na realidade, o modelo I da Norma pode ser considerado um caso particular do modelo II, fazendo-se $\theta = 45^o$. Para valores de $V_{Sd} \leq V_c$ do modelo I, as armaduras calculadas pelos dois modelos resultam iguais.

6.3.3.2 Cálculo da armadura transversal: NBR 6118 – Modelo de Cálculo II

A armadura de combate à força cortante em elementos lineares deve atender às seguintes prescrições da NBR 6118 → 17.4.1.1.3 e 17.4.1.1.5, respectivamente:

A armadura transversal (A_{sw}) pode ser constituída por estribos (fechados na região de apoio das diagonais, envolvendo a armadura longitudinal) ou pela composição de estribos e barras dobradas; entretanto, quando forem utilizadas barras dobradas, estas não devem suportar mais do que 60% do esforço total resistido pela armadura.

❖ O ângulo de inclinação das armaduras transversais com o eixo longitudinal do elemento estrutural deve estar situado no intervalo $45^o \leq \alpha \leq 90^o$.

Pelo Modelo II da NBR 6118, a resistência correspondente à armadura transversal é considerada satisfatória se verificada a condição:

$$V_{Sd} \leq V_{Rd3} = V_c + V_{sw} \qquad (6.13)$$

$$\text{com: } V_{sw} \geq V_{Sd} - V_c \qquad (6.14)$$

onde:

V_{Rd3} = força cortante resistente de cálculo, relativa à ruína por tração diagonal;

V_{sw} = parcela da força cortante absorvida pela armadura transversal, dada por:

$$V_{sw} = (A_{sw}/s).0,9d.f_{ywd}(cot\alpha + cot\theta)sen\alpha \qquad (6.15)$$

onde:

f_{ywd} = tensão de cálculo na armadura transversal, limitada a f_{yd} para estribos e a 70% desse valor no caso de barras dobradas, em ambos os casos não se tomando valor superior a $435MPa$ (portanto, não há vantagem no emprego do aço CA-60 como armadura resistente à força cortante);

V_c = parcela da força cortante dos mecanismos complementares à treliça, sendo:

$V_c = V_{c1}$: flexão simples e flexotração com linha neutra cortando a seção;

$V_{c1} = V_{c0}$: quando $V_{Sd} \le V_{c0} \Rightarrow V_{c0}$ da expressão (6.16), a seguir;

V_{c0} = valor de referência de V_c para $\theta = 45°$ (NBR 6118 → 17.4.2.2b):

$$V_{c0} = 0,6\,f_{ctd}\,b_w\,d \qquad (6.16)$$

$V_{c1} = 0$: quando $V_{Sd} \le V_{Rd2}$, valendo a interpolação linear para valores intermediários e com V_{Rd2} das expressões (6.9) e (6.11).

Para maior clareza desse modelo, é útil representar graficamente a variação da parcela $V_c = V_{c1}$ na flexão simples:

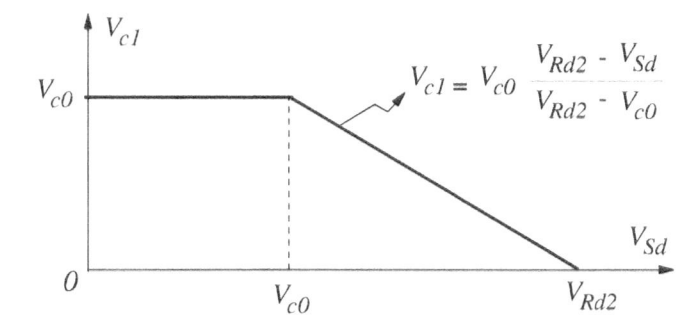

Figura 6.12: Variação de $V_c = V_{c1}$ com V_{Sd} na flexão simples

Em outros casos, tem-se:

$V_c = 0$: elementos tracionados com linha neutra situada fora da seção;

$V_c = V_{c1}\,(1 + M_0/M_{Sd,máx}) < 2V_{c1}$: na flexocompressão.

Na expressão (6.16), a resistência do concreto à tração de cálculo f_{ctd} toma por base a resistência característica à tração inferior da tabela 3.1 do capítulo 3.

Da expressão (6.16), com o coeficiente usual do concreto $\gamma_c = 1,4$ e f_{ctd} em MPa, os valores da tabela 6.2, se multiplicados por $b_w d$ em mm^2, fornecem diretamente as forças V_{c0} em $Newtons$:

Tabela 6.2: Valores de V_{c0}

f_{ck}	20	25	30	35	40	45	50	55	60	65	70	75	80	85	90
$f_{ctk,inf}$	1,55	1,80	2,03	2,25	2,46	2,66	2,85	2,90	3,01	3,11	3,21	3,30	3,39	3,47	3,54
V_{c0}	0,66	0,77	0,87	0,96	1,05	1,14	1,22	1,3	1,38	1,45	1,53	1,6	1,67	1,74	1,81

Assim, das expressões (6.13) e (6.15), a área da armadura transversal por unidade de comprimento será:

$$\frac{A_{sw}}{s} = \frac{V_{sw}}{0,9 d f_{ywd} sen\alpha (cot\theta + cot\alpha)} = \frac{V_{sd} - V_c}{0,9 d f_{ywd} sen\alpha (cot\theta + cot\alpha)} \qquad (6.17)$$

6.3.3.3 Armadura transversal apenas com estribos a 90° com o eixo da peça

Em (6.17), fazendo $\alpha = 90^o$ e $f_{ywd} = f_{yd}$, tem-se:

$$A_{sw90} = \frac{A_{sw}}{s} = \frac{V_{sw}}{0,9 d f_{yd}} tg\,\theta = \frac{V_{Sd} - V_c}{0,9 d f_{yd}} tg\,\theta \qquad (6.18)$$

A_{sw90} = área por unidade de comprimento de estribos a 90° em relação ao eixo longitudinal do elemento linear.

❖ *Observações*:

a) É essencial atentar que as expressões (6.17) e (6.18) fornecem a área da armadura transversal por unidade de comprimento do eixo do elemento, ou seja, mm^2/mm ou cm^2/cm, conforme as unidades de entrada. Para isso, no

Sistema Internacional, deve-se entrar com a força cortante em N, a altura útil em mm e f_{yd} em MPa. No entanto, é prática no Brasil trabalhar com cm^2/m. Para obter as áreas diretamente nessa unidade, mesmo não sendo uniforme, recomenda-se empregar na expressão (6.18) as unidades: força cortante em kgf, altura útil d em $metros$ e a tensão de escoamento f_{yd} em kgf/cm^2.

b) Na verificação da capacidade resistente à força cortante de um elemento, conhecidos os materiais, as dimensões da seção transversal e a área de estribos, pode-se determinar a parcela complementar da força cortante complementar V_c e a força de cálculo V_{Sd} a partir da expressão (6.18) e da figura 6.12. Inicialmente, admite-se a hipótese de estar a força no trecho inclinado do diagrama. Obtido o valor de V_{Sd}, verifica-se então a validade da hipótese inicial, fazendo-se a correção, se necessário.

6.3.3.4 Considerações gerais sobre o dimensionamento à força cortante

a) <u>Armadura transversal apenas com estribos a 45° com o eixo da peça</u>

Fazendo $\alpha = 45^o$ na expressão (6.18), tem-se:

$$\frac{A_{sw45}}{s} = \frac{V_{sw}}{0,64\,d\,f_{yd}\,(1+cot\theta)} \qquad (6.19)$$

b) <u>Armadura transversal com estribos a 90° e barras dobradas $a\ 45^o$</u>

A Norma dispõe que as barras da armadura principal de flexão dobradas para resistir à força cortante devem ter a tensão limitada em $f_{ywd} = 0{,}7f_{yd}$ e não suportar mais do que 60% da força cortante total resistida pela armadura transversal A_{sw}. Dessas duas condições, com bielas inclinadas a 45°, apenas para exemplo, da expressão (6.18) tem-se, aproximadamente:

$$A_{swd} + A_{sw90} = \frac{V_{sw}}{0,9\,d\,f_{yd}} \qquad (6.20)$$

A_{swd} = área por unidade de comprimento de todas as barras dobradas da armadura principal de flexão que cortam o plano neutro, normal à seção transversal e que contém o eixo longitudinal da peça.

Em geral, é conveniente utilizar somente os estribos normais ao eixo para combater as forças cortantes, usando as barras dobradas da armadura de flexão apenas nos casos em que for indispensável aumentar o espaçamento dos estribos, principalmente pelas seguintes razões:

1) Se a armadura transversal fosse constituída apenas por barras da armadura principal dobradas a $45°$ com o eixo longitudinal, o que não é permitido, para o mesmo valor da força cortante a área de aço calculada seria menor que aquela com o uso exclusivo de estribos a $90°$. Por outro lado, as barras dobradas têm comprimento maior, o que resultaria em um mesmo volume aproximado de aço com o emprego apenas de estribos.

2) Para prevenir o esmagamento do concreto no interior das dobras das barras, sua tensão de cálculo é limitada a $0,7f_{yd}$ pela Norma, que impõe também um limite máximo de 60% da força cortante total a ser absorvida por essas barras.

3) A NBR 6118 → 18.3.3.3.1 prescreve que as barras dobradas para resistir à tração oriunda das forças cortantes tenham um trecho adicional reto de ancoragem, com extensão maior ou igual a $l_{b,nec}$, abordado no subitem 6.5.2 deste capítulo. Essa disposição exige aumento no comprimento dessas barras e, portanto, aumenta os gastos.

4) O emprego de barras dobradas aumenta substancialmente o custo da mão de obra na execução de armações.

c) Emprego da tabela 6.4

Ao final deste capítulo, essa tabela fornece valores da área de armadura transversal por unidade de comprimento do eixo longitudinal A_{sw}/s, na unidade cm^2/m, para dois ramos de estribos cortando o plano neutro da peça, para as bitolas padronizadas pela norma NBR 7480.

6.4 PRESCRIÇÕES DA NBR 6118

6.4.1 Força cortante em regiões próximas aos apoios

No caso de vigas de concreto armado com apoios diretos, isto é, em que as cargas e as reações de apoio são aplicadas em faces opostas, comprimindo o elemento, a NBR 6118 → 17.4.1.2.1 permite calcular a armadura transversal com reduções da força cortante nas regiões vizinhas aos apoios. As prescrições da Norma são esquematizadas a seguir, nas figuras 6.13(a) e (b):

a) no trecho entre o apoio e a seção situada à distância $d/2$ da face de apoio, a força cortante oriunda de carga distribuída pode ser considerada constante e igual à desta seção;

b) a força cortante devida a uma carga concentrada aplicada a uma distância $a \leq 2d$ do eixo teórico do apoio pode, nesse trecho de comprimento a, ser reduzida, multiplicando-a por $a/(2d)$.

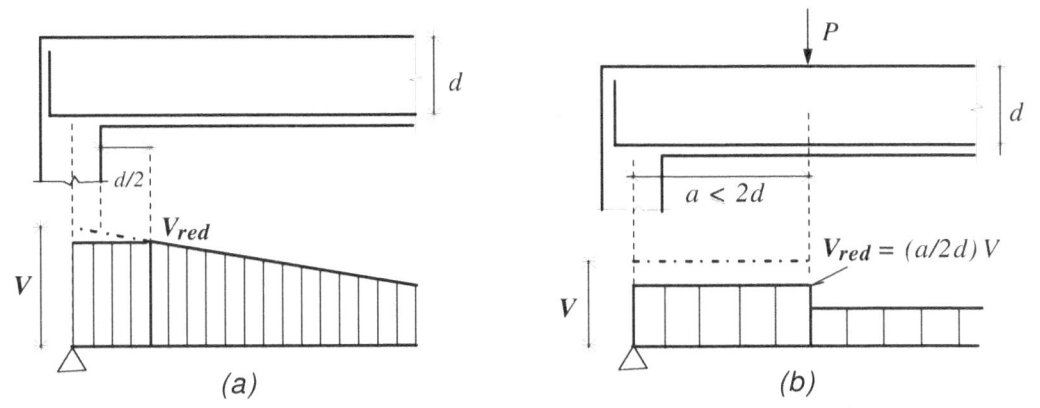

Figura 6.13: Redução da força cortante em regiões próximas aos apoios

As reduções indicadas valem apenas para cálculo da armadura transversal, não se aplicando à verificação da resistência à compressão das bielas de concreto e aos casos de apoios indiretos. As duas reduções podem ser aplicadas no mesmo elemento, cada uma sobre a parcela respectiva da força cortante, relativa à carga distribuída ou concentrada.

6.4.2 Disposições sobre estribos em vigas

6.4.2.1 Área mínima de estribos

A exigência de armadura transversal mínima visa a limitar a abertura de fissuras inclinadas provenientes da atuação conjunta força cortante – flexão nas faces laterais das vigas, nos estados limites de serviço. A NBR 6118 → 17.4.1.1.1 estabelece: "Todos os elementos lineares submetidos a força cortante, com exceção dos casos indicados em 17.4.1.1.2, devem conter armadura transversal mínima constituída por estribos, com taxa geométrica":

$$\rho_{sw} = \frac{A_{sw}}{b_w . s . \operatorname{sen} \alpha} \geq 0,2 \frac{f_{ct,m}}{f_{ywk}} \tag{6.21}$$

Da expressão (6.21), a taxa geométrica mínima de estribos com ângulo de 90° com o eixo da peça e todos os ramos cortando o plano neutro, para o aço CA-50 ($f_{yk} = 500MPa$), é dada por:

$$\rho_{sw90} = \frac{A_{sw,90}}{b_w} \geq 0,2 \frac{f_{ct,m}}{500} \rightrightarrows A_{swmin90} = b_w \rho_{swmin90} = 4 b_w f_{ct,m} .10^{-4} \tag{6.22}$$

De (6.22), elaborou-se a tabela 6.3, que fornece as taxas mínimas de estribos a 90° por unidade de comprimento do eixo de aço CA-50, para classes de concreto C20 a C90, com valores de $f_{ct,m}$ da tabela 3.1 do capítulo 3.

Tabela 6.3: Valores da taxa geométrica mínima de estribos a 90°

$f_{ck} (MPa)$	20	25	30	35	40	45	50	55	60	65	70	75	80	85	90
$\rho_{swmin90} 10^2$	0,09	0,10	0,12	0,13	0,14	0,15	0,16	0,17	0,17	0,18	0,18	0,19	0,19	0,20	0,20

Para obter a área mínima de estribos a 90° com o eixo, $A_{swmin90}$, na unidade mais usual cm^2/m, da alínea a) do subitem 6.3.3.3, basta multiplicar o valor obtido da tabela 6.3 pela largura da viga b_w, em *centímetros*. Por exemplo, em uma viga com largura $b_w = 20cm$ e $f_{ck} = 30MPa$, a área mínima de estribos a 90° será igual a $A_{swmin90} = 0,12 . 20 = 2,4cm^2/m$ (ver tabela 6.4).

6.4.2.2 Força cortante resistida pela área mínima de estribos

No processo de dimensionamento, a primeira informação relevante é a força cortante resistente característica, ou de serviço, correspondente à área mínima de estribos a 90°, neste texto denominada V_{Rmin90}. Esse valor permite verificar, antes de qualquer outro cálculo e diretamente no diagrama de forças cortantes, os trechos cobertos por essa área mínima, dispensando o cálculo das áreas de estribos nesses trechos.

Caso o valor obtido para V_{Rmin90} seja superior à força cortante de serviço máxima de todo o diagrama com as reduções permitidas no subitem 6.4.1, pode-se adotar a armadura mínima em toda a extensão da viga.

Da expressão (6.18), para o coeficiente de majoração das solicitações $\gamma_f = 1,4$, a força cortante resistente de serviço correspondente à área mínima de estribos a 90° com o eixo da peça é dada pela expressão:

$$V_{Rmin90} = \frac{1}{1,4} \left(0,9 A_{swmin90} d f_{yd} \cot\theta + V_c\right) \qquad (6.23)$$

A força cortante complementar V_c pode ser calculada previamente com o auxílio da formulação da figura 6.12, após se obter V_{c0} da expressão (6.16) e $V_{Rd2,90}$ de (6.9) e (6.11).

Nos trechos do diagrama de forças cortantes com $V > V_{Rmin90}$, para facilitar o detalhamento e a execução, é conveniente adotar a armadura transversal com estribos de espaçamento uniforme por trechos, cujo número vai depender do diagrama e do comprimento da viga.

Na maioria dos casos de estruturas usuais, em termos do trabalho de armação, é suficiente empregar três trechos: um com a armadura mínima $A_{swmin90}$ e dois outros com os estribos calculados para as forças cortantes que excederem o valor de V_{Rmin90}.

6.4.2.3 Diâmetro das barras e espaçamento de estribos

Segundo a NBR 6118 → 18.3.3.2:

> [...] estribos para forças cortantes devem ser fechados através de um ramo horizontal, envolvendo as barras da armadura longitudinal de tração, e ancorados na face oposta. Quando essa face também puder estar tracionada, o estribo deve ter o ramo horizontal nessa região, ou complementado por meio de barra adicional. O diâmetro das barras dos estribos deve estar entre os limites:

$$5,0 \ mm \ \leq \Phi_t \leq b_w /10 \tag{6.24}$$

Quando a barra do estribo for lisa, o diâmetro não pode superar *12mm*. Para estribos com telas soldadas, o diâmetro mínimo pode ser reduzido para *4,2mm*, desde que tomadas precauções adicionais contra a corrosão.

O espaçamento mínimo entre estribos, medido no eixo do elemento, deve ser suficiente para a passagem do vibrador, para garantir o bom adensamento do concreto. Em estruturas usuais, recomenda-se o mínimo de *8,0cm*.

Na mesma subseção, a Norma prescreve que o espaçamento máximo entre estribos deve atender:

$$\text{se } \ V_{Sd} \leq 0,67 V_{Rd2} \ \Rightarrow \ s_{max} = 0,6d < 300 \ mm \tag{6.25}$$

$$\text{se } \ V_{Sd} > 0,67 V_{Rd2} \ \Rightarrow \ s_{max} = 0,3d < 200 \ mm \tag{6.26}$$

Nota-se nessas expressões a preocupação quanto ao esmagamento da biela, diminuindo o espaçamento dos estribos quando V_{Sd} se aproxima de V_{Rd2}.

6.5 COMPATIBILIZAÇÃO DOS CÁLCULOS À FLEXÃO E FORÇA CORTANTE

6.5.1 Deslocamento do diagrama de momentos fletores

O dimensionamento da armadura longitudinal de flexão de uma viga de concreto armado, abordado no capítulo 4, tem por base o modelo de barra fletida, com os princípios da compatibilidade de deformações e equilíbrio de esforços. Por outro lado, o dimensionamento da armadura transversal para resistir às forças cortantes é efetuado com base no modelo da treliça de Mörsch.

As concepções diferentes exigem a compatibilização dos dois modelos, descrita a seguir, realizada na etapa de detalhamento das armaduras. A figura 6.14 mostra o esquema de uma viga biapoiada com armadura de flexão na parte inferior e estribos verticais.

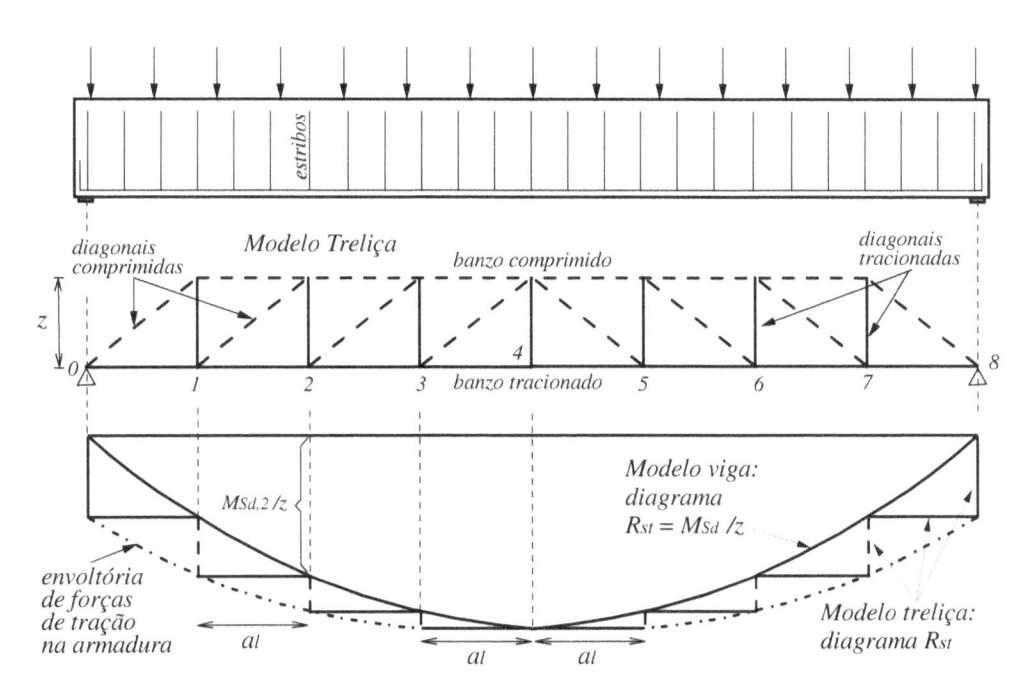

Figura 6.14: Compatibilização dos modelos de barra (viga) e de treliça

a) Modelo de barra fletida

A resultante de tensões de tração na armadura de flexão de uma seção qualquer é dada por $R_{st} = M_{Sd}/z$. Para peças de altura constante e supondo também ser constante o braço de alavanca z das resultantes de tração e compressão, a lei de variação de R_{st} ao longo da viga tem o mesmo aspecto do diagrama de momentos fletores, como na figura 6.14. Nesse exemplo, a resultante de tração na armadura seria nula nos apoios, assim como os momentos fletores.

b) <u>Modelo de treliça</u>:

A força normal em cada barra da treliça é constante – de tração ou compressão.

A resultante no banzo tracionado R_{st} no modelo de treliça sofre descontinuidades nos nós de ligação de duas barras tracionadas adjacentes. Assim, na seção imediata após cada nó, a resultante é superior à calculada pelo modelo de viga.

Portanto, nesse modelo, a resultante de tração na armadura no apoio não pode ser nula como no modelo de viga. Para compatibilizar os modelos resistentes de viga e treliça, adota-se a situação mais desfavorável, tomando uma envoltória do diagrama das resultantes de tração nas barras da armadura do modelo de treliça, representada graficamente pela linha traço-ponto da figura 6.14.

Essa linha envoltória é obtida pelo deslocamento em valor predeterminado pela Norma a_l sobre pontos notáveis do diagrama $R_{st} = M_{Sd}/z$. Esse diagrama tem o mesmo aspecto do diagrama de momentos fletores e o deslocamento é uma translação no sentido mais desfavorável, paralela ao eixo da peça.

A figura 6.15 mostra um exemplo para o vão extremo de uma viga contínua (no Brasil, tornou-se usual o termo *decalagem,* de origem francesa).

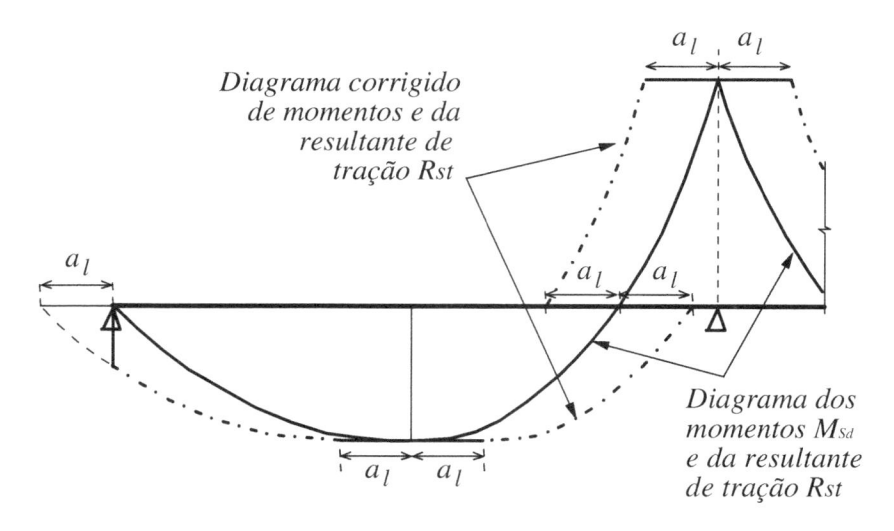

Diagrama corrigido de momentos e da resultante de tração Rst

Diagrama dos momentos M_{Sd} e da resultante de tração Rst

Figura 6.15: Deslocamento (decalagem) do diagrama de momentos fletores

O valor do deslocamento a_l do diagrama de momentos fletores, de acordo com o Modelo de Cálculo II da NBR 6118 → 17.4.2.3, alínea c), é dado por:

$$a_l = 0,5d \ (cot\theta - cot\alpha \ ) \tag{6.27}$$

com os limites:

$$a_l \geq 0,5d \ \Rightarrow \ \text{caso geral (estribos a } 90^o) \tag{6.28}$$

$$a_l \geq 0,2d \ \Rightarrow \ \text{estribos inclinados a } 45^o$$

6.5.2 Detalhamento da armadura longitudinal de tração na flexão simples

Após o cálculo da área da armadura de flexão, em que são definidos a bitola e o número de barras, o comprimento das barras longitudinais é determinado com base no diagrama deslocado de momentos fletores, como na figura 6.15.

Na extremidade de cada barra tem início o trecho considerado como *ancoragem*, a partir da seção teórica ao fim do deslocamento, em que a tensão na barra começa a diminuir e a força de tração na armadura deve ser transferida para o concreto. Esse comprimento de ancoragem l_b deve prolongar-se de 10Φ, pelo menos, além do ponto teórico onde a tensão se anula e não pode ser inferior ao comprimento necessário estipulado na expressão (6.29), à frente.

Com base no diagrama de momentos fletores, determinam-se, assim, os pontos de interrupção das barras, a partir dos quais podem ser retiradas de serviço e devem ser ancoradas. Dos pontos de interrupção, as barras longitudinais podem ser aproveitadas no combate à força cortante, por dobramento.

Para o detalhamento da armadura de tração, pode-se adotar a regra prática detalhada a seguir e esquematizada na figura 6.16.

a) Deslocar o diagrama de momentos fletores no sentido mais desfavorável, com o comprimento a_l da expressão (6.27).

b) Dividir as ordenadas dos momentos máximos (positivos e negativos) pelo número de barras da respectiva armadura de flexão. Dos pontos dessa divisão, traçam-se retas paralelas ao eixo (na figura 6.16, admite-se a armadura negativa constituída por quatro barras longitudinais e a positiva, por três).

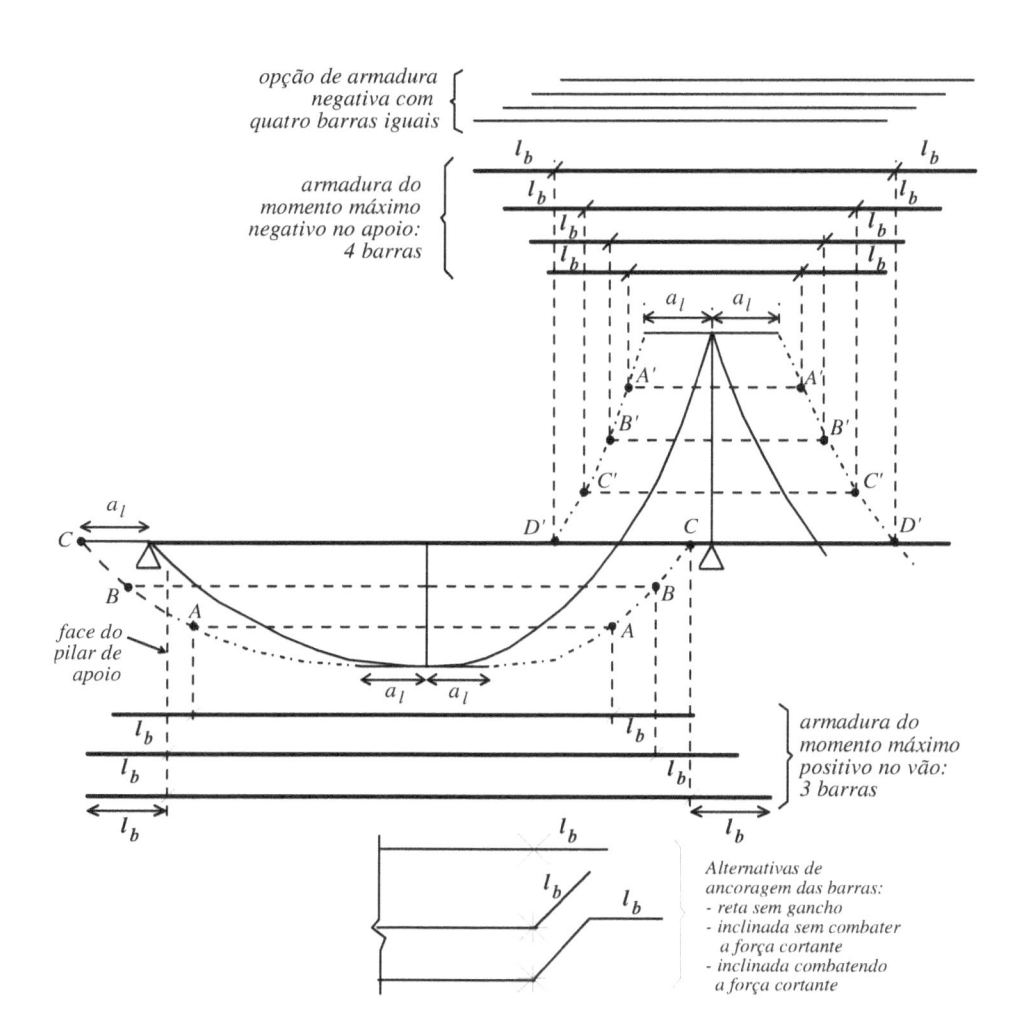

Figura 6.16: Detalhamento das barras da armadura longitudinal de tração

c) Os pontos de interseção das paralelas com a curvas do diagrama de momentos deslocado (para momentos positivos: A, B, C; para negativos: A', B', C', D') definem as seções onde a força de tração é transferida para o concreto e as barras são dispensadas do combate à flexão. A partir desses pontos, elas devem ser ancoradas com o comprimento l_b . A última barra a ser interrompida, positiva ou negativa, corresponde ao próprio eixo da viga.

Na parte superior da figura, mostra-se uma opção prática e, em muitos casos econômica, com as barras negativas com comprimentos iguais.

d) Em vigas simples ou contínuas, a NBR 6118 → 18.3.2.4 exige prolongar até cada apoio parte da armadura principal ($A_{s,v\tilde{a}o}$) da seção de momento máximo positivo no vão ($M_{v\tilde{a}o}$). Essas barras devem ser ancoradas convenientemente, a partir da face do apoio, de modo que se tenham as áreas mínimas de:

$1/3A_{s,v\tilde{a}o}$: se o momento no apoio M_{apoio} for nulo ou negativo, com valor absoluto $M_{apoio} \leq 0{,}5M_{v\tilde{a}o}$;

$1/4A_{s,v\tilde{a}o}$: se M_{apoio} for negativo ou com valor absoluto $M_{apoio} > 0{,}5M_{v\tilde{a}o}$.

Nos apoios intermediários, as barras da armadura devem penetrar por um comprimento mínimo de 10Φ, a partir da face do apoio.

e) O comprimento de ancoragem básico por aderência l_b, por trespasse de barras tracionadas com ou sem gancho, pode ser reduzido para um comprimento de ancoragem necessário $l_{b,nec}$, como apresentado no capítulo 5, subitem 5.4.4.2, de acordo com as prescrições da NBR 6118 → 9.4.2.5. A expressão (5.22) e a tabela 5.4 fornecem valores do comprimento l_b.

O comprimento de ancoragem reto pode ser reduzido por meio de ganchos nas extremidades das barras tracionadas, por meio de aumento na resistência mecânica da ancoragem. Os tipos de ganchos da NBR 6118 → 9.4.2 e sua subseção 9.4.2.5 admitem até 30% de redução no comprimento $l_{b,nec}$ da expressão (6.29), desde que a espessura do cobrimento no plano normal ao do gancho não seja inferior a 3Φ.

6.6 - EXEMPLOS

6.6.1 Dimensionar as armaduras de flexão e força cortante de uma viga de seção retangular $20x60cm^2$, vão teórico de $6{,}0m$ (de centro a centro dos apoios), suposta biapoiada em pilares de largura $60cm$ na direção do eixo da viga, sob carga distribuída total de $20kN/m$. Concreto com $f_{ck} = 20MPa$, aço CA-50 (ambas as armaduras) e classe CAA I.

a) Esforços solicitantes máximos

$M_{Skmax} = 20.\ 6^2/8 = 90kN.m$ ⇨ $M_{Sd} = 1,4.\ 90\ = 126kN.m$

$V_{Skmax} = 20.\ 6/2 = 60kN$ ⇨ $V_{Sd} = 1,4.\ 60\ = 84kN.$

b) Armadura de flexão

Adotando-se $d1 = 4cm$ ⇨ $d = h - d1 = 60 - 4 = 56cm = 560mm$

$f_{cd} = f_{ck} / \gamma_c = 20/1,4 = 14,3MPa = 14,3N/mm^2$

$f_{yd} = 435\ MPa$, da tabela 3.4 do capítulo 3.

Da expressão (4.5) e tabela 4.3: $k_{md} = 0,140;\ k_x = 0,234$, caindo no Domínio 2, e $k_z = 0,907$; da expressão (5.8) vem: $A_s = 5,70cm^2$.

Da tabela 4.5, com cobrimento $c_{nom} = 25mm$ (Classe CAA I) e estribos de bitola $5,0mm$, tem-se armadura em uma camada: $3\Phi16 = 6,03cm^2$ com $b_s = 8,8cm$.

Taxa da armadura efetiva: $\rho = 6,03/(20.\ 60) = 0,51\% > 0,15\%$ ⇨ OK.

c) Verificação do concreto da biela comprimida

Da tabela 6.1, para $f_{ck} = 20MPa$ ⇨ $\alpha_{v2} = 0,92$

Para estribos a 90° e adotando as bielas de compressão com a inclinação mínima da NBR 6118, $\theta = 30^0$, da expressão (6.11) tem-se:

$V_{Sd} = 84kN < V_{Rd2,90} = 0,27.\ 0,92.\ 14,3.\ 200.\ 560.sen60^o = 344.547N = 345kN$ ⇨ portanto, o concreto tem ampla folga – mais de quatro vezes –, na diagonal comprimida. Pode-se verificar que, se adotadas bielas com inclinação máxima $\theta = 45^o$, seria $V_{Rd2,90} = 398kN$, com folga ainda maior.

d) Armadura transversal mínima

Da expressão (6.22) ou da tabela 6.3 ⇨ $A_{swmin90} = 0,09.\ 20 = 1,80cm^2/m$.

Da tabela 6.4 ⇨ $\Phi5,0c.22cm = 1,79cm^2/m$ ⇨ diferença insignificante.

Espaçamento máximo de estribos, da expressão (6.25), será:

$V_{Sd} = 84kN < 0,67V_{Rd2} = 231kN$ ⇨ $s_{max} = 0,6d = 336mm > 300mm$.

Portanto: $s_{max} = 300mm > s = 22cm$ ⇨ OK.

e) Força cortante de serviço resistida pela armadura transversal mínima

Da expressão (6.16) ou tabela 6.2: $V_{c0} = 0,66. 200. 560 = 73920N = 74kN$.

Da figura 6.12: $V_c = V_{c1} = 74 [(345 - 84)/(345 - 74)] = 71,3kN$

Da expressão (6.23), vem (unidades cm e kgf):

$V_{Rmin90} = (0,0179. 0,9. 56. 4350 cot30^o + 7130)/1,4 = 9948kgf = 99,5kN$

$> V_{max} = 60kN.$

Conclui-se que $V_{Rmin,90}$ supera a força cortante máxima, mesmo sem a redução no apoio da figura 6.13(a), pela largura elevada do pilar na direção do eixo, $60cm$. Portanto, obter V_{Rmin90} antes de calcular os estribos poupa tempo. A área mínima $\Phi5,0c.22cm$ pode ser adotada em toda a viga, como na figura 6.17.

f) Comprimento de ancoragem por trespasse da armadura longitudinal

– Armadura positiva em zona de boa aderência da tabela 5.4:

$l_b = 44\Phi = 704mm$; $\Rightarrow A_{s,cal}/A_{s,ef} = 5,70/6,03 = 0,95$;

– Comprimento de ancoragem necessário da expressão (5.22):

$l_{b,nec} = 650mm$, superior ao limite da Norma, $206mm$, pois:

$l_{b,min} \geq (0,3l_b = 206mm; 10\Phi = 160mm; 100mm).$

g) Detalhamento das armaduras na viga

No diagrama deslocado de momentos, a barra central da armadura principal, nomeada N1 no desenho, pode ser dispensada nos pontos A, de onde se inicia a ancoragem. As duas barras laterais, denominadas N2, podem ser dispensadas em B e C, pontos que caem dentro dos apoios; nesse caso, a ancoragem tem início na face dos pilares respectivos. Em geral, os diagramas de momentos não constam da planta de armaduras.

– Número total de estribos = $600/22 + 1 = 28,3 = 29$; com maior precisão, o espaçamento poderia ser reduzido para $21,5cm$.

– Comprimento dos estribos: descontando-se o cobrimento $c_{nom} = 25mm$ das dimensões da seção, em cada face lateral, e a bitola $5mm$, tem-se para os trechos horizontais e verticais (*ramos* ou *pernas*) de cada estribo:

$\Rightarrow$ horizontal = $20 - 2(2,5+0,5) = 14cm$; vertical = $60 - 2(2,5+0,5) = 54cm$.

– Comprimento total do estribo = $2(54+14) + 10cm = 146cm$: aumento de $10cm$ para previsão de dois ganchos de fechamento.

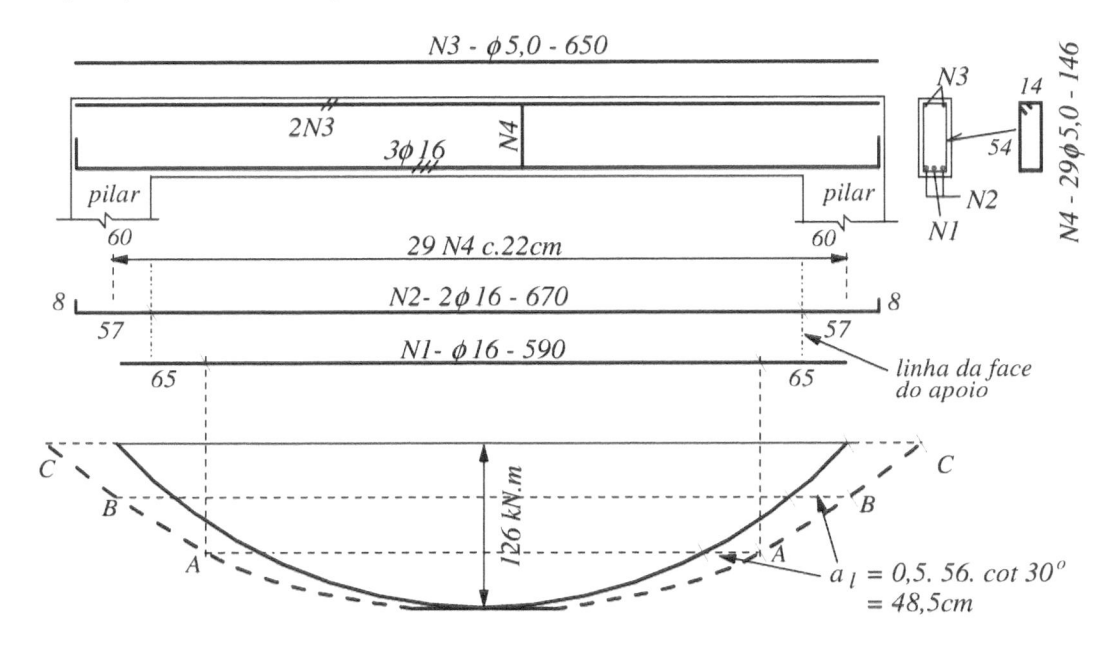

Figura 6.17: Detalhamento das armaduras da viga do exemplo 6.6.1
(escalas diferentes nas direções horizontal e vertical)

6.6.2 Dimensionar as armaduras longitudinais de flexão e transversais de força cortante da mesma viga do exemplo 6.6.1, para uma carga distribuída total de *42kN/m*.

a) Esforços solicitantes máximos

$M_{Skmax} = 42 . 6^2/8 = 189kN.m$ ⇨ $M_{Sd} = 1,4 . 189 = 264,6kN.m$

$V_{Skmax} = 42 . 6/2 = 126kN$ ⇨ $V_{Sd} = 1,4 . 126 = 176,4kN$

b) Armadura de flexão

Prevendo armadura em duas camadas ⇨ $d1 = 6cm$ ⇨ $d = h - d' = 54cm$

Da expressão (4.5) e tabela 4.3: $k_{md} = 0,305$ ⇨ $k_x = 0,585$ (domínio 3).

$\Rightarrow k_z = 0,766$ e de (4.8) vem: $A_s = 14,44cm^2$.

Da tabela 4.4, para $c = 25mm$ (Classe CAA I) e estribos $\Phi_t = 5,0mm$, tem-se a armadura em duas camadas:

$(3\Phi+2\Phi)20 = 15,71cm^2$, com $b_s = 10cm$, atendendo ao limite

$\Delta = \Phi + a/2 = 2 + 2/2 = 3cm < 10\%h = 6cm$.

Com duas camadas, muda a distância $d1 = 6cm$ e $d = 54cm = 540mm$, com acréscimo na armadura calculada de flexão e os coeficientes ficam:

$k_{md} = 0,317$ $\Rightarrow k_x = 0,620$ (Domínio 3) $\Rightarrow k_z = 0,752$

$\Rightarrow$ nova área de aço: $A_s = 14,44cm^2$, coberta pela armadura adotada.

Taxa geométrica da armadura efetiva $= \rho = 15,71/(20. 60) = 1,31\%$.

c) Verificação do concreto da biela comprimida

Para estribos a 90° e bielas com $\theta = 30^o$, da expressão (6.11), tem-se:

$V_{Sd} = 176,4kN \le V_{Rd2,90} = 0,27. 0,92. 14,3. 200. 540 \, sen \, 60^0 = 332kN$.

Portanto, o concreto da diagonal comprimida continua com folga, agora menor.

d) Armadura transversal mínima

Ainda valem: $A_{swmin90} = 0,09. 20 = 1,8cm^2/m$

$\Rightarrow \Phi5,0c.22 = 1,79cm^2/m$ e $V_{Sd} = 176,4kN < 0,67V_{Rd2} = 222kN$

$\Rightarrow s_{max} = 300mm$. Portanto: $s = 22cm$.

e) Força cortante de serviço resistida pela armadura transversal mínima

Da tabela 6.2: $V_{c0} = 0,66. 200. 540 = 71280N = 71,3kN$.

Da figura 6.12: $V_c = V_{c1} = 71,3[(332 - 176,4)/(332 - 71,3)] = 43,5kN$.

Da expressão (6.23):

$V_{Rmin90} = (0,0179. 0,9. 54. 4350. cot30^o + 4350)/1,4 = 7789kgf$

$= 78kN < V_{Skmax} = 126kN$.

Conclui-se que V_{Rmin90} é inferior à força cortante máxima de serviço na viga. Nesse caso, vale a pena levar em conta a redução da força cortante no apoio, em virtude da largura elevada do pilar, $60cm$, na direção do eixo da viga.

f) Redução da força cortante na região dos apoios

– Da figura 6.13.a) do subitem 6.4.1, pode-se adotar no cálculo das armaduras da força cortante um valor constante à distância $d/2$ da face do apoio.

– A figura 6.18, a seguir, mostra essa redução, que vale do centro do apoio até a seção uma distância do centro do vão igual a:

$(30+27,5)cm = 57,5cm$ ou $300 - 57,5 = 242,5cm$:

$V_{red} = 126. \, 2,43/3,0 = 102kN > V_{Rmin90} = 77kN.$

Dessa forma, a armadura mínima $\Phi5,0c.22cm$ é adotada no trecho central, a partir da distância do centro do vão: $300(79/126) = 188cm$.

g) Cálculo da armadura transversal para a força cortante máxima:

Na expressão (6.17), com os valores da força complementar $V_c = 42,8kN$ e da solicitante $V_{Sd} = 176,4kN$, em kgf, a altura útil d em metros e a resistência de escoamento do aço f_{yd}, em kgf/cm^2, obtém-se a área de estribos a 90° por unidade de comprimento do eixo da peça, diretamente na unidade cm^2/m:

$$A_{sw90} = \frac{V_{sw}}{0,9df_{yd}} tg\theta = \frac{V_{Sd,red} - V_c}{0,9df_{yd}} tg30^o = \frac{1,4.\,10200 - 4280}{0,9.\,0,54.\,4350} \, 0,577 = 2,73 cm^2/m$$

Sendo $s_{max} = 300mm$, da tabela 6.4 as opções seguintes são possíveis:

$\Phi5,0c.14 = 2,81cm^2/m$ ou $\Phi6,3c.21 = 2,83cm^2/m$.

h) Detalhamento das armaduras na viga

A figura 6.18 apresenta o detalhamento de estribos. Para clareza do desenho, não foi traçado o diagrama de momentos. Os pontos de dispensa das barras de flexão e de início da ancoragem são como no exemplo 6.6.1.

Na parte inferior da figura, a disposição das barras no corte longitudinal é apenas ilustrativa.

– Comprimento dos ramos e total de cada estribo: igual ao exemplo anterior;

– Número total de estribos, com espaçamento de $22cm$, no trecho central de extensão $2.\,183 = 366cm$, e de $14cm$ nos trechos laterais de $117cm$:

$n = 366/22 + 2.\,117/14 + 1 = 34,4 = 35$ estribos.

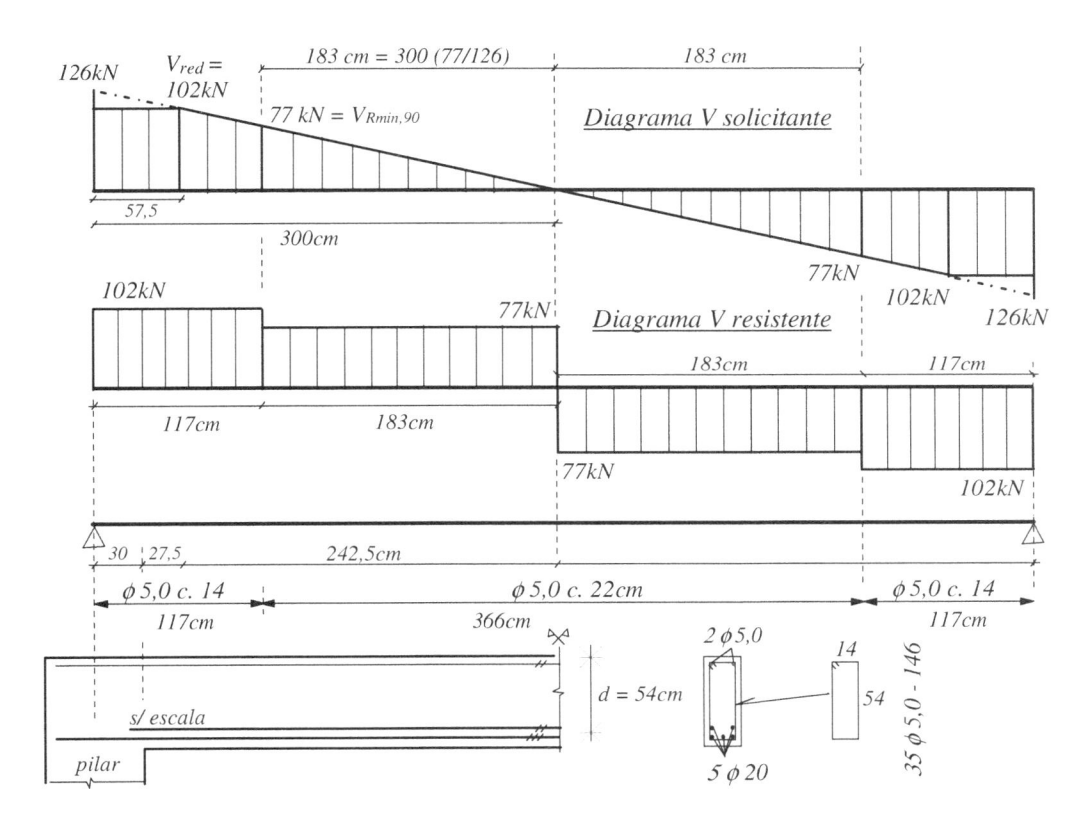

Figura 6.18: Detalhamento das armaduras da viga do exemplo 6.6.2, com redução da força cortante à distância $d/2$ do centro do apoio

6.6.3 Dimensionar as armaduras de cortante do exemplo 6.6.2, apenas com estribos a $90°$, adotando diagonais de concreto com inclinação de $45°$.

Os itens a), b) e d) do exemplo anterior permanecem os mesmos.

c) Verificação do concreto da biela comprimida

Para estribos a $90°$ e bielas inclinadas a $\theta = 45°$, da expressão (6.11), tem-se:

$$V_{Sd} = 176,4kN \leq V_{Rd2,90} = 0,27.\ 0,92.\ 14,3.\ 200.\ 540.\ sen90° = 384kN$$

Portanto, o concreto da diagonal comprimida tem folga maior.

d) Força cortante de serviço resistida pela armadura transversal mínima

$V_{c0} = 71,3kN \Rightarrow V_c = V_{c1} = 71,3[(384-176,4)/(384-71,3)] = 47,3kN.$

Da expressão (6.23), vem:

$V_{Rmin90} = (0,0179. \ 0,9. \ 54. \ 4350 \ cot30^o+4730)/1,4 = 61kN < V_{Skmax} = 126kN$

$\Rightarrow V_{Rmin90}$ diminuiu 26% em relação ao cálculo com bielas a 30°, da alínea e) do exemplo anterior e ainda inferior ao cortante máximo de serviço. Vale também considerar a redução da força cortante no apoio, pela largura do pilar na direção do eixo da viga. Conserva-se valor: $V_{red} = 102kN > V_{Rmin90} = 61kN$, e a armadura mínima $\Phi5,0c.22cm$, mas com trecho central menor e distância do centro da viga, para cada lado, igual a: $300 \ (61/126) = 145cm.$

e) Cálculo da armadura transversal para a força cortante máxima

Na expressão (6.19), com as forças $V_c = 47,6kN$ e $V_{Sd} = 176,4kN$, em kgf, altura $d = 0,54m$ e aço com $f_{yd} = 4350kgf/cm^2$, a área de estribos a 90° é:

$$A_{sw,90} = \frac{V_{sw}}{0,9df_{yd}} tg\theta = \frac{V_{Sd}-V_c}{0,9df_{yd}} tg45^o = \frac{14280 - 4730}{0,9. \ 0,54. \ 4350} \ 1,0 = 4,5 \ cm^2/m$$

Aumento substancial de 65% na área para bielas com ângulo $\theta = 45^o$.

Da tabela 6.4, as opções são: $\Phi5,0c.8 = 4,91cm^2/m$; $\Phi6,3c.13 = 4,80cm^2/m$ ou $\Phi8,0c.22 = 4,57 \ cm^2/m.$

6.6.4 Para uma força cortante solicitante de serviço de $250kN$, comparar os dimensionamentos de uma seção retangular $15x60cm^2$ pelas disposições da NBR 6118: 2014, apenas com estribos a 90°, pelos modelos de cálculo I e II, esse último com as bielas comprimidas nas inclinações extremas 30° e 45°. Adotar concreto da classe C60.

a) Esforços máximos e resistência de cálculo do concreto

$V_{Skmax} = 250kN \Rightarrow V_{Sd} = 1,4. \ 250 = 350kN; f_{cd} = 60/1,4 = 43MPa$

Supor armadura em duas camadas: $d1 = 6cm \Rightarrow d = h-d1 = 54cm = 540mm.$

b) <u>Modelo de Cálculo II: verificação das diagonais comprimidas</u>

1) *Diagonais com inclinação $\theta = 30^{o}$:*

Da tabela 6.1, para $f_{ck} = 60MPa$ $\Rightarrow$ $\alpha_{v2} = 0,76$

Para estribos a 90° e adotando bielas com 30° na expressão (6.11) tem-se:

$V_{Sd} = 350kN < V_{Rd2,90} = 0,27. \ 0,76. \ 43. \ 150. \ 540 \ sen2. \ 30^{o} = 618958N = 619kN$ $\Rightarrow$ portanto, com folga na biela comprimida de concreto.

2) *Diagonais com inclinação $\theta = 45^{o}$:*

Estribos a 90° e bielas com 45° na expressão (6.11) tem-se:

$V_{Sd} = 350kN < V_{Rd2,90} = 0,27. \ 0,76. \ 43. \ 150. \ 540 \ sen2. \ 45^{o} = 714kN$

$\Rightarrow$ portanto, folga ainda maior na biela de concreto.

c) <u>Modelo de Cálculo II: cálculo das armaduras transversais</u>

1) *Diagonais com inclinação $\theta = 30^{o}$:*

Da expressão (6.22) ou tabela 6.3 $\Rightarrow$ $A_{swmin90} = 0,17. \ 15 = 2,55cm^2/m$.

Da tabela 6.4 $\Rightarrow$ $\Phi5,0c.15cm = 2,62cm^2/m$ ou $6,3c.24cm = 2,60cm^2/m$

Espaçamento máximo de estribos, da expressão (6.26), será:

$V_{Sd} = 350kN < 0,67V_{Rd2} = 0,67. \ 619 = 415kN$

$s_{max} = 0,6d = 324 \ mm > 300mm$. Portanto: $s_{max} = 300mm > s = 22cm$

$\Rightarrow$ ambas as opções estão OK. Adota-se a segunda, pois o maior espaçamento de estribos torna a execução mais simples: $A_{swmin90} = 2,60cm^2/cm$.

Tabela 6.2: $V_{c0} = 1,38. \ 150. \ 540 = 111780N = 112kN < V_{Sd} = 350kN$

Figura 6.12: $V_c = V_{c1} = 112 \ [(619 - 350)/(619 - 112)] = 59kN$

da expressão (6.23), tem-se (unidades cm e kgf):

$V_{Rmin90} = (0,0260. \ 0,9. \ 54. \ 4350 \ cot30^{o} + 5900)/1,4 = 15420kgf$

$= 154kN < V_{Skmax} = 250kN$ $\Rightarrow$ armadura mínima não atende toda a viga.

Armadura transversal da força cortante máxima $V_{Sd} = 350kN = 35000kgf$:

Na expressão (6.21), com $V_c = 59kN$ em kgf, $d = 0,54m$ e $f_{yd} = 4350kgf/cm^2$:

$$A_{sw,90} = \frac{V_{Sd} - V_c}{0,9df_{yd}} \ tg30^{o} = \frac{35000 - 5900}{0,9. \ 0,54. \ 4350} \ 0,577 = 8,26 \ cm^2/m$$

Opções da tabela 6.4: $\Phi 8,0c.12 = 8,38cm^2/m$; $\Phi 10c.18 = 9,73cm^2/m$.

2) *Diagonais com inclinação $\theta = 45^o$*:

$A_{swmin90} = 2,60cm^2/cm$ e $V_{c0} = 112kN$

$V_c = V_{c1} = 112[(714 - 350)/(714 - 112)] = 68kN$ (figura 6.12, alínea b)

Da expressão (6.23), tem-se (com unidades cm e kgf):

$V_{Rmin90} = (0,0260.\,0,9.\,54.\,4350\ cot45^o + 6800)/1,4 = 12297kgf = 123kN$

$< V_{Skmax} = 250kN$ ⇨ não usar armadura mínima em toda a viga.

Armadura transversal: $V_{Sd} = 35000kgf$; $V_c = 5900kgf$; $d = 0,54m$:

$$A_{sw,90} = \frac{V_{Sd}-V_c}{0,9\,df_{yd}}\ tg45^o = \frac{35000-6800}{0,9.\,0,54.\,4350}\ 1,0 = 13,33\ cm^2/m$$

Tabela 6.4: $\Phi 10c.11 = 14,28cm^2/m$. Optou-se por $\Phi_t = 10mm$, mesmo com espaçamento reduzido, pois a bitola $12,5$ é de difícil execução para estribos em obras usuais.

d) <u>NBR 6118 - Modelo de Cálculo I</u>

Da NBR 6118 → 17.4.2.2, esse modelo utiliza $\theta = 45^o$; logo, a verificação à compressão é igual à do modelo II com bielas a 45°, da alínea b), parágrafo 2)

Tem-se a força cortante complementar $V_c = V_{c0} = 112kN$.

Da expressão (6.23), com $\theta = 45^o$ e unidades cm e kgf : $V_{Rmin90} = (0,026.\,0,9.$
$54.\,4350 + 11200)/1,4 = 16697kgf = 167kN$.

Com $V_{Sd} = 350kN$, para estribos a 90° tem-se :

$$A_{sw90} = \frac{A_{sw}}{s} = \frac{V_{Sd}-V_c}{0,9\,df_{yd}} = \frac{35000-11200}{0,9.\,0,54.\,4350} = 11,26cm^2/cm$$

e) <u>Comparação dos modelos de cálculo</u>

1) Como mostra o quadro comparativo a seguir, a diagonal comprimida apresenta folga menor no modelo II com diagonais inclinadas de 30^0. Nos modelos I e II com as diagonais a 45^0, tem-se a resistência limite da diagonal comprimida igual a duas vezes a força cortante máxima de cálculo.

2) A parcela da força cortante total absorvida pelos mecanismos complementares à treliça, V_c, é maior no modelo I, igual a 32% da força cortante máxima de cálculo, reduzindo para 17% para o modelo II com diagonais a 30°.

3) A força cortante de serviço resistida pela armadura mínima é ligeiramente superior no modelo I e no modelo II com diagonais a 30°.

4) Quanto às áreas da armadura transversal com estribos a 90°, para a força cortante $V_{Sd} = 350kN$, o valor obtido pelo modelo I é próximo da média das áreas calculadas pelo modelo II com inclinações de 30° e 45°.

5) Dessa comparação, conclui-se que o dimensionamento mais econômico ocorre para o modelo II com diagonais a 30°, que forneceu também uma verificação satisfatória para o concreto da diagonal. Caso houvesse problema com essa verificação, seria mais conveniente ainda adotar o modelo II, mas com um ângulo superior a 30°.

Quadro 6.1: Comparativo de dimensionamentos à força cortante – NBR 6118

$V_{Sd} = 350kN$	Modelo I	Modelo II: $\theta = 30^o$	Modelo II: $\theta = 45^o$
Diagonal comprimida	$V_{Rd2} = 714kN$	$V_{Rd2} = 619kN$	$V_{Rd2} = 714kN$
V_c (complementar)	$112kN$	$59kN$	$68kN$
$V_{sw90} = V_{sd} - V_c$	$238kN$	$291kN$	$282kN$
V_{Rmin90}	$167kN$	$154kN$	$123kN$
$A_{semin90}$	$2,60cm^2/m$	$2,60cm^2/m$	$2,60cm^2/m$
A_{se90}	$11,26cm^2/m$	$8,26cm^2/m$	$13,33cm^2/m$

6.7 AUTOAVALIAÇÃO

6.7.1 Enunciados

1) Na viga da figura 6.19(a), com seção de largura constante, pede-se:
   a) esboçar os diagramas de momentos fletores e de forças cortantes;
   b) esboçar os diagramas de tensões normais e tangenciais nas seções A-A' e B-B', no estádio 1, com as expressões correspondentes;

c) a direção e a natureza das tensões principais nos pontos 1, 2, 3, 4 e 5;

d) esboçar a tipologia de eventuais fissuras de flexão e força cortante na viga.

2) Quais são os tipos possíveis de ruptura associados à ação da força cortante em vigas de concreto armado? É possível ocorrer *ruptura por cisalhamento* do tipo *corte* em peças fletidas de concreto armado?

3) Qual a justificativa para a inclusão da parcela V_c no dimensionamento da armadura transversal nos modelos de cálculo da NBR 6118? É correto chamá-la de *contribuição do concreto* na resistência à força cortante?

4) Dimensionar as armaduras de flexão e força cortante,da viga da figura 6.19(b), de seção transversal retangular ($b_w = 15cm;\ h = 60cm$) para $f_{ck} = 20MPa$, aço CA-50 e classe ambiental CAA I. Calcular a armadura transversal na condição de máxima economia de aço e estribos a $90°$ com o eixo da viga e até três trechos de igual espaçamento no vão apoiado AB. Detalhar a armadura longitudinal ao longo da viga.

5) No exercício anterior, calcular a armadura transversal da viga sob a condição de minimizar as tensões de compressão na diagonal de concreto, em duas situações: estribos a $90°$ e a $45°$ com o eixo longitudinal.

6) Dada uma viga na classe de agressividade ambiental CAA II, da figura 6.19(c), com uma seção transversal retangular ($b_w = 20cm;\ h = 40cm$), calcular as armaduras de flexão (aço CA-50) e transversal da força cortante com estribos a $90°$ com o eixo da viga (aço CA-60), para concreto com $f_{ck} = 25MPa$.

7) Na viga da figura 6.19(d), com seção retangular $b_w = 15cm$, $h = 80cm$ e concreto C30 na classe ambiental CAA II, a armadura transversal é constituída toda apenas por estribos a $90°$, com $\Phi8,0c/20cm$ de aço CA-50, em toda a extensão da viga. Considerando o concreto com $f_{ck} = 30MPa$, calcular a máxima carga distribuída de serviço q para garantia de segurança à força cortante, aplicando todas as reduções permitidas pela Norma.

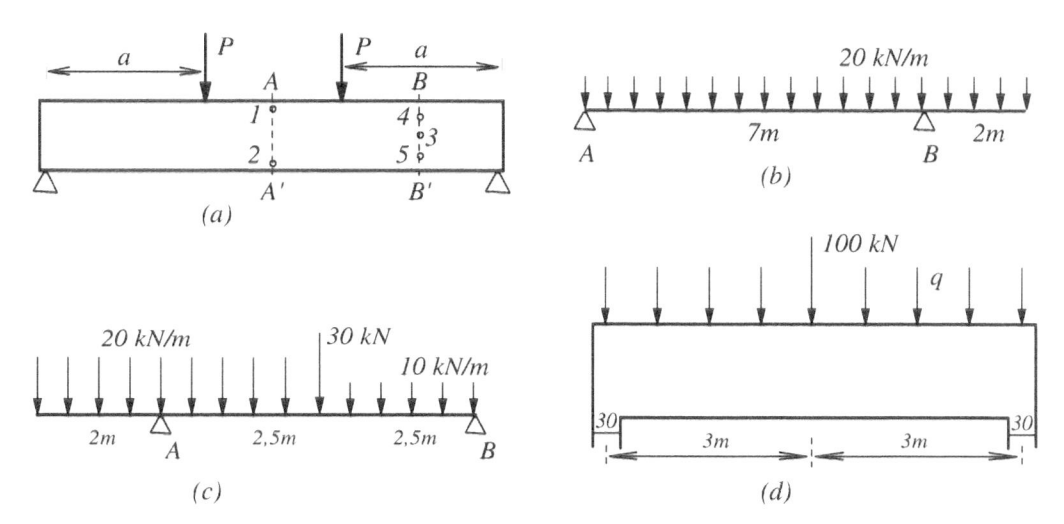

Figura 6.19: Figuras dos exercícios do capítulo 6

6.7.2 Comentários e sugestões para resolução dos exercícios propostos

1) Para questões b) e c), ver figura 6.2; para a questão d), ver figura 6.7.

2) Ver final do subitem 6.2.4.

3) Ver final do subitem 6.3.3.1.

4) Esboçar os diagramas de momentos fletores e forças cortantes. Calcular as armaduras longitudinais para os momentos máximos, positivo e negativo. Para a armadura transversal, seguir o roteiro do exemplo 6.6.2, exceto a alínea f), por não ter sido fornecida a largura dos apoios. Para detalhamento das barras longitudinais, ver o roteiro do item 6.5.2 e a figura 6.16.

5) Para a primeira situação, ver o exemplo 6.6.3. As tensões mínimas absolutas na diagonal comprimida de concreto ocorrem na segunda situação, fazendo nas expressões (6.19) e (6.20): $\theta = \alpha = 45^{\circ}$.

6) Esboçar os diagramas de momentos fletores e forças cortantes. Calcular as armaduras longitudinais para os momentos fletores máximos, positivo e negativo. Para a armadura transversal, como o enunciado não impõe nenhuma condição, toma-se, de início, $\theta = 30^{o}$, para maior economia de estribos. Caso atendidas as expressões (6.11), de verificação do concreto da biela comprimida, e a (6.25), para obter um espaçamento econômico de estribos, o cálculo segue a rotina dos exemplos, conforme os valores de V_{Sk} e V_{Rmin90}. Ver subitem 6.3.3.2 quanto à prescrição da Norma sobre a tensão de cálculo na armadura transversal.

7) Esboçar o diagrama de forças cortantes de serviço, em termos da carga q, fazendo a redução permitida nos apoios, conforme a figura 6.13(a). Na expressão genérica (6.11), a força cortante de cálculo V_{Sd} é maximizada para $\theta = 30^{o}$. Com as dimensões da seção e a área fornecida de estribos a 90°, da figura 6.12 e das expressões associadas, podem-se calcular as duas incógnitas V_{Sd} e a parcela complementar da força cortante V_{c}. Deve-se, ainda, verificar a diagonal comprimida de concreto, pela expressão (6.11). Caso se verifique a desigualdade $V_{Sd} > V_{Rd2}$, este último valor se impõe como limite para a força cortante e daí se obtém um novo valor para a carga.

Tabela 6.4: Área da seção de estribos de dois ramos por metro de comprimento em bitolas padronizadas da NBR 7480 (A_{se} em cm^2/m)

Espaçamentos (cm)	Bitolas Φ (mm)						
	5	6,3	8	10	12,5	16	20
7	5,61	8,91	14,36	22,44	35,06	57,45	89,76
8	4,91	7,79	12,57	19,64	30,68	50,27	78,54
9	4,36	6,93	11,17	17,45	27,27	44,68	69,81
10	3,93	6,23	10,05	15,71	24,54	40,21	62,83
11	3,57	5,67	9,14	14,28	22,31	36,56	57,12
12	3,27	5,20	8,38	13,09	20,45	33,51	52,36
13	3,02	4,80	7,73	12,08	18,88	30,93	48,33
14	2,81	4,45	7,18	11,22	17,53	28,72	44,88
15	2,62	4,16	6,70	10,47	16,36	26,81	41,89
16	2,45	3,90	6,28	9,82	15,34	25,13	39,27
17	2,31	3,67	5,91	9,24	14,44	23,65	36,96
18	2,18	3,46	5,59	8,73	13,64	22,34	34,91
19	2,07	3,28	5,29	8,27	12,92	21,16	33,07
20	1,96	3,12	5,03	7,85	12,27	20,11	31,42
21	1,87	2,97	4,79	7,48	11,69	19,15	29,92
22	1,79	2,83	4,57	7,14	11,16	18,28	28,56
23	1,71	2,71	4,37	6,83	10,67	17,48	27,32
24	1,64	2,60	4,19	6,55	10,23	16,76	26,18
25	1,57	2,49	4,02	6,28	9,82	16,08	25,13
26	1,51	2,40	3,87	6,04	9,44	15,47	24,17
27	1,45	2,31	3,72	5,82	9,09	14,89	23,27
28	1,4	2,23	3,59	5,61	8,77	14,36	22,44
29	1,35	2,15	3,47	5,42	8,46	13,87	21,67
30	1,31	2,08	3,35	5,24	8,18	13,40	20,94

Capítulo 7

CÁLCULO DE LAJES MACIÇAS RETANGULARES

Foto: Supremo Tribunal Federal
(Acervo pessoal do autor)

Cálculo de lajes maciças retangulares

7.1 OBJETIVOS

> *Conceito:* lajes são elementos estruturais laminares, submetidos a cargas predominantemente normais à sua superfície média e que têm a função de resistir às cargas de utilização atuantes na estrutura.

As lajes são classificadas como elementos integrantes da estrutura terciária da superestrutura de uma edificação, tendo a finalidade de suportar a aplicação direta das cargas distribuídas em superfície (item 3.5 do capítulo 3).

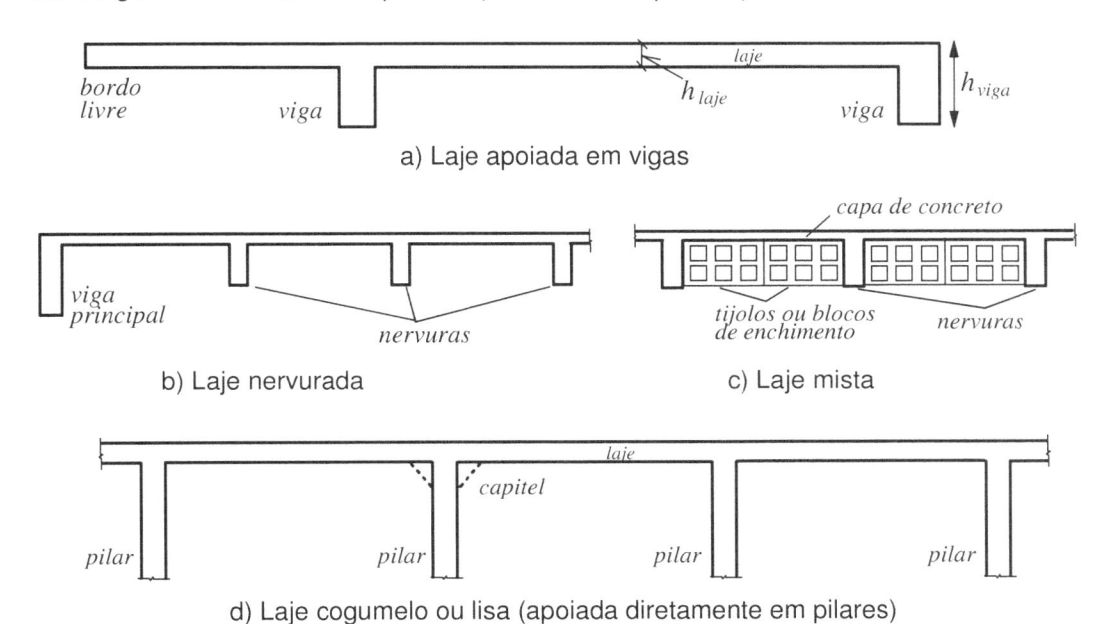

a) Laje apoiada em vigas

b) Laje nervurada

c) Laje mista

d) Laje cogumelo ou lisa (apoiada diretamente em pilares)

Figura 7.1 - Tipos mais comuns de lajes

Conforme a natureza de seus apoios e a configuração estrutural, as lajes podem ser classificadas em:

❖ Lajes apoiadas sobre vigas:

São sustentadas por vigas em seus bordos, usualmente executadas em um processo único de concretagem. Um bordo eventualmente sem uma viga de sustentação denomina-se *bordo livre* (figura 7.1a).

❖ Lajes nervuradas:

Podem ser completamente moldadas no local ou com nervuras pré-moldadas; nessas últimas uma *capa de concreto* moldada no local trabalha à compressão e a resistência à tração é fornecida pelas nervuras, onde se colocam essas armaduras, como na figura 7.1(b). No caso de ser colocado algum material inerte entre as nervuras, como tijolos ou blocos, para fornecer um teto liso, elas são denominadas *lajes mistas*, esquematizado na figura 7.1(c).

❖ Lajes lisas e cogumelo:

Apoiadas diretamente em pilares; no caso de haver alargamento na transição pilar-laje, denominado *capitel*, são chamadas *lajes cogumelo*, caso contrário, são simplesmente nomeadas como *lajes planas* ou *lisas*, como na figura 7.1(d).

O presente capítulo tem por objetivo apresentar os procedimentos principais para o cálculo de lajes maciças retangulares de concreto armado de edificações usuais, apoiadas de forma contínua em todo o seu contorno sobre elementos lineares, que são as vigas de bordo. No entanto, os procedimentos e as disposições aqui abordados podem ser estendidos a outros tipos de lajes, com as necessárias adaptações.

Os objetivos deste capítulo são:

a) Hipóteses simplificadoras para o cálculo de lajes maciças retangulares.

b) Avaliação das cargas nas lajes de estruturas de edifícios.

c) Avaliação das cargas transmitidas pelas lajes às vigas de bordo.

d) Cálculo de esforços e dimensionamento de lajes retangulares.

e) Prescrições da NBR 6118 sobre as dimensões das lajes e disposição das armaduras - taxas e detalhamento.

7.2 CONSIDERAÇÕES PRELIMINARES

7.2.1 Hipóteses simplificadoras

a) O peso próprio da laje é tomado como uma carga uniformemente distribuída em toda a superfície da laje.

b) A sobrecarga de utilização, carga acidental ou de serviço é suposta distribuída uniformemente na superfície da laje. Os valores mínimos a serem adotados no cálculo para essas cargas, de acordo com a finalidade da edificação e as características de utilização, são estabelecidos pela norma NBR 6120: 1978 (NB-5) – *Cargas para cálculo de estruturas de edificações – Procedimento*. Essa norma fornece ainda os pesos específicos dos materiais de construção usuais e materiais de armazenamento.

c) As lajes são calculadas, em geral, como peças laminares isoladas, por meio de uma decomposição virtual que as separa das vigas de bordo, de modo a aproveitar as teorias de cálculo próprias – *teoria das placas*. A consideração correta dos vínculos nos bordos das lajes é fundamental para o cálculo.

d) As vigas de bordo das lajes são consideradas apoios indeslocáveis. Essa hipótese exige verificação rigorosa dos deslocamentos das vigas de apoio, cujos valores máximos devem obedecer os limites impostos pela NBR 6118, tema abordado no capítulo 8.

A figura 7.2, a seguir mostra, esquematicamente, as plantas de um painel de quatro lajes maciças (L1 a L4), apoiadas em vigas (V1 a V7), por sua vez sustentadas pelos pilares P1 a P7. As letras que acompanham as notações das vigas indicam os diversos vãos de uma viga contínua.

Por exemplo, a viga contínua V7 tem dois vãos, V7a e V7b, e está apoiada nos pilares P7, P5 e P3. Por sua vez, a viga V5 apoia-se em V2 e P2 e a V6, apenas nas vigas V3 e V2. Na planta de lajes, à direita da figura 7.2, os traços cheios representam os eixos longitudinais das vigas e os pontos cheios, os pilares. Essa planta pode ser utilizada como planilha de cálculo, como será visto no exemplo 7.8, neste capítulo.

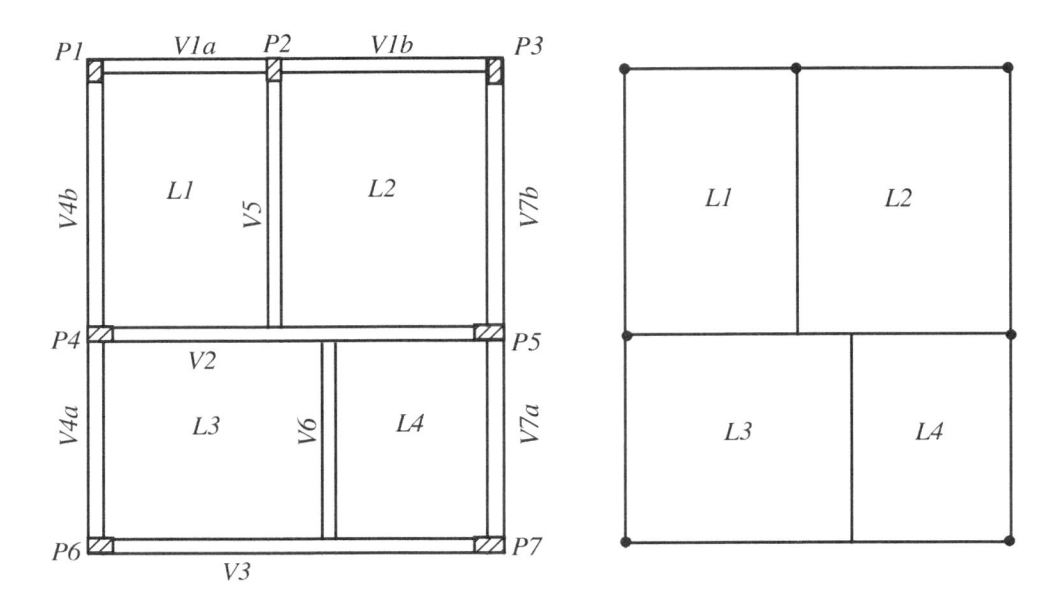

Figura 7.2: Planta de formas e planta de lajes de um pavimento

e) As cargas transmitidas pelas lajes às vigas, que são as reações de apoio nos bordos, são admitidas como uniformemente distribuídas por unidade de comprimento das vigas.

f) Em duas lajes de mesmo nível adjacentes, apoiadas de forma contínua sobre uma viga com a qual são moldadas monoliticamente, esse bordo é admitido no cálculo como um engastamento perfeito para ambas as lajes. Na figura 7.2, é o caso das lajes L1-L2, apoiadas em V5, e L1-L3, L2-L3 e L2-L4, em V2. Caso não haja continuidade sobre um bordo, pela ausência de laje adjacente ou presença de trechos vazios de extensão considerável, a laje é considerada no cálculo como simplesmente apoiada nesse bordo.

g) Pela NBR 6118 → 14.7.2.2: "Quando os apoios puderem ser considerados suficientemente rígidos quanto à translação vertical", considera-se como *vão efetivo* ou *teórico* da laje numa dada direção o valor: $l_{ef} = l_o + a_1 + a_2$.

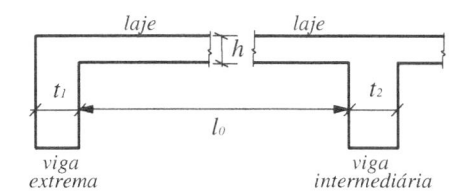

Figura 7.3: Vão efetivo ou vão teórico de lajes

Os valores de a_1 e a_2 em cada bordo dependem das larguras t_1 e t_2 das vigas e da espessura da laje, adotando-se o menor dos dois valores: $a_i \leq 0,5t_i$ e $0,3h$. Para estruturas usuais, é comum tomar o vão teórico como a distância de centro a centro dos apoios, ou seja, de eixo a eixo das vigas de bordo.

7.2.2 - Classificação de lajes retangulares apoiadas em todo o contorno

Para fins de cálculo, as lajes retangulares são classificadas em:

a) <u>Lajes em cruz</u> (ou calculadas nas duas direções):

- quando a relação entre os vãos teóricos é menor ou igual a 2.
- os momentos fletores na laje são calculados segundo as duas direções, para quaisquer condições de apoio nos bordos – engaste ou apoio simples.

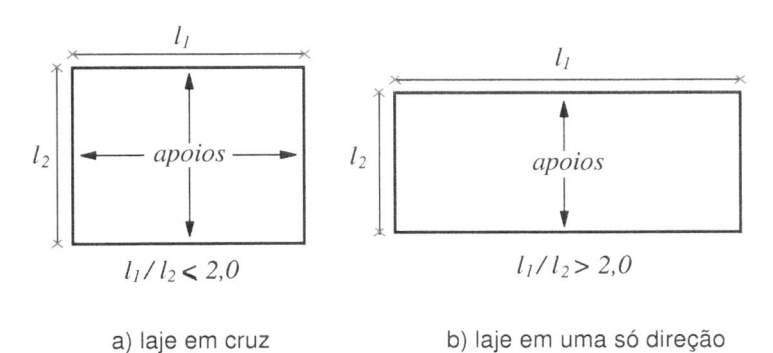

a) laje em cruz   b) laje em uma só direção

Figura 7.4: Classificação de lajes retangulares maciças apoiadas em todo o contorno

b) <u>Lajes calculadas em uma só direção</u>:

– quando a relação dos vãos efetivos é superior a 2.

– consideram-se no cálculo apenas os apoios nos bordos maiores, com os momentos calculados na direção paralela ao menor vão, dos quais se obtém a *armadura principal*. Na direção paralela ao vão maior, a armadura não é calculada, mas fixada como parcela da principal e denominada *armadura de distribuição*. Esse tipo de laje é comumente chamada *armada em uma só direção*, nome impreciso, pois existem armaduras nas duas direções, mesmo que só seja calculada aquela paralela à menor direção.

7.2.3 Espessura de lajes

A NBR 6118 → 13.2.4.1 estabelece para as espessuras de lajes maciças de edifícios os seguintes limites mínimos:

a) *7cm* para coberturas não em balanço;

b) *8cm* para lajes de piso não em balanço;

c) *10cm* para lajes em balanço;

d) *10cm* para lajes que suportem veículos de peso total menor ou igual a *30kN*;

e) *12cm* para lajes que suportem veículos de peso total maior que *30kN*;

f) *15cm* para lajes com protensão apoiadas em vigas;

g) *16cm* para lajes lisas e *14cm* para lajes-cogumelo fora do capitel.

Da mesma subseção da Norma: "No dimensionamento das lajes em balanço, os esforços solicitantes de cálculo a serem considerados devem ser multiplicados por um coeficiente adicional γ_n, de acordo com o indicado na Tabela 13.2". Esse coeficiente majora os esforços solicitantes finais de cálculo nas lajes em balanço, em função da espessura ou altura h, em centímetros (cm), assumindo os valores de *1,45* a *1,0* para alturas de *10* a *19cm*, respectivamente.:

$$\gamma_n = 1,95 - 0,05h \tag{7.1}$$

A espessura das lajes deve ser fixada no início do projeto, pois é necessária para a obtenção do peso próprio, responsável por parcela substancial da carga total em edificações usuais, junto com os revestimentos superior e inferior.

No pré-dimensionamento de um painel de lajes, tomam-se as mais desfavoráveis, quanto aos vãos, cargas e condições de apoio, e fixa-se um valor de espessura igual ou superior ao mínimo da Norma.

Com o valor pré-fixado da espessura para todo o painel, determina-se o peso próprio e, para as lajes mais desfavoráveis, calculam-se os momentos fletores e impõe-se a condição de serem as lajes dimensionadas com armaduras simples e subarmadas, observada a garantia de dutilidade abordada no capítulo 4.

O uso de armadura dupla em lajes deve ser evitado, pois a espessura reduzida causa grandes dificuldades na execução, especialmente para a manutenção das barras na execução, podendo afetar a posição da linha neutra da laje.

Atendida a condição citada, calculam-se previamente as flechas, que devem atender os limites de Norma, do capítulo 8. Assim, por processo iterativo, define-se a espessura final para o painel de lajes, que é uniforme na grande maioria dos casos, por economia de execução, em especial com formas e armação.

A altura útil d de uma laje é definida como a distância da fibra mais comprimida ao centro de gravidade da armadura de maior área, chamada *principal*. Assim, d é função da altura total da laje h, da espessura do cobrimento nominal de concreto c_{nom} e da bitola Φ das barras da armadura principal, como segue:

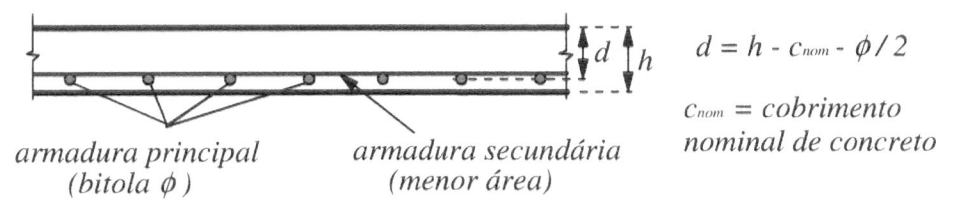

$$d = h - c_{nom} - \phi / 2$$

$$c_{nom} = cobrimento$$
$$nominal\ de\ concreto$$

armadura principal
(bitola ϕ)

armadura secundária
(menor área)

Figura 7.5: Armaduras principal e secundária e altura útil d de lajes maciças

A tabela 7.2 da NBR 6118, transcrita na tabela 3.6 do capítulo 3, prescreve os valores do cobrimento c_{nom} de 20 a $45mm$ para lajes de concreto armado nas classes de agressividade ambiental de fraca a muito forte (CAA I a IV).

Seguindo tendência internacional para garantia da durabilidade de estruturas de concreto, a edição 2003 da NBR 6118 introduziu aumentos substanciais nas espessuras da camada de cobrimento, ratificados em 2014.

Cuidado especial deve ser dedicado às lajes, mais vulneráveis à corrosão de armaduras de aço, em razão dos valores reduzidos de espessuras e diâmetros das barras.

No entanto, como comentado no capítulo 4, a Norma permite que as espessuras da camada de cobrimento de concreto possam ser reduzidas em situações favoráveis, desde que respeitado o cobrimento nominal $15mm$, como usualmente ocorre com:

> [...] a face superior de lajes e vigas que serão revestidas com argamassa de contrapiso, com revestimentos finais secos tipo carpete e madeira, com argamassa de revestimento e acabamento, como pisos de elevado desempenho, pisos cerâmicos, pisos asfálticos e outros.

Essa redução é importante, pois a espessura das lajes no cálculo por métodos elásticos é imposta, em geral, pelos valores elevados dos momentos negativos nas seções dos apoios, bem maiores que os positivos nos vãos.

Dessa forma, para lajes revestidas no interior de edifícios, as armaduras negativas junto à face superior podem ter cobrimento nominal de $15mm$. Em outras classes ambientais, a altura útil pode diminuir consideravelmente. Da figura 7.5, para bitola das barras da armadura principal até $10mm$ e classe de agressividade ambiental CAA I, podem-se adotar como valor inicial da altura útil:

a) <u>Armaduras negativas</u>: $d = h - 2,0cm$ (7.1)

b) <u>Armaduras positivas</u>: $d = h - 2,5cm$.

7.3 AVALIAÇÃO DE CARGAS NAS LAJES

7.3.1 Cargas permanentes

7.3.1.1 Peso próprio

Para efeito de cálculo, a NBR 6118 → 8.2.2 adota a massa específica do concreto armado como $2500kgf/m^3$. O peso próprio das lajes maciças é admitido como uma carga permanente uniformemente distribuída no seu plano médio, em função da espessura da laje h em $centímetros$, e dada por:

$$g = 25h \;\; \text{em} \;\; kgf/m^2 \tag{7.2}$$

7.3.1.2 Peso dos revestimentos inferior e superior da laje

Nos casos usuais de pisos de madeira, argamassa de contrapiso e revestimento inferior da laje com argamassa de até $2,0cm$ de espessura, é comum se adotar uma carga permanente adicional com o valor de $100kgf/m^2$.

No entanto, uma execução deficiente, em especial quanto a formas e escoramentos, pode conduzir a valores bem superiores, pela necessidade de maiores espessuras da argamassa de contrapiso e de nivelamento do piso. Em casos especiais de pisos de materiais mais pesados, como mármore ou granito, o peso do revestimento superior por área da laje pode ser obtido da NBR 6120, em sua *Tabela 1 – Peso específico dos materiais de construção.*

7.3.1.3 Peso do enchimento em lajes rebaixadas

Por exigência do Projeto de Arquitetura, pode haver em determinado pavimento lajes em nível abaixo das demais, denominadas *rebaixadas*. Em edificações mais antigas, era uma medida comum para embutir tubulações.

Atualmente, essa solução está superada, pois, para maior rapidez e economia de formas e facilidade no reparo de tubulações, as instalações hidráulico-sanitárias são localizadas sob a laje, embutidas em forros de fácil remoção e peso reduzido.

Na laje rebaixada da figura 7.6, deve ser acrescida uma carga por unidade de área, multiplicando a espessura pelo peso específico do material de enchimento para nivelamento do piso, em geral entulho, de valor usual $1000kgf/m^3$.

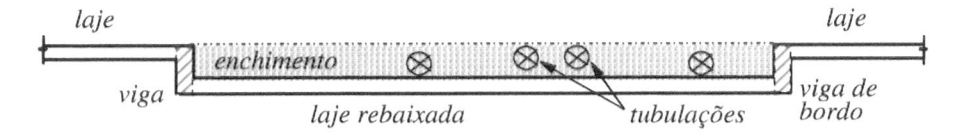

Figura 7.6: Laje rebaixada em relação ao nível do piso

7.3.1.4 Cargas de paredes apoiadas diretamente sobre as lajes

No lançamento estrutural, é conveniente dispor as vigas alinhadas sob as paredes principais, para receber sua carga. Entretanto, nem sempre isso é possível, sendo frequente haver paredes assentadas diretamente sobre as lajes. Por outro lado, o incremento de inovações e os métodos racionais de execução têm reduzido de forma significativa a espessura e o peso dos revestimentos, em benefício do projeto estrutural, mas, por vezes, comprometendo o conforto ambiental.

A tabela 7.1, a seguir, apresenta os pesos por área de paredes *acabadas*, isto é, revestida dos dois lados com argamassa de até $2,5cm$, nas espessuras usuais. Para blocos de argamassa ou concreto, existe grande variedade de dimensões e os valores da tabela são indicativos, devendo ser consultadas especificações dos fabricantes. A tabela foi montada com os pesos específicos da NBR 6120:

- Tijolos cerâmicos furados: $\gamma = 1300kgf/m^3$
- Tijolos cerâmicos maciços: $\gamma = 1800kgf/m^3$
- Blocos de argamassa: $\gamma = 2200kgf/m^3$
- Argamassa de cimento e areia: $\gamma = 2100kgf/m^3$.

Por exemplo, para tijolo cerâmico furado de dimensões $10x20x20(cm)$, os pesos por área de parede p' da tabela 7.1, são (aproximação em múltiplos de 10):

* parede acabada de $15cm$: $g = 1300. \ 0,10 + 2100. \ 0,05 = 240kgf/m^2$
* parede acabada de $25cm$: $g = 1300. \ 0,20 + 2100. \ 0,05 = 370kgf/m^2$.

Tabela 7.1: Valores do peso unitário de parede acabada = $p' \ (kgf/m^2)$

Espessura da parede acabada	Tijolo cerâmico furado $10x20x20cm$	Blocos de concreto celular (dimensões em cm)	Blocos de argamassa
$12cm$	-	$200 \ (bloco \ de \ 8x20x40)$	260
$15cm$	240	$230 \ (bloco \ de \ 12x20x40)$	330
$25cm$	370	$310 \ (bloco \ de \ 20x20x40)$	550

A carga das paredes apoiadas em lajes é função da relação de vãos, como mostram os esquemas da figura 7.7:

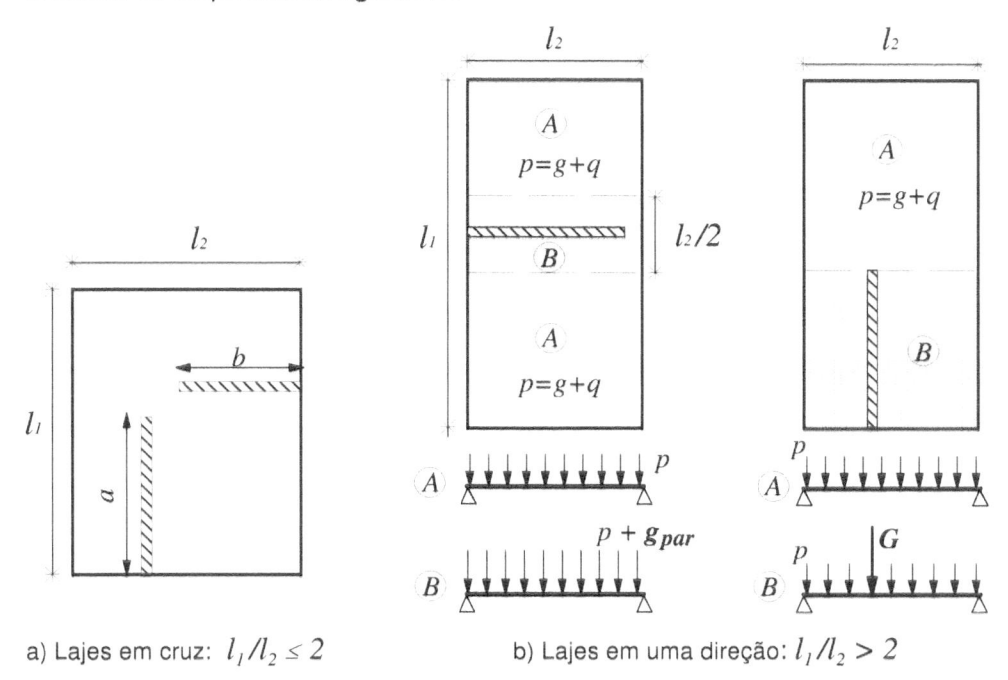

a) Lajes em cruz: $l_1/l_2 \leq 2$ b) Lajes em uma direção: $l_1/l_2 > 2$

Figura 7.7: Cargas de paredes apoiadas sobre lajes retangulares maciças

a) Cargas de paredes sobre lajes em cruz

O peso da parede é transformado em carga distribuída uniforme na área da laje (g_{parede}). No exemplo da figura 7.7(a), com o peso por área p' da tabela 7.1e a altura ou *pé direito H*, com os comprimentos a e b, tem-se:

$$g_{parede} = \frac{(a+b)Hp'}{l_1 l_2} \tag{7.3}$$

b) Cargas de paredes sobre lajes em uma direção:

Conforme a figura 7.7(b), duas posições da parede podem ser consideradas para avaliar a carga na laje: nas direções paralela ou perpendicular ao menor vão. Admite-se que a parede transmite uma carga distribuída uniforme sobre a laje no primeiro caso e concentrada no segundo:

❖ *1° caso: parede paralela ao menor vão*:

– A carga é considerada uniformemente distribuída numa região B de influência da parede e acrescida à carga total p na laje. A largura da faixa B pode ser tomada como metade do vão menor. Supondo a parede com um comprimento l_{parede}, a carga por área g_{parede} é dada pela primeira das expressões (7.4).

❖ *2° caso: parede perpendicular ao menor vão*:

– A carga G considerada concentrada na região B de influência da parede, em uma faixa de largura um metro (p' da tabela 7.1):

$$g_{parede} = \frac{p'H l_{parede}}{l_2(l_2/2)} = \frac{2p'H l_{parede}}{l_2^2} \ (kgf/m^2)$$
$$G = p'H.\, 1m \ (kgf) \tag{7.4}$$

❖ *Observações*:

1) Nas lajes em uma direção, como na figura 7.7(b), em termos de consumo de aço é mais econômico calcular armaduras distintas para as regiões (A) sem influência da parede e (B) com influência. Entretanto, esse procedimento introduz maior margem de erros no trabalho de armação, além de dificultar o processo de cálculo. Por isso, é prática comum calcular apenas as armaduras das situações mais desfavoráveis e repeti-las em toda a extensão da laje.

2) No cálculo das carga de paredes, em geral, não se descontam os vãos de portas e janelas, ficando a favor da segurança e podendo cobrir eventuais modificações posteriores.

3) No caso de divisórias sem posição definida sobre a laje, deve ser previsto um acréscimo mínimo de $100 kgf/m^2$ na carga total da laje, conforme a NBR 6120.

7.3.2 - Cargas acidentais ou variáveis de utilização nas lajes

As cargas variáveis de utilização, também chamadas *acidentais, sobrecargas ou cargas de serviço* da edificação, são definidas na tabela 2 da NBR 6120, que fornece valores mínimos de carga uniforme por área (m^2) de laje, para edificações de várias naturezas e respectivos tipos de espaço.

Em situações especiais, outros tipos de carga devem ser considerados, exigindo atenção as disposições das subseções seguintes da NBR 6120:

– 2.1.2: paredes divisórias sobre as lajes;

– 2.2.1.3: armazenagem de materiais de construção e outros materiais;

– 2.2.1.5: cargas em parapeitos e balcões;

– 2.2.1.6: cargas em lajes de garagens.

7.4 CÁLCULO DE ESFORÇOS EM LAJES RETANGULARES

7.4.1 Introdução

Os métodos de cálculo de esforços em lajes são classificados quanto à sua natureza em elásticos ou plásticos. Os primeiros calculam os esforços sob as cargas de serviço considerando a estrutura na fase elástica, com base na sua geometria indeformada.

Os métodos plásticos admitem a laje deformada em regime de ruptura, obtendo-se daí as configurações de equilíbrio para o cálculo dos esforços últimos. A seguir, descrevem-se esses métodos, sucintamente.

a) Cálculo no regime elástico

Os esforços e deslocamentos em lajes maciças são calculados a partir da solução de uma equação diferencial, denominada *de Lagrange*, estabelecida pela Teoria das Placas.

Para materiais elásticos e uniformes, essa equação relaciona o deslocamento elástico z de um ponto de coordenadas ortogonais x, y (figura 7.8) com a carga p por unidade de área, uniforme e normal à superfície média da placa, na forma:

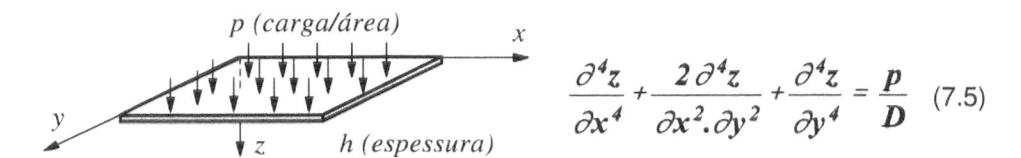

$$\frac{\partial^4 z}{\partial x^4} + \frac{2\,\partial^4 z}{\partial x^2 . \partial y^2} + \frac{\partial^4 z}{\partial y^4} = \frac{p}{D} \qquad (7.5)$$

Figura 7.8: Placa de material elástico e uniforme

A rigidez à flexão da placa na fase elástica é dada por:

$$D = \frac{E h^3}{12\,(1 - v^2)} \qquad (7.6)$$

onde:

h = espessura da placa;

E = módulo de elasticidade do material;

v = coeficiente de Poisson.

As condições de contorno para solução da equação diferencial (7.5) são:

– flecha nula: $z = 0$ ⇨ em todos os bordos apoiados;

– momento nulo: $\partial^2 z / \partial x^2 = 0$ ⇨ nos bordos simplesmente apoiados;

– rotação nula: $\partial z / \partial x = 0$ ⇨ nos bordos engastados.

Da expressão (7.5) deduzem-se as expressões (7.7) e (7.8), para o cálculo dos momentos fletores em duas direções ortogonais na laje:

M_x = momento em torno do eixo x nas faixas de largura unitária paralelas a y

M_y = momento em torno do eixo y nas faixas de largura unitária paralelas x.

$$M_x = -D\left(\frac{\partial^2 z}{\partial x^2} + v\frac{\partial^2 z}{\partial y^2}\right) \quad (7.7) \quad M_y = -D\left(\frac{\partial^2 z}{\partial y^2} + v\frac{\partial^2 z}{\partial x^2}\right) \quad (7.8)$$

No regime elástico, o cálculo dos momentos pode ser feito por diferentes métodos, que variam em grau de aproximação, conforme as ferramentas disponíveis:

a.1) Métodos Clássicos

Dos métodos clássicos, o mais antigo é a Teoria das Grelhas ou dos Quinhões de Carga, que consiste na divisão da laje em faixas ortogonais de largura unitária, nas direções x e y, paralelas aos bordos. Também se divide a carga total por área em duas parcelas, $p = p_x + p_y$, denominadas *quinhões de carga* das faixas ortogonais. Cada faixa é então calculada como viga submetida à respectiva parcela da carga total. O método é conservador quanto aos esforços, pois despreza a ligação lateral entre faixas na mesma direção, existente na peça monolítica.

a.2) Métodos baseados na Teoria da Elasticidade

Têm como base a solução da equação de Lagrange por técnicas numéricas, com diferentes fundamentos e graus de precisão:

– *Integração por Séries Trigonométricas*, sendo os mais usuais no Brasil os métodos de *Kalmanok, Czérni* e *Barés*.

– *Integração numérica*, que conduz a sistemas de equações lineares, entre eles, os métodos das *Diferenças Finitas* e dos *Elementos Finitos*.

a.3) Métodos mistos

São métodos práticos, que corrigem os momentos obtidos da Teoria das Grelhas, por meio de coeficientes obtidos da solução da equação de Lagrange pela Teoria da Elasticidade. O mais tradicional e mais utilizado no Brasil é o Método de Marcus, adotado neste texto, tema do subitem 7.4.3.1.

b) Cálculo no regime rígido-plástico

Baseia-se na configuração de equilíbrio da laje imediatamente antes da ruptura, após a fissuração e a plastificação dos materiais: esmagamento do concreto e escoamento do aço. Confirma-se experimentalmente que no estado-limite último a laje submetida a uma carga distribuída uniforme divide-se em painéis rígidos, que giram em torno de rótulas, denominadas *linhas de ruptura, charneiras ou rótulas plásticas*, que têm a direção das fissuras, como ilustra a figura 7.9.

Nessa configuração *rígido-plástica*, a laje da figura, engastada nos quatro bordos e sujeita a uma carga distribuída uniforme, divide-se em painéis que têm a forma de triângulos e trapézios. As linhas cheias no interior representam as fissuras ou rótulas plásticas que se formam na face inferior da laje e as linhas tracejadas as fissuras na região vizinha às vigas de apoio sobre sua face superior.

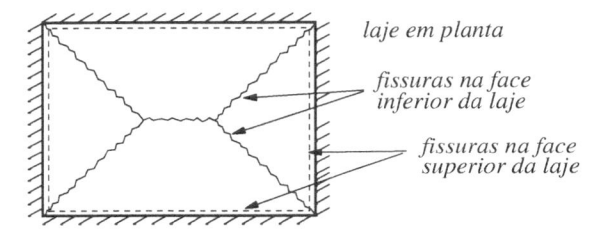

Figura 7.9: Configuração de ruptura de laje retangular engastada nos quatro bordos

Com base nos dois métodos descritos, elástico e rígido-plástico, duas alternativas prevalecem para cálculo dos esforços nas lajes de concreto armado:

1) Calcular os momentos fletores de serviço na laje, M_k, por um método elástico e com eles obter os momentos de cálculo (últimos ou de ruptura da laje), com a majoração: $M_{d,elást} = \gamma_f . M_k$. O dimensionamento de armaduras é feito com os $M_{d,elást}$ e as verificações aos ELS com M_k. É o mais simples e a favor da segurança, principalmente quanto aos momentos negativos. Em geral, o balanceamento posterior de momentos positivos e negativos é conveniente.

2) Calcular os momentos de ruptura na laje, $M_{d,plást}$, pelo método das linhas de ruptura, a partir de relação prefixada entre momentos negativos e positivos. Das condições de equilíbrio estabelecidas, obtém-se os momentos últimos, que, em geral, são diferentes dos $M_{d,elást}$, e dimensionam-se as armaduras. O emprego de algum método elástico é necessário para obter os momentos de serviço M_k e a verificação aos ELS. Na maioria das vezes, essa alternativa é a mais econômica, pelo balanceamento prévio de momentos positivos e negativos, mas exige dois procedimentos de cálculo.

As normas admitem os dois métodos de cálculo, cabendo ao projetista escolher a opção mais viável, com a segurança adequada ao ELU e aos ELS – flechas e fissuração.

7.4.2 Cálculo de momentos nas lajes em uma só direção

7.4.2.1 Lajes isoladas

Os momentos fletores são calculados considerando faixas de largura unitária, paralelas à menor direção, admitidas como vigas apoiadas nos bordos maiores. As diversas condições de apoio – apoio simples, engaste ou bordo livre –, podem ser vistas na figura 7.10(a), a seguir.

A armadura principal é calculada apenas para os momentos do vão menor, positivos e negativos. Na direção maior, é disposta uma armadura de distribuição, fração da armadura principal, objeto do item 7.6.3.3.

7.4.2.2 Lajes contínuas

A edição NB-1/78 da Norma, na subseção 3.3.2.6, apresentava um processo aproximado, de interesse prático, para faixas de lajes de largura unitária paralelas à menor direção, consideradas para fins de cálculo como vigas contínuas, como na figura 7.10(b). A condição de uso do processo é que os vãos mínimo e máximo nessa faixa observem a relação $l_{min} \geq 0,8l_{max}$. Quando essa relação de vãos não é obedecida ou existem cargas concentradas nas lajes, deve ser usado outro método de cálculo.

Pelo método da NB-1/78, em cada faixa de largura unitária os momentos fletores máximos positivos ou negativos são dados pela expressão (7.9), com o coeficiente β definido na figura 7.10(b).

$$M_{max} = (g + q)l^2/\beta = pl^2/\beta \qquad (7.9)$$

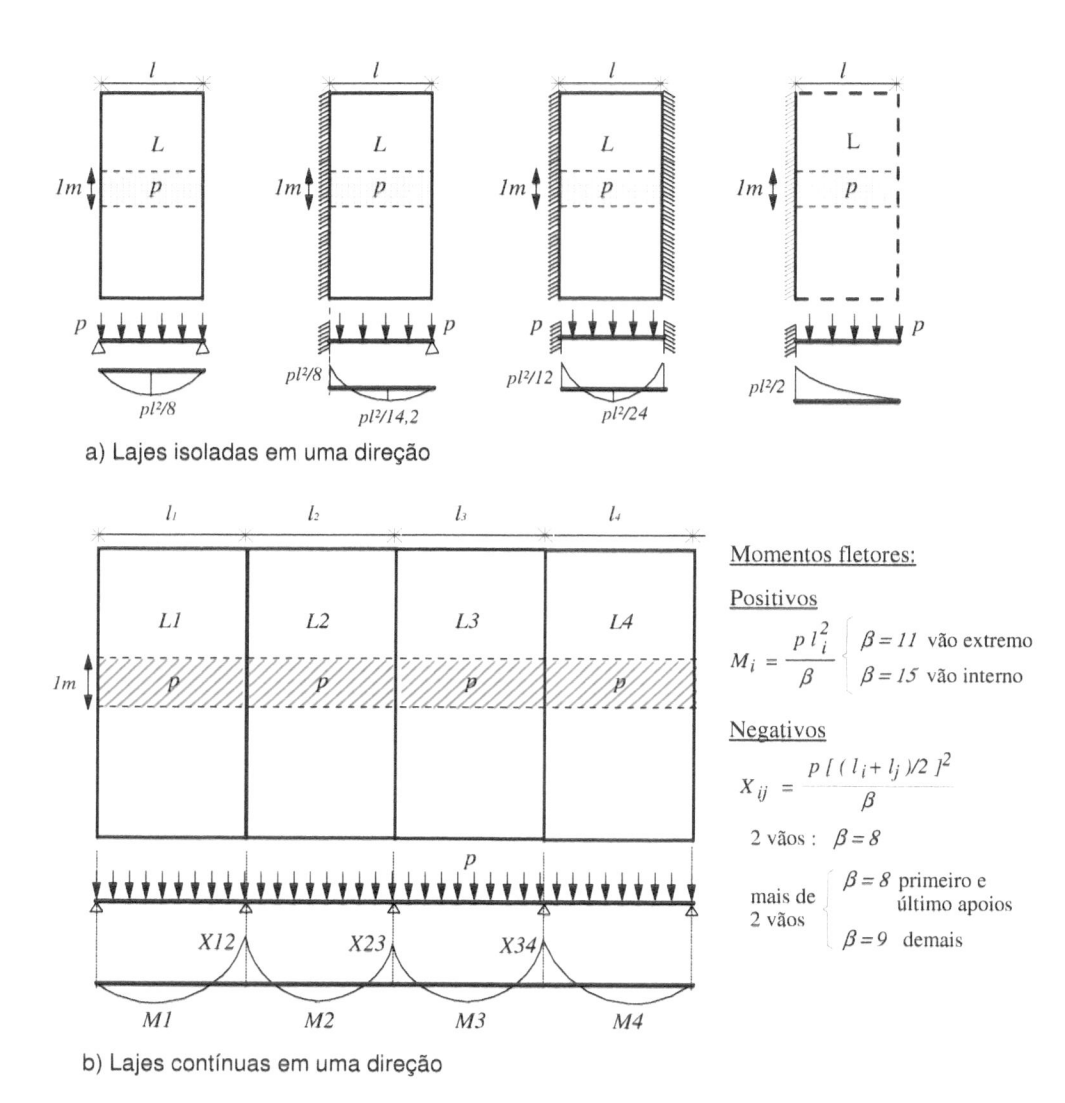

a) Lajes isoladas em uma direção

b) Lajes contínuas em uma direção

Momentos fletores:

Positivos

$$M_i = \frac{p\, l_i^2}{\beta} \begin{cases} \beta = 11 \ \text{vão extremo} \\ \beta = 15 \ \text{vão interno} \end{cases}$$

Negativos

$$X_{ij} = \frac{p\,[\,(\,l_i + l_j\,)/2\,]^2}{\beta}$$

2 vãos : $\beta = 8$

mais de 2 vãos $\begin{cases} \beta = 8 \ \text{primeiro e último apoios} \\ \beta = 9 \ \text{demais} \end{cases}$

Figura 7.10: Momentos fletores em lajes calculadas em uma só direção

Para cálculo dos momentos negativos, o vão l é a média dos vãos adjacentes ao apoio considerado. Quando na faixa contínua houver mais de dois vãos, toma-se $\beta = 8$ para apoios extremos e $\beta = 9$ para apoios internos. Na laje de quatro vãos da figura 7.10(b), os momentos positivos e negativos seriam:

$$M_1 = p l_1^2 / 11 \qquad M_2 = p l_2^2 / 15 \qquad M_3 = p l_3^2 / 15 \qquad M_4 = p l_4^2 / 11$$

$$X_{12} = p[(l_1 + l_2)/2]^2 / 8 \qquad X_{23} = p[(l_2 + l_3)/2]^2 / 9 \qquad X_{34} = p[(l_3 + l_4)/2]^2 / 8.$$

7.4.3 Cálculo de momentos em lajes retangulares em duas direções (em cruz)

7.4.3.1 Lajes isoladas – método de Marcus

Para o cálculo dos momentos fletores de lajes em cruz, com a relação entre os vãos $\leq 2,0$, o método de Marcus é, provavelmente, o mais utilizado no Brasil. Conforme exposto no subitem 7.4.1, alínea a.3), é um método elástico misto, que fornece valores satisfatórios para os momentos característicos da laje nos estados-limites de serviço, isto é, sob cargas previstas de utilização.

Em geral, os momentos negativos obtidos pela majoração $M_{Sd} = \gamma_f M_{Sk}$ são conservadores com relação aos valores dos momentos de ruptura do cálculo plástico. Portanto, podde ser conveniente reduzí-los, com uma redistribuição que, para manter o equilíbrio, exige aumento proporcional dos momentos positivos. Para essa redistribuição, abordada no subitem 4.3.4.1 do capítulo 4, a NBR 6118 → 14.6.4.3 limita a profundidade da linha neutra da seção, com o coeficiente δ:

$k_x = x/d \leq (\delta - 0,44)/1,25$, para concretos com $f_{ck} \leq 50MPa$;

$k_x = x/d \leq (\delta - 0,56)/1,25$, para concretos com $50MPa < f_{ck} \leq 90MPa$.

Com os momentos negativos reduzidos de δM, os positivos são aumentados na mesma proporção. Para estruturas de nós fixos, a Norma impõe $\delta \geq 0,75$, que implica a máxima redução dos momentos negativos de 25%.

O método de Marcus prevê seis casos para lajes retangulares apoiadas em todo o contorno, em função da natureza do vínculo em cada bordo, seja apoio simples, seja engaste. A condição fundamental para o emprego do método é a definição correta do vão l_x da laje, como ilustra a figura 7.11 e, em cada caso, o parâmetro principal de cálculo é $\lambda = l_y / l_x$.

l_x = vão na direção normal ao maior número de bordos engastados; havendo igualdade na primeira condição, será l_x = menor vão. Desse valor, obtém-se o parâmetro λ das tabelas 7.6(a) a (f), ao final deste capítulo, sendo:

❖ *Casos 1, 3 e 6* ⇨ *$1,0 \leq \lambda \leq 2,0$*

❖ *Casos 2, 4 e 5* ⇨ *$0,5 \leq \lambda \leq 2,0$*

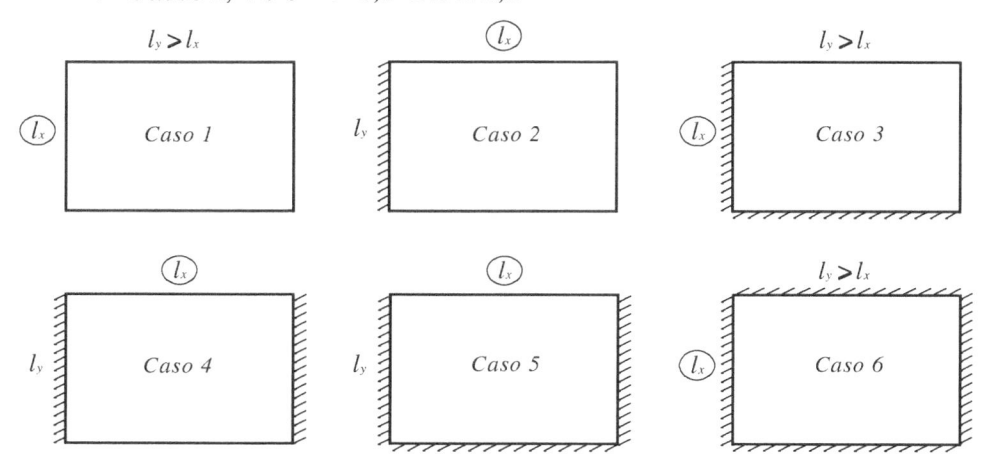

Figura 7.11: Casos de lajes retangulares em cruz pelo método de Marcus

Os momentos fletores em torno dos eixos x e y, positivos e negativos, nas faixas de largura unitária da laje, são calculados pelas expressões (7.10) e (7.11), usando as tabelas 7.6(a) a (f), ao final deste capítulo. Para os seis casos da figura 7.11, as tabelas fornecem os coeficientes m_x, m_y, n_x e n_y, tendo como parâmetro de entrada $\lambda = l_y/l_x$, conforme os tipos de apoios e vãos.

❖ *Momentos positivos*:   ❖ *Momentos negativos*:

$$M_x = \frac{p\,l_x^{\,2}}{m_x} \quad ; \quad M_y = \frac{p\,l_x^{\,2}}{m_y} \quad (7.10) \qquad X_x = \frac{p\,l_x^{\,2}}{n_x} \quad ; \quad X_y = \frac{p\,l_x^{\,2}}{n_y} \quad (7.11)$$

❖ *Observações*:

1) Notar que o método de Marcus foi formulado com as quatro expressões de (7.10) e (7.11), tendo os numeradores iguais. Isso aumenta a importância do acerto na definição dos vãos l_x das lajes de um painel.

2) Os coeficientes dos denominadores das expressões (7.10) e (7.11) são adimensionais. As unidades usuais dos numeradores para p e l_x^2 são kgf/m^2 e m^2, respectivamente, o que forneceria os momentos aparentemente, em kgf. Ocorre, no entanto, que esse cálculo é efetuado para momentos fletores em faixas de laje de largura unitária igual a um metro e, dessa forma, a unidade correta é $kgf.m/m$.

3) As tabelas de Marcus fornecem ainda um fator k_x, sem qualquer relação com o coeficiente da linha neutra, que permite obter um *quinhão da carga* total por área de laje na faixa x, $p_x = k_x p$, e $p_y = (1 - k_x)p$, na faixa ortogonal:

7.4.3.2 Lajes contínuas em cruz

O cálculo é efetuado como lajes isoladas, por meio de decomposição virtual, em que se consideram engastadas entre si as lajes em que há continuidade sobre o bordo comum. Consideram-se apoios simples os bordos onde não houver continuidade, o que será tratado no subitem seguinte.

Nas lajes calculadas como isoladas, obtêm-se dois valores do momento negativo num bordo comum com continuidade, que podem ser diferentes, em função dos vãos e cargas. Entretanto, sendo a estrutura monolítica, o momento fletor negativo no bordo tem valor único, o que exige um processo para a uniformização dos momentos calculados isoladamente.

A figura 7.12, a seguir, apresenta um critério simplificado e a expressão genérica para a determinação do valor do momento fletor uniformizado, $X_{ij,unif}$, ao longo de um bordo comum.

Quando as lajes adjacentes apresentam grandes diferenças de vãos, é necessário, em geral, corrigir os momentos positivos calculados nas lajes isoladas. Essa correção pode apontar diferenças significativas quando a diferença dos vãos adjacentes ultrapassar cerca de 25%.

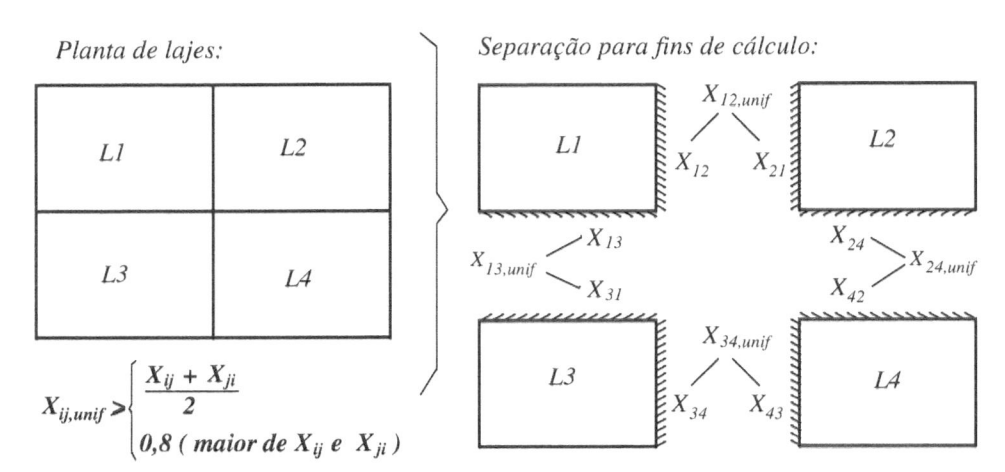

Figura 7.12: Decomposição virtual para cálculo de lajes contínuas

7.4.4 Considerações especiais sobre continuidade entre lajes

Havendo continuidade plena entre lajes adjacentes, considera-se no cálculo haver no bordo comum engastamento perfeito entre elas. Essa continuidade é garantida pelas lajes de mesmo nível e espessura e pela não existência de espaços vazios junto às vigas de apoio nos bordos, como se comenta a seguir. Não havendo plena continuidade, o bordo é tomado como apoio simples, valendo destacar os casos das figuras 7.13 e 7.14, a seguir, de caráter prático:

a) Se num bordo da laje não há continuidade plena, considera-se todo o bordo contínuo (engaste) no cálculo se houver continuidade em 2/3 ou mais de seu comprimento; caso contrário, toma-se todo o bordo como apoio simples.

A figura 7.13 mostra os dois casos para a laje L1. O bordo AB pode ser considerado todo engastado ou simplesmente apoiado, dependendo da relação do trecho contínuo AC para o comprimento AB. Em qualquer das situações, a laje L2 é engastada em L1, pois existe continuidade em toda a extensão do bordo AC. Deve-se ainda equilibrar os momentos negativos em AC pela continuidade da laje L2 com L1. O momento X_{L2-L1} será equilibrado com o valor calculado de X_{L1-L2}, no caso de $AC \geq 2/3AB$, ou zero, se $AC < 2/3AB$.

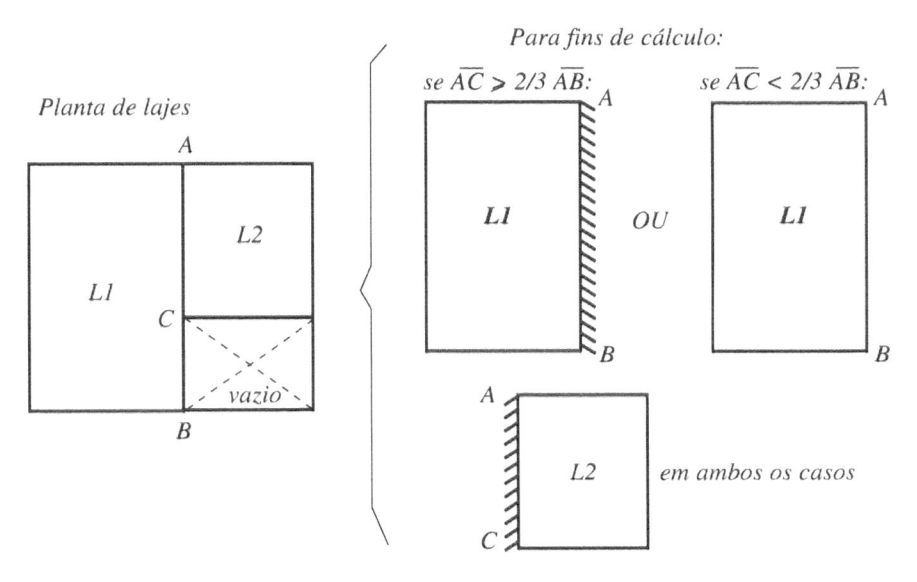

Figura 7.13: Considerações sobre apoios em bordos sem continuidade completa

b) Na figura 7.14, para fins de cálculo, não se considera a continuidade entre lajes de níveis diferentes. Sendo L2 rebaixada de $20cm$, as lajes L1, L3 e L4 são calculadas tendo como apoios simples os bordos com L2 e essa última toda simplesmente apoiada.

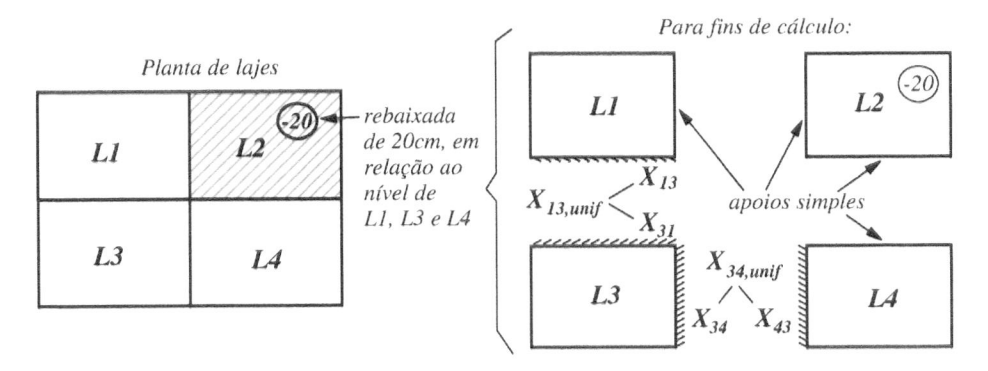

Figura 7.14: Decomposição de painéis de lajes com níveis diferentes

7.5 CARGAS DAS LAJES MACIÇAS NAS VIGAS DE BORDO

Para avaliar as reações de apoio em lajes maciças retangulares com carga uniforme, que são as cargas aplicadas nas vigas de bordo, a NBR 6118 → 14.7.6.1 adota um processo aproximado, com base em uma análise rígido-plástica, em que a laje no ELU se divide em painéis rígidos, que giram em torno de *charneiras* ou *rótulas plásticas* – as fissuras que ser forma nas lajes ao se aproximar a ruptura.

Esses painéis formam trapézios e triângulos, por linhas partindo dos vértices, como na figura 7.15, a seguir. As reações no apoio corresponderiam às cargas atuantes nos triângulos ou trapézios, consideradas uniformes por unidade de comprimento sobre os elementos lineares de suporte.

Quando uma análise mais refinada não é efetuada, procede-se como se a laje fosse dividida em áreas de influência para os apoios, por charneiras aproximadas em linhas retas inclinadas com os ângulos:

❖ *45°*: entre dois apoios do mesmo tipo (ambos engastes ou apoio simples);

❖ *60°*: a partir do apoio engastado, se o outro for simplesmente apoiado;

❖ *90°*: partir do apoio, quando o bordo vizinho for livre.

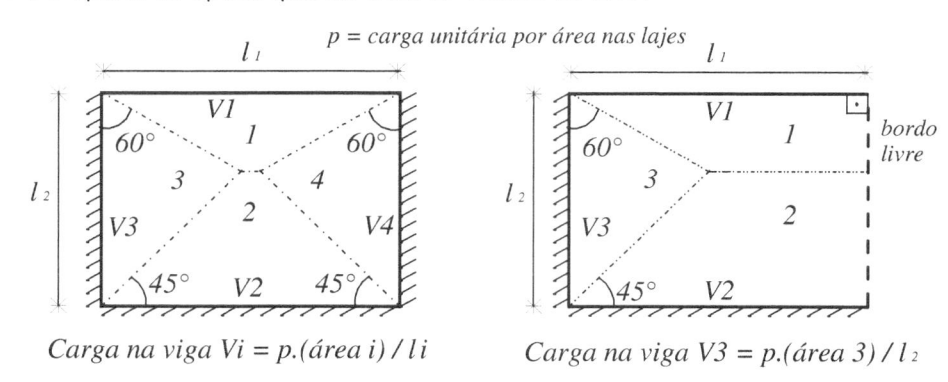

Carga na viga Vi = p.(área i) / l i   Carga na viga V3 = p.(área 3) / l₂

Figura 7.15: Cargas nas vigas de bordo de lajes retangulares (NBR 6118)
V_i = reação de apoio em uma viga 'i' genérica

A tabela 7.5, ao final deste capítulo, apresenta expressões aproximadas para o cálculo pelo processo da Norma das reações nas vigas de bordo em lajes maciças retangulares com carga uniforme, para os casos 1 a 6 do método de Marcus.

7.6 DIMENSIONAMENTO DE LAJES MACIÇAS RETANGULARES

7.6.1 Verificação da espessura da laje

As lajes maciças apoiadas em vigas no contorno são armadas com armadura simples em uma só camada, na quase totalidade dos casos da prática, pelas razões expostas no subitem anterior 7.2.3.

Cabe ainda atender o limite imposto à profundidade relativa da linha neutra x/d, para garantir a dutilidade aos momentos máximos, em geral, nas regiões de apoio sobre as vigas, conforme o subitem 7.4.3.1.

A espessura uniforme para um painel de lajes deve ser verificada no início do cálculo, para garantir a dutilidade aos momentos máximos, em geral os negativos para as lajes contínuas, o que permite assegurar o cálculo com armadura simples. Assim, deve ser $k_{md} \leq k_{mdlim}$, limite das tabelas 4.1 ou 4.4 do capítulo 4.

Na maioria dos casos, basta atender o momento negativo máximo equilibrado obtido para todo o painel. Da expressão (4.5), para fins de cálculo admitindo as faixas ortogonais de laje como vigas de largura unitária $b_w = 1,0m$, verifica-se o momento máximo por:

$$M_{Sdmax} = \gamma_f\, M_{Skmax} \leq k_{mdlim}\, b_w\, d^2 f_{cd} \qquad (7.12)$$

M_{Skmax} = momento fletor máximo característico ou de serviço, em módulo;

γ_f = coeficiente de majoração das solicitações, em geral, igual a *1,4*;

k_{mdlim} = coeficiente dos momentos no limite da dutilidade; para as classes de concreto mais usadas C20 a C50, tem-se um valor único $k_{md} = 0,251$; há valores distintos, de *0,197* a *0,146*, para concretos C55 a C90;

$d = h - c - \Phi/2$ = altura útil da laje (figura 7.5, subitem 7.3.2).

❖ *Observação sobre unidades*:

Para obter os momentos na unidade mais cômoda, *kgf.m*, para a faixa de largura unitária, entra-se com $b_w = 1m$, d em *cm* e f_{cd} em *kgf/cm²*.

7.6.2 - Cálculo das armaduras

As armaduras de uma laje, positivas e negativas, são calculadas, em cada direção, como uma viga de largura $b_w = 1m$. Conhecidos os valores da espessura da laje e do momento fletor de cálculo por metro de largura de laje, procede-se como no cálculo de armadura de vigas, da expressão (4.8) do capítulo 4:

$$k_{md} = \frac{M_{Sd}}{d^2 f_{cd}}$$

(7.13)

❖ unidades preferenciais: M_{Sd} em $kgf.m$; d em cm e f_{cd} em kgf/cm^2.

A partir do coeficiente k_{md}, obtém-se k_z (tabelas 4.3 ou 4.4), com o qual se determina, em cada direção, a área de aço por metro de laje:

$$A_s = \frac{M_{Sd}}{k_z d f_{yd}} \quad (cm^2/m)$$

(7.14)

❖ unidades: M_{Sd} em $kgf.m$; d em $metros$ e f_{cd} em kgf/cm^2.

Com as armaduras positivas (A_{sx}^+, A_{sy}^+) e negativas (A_{sx}^-, A_{sy}^-), em cm^2/m, a tabela 7.3 deste capítulo fornece bitolas e espaçamentos de barras, sendo que:

a) É recomendável adotar espaçamentos de barras $s \geq 10cm$, visando ao bom lançamento e adensamento do concreto.

b) O aço CA-60 em lajes resulta em economia, pelo maior valor da tensão de escoamento f_{yd} e pela disponibilidade de bitolas mais finas, abaixo de $10mm$.

Especial atenção deve ser dada às precauções quanto ao cálculo no domínio 2, situação muito comum em lajes, em especial para momentos positivos, para prevenir ruptura frágil e deformações excessivas das armaduras.

O subitem 7.6.3.1 apresenta as disposições para armadura mínima de lajes. Para o limite inferior das tabelas 4.1 e 4.4, $k_x \leq 0,02$, adotar direto $A_s = A_{smin}$.

7.6.3 Prescrições da NBR 6118

7.6.3.1 Armadura mínima para lajes de concreto armado

Conforme dispõe a NBR 6118 → 19.3.3.1:

Os princípios básicos para o estabelecimento de armaduras máximas e mínimas são os dados em 17.3.5.1. Como as lajes armadas nas duas direções têm outros mecanismos resistentes possíveis, os valores mínimos das armaduras positivas são reduzidos em relação aos dados para elementos estruturais lineares.

Quanto às armaduras mínimas, estabelece:

Para melhorar o desempenho e a dutilidade à flexão, assim como controlar a fissuração, são necessários valores mínimos de armadura passiva definidos na tabela 19.1. Alternativamente, estes valores mínimos podem ser calculados com base no momento mínimo, conforme 17.3.5.2.1. Essa armadura deve ser constituída preferencialmente por barras com alta aderência ou por telas soldadas.

A tabela 7.2, a seguir, extraída da tabela 19.1 da Norma, apresenta valores das taxas de armadura mínima para lajes de concreto armado. A Norma esclarece que as lajes calculadas nas duas direções, ou em cruz, têm mecanismos resistentes adicionais aos elementos lineares, pelo comportamento como placa, e, por isso, podem ser admitidos valores menores para as armaduras positivas mínimas.

Tabela 7.2: Taxas de armadura mínima para lajes de concreto armado

	Armaduras negativas	Armaduras negativas em bordas sem continuidade	Armaduras positivas		
			Lajes em cruz	Lajes em uma direção	
				Principal	Secundária ou de distribuição
$\rho_s = A_s/(b_w h)$	$\geq \rho_{min}$	$\geq 0,67\rho_{min}$	$\geq 0,67\rho_{min}$	$\geq \rho_{min}$	$\rho_s \geq 0,5\rho_{min}$ $A_s \geq 0,2A_{s,princ}$ $A_s \geq 0,9cm^2/m$

As taxas ρ_s da tabela 7.2 são referidas aos valores de ρ_{min} da tabela 4.2 do capítulo 4, para as classes de concreto C20 a C90.

Para obter as armaduras mínimas positivas e negativas das lajes em cm^2/m, unidade adotada na tabela 7.3, deve-se trabalhar com h em cm e $b_w = 100cm$ na expressão:

$$A_{smin} = \rho_s .100h \tag{7.15}$$

7.6.3.2 Bitola e espaçamento das barras de armaduras de lajes

Para o detalhamento de lajes, a NBR 6118 → 20.1 prescreve: "As armaduras devem ser detalhadas no projeto de forma que, durante a execução, seja garantido o seu posicionamento durante a concretagem". A mesma subseção impõe a bitola máxima da armadura de lajes, em função da espessura h:

$$\Phi \leq h/8 \tag{7.16}$$

A Norma dispõe ainda que: "As barras da armadura principal de flexão devem apresentar espaçamento no máximo igual a 2h ou 20cm, prevalecendo o menor desses dois valores na região dos maiores momentos fletores".

Para as lajes maciças armadas em uma ou duas direções, segundo a Norma: "[...] toda a armadura positiva deve ser levada até os apoios, não se permitindo escalonamento desta armadura. A armadura deve ser prolongada no mínimo 4cm além do eixo teórico do apoio".

Essa é uma restrição nova relevante da edição de 2014, com relação a uma prática antiga no Brasil de utilizar barras *alternadas* ou *escalonadas* na armadura de lajes, mas que, não raro, resultava em erros de execução.

É também pela Norma exigido que:

A armadura secundária de flexão deve ser igual ou superior a 20% da armadura principal, mantendo-se, ainda, um espaçamento entre barras de no máximo 33cm. A emenda dessas barras deve respeitar os mesmos critérios de emenda das barras da armadura principal.

Do exposto e da tabela 7.2. pode-se concluir que a área mínima absoluta de lajes é $0,9cm^2/m$, com o mínimo de três barras por metro de largura da laje, ou seja, com um espaçamento de $33cm$ entre elas.

7.7 DETALHAMENTO DAS ARMADURAS DE LAJES

7.7.1 Recomendações básicas

O desenho das armaduras das lajes é feito diretamente sobre a planta de formas da estrutura do pavimento.

As seguintes regras básicas devem ser observadas:

a) Em cada planta de armadura de lajes, desenham-se, no máximo, duas barras representativas para cada direção, positiva ou negativa. Ao longo dessas barras, anotam-se as informações básicas: número de barras iguais naquela direção, bitola, espaçamento entre barras e comprimento unitário.

b) Uma prática comum nos desenhos de ferragens de lajes era a representação de barras da armadura positiva por linhas cheias e da negativa por linhas tracejadas. Com o advento do cálculo informatizado, essa prática caiu em desuso, de certa forma dificultando o trabalho dos armadores.

c) Não se deve sobrepor os desenhos das armaduras positivas e negativas, quando houver alguma possibilidade de confusão. Em estruturas com simetria em planta, pode-se desenhar as armaduras positivas de um lado e as negativas do outro.

d) Todas as barras de mesma bitola, comprimento e formato recebem um *número de ordem* ou *posição*, no quadro analítico de armação.

e) São informações essenciais da planta de armaduras de lajes: a resistência característica do concreto f_{ck}, as classe(s) de aço empregada(s) e respectivos quadros de armadura *analítico* e *resumo*, descritos no subitem 7.7.3.

A figura 7.16 mostra um exemplo de detalhamento de armaduras positivas, com o desenho sobre um trecho da planta de formas.

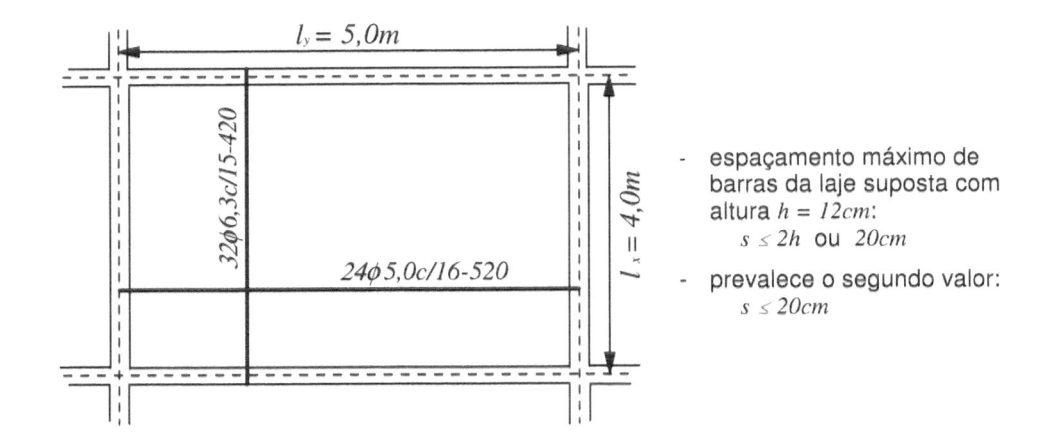

- espaçamento máximo de barras da laje suposta com altura $h = 12cm$:
  $s \leq 2h$ ou $20cm$

- prevalece o segundo valor:
  $s \leq 20cm$

Figura 7.16: Detalhamento de armaduras positivas em lajes sobre vigas (exemplo)

Supondo que a laje do exemplo tenha continuidade plena com as lajes adjacentes sobre as vigas de bordo, admitidas com largura $20cm$, pode-se enquadrá-la no *caso 1* do método de Marcus, sendo $l_x = 4m$, o vão menor.

Do subitem 7.6.3.2, as barras devem ser prolongadas no mínimo $4,0cm$ além do eixo do apoio, mas, no exemplo, optou-se por levá-las até esse eixo.

7.7.2 Arranjo de armaduras negativas de lajes

A armadura principal de tração resistente ao momento fletor no apoio, denominada *negativa*, tem as barras situadas junto à face superior da laje e, no caso mais geral, devem se estender para cada lado, a partir do eixo da viga de apoio, de acordo com o diagrama deslocado de momentos, com o espaçamento não superior a $2h$ ou $20cm$.

Em lajes retangulares contínuas de edifícios sob carga distribuída uniforme, com a sobrecarga e a carga permanente observando a razão $q \leq g$, não é necessário determinar o diagrama exato dos momentos negativos.

Conforme a publicação *Prática Recomendada Ibracon – Comentários Técnicos NB-1* (IBRACON, 2003), na ausência de determinação das distribuições de momentos, sendo as vigas de apoio suficientemente rígidas.

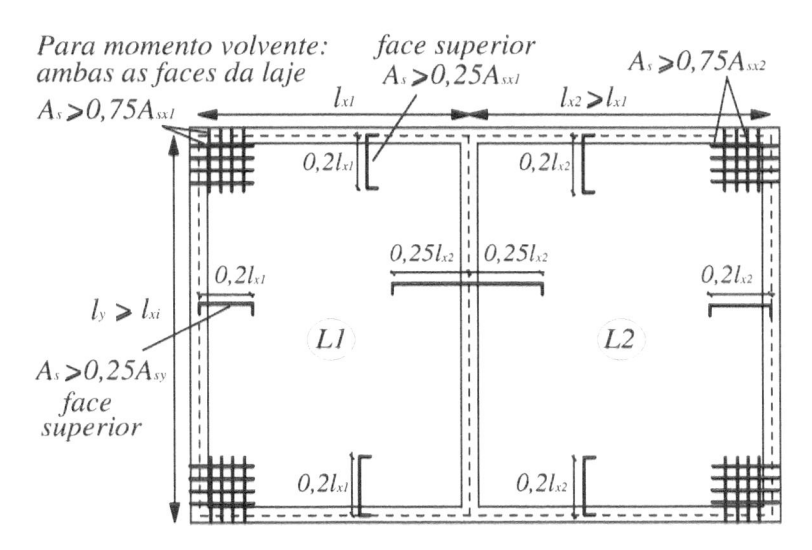

Figura 7.17: Armaduras negativas para lajes de mesmo nível apoiadas em vigas

Ou seja, recomenda-se cuidado especial com as chamadas *vigas chatas*, de altura reduzida, sendo desnecessário considerar a alternância de cargas, com as armaduras negativas, observando os arranjos esquematizados na figura 7.17 e os critérios descritos a seguir.

a) Em bordos simplesmente apoiados, portanto sem continuidade da laje, para valores elevados de cargas e vãos (em geral, superiores a $6,0m$), deve-se prever armaduras específicas junto às faces superiores, para prevenir fissuras paralelas às vigas nesses bordos. As barras são normais à viga, com espaçamento uniforme, e sua área uma fração (0,25) da armadura positiva paralela ao bordo.

b) Nos cantos de lajes sem continuidade, é necessária uma armadura em ambas as faces, para combater os *momentos volventes*, originados da tendência de elevação da placa pela inversão das reações nesses cantos, de cima para baixo, nos extremos das vigas de apoio. Essas barras têm por objetivo evitar fissuras diagonais que surgem na face superior, quando há restrição ao deslocamento vertical da borda, e na inferior, em caso contrário. Essa armadura é estabelecida como fração $(0,75)$ da maior armadura positiva, com barras nas duas direções, dispostas nas faces superior e inferior. Na face inferior, a área dessa armadura adicional pode incorporar as barras positivas existentes.

c) No caso de cruzamentos de vigas, mostrados em planta na figura 7.18, a seguir, a Norma não estabelece procedimento específico para o detalhamento de armaduras negativas. Nesses cruzamentos pode ocorrer concentração excessiva de barras, que dificultam o lançamento e adensamento do concreto. Um critério prático, quando apenas um apoio é interrompido, como no esquema em planta à esquerda da figura, consiste em interromper a armadura negativa sobre ele, entre as lajes L2 e L3 do exemplo. Quando duas vigas se cruzam no mesmo nível, como no esquema à direita, mantém-se a continuidade da armadura de maior área, representada na figura pelas barras negativas entre L1-L3 e L2-L4, interrompendo-se as demais.

Esses critérios constam do *Curso prático de concreto armado – vol.1* do Prof. Aderson Moreira da Rocha, publicação mais usada por projetistas no Brasil, nas décadas de 1960 a 80. No entanto, por não constarem da Norma, devem ser avaliados com cuidado para lajes com grandes vãos e/ou cargas.

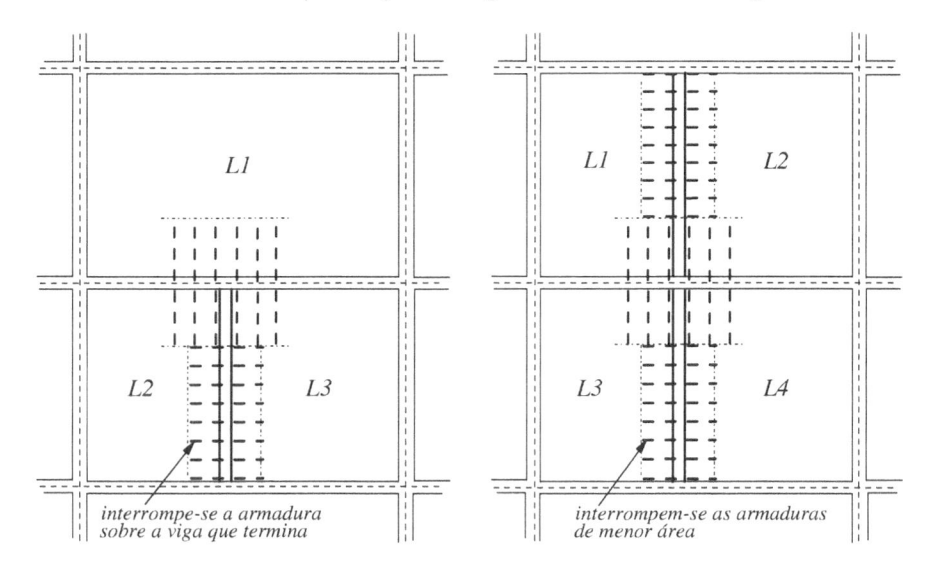

Figura 7.18: Interrupção de armaduras negativas sobre o cruzamento de vigas

d) Nas lajes em balanço, os momentos diminuem do engaste para o bordo livre e, teoricamente, a armadura negativa não seria necessária em toda a extensão. O arranjo da figura 7.19 é da citada *Prática Recomendada Ibracon*.

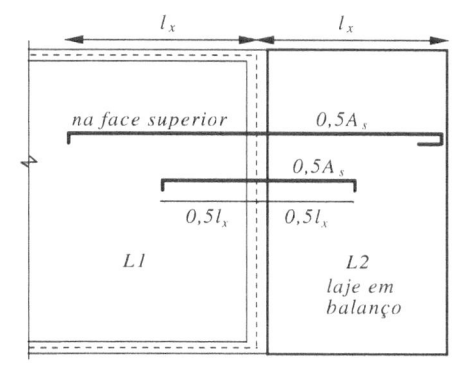

Figura 7.19: Arranjo de armaduras negativas de lajes em balanço

Apenas metade da área total da armadura negativa na face superior da laje da figura 7.19 vai até o bordo livre, sendo as barras ancoradas na laje interna com um comprimento reto igual ao do balanço. Na outra metade, as barras são intercaladas com a primeira, indo até a metade do balanço e ancoradas com mesmo comprimento na laje interna. Cumpre ressaltar que a NBR 6118: 2014, explicitamente, não permite apenas o escalonamento da armadura positiva.

7.7.3 Quadros de armadura

Em todas as plantas de armadura de estruturas de concreto armado, devem constar dois quadros de armaduras: *Analítico* e *Resumo*.

Para cada painel de lajes, o Quadro Analítico apresenta a quantidade total de barras de mesma posição ou número de ordem N, que identifica barras de mesma bitola, comprimento e desenho, para as diferentes bitolas utilizadas, com os respectivos comprimentos unitário e total.

Esse quadro é utilizado para o corte e a montagem das armaduras. No exemplo simplificado a seguir, as posições $N1$, $N2$ e $N3$ indicam barras retas de mesma bitola *5mm*, mas comprimentos unitários diferentes. Essas barras podem ser usadas num painel com espaçamentos e comprimentos diferentes conforme a laje. Em geral, as posições são ordenadas conforme as bitolas crescentes das barras, como no exemplo seguinte.

Quadro Analítico (exemplo)

Nº de ordem (Posição)	Φ (mm)	Quantidade	Comprimento (m)	
			Unitário	Total
N1	5,0	200	1,50	300
N2	5,0	150	2,00	300
N3	5,0	100	4,00	400
N4	6,3	100	3,00	300
N5	6,3	50	4,00	200
-	-	-	-	-

A partir do Quadro Analítico, elabora-se o Quadro Resumo, para orçamento e compra de armaduras. O peso das barras de cada bitola é obtido multiplicando-se o comprimento acumulado da bitola do Quadro Analítico pelo peso por metro linear da tabela 3.7. Deve-se prever, ainda, um acréscimo no peso total, da ordem de 5 a 10%, para prevenir perdas inevitáveis com o corte de barras na execução.

Quadro Resumo (exemplo)

Bitola	Comprimento total *(m)*	Peso *(kgf)*
5,0	1000	160
6,3	500	120
-	-	-
-	-	-

7.8 EXEMPLO

Para o painel de lajes da figura 7.20, todas com a mesma espessura *9cm*, calcular os momentos fletores e dimensionar as armaduras, positivas e negativas, para uma sobrecarga de utilização de *2,5kN/m²*, tomando uma carga para os revestimentos superior e inferior da laje igual a *1,0kN/m²*, concreto com $f_{ck} = 20MPa$ e aço CA-60.

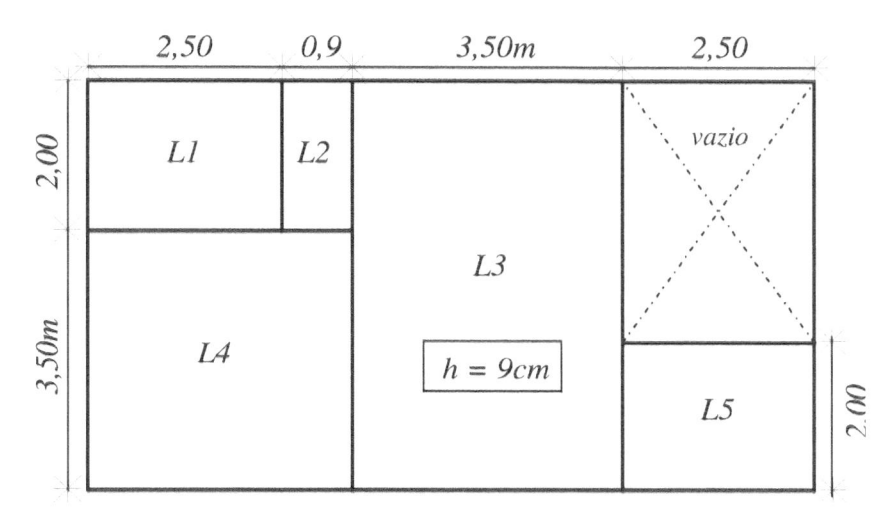

Figura 7.20: Planta de lajes do exemplo 7.8

a) Definição dos apoios das lajes

L1: calculada nas duas direções ou em cruz *(2,5/2,0 = 1,25)*; engastada em L2 e L4; caso 3 do método de Marcus;

L2: calculada em uma direção *(2,0/0,9 = 2,22)*; biengastada, em L1 e L3 (momentos no vão $l = 0,9m$ ⇨ $M = pl^2/24$; $X = pl^2/12$);

L3: laje em cruz *(5,5/3,5 = 1,57)*, engastada no bordo comum com L2 e L4 e apoio simples com L5, pois $2,0 < (2/3)5,5 = 3,67$; caso 2 do Processo de Marcus;

L4: laje em cruz *(3,5/3,4 = 1,03)*, engastada na laje L3 e no bordo comum a L1 e L2 (alguns autores não consideram a continuidade em bordos de comprimento menor que *1,0m*; mesmo aplicado esse critério, ainda seria considerado engaste, pois no trecho contínuo: $2,5 > (2/3)3,4 = 2,28$); caso 3 do método de Marcus;

L5: laje em cruz *(2,5/2,0 = 1,25)*, engastada em L3; caso 2 de Marcus.

b) Avaliação das cargas nas lajes

- Peso próprio da laje: $g = 25h = 225kgf/m^2 = 2,25kN/m^2$
- Revestimento: . . . . $100kgf/m^2 = 1,00kN/m^2$
- Sobrecarga (q): . . . . . . $250kgf/m^2 = 2,50kN/m^2$
- Carga total: . . . . $\underline{575kgf/m^2} = 5,75kN/m^2$

É prática comum adotar múltiplos de $50kgf/m^2$ para a carga total de lajes. Dessa forma, para todas as lajes será adotada a carga $p = 600kgf/m^2 = 6,0kN/m^2$.

c) Cálculo dos momentos

A figura 7.21, a seguir, apresenta a Planta de Lajes utilizada como planilha para cálculo dos momentos pelo método de Marcus, pelas expressões (7.10) e (7.11). Em cada uma das lajes em cruz, escreve-se o valor da relação $\lambda = l_y / l_x$, parâmetro de entrada nas tabelas 7.4 de Marcus, e os coeficientes dos momentos m_x , m_y , n_x , n_y . No cruzamento dos eixos, anota-se a carga total de cada laje, no caso a mesma, $p = 600kgf/m^2$. Os momentos positivos são escritos ao longo dos eixos x e y e os negativos junto ao bordo comum às lajes. Em um retângulo em cada bordo, registra-se o momento negativo uniformizado, da expressão do subitem 7.4.3.2.

No exemplo: entre as lajes L1, L2 e L4, o momento negativo de L4, $431kgf.m$, calculado em separado, é uniformizado com os valores $212kgf.m$ e zero, resultando no momento negativo único $345kgf.m = 0,8. \, 431$, por ser este último o maior naquele bordo.

No bordo comum de L3 com L2 e L4, a uniformização de $865kgf.m$ com $459kgf.m$ e $41kgf.m$ resulta no momento $692kgf.m$, também 0,8 do maior dos dois. O mesmo ocorre entre as lajes L3 e L5, equilibrando os momentos zero e $237kgf.m$, em que prevalece $0,8. \, 237 = 190kgf.m$.

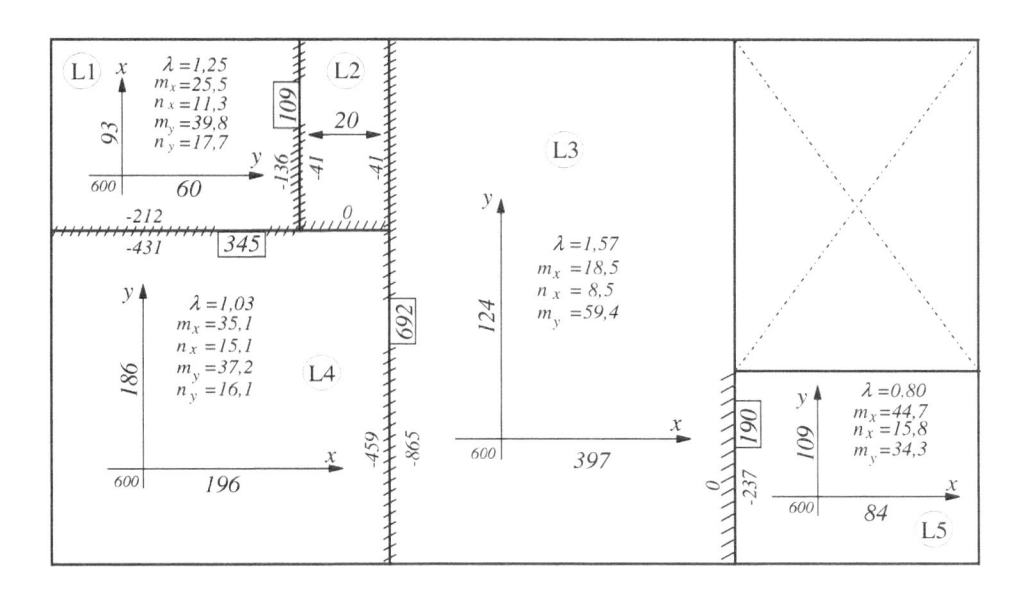

Figura 7.21: Planta de lajes com momentos calculados pelo método de Marcus

d) Verificação da espessura das lajes:

Etapa que precede o dimensionamento das armaduras, tomando-se o momento máximo, positivo ou negativo, em valor absoluto, de todo o painel. No exemplo, é o momento negativo uniformizado entre L3 e L4, $692kgf.m$, do qual se obtém:

$$M_{Sd,max} = 1,4M_{Sk,max} = 1,4. \ 692 = 969kgf.m$$

Supondo classe CAA I de agressividade ambiental fraca e adotando a mesma altura útil no cálculo das armaduras positiva e negativa, a favor da segurança, das expressões (7.1), tem-se: $d = h - 2,5cm = 6,5cm$.

Com a resistência de cálculo do concreto $f_{cd} = 200/1,4 = 143kgf/cm^2$, para garantir a dutilidade da laje com o concreto da classe C20, a profundidade da linha neutra deve ser $k_x \leq 0,450$, que corresponde a $k_{md} \leq 0,251$. Da expressão (7.12), o momento resistente máximo é:

$$M_{Rd} = 0,251. \ 6,5^2. \ 143 = 1517kgf.m \ \Rightarrow \ M_{Sd,max} < M_{Rd}: \text{ a espessura adotada}$$

garante o painel de lajes com dutilidade e armaduras simples e, pela diferença de momentos, pode ser reduzida, em função da verificação de flechas (capítulo 8).

e) Cálculo das armaduras

As planilhas seguintes apresentam as áreas calculadas de armaduras positivas e negativas. Os coeficientes k_{md} vêm da expressão (7.13), com o mesmo denominador para todas as lajes de mesma espessura: $6,5^2. 143 = 6042$. Os coeficientes k_z são obtidos da tabela 4.3 ou 4.4, as armaduras de (7.14) e as bitolas e os espaçamentos da tabela 7.3.

Conforme o subitem 7.6.2, para o cálculo no domínio 2, sendo $k_{md} \leq 0,004$ na tabela 4.3, adota-se diretamente a armadura mínima. Das expressões (7.16) e (7.15), do subitem 7.6.3.2 e tabelas 7.2 e 7.3, tem-se:

- Bitola máxima: $\Phi \leq h/8 = 90/8 = 10mm$.
- Espaçamento máximo da armadura principal: $s \leq 2h$ ou $20cm \Rightarrow s \leq 18cm$
- Armadura negativa mínimo entre as lajes e positiva principal de L2, calculada em uma direção:

$A_{smin} = 0,0015. 100. 9 = 1,35cm^2/m \Rightarrow \Phi5,0c.14cm = 1,40cm^2/m.$

- Armadura positiva mínima das lajes em cruz:

$A^+_{smin} = 0,67.1,35cm^2/m = 0,9cm^2/m \Rightarrow \Phi4,2c.15 = 0,92cm^2/m.$

- Armadura de distribuição mínima da laje L2, em uma só direção ($s \leq 33cm$):

$A_{smin} = 0,5. 1,35cm^2/m = 0,7cm^2/m$; adota-se $0,9cm^2/m \Rightarrow \Phi5,0c.21.$

Para valores de $k_{md} > 0,004$, calculam-se as armaduras da expressão (7.15); caso seja inferior à área mínima, esta prevalece.

Observadas as prescrições do item 7.6.3.2, na escolha das barras e espaçamento na tabela 7.3, procura-se adotar o menor número de bitolas diferentes, para economia. Como visto, o espaçamento máximo da armadura positiva principal e armaduras negativas é imposto pelo primeiro limite $2h = 18cm$.

A seguir, apresentam-se duas planilhas representativas das armaduras positivas e negativas. A última coluna à direita mostra as bitolas adotadas para as barras e os respectivos espaçamentos.

Planilha de armaduras positivas das lajes (exemplo 7.8)

Laje	Direção	M_{sk} (kgf.m)	M_{sd} (kgf.m)	k_{md}	k_z	A_s (cm²/m)	A_s (Φ, esp.)
L1	x	93	130	0,021	0,974	0,90	Φ4,2c.15
	y	60	84	0,014	0,980	0,90	Φ4,2c.15
L2	principal	20	28	0,005	0,991	1,40	Φ5,0c.14
	distribuição	-	-	-	-	0,90	Φ5,0c.21
L3	x	397	556	0,092	0,931	1,76	Φ5,0c.11
	y	124	174	0,029	0,968	0,90	Φ4,2c.15
L4	x	196	274	0,045	0,955	0,90	Φ4,2c.15
	y	186	260	0,043	0,954	0,90	Φ4,2c.15
L5	x	84	118	0,020	0,974	0,90	Φ4,2c.15
	y	109	153	0,025	0,972	0,90	Φ4,2c.15

Planilha de armaduras negativas das lajes

Entre lajes	X (kgf.m)	X_d (kgf.m)	k_{md}	k_z	A_s (cm²/m)	A_s (Φ, esp.)
L1 - L2	109	153	0,025	0,972	1,4	Φ5,0c.14
L1 - L4 L2 - L4	345	483	0,080	0,937	1,82	Φ5,0c.10
L2 - L3 L3 - L4	692	967	0,160	0,894	3,19	Φ8,0c.15
L3 - L5	190	266	0,044	0,958	1,4	Φ5,0c.14

7.9 AUTOAVALIAÇÃO

7.9.1 Enunciados

1) Calcular as armaduras positivas e negativas das lajes de mesmo nível da planta da figura 7.22(a), de pavimento destinado a escritórios, todas com mesma espessura *10cm*. Adotar concreto com $f_{ck} = 20MPa$, classe de agressividade ambiental fraca e aço CA-60.

2) Dimensionar as armaduras da laje L da figura 7.22(b), destinada à garagem de edificação residencial. Determinar as cargas unitárias transmitidas às vigas de bordo. Piso com lajotas cerâmicas de espessura *1,0cm*, assentadas com argamassa de cimento e areia de espessura *1,5cm* e revestimento inferior da

laje com argamassa de cal, cimento e areia de $0,5cm$. Concreto da classe C30, agressividade ambiental forte e aço CA-50.

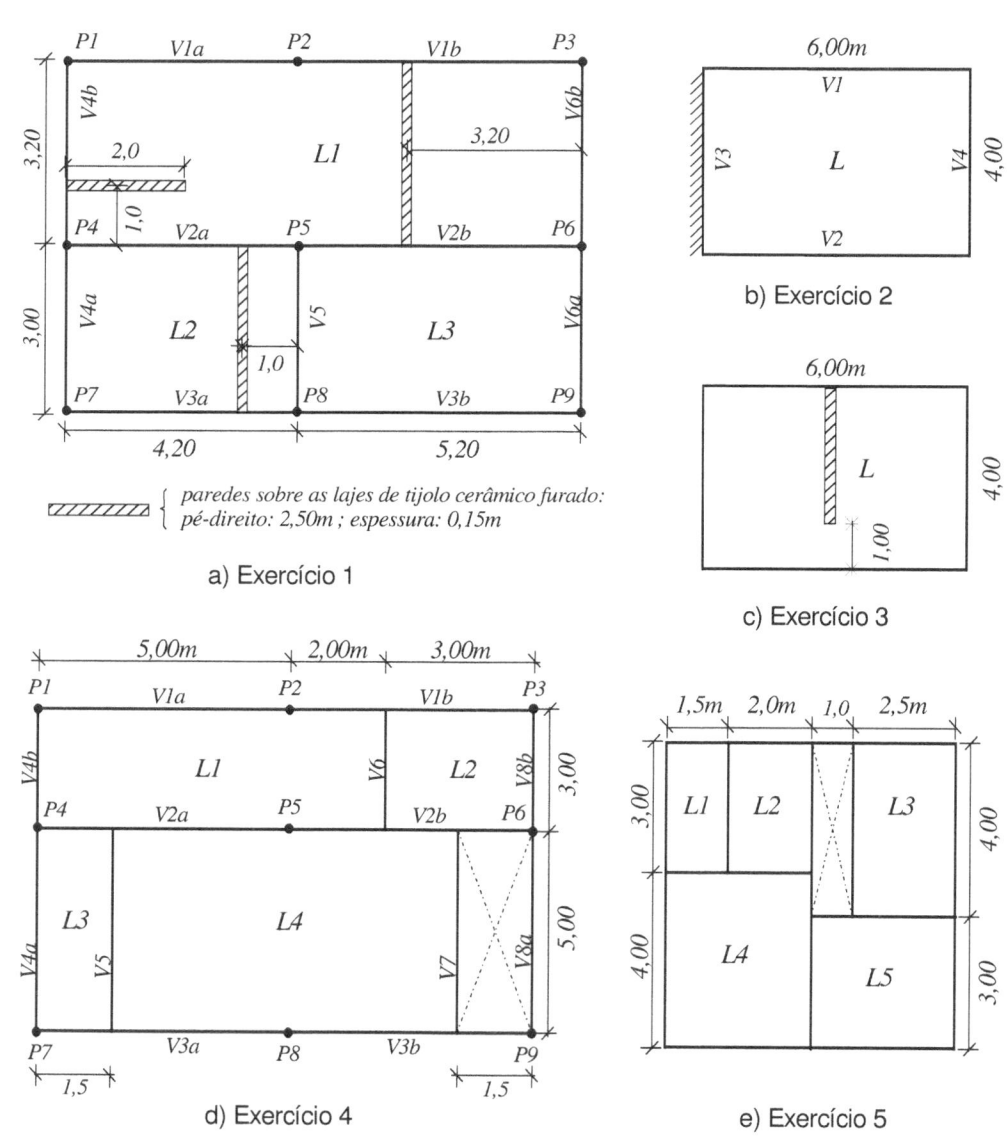

Figura 7.22: Plantas de lajes dos exercícios de autoavaliação (escalas diversas)

3) Para a laje L da figura 7.22(c), destinada a depósito de papel, calcular a espessura mínima (valor inteiro em cm) e a carga máxima por m^2, para o limite da dutilidade. Calcular as armaduras da laje para concreto com $f_{ck} = 25MPa$, classe de agressividade ambiental moderada e aço CA-50.

4) Dimensionar as armaduras das lajes da figura 7.22(d), com uma espessura constante $0,10m$, sobrecarga de serviço de $2,0kN/m^2$, revestimentos superior e inferior com $1,0kN/m^2$, $f_{ck} = 25MPa$ e aço CA-60. Determinar os valores dos carregamentos na viga V2, admitindo-se que todas as vigas da planta tenham seção transversal com $15x45cm^2$ e assentadas sobre elas paredes de tijolo cerâmico furado, com espessura acabada de $15cm$ e pé-direito $2,40m$.

5) Para as lajes da planta da figura 7.22(e), todas de mesma espessura $h = 8cm$, sobrecarga de uso de $3,0kN/m^2$, $f_{ck} = 20MPa$ e aço CA-50, calcular as armaduras positivas e negativas.

7.9.2 Comentários e sugestões para resolução dos exercícios propostos

1) A laje L1 tem a relação de vãos maior que dois, sendo calculada em uma só direção, paralela ao vão menor, como engastada em L2 e L3 e simplesmente apoiada no bordo oposto. Tem-se todas as três situações de cálculo da figura 7.7(b): um trecho à esquerda de $2,0m$, com a carga concentrada da parede perpendicular ao menor vão; um trecho de $1,6m$, adjacente a L3, com a carga distribuída da parede paralela ao menor vão; e dois trechos, ao centro e à direita, apenas com a carga permanente e sobrecarga. Os momentos fletores são obtidos dos diagramas respectivos da figura 7.10(a). Para a armadura positiva principal de L1, paralela ao vão menor de $3,20m$, pode-se adotar em toda a extensão da laje a armadura calculada com o maior dos momentos positivos dos dois trechos de carregamento com paredes, a favor da segurança, mas facilitando a execução. As lajes L2 e L3 são em cruz. A carga da parede em L2 é dada pela expressão (7.3). Para a armadura negativa entre as lajes L1-L2, adotar o momento negativo do trecho com carga concentrada,

equilibrado com o de L2. Analogamente, entre L1 e L3, adotar o momento negativo do trecho com carga distribuída, equilibrado com L3.

2) Adotar a espessura mínima de laje do item 7.2.3, alínea c). Na NBR 6120, figuram os pesos específicos dos materiais de construção (tabela 1) e o valor mínimo da carga acidental (tabela 2). Caso necessário, fazer a redistribuição dos momentos do segundo parágrafo do item 7.4.3.1 deste capítulo. Para obter as cargas por unidade de comprimento das vigas, verificar na tabela 7.5, no caso 2, em qual dos dois tipos a laje se enquadra.

3) Para a sobrecarga de utilização, fazer um desconto de 20% na área total da laje, para fins de circulação, tomando o $\gamma_{papel} = 15kN/m^3$, da NBR 6120. Nas expressões (7.2) e (7.10), o peso próprio e os momentos fletores característicos são função da espessura h. Para cálculo para dimensionamento no limite da dutilidade, tomam-se os coeficientes k_{lim}, ou seja, o momento máximo resistente da expressão (7.12), em função da altura útil d, relacionada à espessura pela expressão (7.1).

4) Conforme o subitem 3.2, do capítulo 3, pode-se considerar a viga V2 como contínua, simplesmente apoiada nos pilares P4, P5 e P6. As vigas V5, V6 e V7 transmitem cargas concentradas em V2, podendo ser admitidas como biapoiadas. Para as cargas em V2, V6 e V5 das lajes L1 e L3, em uma direção, na tabela 7.5, adotam-se os casos 2 (2º tipo) e 3, respectivamente. Em razão do trecho vazio entre as vigas V7 e V8a, o bordo V7 para a laje L4, sem continuidade, é considerado apoio simples. Para L2, o trecho contínuo de *1,5m* em V2b é menor que *2/3(3m) = 2m*; portanto, esse bordo também deve ser tomado como apoio simples.

5) Atenção às condições de apoio da laje L4 no bordo comum a L5 e dessa com L3, em função da descontinuidade parcial nos bordos adjacentes ao trecho vazio.

Tabela 7.3: Área da seção de barras da armadura passiva por unidade de comprimento (cm^2/m) em bitolas padronizadas da NBR 7480

Espaçamento (cm)	Bitolas Φ (mm)							
	$3,4^{(1)}$	$4,2^{(1)}$	5	6,3	8	10	12,5	16
7,0	1,3	1,98	2,81	4,45	7,18	11,22	17,53	28,72
7,5	1,21	1,85	2,62	4,16	6,7	10,47	16,36	26,81
8,0	1,13	1,73	2,45	3,9	6,28	9,82	15,34	25,13
8,5	1,07	1,63	2,31	3,67	5,91	9,24	14,44	23,65
9,0	1,01	1,54	2,18	3,46	5,59	8,73	13,64	22,34
9,5	0,96	1,46	2,07	3,28	5,29	8,27	12,92	21,16
10,0	0,91	1,39	1,96	3,12	5,03	7,85	12,27	20,11
11,0	0,83	1,26	1,79	2,83	4,57	7,14	11,16	18,28
12,0	0,76	1,15	1,64	2,6	4,19	6,55	10,23	16,76
13,0	0,7	1,07	1,51	2,4	3,87	6,04	9,44	15,47
14,0	0,65	0,99	1,4	2,23	3,59	5,61	8,77	14,36
15,0	0,61	0,92	1,31	2,08	3,35	5,24	8,18	13,4
16,0	0,57	0,87	1,23	1,95	3,14	4,91	7,67	12,57
16,5	0,55	0,84	1,19	1,89	3,05	4,76	7,44	12,19
17,0	0,53	0,81	1,16	1,83	2,96	4,62	7,22	11,83
18,0	0,5	0,77	1,09	1,73	2,79	4,36	6,82	11,17
19,0	0,48	0,73	1,03	1,64	2,65	4,13	6,46	10,58
20,0	0,45	0,69	0,98	1,56	2,51	3,93	6,14	10,05
21,0	0,43	0,66	0,94	1,48	2,39	3,74	5,84	9,57
22,0	0,41	0,63	0,89	1,42	2,28	3,57	5,58	9,14
23,0	0,39	0,6	0,85	1,36	2,19	3,41	5,34	8,74
24,0	0,38	0,58	0,82	1,3	2,09	3,27	5,11	8,38
25,0	0,36	0,55	0,79	1,25	2,01	3,14	4,91	8,04
26,0	0,35	0,53	0,76	1,2	1,93	3,02	4,72	7,73
27,0	0,34	0,51	0,73	1,15	1,86	2,91	4,55	7,45
28,0	0,32	0,49	0,7	1,11	1,8	2,81	4,38	7,18
29,0	0,31	0,48	0,68	1,07	1,73	2,71	4,23	6,93
30,0	0,3	0,46	0,65	1,04	1,68	2,62	4,09	6,7
31,0	0,29	0,45	0,63	1,01	1,62	2,53	3,96	6,49
32,0	0,28	0,43	0,61	0,97	1,57	2,45	3,83	6,28
33,0	0,28	0,42	0,6	0,94	1,52	2,38	3,72	6,09

[1] apenas para o aço CA-60.

Tabela 7.4(a): Método de Marcus - Caso 1

$M_x = pl_x^2/m_x$; $M_y = pl_x^2/m_y$; $p_x = k_x\, p$

l_x | 1

$l_y \geqslant l_x$

$\lambda = l_y/l_x$	k_x	m_x	m_y	$\lambda = l_y/l_x$	k_x	m_x	m_y
1,00	0,50	27,4	27,4	-	-	-	-
1,01	0,51	26,9	27,4	1,51	0,84	13,8	31,4
1,02	0,52	26,4	27,4	1,52	0,84	13,6	31,5
1,03	0,53	25,9	27,4	1,53	0,85	13,5	31,7
1,04	0,54	25,4	27,5	1,54	0,85	13,4	31,9
1,05	0,55	24,9	27,5	1,55	0,85	13,3	32,0
1,06	0,56	24,5	27,5	1,56	0,86	13,2	32,2
1,07	0,57	24,0	27,5	1,57	0,86	13,1	32,4
1,08	0,58	23,6	27,5	1,58	0,86	13,0	32,5
1,09	0,59	23,2	27,6	1,59	0,87	12,9	32,7
1,10	0,59	22,8	27,6	1,60	0,87	12,9	32,9
1,11	0,60	22,4	27,6	1,61	0,87	12,8	33,1
1,12	0,61	22,0	27,6	1,62	0,87	12,7	33,3
1,13	0,62	21,7	27,7	1,63	0,88	12,6	33,5
1,14	0,63	21,3	27,7	1,64	0,88	12,5	33,7
1,15	0,64	21,0	27,8	1,65	0,88	12,4	33,9
1,16	0,64	20,7	27,8	1,66	0,88	12,4	34,1
1,17	0,65	20,3	27,9	1,67	0,89	12,3	34,3
1,18	0,66	20,0	27,9	1,68	0,89	12,2	34,5
1,19	0,67	19,7	28,0	1,69	0,89	12,1	34,7
1,20	0,68	19,5	28,0	1,70	0,89	12,1	34,9
1,21	0,68	19,2	28,1	1,71	0,90	12,0	35,1
1,22	0,69	18,9	28,1	1,72	0,90	11,9	35,3
1,23	0,70	18,6	28,2	1,73	0,90	11,9	35,5
1,24	0,70	18,4	28,3	1,74	0,90	11,8	35,7
1,25	0,71	18,1	28,3	1,75	0,90	11,7	36,0
1,26	0,72	17,9	28,4	1,76	0,91	11,7	36,2
1,27	0,72	17,7	28,5	1,77	0,91	11,6	36,4
1,28	0,73	17,4	28,6	1,78	0,91	11,6	36,6
1,29	0,74	17,2	28,7	1,79	0,91	11,5	36,9
1,30	0,74	17,0	28,8	1,80	0,91	11,5	37,1
1,31	0,75	16,8	28,9	1,81	0,92	11,4	37,3
1,32	0,75	16,6	28,9	1,82	0,92	11,3	37,6
1,33	0,76	16,4	29,0	1,83	0,92	11,3	37,8
1,34	0,76	16,2	29,1	1,84	0,92	11,2	38,1
1,35	0,77	16,1	29,3	1,85	0,92	11,2	38,3
1,36	0,77	15,9	29,4	1,86	0,92	11,2	38,6
1,37	0,78	15,7	29,5	1,87	0,92	11,1	38,8
1,38	0,78	15,5	29,6	1,88	0,93	11,1	39,1
1,39	0,79	15,4	29,7	1,89	0,93	11,0	39,3
1,40	0,79	15,2	29,8	1,90	0,93	11,0	39,6
1,41	0,80	15,1	30,0	1,91	0,93	10,9	39,8
1,42	0,80	14,9	30,1	1,92	0,93	10,9	40,1
1,43	0,81	14,8	30,2	1,93	0,93	10,8	40,4
1,44	0,81	14,6	30,3	1,94	0,94	10,8	40,6
1,45	0,82	14,5	30,5	1,95	0,94	10,8	40,9
1,46	0,82	14,4	30,6	1,96	0,94	10,7	41,2
1,47	0,82	14,2	30,8	1,97	0,94	10,7	41,5
1,48	0,83	14,1	30,9	1,98	0,94	10,7	41,7
1,49	0,83	14,0	31,1	1,99	0,94	10,6	42,0
1,50	0,84	13,9	31,2	2,00	0,94	10,6	42,3

Tabela 7.4(b): Método de Marcus - <u>Caso 2</u>

$M_x = pl_x^2/m_x$; $X_x = pl_x^2/n_x$; $M_y = pl_x^2/m_y$; $p_x = k_x p$

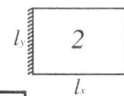

$\lambda = l_y/l_x$	k_x	m_x	n_x	m_y	$\lambda = l_y/l_x$	k_x	m_x	n_x	m_y
0,50	0,14	141,0	59,2	45,1	-	-	-	-	-
0,51	0,15	133,0	55,3	44,1	1,02	0,73	29,0	11,0	37,2
0,52	0,16	125,7	51,8	43,2	1,04	0,75	28,2	10,7	37,7
0,53	0,17	119,0	48,6	42,4	1,06	0,76	27,4	10,5	38,2
0,54	0,18	113,0	45,6	41,6	1,08	0,77	26,7	10,4	38,7
0,55	0,19	107,4	43,0	40,9	1,10	0,79	26,0	10,2	39,3
0,56	0,20	102,2	40,5	40,2	1,12	0,80	25,4	10,0	39,9
0,57	0,21	97,5	38,3	39,6	1,14	0,81	24,8	9,9	40,6
0,58	0,22	93,1	36,3	39,0	1,16	0,82	24,3	9,8	41,2
0,59	0,23	89,0	34,4	38,5	1,18	0,83	23,8	9,7	41,9
0,60	0,25	85,3	32,7	38,0	1,20	0,84	23,3	9,5	42,6
0,61	0,26	81,8	31,1	37,6	1,22	0,85	22,9	9,4	43,4
0,62	0,27	78,6	29,7	37,2	1,24	0,86	22,5	9,4	44,1
0,63	0,28	75,5	28,3	36,8	1,26	0,86	22,1	9,3	44,9
0,64	0,30	72,7	27,1	36,5	1,28	0,87	21,8	9,2	45,8
0,65	0,31	70,1	25,9	36,2	1,30	0,88	21,4	9,1	46,6
0,66	0,32	67,6	24,9	35,9	1,32	0,88	21,1	9,1	47,5
0,67	0,34	65,3	23,9	35,7	1,34	0,89	20,8	9,0	48,4
0,68	0,35	63,1	23,0	35,5	1,36	0,90	20,6	8,9	49,3
0,69	0,36	61,1	22,1	35,3	1,38	0,90	20,3	8,9	50,2
0,70	0,38	59,1	21,3	35,1	1,40	0,91	20,0	8,8	51,2
0,71	0,39	57,3	20,6	34,9	1,42	0,91	19,8	8,8	52,1
0,72	0,40	55,6	19,9	34,8	1,44	0,92	19,6	8,7	53,2
0,73	0,42	54,0	19,3	34,7	1,46	0,92	19,4	8,7	54,2
0,74	0,43	52,4	18,7	34,6	1,48	0,92	19,2	8,7	55,2
0,75	0,44	51,0	18,1	34,5	1,50	0,93	19,0	8,6	56,3
0,76	0,46	49,6	17,6	34,4	1,52	0,93	18,8	8,6	57,4
0,77	0,47	48,2	17,1	34,4	1,54	0,93	18,7	8,6	58,5
0,78	0,48	47,0	16,7	34,4	1,56	0,94	18,5	8,5	59,6
0,79	0,49	45,8	16,2	34,4	1,58	0,94	18,4	8,5	60,8
0,80	0,51	44,7	15,8	34,4	1,60	0,94	18,2	8,5	61,9
0,81	0,52	43,6	15,4	34,4	1,62	0,95	18,1	8,5	63,1
0,82	0,53	42,5	15,1	34,4	1,64	0,95	18,0	8,4	64,3
0,83	0,54	41,6	14,7	34,4	1,66	0,95	17,9	8,4	65,6
0,84	0,56	40,6	14,4	34,5	1,68	0,95	17,7	8,4	66,8
0,85	0,57	39,7	14,1	34,6	1,70	0,95	17,6	8,4	68,1
0,86	0,58	38,8	13,9	34,6	1,72	0,96	17,5	8,4	69,3
0,87	0,59	38,0	13,6	34,7	1,74	0,96	17,4	8,4	70,7
0,88	0,60	37,2	13,3	34,8	1,76	0,96	17,3	8,3	72,0
0,89	0,61	36,5	13,1	34,9	1,78	0,96	17,2	8,3	73,3
0,90	0,62	35,7	12,9	35,0	1,80	0,96	17,2	8,3	74,7
0,91	0,63	35,1	12,7	35,2	1,82	0,97	17,1	8,3	76,1
0,92	0,64	34,4	12,5	35,3	1,84	0,97	17,0	8,3	77,4
0,93	0,65	33,7	12,3	35,5	1,86	0,97	16,9	8,3	78,9
0,94	0,66	33,1	12,1	35,6	1,88	0,97	16,8	8,3	80,3
0,95	0,67	32,5	11,9	35,8	1,90	0,97	16,8	8,3	81,7
0,96	0,68	32,0	11,8	36,0	1,92	0,97	16,7	8,2	83,2
0,97	0,69	31,4	11,6	36,1	1,94	0,97	16,6	8,2	84,7
0,98	0,70	30,9	11,5	36,3	1,96	0,97	16,6	8,2	86,2
0,99	0,71	30,4	11,3	36,5	1,98	0,98	16,5	8,2	87,7
1,00	0,71	29,9	11,2	36,8	2,00	0,98	16,5	8,2	89,0

Tabela 7.4(c): Método de Marcus – <u>Caso 3</u>

l_x ☐ 3

$M_x = pl_x^2/m_x$; $X_x = pl_x^2/n_x$; $M_y = pl_x^2/m_y$; $X_y = pl_x^2/n_y$; $p_x = k_x p$

$l_y > l_x$

$\lambda = l_y/l_x$	k_x	m_x	n_x	m_y	n_y	$\lambda = l_y/l_x$	k_x	m_x	n_x	m_y	n_y
1,00	0,50	37,2	16,0	37,2	16,0	-	-	-	-	-	-
1,01	0,51	36,4	15,7	37,2	16,0	1,51	0,84	20,5	9,5	46,7	21,8
1,02	0,52	35,7	15,4	37,2	16,0	1,52	0,84	20,4	9,5	47,1	22,0
1,03	0,53	35,1	15,1	37,2	16,0	1,53	0,85	20,2	9,5	47,4	22,1
1,04	0,54	34,4	14,8	37,2	16,1	1,54	0,85	20,1	9,4	47,7	22,4
1,05	0,55	33,8	14,6	37,3	16,1	1,55	0,85	20,0	9,4	48,1	22,6
1,06	0,56	33,2	14,3	37,3	16,1	1,56	0,86	19,9	9,4	48,4	22,8
1,07	0,57	32,7	14,1	37,4	16,2	1,57	0,86	19,8	9,3	48,8	23,0
1,08	0,58	32,1	13,9	37,5	16,2	1,58	0,86	19,7	9,3	49,2	23,2
1,09	0,59	31,6	13,7	37,5	16,2	1,59	0,87	19,6	9,3	49,5	23,4
1,10	0,59	31,1	13,5	37,6	16,3	1,60	0,87	19,5	9,2	49,9	23,6
1,11	0,60	30,6	13,3	37,7	16,4	1,61	0,87	19,4	9,2	50,3	23,8
1,12	0,61	30,2	13,1	37,8	16,4	1,62	0,87	19,3	9,2	50,6	24,0
1,13	0,62	29,7	12,9	37,9	16,5	1,63	0,88	19,2	9,1	51,0	24,3
1,14	0,63	29,3	12,7	38,0	16,6	1,64	0,88	19,1	9,1	51,4	24,5
1,15	0,64	28,9	12,6	38,2	16,6	1,65	0,88	19,0	9,1	51,8	24,7
1,16	0,64	28,5	12,4	38,3	16,7	1,66	0,88	18,9	9,1	52,2	25,0
1,17	0,65	28,1	12,3	38,4	16,8	1,67	0,89	18,9	9,0	52,6	25,2
1,18	0,66	27,7	12,1	38,6	16,9	1,68	0,89	18,8	9,0	53,0	25,4
1,19	0,67	27,4	12,0	38,7	17,0	1,69	0,89	18,7	9,0	53,4	25,7
1,20	0,68	27,0	11,9	38,9	17,1	1,70	0,89	18,6	9,0	53,8	25,9
1,21	0,68	26,7	11,7	39,1	17,2	1,71	0,90	18,6	8,9	54,2	26,1
1,22	0,69	26,4	11,6	39,2	17,3	1,72	0,90	18,5	8,9	54,7	26,4
1,23	0,70	26,1	11,5	39,4	17,4	1,73	0,90	18,4	8,9	55,1	26,6
1,24	0,70	25,8	11,4	39,6	17,5	1,74	0,90	18,3	8,9	55,5	26,9
1,25	0,71	25,5	11,3	39,8	17,6	1,75	0,90	18,3	8,9	55,9	27,1
1,26	0,72	25,2	11,2	40,0	17,7	1,76	0,91	18,2	8,8	56,4	27,4
1,27	0,72	24,9	11,1	40,2	17,9	1,77	0,91	18,1	8,8	56,8	27,6
1,28	0,73	24,7	11,0	40,4	18,0	1,78	0,91	18,1	8,8	57,3	27,9
1,29	0,74	24,4	10,9	40,6	18,1	1,79	0,91	18,0	8,8	57,7	28,1
1,30	0,74	24,2	10,8	40,8	18,3	1,80	0,91	18,0	8,8	58,1	28,4
1,31	0,75	23,9	10,7	41,1	18,4	1,81	0,92	17,9	8,8	58,6	28,7
1,32	0,75	23,7	10,6	41,3	18,5	1,82	0,92	17,8	8,7	59,1	28,9
1,33	0,76	23,5	10,6	41,5	18,7	1,83	0,92	17,8	8,7	59,5	29,2
1,34	0,76	23,3	10,5	41,8	18,8	1,84	0,92	17,7	8,7	60,0	29,5
1,35	0,77	23,1	10,4	42,0	19,0	1,85	0,92	17,7	8,7	60,5	29,7
1,36	0,77	22,9	10,3	42,3	19,1	1,86	0,92	17,6	8,7	60,9	30,0
1,37	0,78	22,7	10,3	42,5	19,3	1,87	0,92	17,6	8,7	61,4	30,3
1,38	0,78	22,5	10,2	42,8	19,4	1,88	0,93	17,5	8,6	61,9	30,5
1,39	0,79	22,3	10,1	43,1	19,6	1,89	0,93	17,5	8,6	62,4	30,8
1,40	0,79	22,1	10,1	43,4	19,8	1,90	0,93	17,4	8,6	62,9	31,1
1,41	0,80	22,0	10,0	43,6	19,9	1,91	0,93	17,4	8,6	63,4	31,4
1,42	0,80	21,8	10,0	43,9	20,1	1,92	0,93	17,3	8,6	63,8	31,7
1,43	0,81	21,6	9,9	44,2	20,3	1,93	0,93	17,3	8,6	64,3	32,0
1,44	0,81	21,5	9,9	44,5	20,5	1,94	0,93	17,2	8,6	64,8	32,2
1,45	0,82	21,3	9,8	44,8	20,6	1,95	0,94	17,2	8,6	65,4	32,5
1,46	0,82	21,2	9,8	45,1	20,8	1,96	0,94	17,1	8,5	65,9	32,8
1,47	0,82	21,0	9,7	45,4	21,0	1,97	0,94	17,1	8,5	66,4	33,1
1,48	0,83	20,9	9,7	45,7	21,2	1,98	0,94	17,1	8,5	66,9	33,4
1,49	0,83	20,8	9,6	46,1	21,4	1,99	0,94	17,0	8,5	67,4	33,7
1,50	0,84	20,6	9,6	46,4	21,6	2,00	0,94	17,0	8,5	67,9	34,0

Tabela 7.4(d): Método de Marcus – <u>Caso 4</u>

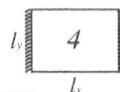

$$M_x = pl_x^2/m_x \; ; \; X_x = pl_x^2/n_x \; ; \; M_y = pl_x^2/m_y \; ; \; p_x = k_x p$$

$\lambda = l_y/l_x$	k_x	m_x	n_x	m_y	$\lambda = l_y/l_x$	k_x	m_x	n_x	m_y
0,50	0,24	137,1	50,4	49,9	-	-	-	-	-
0,51	0,25	130,1	47,5	49,1	1,02	0,84	36,7	14,2	57,0
0,52	0,27	123,7	44,8	48,4	1,04	0,85	36,0	14,1	58,3
0,53	0,28	117,8	42,4	47,7	1,06	0,86	35,4	13,9	59,7
0,54	0,30	112,4	40,2	47,1	1,08	0,87	34,7	13,8	61,1
0,55	0,31	107,4	38,2	46,6	1,10	0,88	34,2	13,6	62,6
0,56	0,33	102,8	36,4	46,1	1,12	0,89	33,7	13,5	64,1
0,57	0,35	98,6	34,7	45,7	1,14	0,89	33,2	13,4	65,7
0,58	0,36	94,7	33,2	45,4	1,16	0,90	32,7	13,3	67,3
0,59	0,38	91,0	31,8	45,0	1,18	0,91	32,3	13,2	68,9
0,60	0,39	87,6	30,5	44,8	1,20	0,91	31,9	13,2	70,6
0,61	0,41	84,5	29,3	44,6	1,22	0,92	31,6	13,1	72,3
0,62	0,43	81,5	28,2	44,4	1,24	0,92	31,2	13,0	74,1
0,63	0,44	78,8	27,2	44,2	1,26	0,93	30,9	13,0	75,9
0,64	0,46	76,2	26,3	44,1	1,28	0,93	30,6	12,9	77,8
0,65	0,47	73,8	25,4	44,0	1,30	0,94	30,3	12,8	79,7
0,66	0,49	71,5	24,7	44,0	1,32	0,94	30,1	12,8	81,6
0,67	0,50	69,4	23,9	44,0	1,34	0,94	29,8	12,7	83,6
0,68	0,52	67,4	23,2	44,0	1,36	0,95	29,6	12,7	85,6
0,69	0,53	65,5	22,6	44,0	1,38	0,95	29,4	12,7	87,7
0,70	0,55	63,7	22,0	44,1	1,40	0,95	29,2	12,6	89,7
0,71	0,56	62,0	21,4	44,2	1,42	0,95	29,0	12,6	91,9
0,72	0,57	60,4	20,9	44,3	1,44	0,96	28,8	12,6	94,0
0,73	0,59	58,9	20,5	44,5	1,46	0,96	28,6	12,5	95,2
0,74	0,60	57,5	20,0	44,7	1,48	0,96	28,5	12,5	98,5
0,75	0,61	56,2	19,6	44,9	1,50	0,96	28,3	12,5	100,7
0,76	0,63	54,9	19,2	45,1	1,52	0,96	28,2	12,5	103,0
0,77	0,64	53,7	18,8	45,3	1,54	0,97	28,0	12,4	105,4
0,78	0,65	52,5	18,5	45,6	1,56	0,97	27,9	12,4	107,8
0,79	0,66	51,5	18,2	45,9	1,58	0,97	27,8	12,4	110,1
0,80	0,67	50,4	17,9	46,2	1,60	0,97	27,6	12,4	112,6
0,81	0,68	49,4	17,6	46,5	1,62	0,97	27,5	12,4	115,1
0,82	0,69	48,5	17,3	46,8	1,64	0,97	27,4	12,3	117,7
0,83	0,70	47,6	17,1	47,2	1,66	0,97	27,3	12,3	120,2
0,84	0,71	46,8	16,8	47,6	1,68	0,98	27,2	12,3	122,8
0,85	0,72	46,0	16,6	48,0	1,70	0,98	27,1	12,3	125,4
0,86	0,73	45,2	16,4	48,4	1,72	0,98	27,0	12,3	128,1
0,87	0,74	44,5	16,2	48,8	1,74	0,98	26,9	12,3	130,8
0,88	0,75	43,8	16,0	49,3	1,76	0,98	26,9	12,3	133,5
0,89	0,76	43,1	15,8	49,7	1,78	0,98	26,8	12,2	136,3
0,90	0,77	42,5	15,7	50,2	1,80	0,98	26,7	12,2	139,1
0,91	0,77	41,9	15,5	50,7	1,82	0,98	26,6	12,2	141,9
0,92	0,78	41,3	15,4	51,2	1,84	0,98	26,6	12,2	144,8
0,93	0,79	40,7	15,2	51,7	1,86	0,98	26,5	12,2	147,7
0,94	0,80	40,2	15,1	52,2	1,88	0,98	26,4	12,2	150,6
0,95	0,80	39,7	15,0	52,8	1,90	0,99	26,4	12,2	153,6
0,98	0,81	39,2	14,8	53,4	1,92	0,99	26,3	12,2	156,6
0,97	0,82	38,8	14,7	53,9	1,94	0,99	26,3	12,2	159,6
0,98	0,82	38,3	14,6	54,5	1,96	0,99	26,2	12,2	162,7
0,99	0,83	37,9	14,5	55,1	1,98	0,99	26,1	12,2	165,8
1,00	0,83	37,5	14,4	55,7	2,00	0,99	26,1	12,2	169,0

Tabela 7.4(e): Método de Marcus – <u>Caso 5</u>

$$M_x = pl_x^2/m_x \; ; \; X_x = pl_x^2/n_x \; ; \; M_y = pl_x^2/m_y \; ; \; X_y = pl_x^2/n_y \; ; \; p_x = k_x p$$

$\lambda = l_y/l_x$	k_x	m_x	n_x	m_y	n_y	$\lambda = l_y/l_x$	k_x	m_x	n_x	m_y	n_y
0,50	0,11	246,4	108,0	71,4	36,0	-	-	-	-	-	-
0,51	0,12	230,8	100,7	69,5	34,9	1,02	0,68	42,9	17,5	51,1	24,3
0,52	0,13	216,5	94,1	67,8	33,9	1,04	0,70	41,8	17,1	51,8	24,7
0,53	0,14	203,5	88,0	66,1	33,0	1,06	0,72	40,7	16,8	52,5	25,1
0,54	0,15	191,7	82,6	64,6	32,1	1,08	0,73	39,7	16,4	53,2	25,5
0,55	0,16	180,8	77,6	63,2	31,3	1,10	0,75	38,8	16,1	54,0	26,0
0,56	0,16	170,9	73,0	61,9	30,5	1,12	0,76	38,0	15,8	54,8	26,5
0,57	0,17	161,8	68,8	60,6	29,8	1,14	0,77	37,3	15,6	55,7	27,0
0,58	0,19	153,4	65,0	59,5	29,2	1,16	0,78	36,5	15,3	56,6	27,5
0,59	0,20	145,7	61,5	58,4	28,6	1,18	0,80	35,9	15,1	57,5	28,0
0,60	0,21	138,6	58,3	57,4	28,0	1,20	0,81	35,3	14,9	58,5	28,6
0,61	0,22	132,1	55,3	56,5	27,5	1,22	0,82	34,7	14,7	59,5	29,2
0,62	0,23	126,0	52,6	55,7	27,0	1,24	0,83	34,2	14,5	60,6	29,8
0,63	0,24	120,4	50,1	54,9	26,5	1,26	0,83	33,7	14,4	61,7	30,4
0,64	0,25	115,1	47,8	54,2	26,1	1,28	0,84	33,2	14,2	62,9	31,1
0,65	0,26	110,3	45,6	53,5	25,7	1,30	0,85	32,8	14,1	64,0	31,8
0,66	0,28	105,8	43,6	52,9	25,3	1,32	0,86	32,4	14,0	65,3	32,5
0,67	0,29	101,6	41,8	52,3	25,0	1,34	0,87	32,0	13,9	66,5	33,2
0,68	0,30	97,7	40,1	51,8	24,7	1,36	0,87	31,7	13,8	67,8	33,9
0,69	0,31	94,1	38,5	51,3	24,4	1,38	0,88	31,3	13,7	69,1	34,7
0,70	0,32	90,7	37,0	50,9	24,2	1,40	0,89	31,0	13,6	70,5	35,4
0,71	0,34	87,5	35,6	50,5	23,9	1,42	0,89	30,7	13,5	71,8	36,2
0,72	0,35	84,5	34,3	50,1	23,7	1,44	0,90	30,4	13,4	73,3	37,0
0,73	0,36	81,7	33,1	49,8	23,5	1,46	0,90	30,2	13,3	74,7	37,9
0,74	0,38	79,1	32,0	49,5	23,4	1,48	0,91	29,9	13,3	76,2	38,7
0,75	0,39	76,6	31,0	49,2	23,2	1,50	0,91	29,7	13,2	77,7	39,6
0,76	0,40	74,3	30,0	49,0	23,1	1,52	0,91	29,5	13,1	79,2	40,4
0,77	0,41	72,1	29,1	48,8	23,0	1,54	0,92	29,3	13,1	80,8	41,3
0,78	0,43	70,0	28,2	48,7	22,9	1,56	0,92	29,1	13,0	82,4	42,2
0,79	0,44	68,1	27,4	48,5	22,8	1,58	0,93	28,9	13,0	84,0	43,2
0,80	0,45	66,2	26,7	48,4	22,7	1,60	0,93	28,7	12,9	85,7	44,1
0,81	0,46	64,5	25,9	48,3	22,7	1,62	0,93	28,6	12,9	87,3	45,0
0,82	0,48	62,9	25,3	48,3	22,7	1,64	0,94	28,4	12,8	89,0	46,0
0,83	0,49	61,3	24,6	48,2	22,6	1,66	0,94	28,3	12,8	90,8	47,0
0,84	0,50	59,9	24,1	48,2	22,6	1,68	0,94	28,1	12,8	92,5	48,0
0,85	0,51	58,5	23,5	48,2	22,6	1,70	0,94	28,0	12,7	94,3	49,0
0,86	0,52	57,2	23,0	48,3	22,7	1,72	0,95	27,8	12,7	96,2	50,0
0,87	0,53	55,9	22,5	48,3	22,7	1,74	0,95	27,7	12,7	98,0	51,1
0,88	0,55	54,7	22,0	48,4	22,7	1,76	0,95	27,6	12,6	99,9	52,1
0,89	0,56	53,6	21,6	48,5	22,8	1,78	0,95	27,5	12,6	101,8	53,2
0,90	0,57	52,5	21,1	48,6	22,8	1,80	0,96	27,4	12,6	103,7	54,3
0,91	0,58	51,5	20,8	48,7	22,9	1,82	0,96	27,3	12,6	105,7	55,4
0,92	0,59	50,5	20,4	48,8	23,0	1,84	0,96	27,2	12,5	107,6	56,5
0,93	0,60	49,6	20,0	49,0	23,1	1,86	0,96	27,1	12,5	109,6	57,7
0,94	0,61	48,7	19,7	49,2	23,2	1,88	0,96	27,0	12,5	111,7	58,8
0,95	0,62	47,9	19,4	49,4	23,3	1,90	0,96	26,9	12,5	113,7	60,0
0,96	0,63	47,1	19,1	49,6	23,4	1,92	0,97	26,8	12,4	115,8	61,2
0,97	0,64	46,3	18,8	49,8	23,6	1,94	0,97	26,8	12,4	117,9	62,3
0,98	0,65	45,6	18,5	50,0	23,7	1,96	0,97	26,7	12,4	120,0	63,6
0,99	0,66	44,9	18,3	50,3	23,8	1,98	0,97	26,6	12,4	122,2	64,8
1,00	0,67	44,2	18,0	50,6	24,0	2,00	0,97	26,5	12,4	124,4	66,0

Tabela 7.4(f): Método de Marcus – <u>Caso 6</u>

$M_x = pl_x^2/m_x$; $X_x = pl_x^2/n_x$; $M_y = pl_x^2/m_y$; $X_y = pl_x^2/n_y$; $p_x = k_x p$

l_x [6]

$l_y > l_x$

$\lambda = l_y/l_x$	k_x	m_x	n_x	m_y	n_y	$\lambda = l_y/l_x$	k_x	m_x	n_x	m_y	n_y
1,00	0,50	55,7	24,0	55,7	24,0	-	-	-	-	-	-
1,01	0,51	54,7	23,5	55,8	24,0	1,51	0,84	31,9	14,3	72,7	32,6
1,02	0,52	53,6	23,1	55,8	24,0	1,52	0,84	31,7	14,2	73,3	32,9
1,03	0,53	52,6	22,7	55,8	24,0	1,53	0,85	31,5	14,2	73,8	33,2
1,04	0,54	51,7	22,3	55,9	24,1	1,54	0,85	31,4	14,1	74,4	33,5
1,05	0,55	50,8	21,9	56,0	24,1	1,55	0,85	31,2	14,1	75,0	33,8
1,06	0,56	49,9	21,5	56,1	24,2	1,56	0,86	31,1	14,0	75,7	34,1
1,07	0,57	49,1	21,2	56,2	24,2	1,57	0,86	30,9	14,0	76,3	34,4
1,08	0,58	48,3	20,8	56,3	24,3	1,58	0,86	30,8	13,9	76,9	34,8
1,09	0,59	47,5	20,5	56,4	24,4	1,59	0,87	30,7	13,9	77,5	35,1
1,10	0,59	46,8	20,2	56,6	24,4	1,60	0,87	30,5	13,8	78,2	35,4
1,11	0,60	46,1	19,9	56,8	24,5	1,61	0,87	30,4	13,8	78,8	35,7
1,12	0,61	45,4	19,6	56,9	24,6	1,62	0,87	30,3	13,7	79,5	36,1
1,13	0,62	44,8	19,4	57,1	24,7	1,63	0,88	30,2	13,7	80,1	36,4
1,14	0,63	44,1	19,1	57,4	24,8	1,64	0,88	30,0	13,7	80,8	36,7
1,15	0,64	43,5	18,9	57,6	24,9	1,65	0,88	29,9	13,6	81,5	37,1
1,16	0,64	43,0	18,6	57,8	25,1	1,66	0,88	29,8	13,6	82,2	37,4
1,17	0,65	42,4	18,4	58,1	25,2	1,67	0,89	29,7	13,5	82,9	37,8
1,18	0,66	41,9	18,2	58,3	25,3	1,68	0,89	29,6	13,5	83,5	38,1
1,19	0,67	41,4	18,0	58,6	25,5	1,69	0,89	29,5	13,5	84,2	38,5
1,20	0,68	40,9	17,8	58,9	25,6	1,70	0,89	29,4	13,4	85,0	38,8
1,21	0,68	40,4	17,6	59,2	25,8	1,71	0,90	29,3	13,4	85,7	39,2
1,22	0,69	40,0	17,4	59,5	25,9	1,72	0,90	29,2	13,4	86,4	39,6
1,23	0,70	39,5	17,2	59,8	26,1	1,73	0,90	29,1	13,3	87,1	39,9
1,24	0,70	39,1	17,1	60,1	26,3	1,74	0,90	29,0	13,3	87,9	40,3
1,25	0,71	38,7	16,9	60,5	26,4	1,75	0,90	28,9	13,3	88,6	40,7
1,26	0,72	38,3	16,8	60,8	26,6	1,76	0,91	28,8	13,3	89,3	41,0
1,27	0,72	37,9	16,6	61,2	26,8	1,77	0,91	28,8	13,2	90,1	41,4
1,28	0,73	37,6	16,5	61,6	27,0	1,78	0,91	28,7	13,2	90,9	41,8
1,29	0,74	37,2	16,3	62,0	27,2	1,79	0,91	28,6	13,2	91,6	42,2
1,30	0,74	36,9	16,2	62,4	27,4	1,80	0,91	28,5	13,1	92,4	42,6
1,31	0,75	36,6	16,1	62,8	27,6	1,81	0,92	28,4	13,1	93,2	43,0
1,32	0,75	36,3	16,0	63,2	27,8	1,82	0,92	28,4	13,1	94,0	43,4
1,33	0,76	35,9	15,8	63,6	28,0	1,83	0,92	28,3	13,1	94,8	43,8
1,34	0,76	35,7	15,7	64,0	28,2	1,84	0,92	28,2	13,0	95,6	44,2
1,35	0,77	35,4	15,6	64,5	28,5	1,85	0,92	28,2	13,0	96,4	44,6
1,36	0,77	35,1	15,5	64,9	28,7	1,86	0,92	28,1	13,0	97,2	45,0
1,37	0,78	34,8	15,4	65,4	28,9	1,87	0,92	28,0	13,0	98,0	45,4
1,38	0,78	34,6	15,3	65,8	29,2	1,88	0,93	28,0	13,0	98,8	45,8
1,39	0,79	34,3	15,2	66,3	29,4	1,89	0,93	27,9	12,9	99,6	46,2
1,40	0,79	34,1	15,1	66,8	29,6	1,90	0,93	27,8	12,9	100,5	46,6
1,41	0,80	33,8	15,0	67,3	29,9	1,91	0,93	27,8	12,9	101,3	47,1
1,42	0,80	33,6	15,0	67,8	30,1	1,92	0,93	27,7	12,9	102,2	47,5
1,43	0,81	33,4	14,9	68,3	30,4	1,93	0,93	27,7	12,9	103,0	47,9
1,44	0,81	33,2	14,8	68,8	30,7	1,94	0,93	27,6	12,8	103,9	48,4
1,45	0,82	33,0	14,7	69,3	30,9	1,95	0,94	27,5	12,8	104,7	48,8
1,46	0,82	32,8	14,6	69,9	31,2	1,96	0,94	27,5	12,8	105,6	49,2
1,47	0,82	32,6	14,6	70,4	31,5	1,97	0,94	27,4	12,8	106,5	49,7
1,48	0,83	32,4	14,5	71,0	31,8	1,98	0,94	27,4	12,8	107,4	50,1
1,49	0,83	32,2	14,4	71,5	32,0	1,99	0,94	27,3	12,8	108,2	50,6
1,50	0,84	32,0	14,4	72,1	32,3	2,00	0,94	27,3	12,8	109,1	51,0

Tabela 7.5: Reações ($r1$, $r2$, $r3$, $r4$) por unidade de comprimento nos bordos de lajes nos casos do método de Marcus, pela NBR 6118 (p = carga uniforme por área da laje)

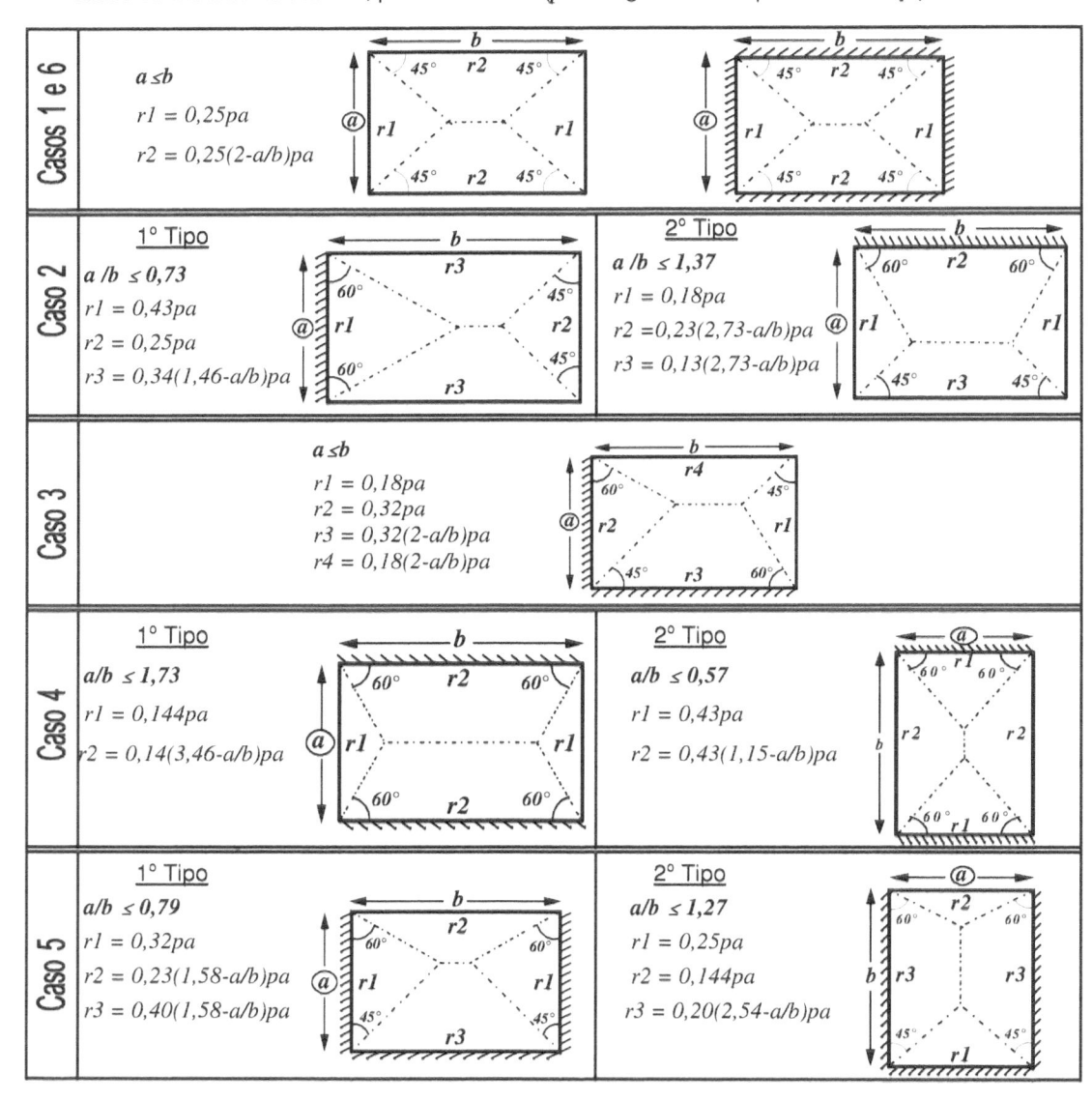

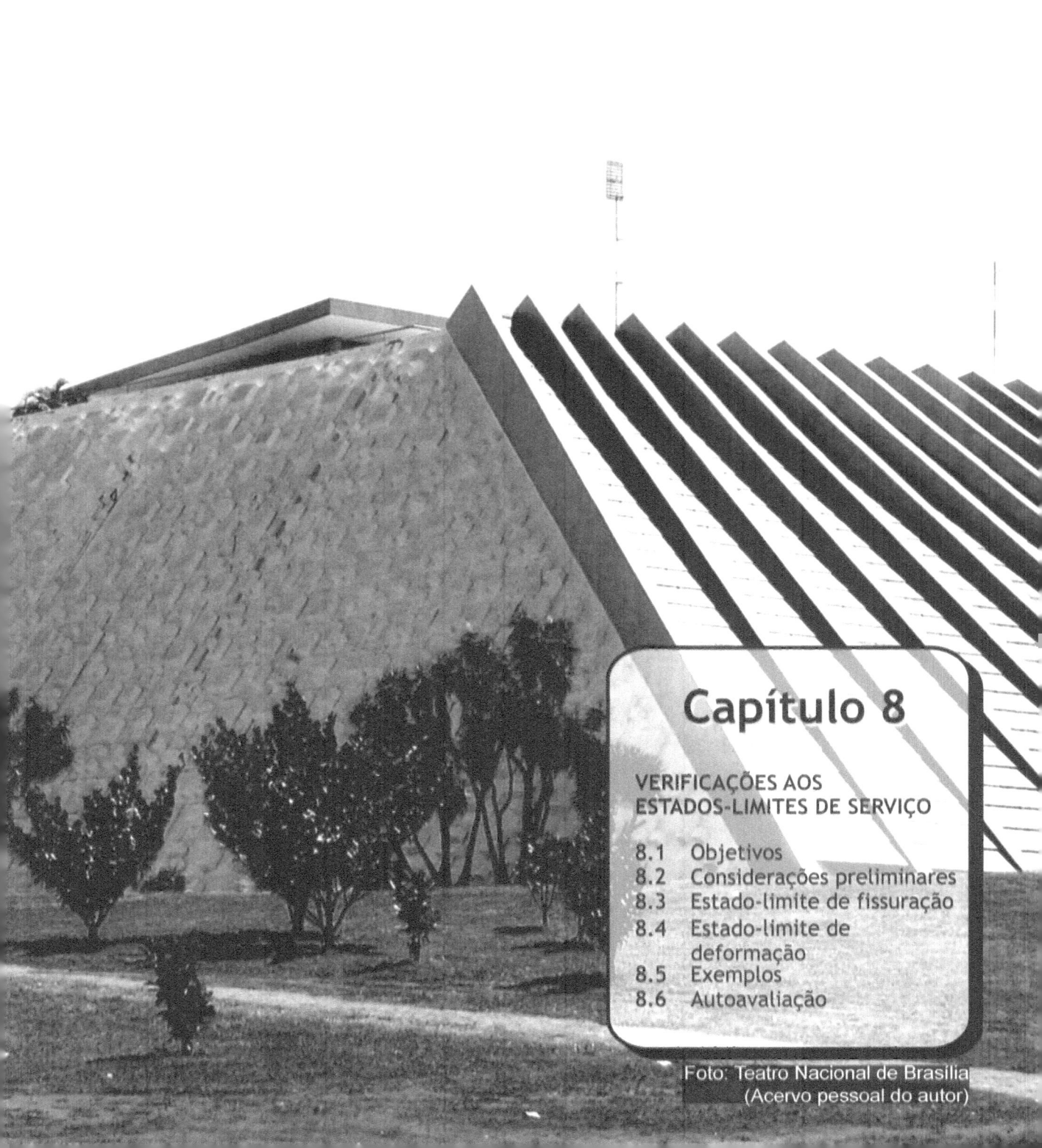

Capítulo 8

VERIFICAÇÕES AOS
ESTADOS-LIMITES DE SERVIÇO

Foto: Teatro Nacional de Brasília
(Acervo pessoal do autor)

Verificações aos estados-limites de serviço

8.1 OBJETIVOS

> *Conceito*: os estados-limites de serviço (ELS) envolvem os requisitos exigidos da estrutura, associados à durabilidade, funcionalidade e aparência da edificação, seja em relação ao conforto dos usuários, aos equipamentos e máquinas nela empregados e condicionados à sua utilização adequada.

A noção intuitiva de segurança está ligada à ideia de sobrevivência e, dessa forma, uma estrutura poderia ser considerada segura se houvesse garantia de que durante sua vida útil não fosse atingido algum tipo de estado de desempenho patológico. Entretanto, esse conceito intuitivo deve ser melhor estabelecido tecnicamente, em função do respeito à vida humana e às condições psicológicas e econômicas dos usuários das edificações, que são, em geral, leigos e não obrigados a entender o funcionamento das estruturas.

Segundo o conceito de segurança do subitem 3.8.1 do capítulo 3, entende-se que uma estrutura é segura quando atende aos três requisitos seguintes:

a) Mantém durante sua vida útil as características originais de projeto, a um custo razoável de execução e manutenção.

b) Em condições normais de utilização, não apresenta aparência que cause inquietação aos usuários ou ao público em geral, nem falsos sinais de alarme que lancem suspeitas sobre a sua segurança. Em outras palavras, uma estrutura segura deve ter aparência que transmita segurança.

c) Sob utilização incorreta deve apresentar sinais visíveis de advertência – flechas, deformações, fissuras, etc. –, quanto a eventuais estados de perigo. Isto é, qualquer possibilidade de ruptura sem aviso ou de colapso progressivo deve ser prevenida.

Um conceito mais amplo de segurança está intimamente relacionado, portanto, ao comportamento da estrutura com a utilização prevista em projeto, para o qual se definem os estados-limites de serviço. Considera-se que esses estados são atingidos quando a estrutura não mais atende aos requisitos específicos da edificação, sob condições normais de uso e ambientais. No entanto, os ELS não estão associados a risco iminente de colapso da estrutura.

Os ELS mais comuns nas verificações dos projetos de estruturas de concreto armado de edificações usuais são:

1) fissuração excessiva que afete de forma adversa a aparência, a durabilidade ou as condições de estanqueidade;

2) deslocamentos que causem prejuízo à aparência ou ao uso efetivo da edificação (incluindo mau funcionamento de máquinas ou serviços), ou danos inaceitáveis em outros elementos, estruturais ou não, da construção;

3) tensões de compressão excessivas no concreto, produzindo deformações irreversíveis e microfissuras que possam levar à perda de durabilidade;

4) vibrações resultando em desconforto, alarme ou perda de funcionalidade.

Ainda na fase de projeto, cabe considerar quanto aos ELS:

• As sobrecargas de utilização podem mudar com o decorrer do tempo (por exemplo, edifícios residenciais que passam a ser usados como escritórios);

• As classes de agressividade ambiental da estrutura e suas partes, segundo as exigências específicas de proteção e durabilidade, conforme a tabela 7.2 da NBR 6118 → 7.4.7. Essas classes são definidas como CAA I a CAA IV – fraca, moderada, forte e muito forte –, com os valores mínimos da espessura nominal da camada de cobrimento das peças de concreto.

• As flechas calculadas, mesmo quando inferiores aos limites da Norma, não devem resultar em danos a elementos da edificação situados sobre ou sob o elemento estrutural, prevendo, caso necessário, dispositivos adequados ou contraflechas para evitar consequências indesejáveis.

• A análise da superestrutura deve considerar as características do solo onde se assentam as fundações, verificando a probabilidade de recalques dos pilares, para, caso necessário, considerá-los no cálculo de esforços da estrutura.

O dimensionamento de estruturas de concreto armado deve garantir a segurança necessária à ruptura (estados-limites últimos – ELU) e o comportamento aceitável sob condições normais de utilização (estados-limites de serviço – ELS).

Dessa forma, são objetivos deste capítulo:

a) Identificar os ELS típicos a serem considerados nas estruturas de concreto armado de edificações usuais.

b) Apresentar os critérios de projeto para verificações ao Estado-Limite de Deformação (ELS-DEF) de elementos sujeitos a solicitações normais, visando à comparação das estimativas de flechas com os limites da NBR 6118.

c) Idem quanto ao Estado-Limite de Fissuração (ELS-W).

d) Verificação de lajes retangulares maciças de concreto armado ao ELS-DEF.

8.2 CONSIDERAÇÕES PRELIMINARES

Sendo os ELS relacionados ao comportamento estrutural sob utilização normal, sua verificação deve considerar os valores mais representativos das ações, solicitações e resistências dos materiais nas situações previstas em projeto.

O comportamento global da estrutura em serviço não é substancialmente afetado por variações localizadas das propriedades do concreto e do aço, que justificam a aplicação dos coeficientes de minoração das resistências para o cálculo aos ELU. Portanto, as verificações de projeto devem levar em conta as combinações das ações mais representativas de situações reais de utilização, sendo admitidas, até mesmo, reduções nas ações/solicitações provenientes de ações variáveis e consideradas as resistências características dos materiais.

A NBR 6118 → 11.8 (tabelas 11.2 e 11.4) e o *Prática recomendada Ibracon – comentários técnicos NB-1* (2003) apresentam as combinações mais prováveis das ações para os ELS de estruturas de concreto armado de edificações usuais, definidos na subseção 3.2 da Norma. Associadas às condições normais de serviço às cargas permanentes F_{gk} e cargas acidentais ou variáveis F_{qk}, tem-se:

a) Estado-limite de deformação (ELS-DEF)

Estado em que as deformações atingem os limites de utilização normal, pela Norma → 13.4.2, com estimativas da subseção 17.3.2. Assim, cabe considerar as *combinações quase-permanentes* de serviço das ações variáveis:

$$F_{d,ser} = F_{gk} + \psi_2 F_{qk} \tag{8.1}$$

onde:

– para edifícios residenciais: $\psi_2 = 0{,}3$

– para edifícios comerciais: $\psi_2 = 0{,}4$

– para bibliotecas, arquivos, oficinas, garagens: $\psi_2 = 0{,}6$.

b) Estado-limite de fissuração (ELS-W)

Estado em que as fissuras atingem aberturas acima dos limites especificados pela NBR 6118 → 13.4.2, com as estimativas da subseção 17.3.3. Devem-se considerar as *combinações frequentes* de serviço das ações variáveis:

$$F_{d,ser} = F_{gk} + \psi_1 F_{qk} \tag{8.2}$$

onde:

– para edifícios residenciais: $\psi_1 = 0{,}4$

– para edifícios comerciais: $\psi_1 = 0{,}6$

– para bibliotecas, arquivos, oficinas, garagens: $\psi_1 = 0{,}7$

Os valores prescritos pela Norma para os coeficientes redutores ψ_1 e ψ_2 levam em conta a probabilidade reduzida de atuação conjunta das ações acidentais com seus valores máximos em situações de serviço. Essa consideração é necessária para estimativas realistas dos efeitos previsíveis em projeto.

Nos ELS , um elemento linear de concreto armado em regime global elástico pode ter suas várias regiões trabalhando no estádio I, quando não fissuradas, e no estádio II, se fissuradas, conforme os *estádios* ou *fases* de comportamento da flexão pura, definidos no item 4.2 do capítulo 4. A separação das regiões do elemento no estádio I ou II é caracterizada pelo valor do *momento de fissuração*, fornecido pela expressão a seguir, da NBR 6118 → 17.3.1:

$$M_r = \frac{\alpha f_{ct} I_c}{y_t} \qquad (8.3)$$

sendo:

α = fator que correlaciona aproximadamente a resistência à tração na flexão do concreto com sua resistência à tração direta, podendo-se adotar:

$\alpha = 1,2$ ⇨ seções T ou duplo T ; $\alpha = 1,3$ ⇨ seções I ou T invertido;

$\alpha = 1,5$ ⇨ seções retangulares.

y_t = distância do centro de gravidade da seção à fibra mais tracionada;

I_c = momento de inércia da seção bruta de concreto (não fissurada)

f_{ct} = resistência à tração direta do concreto (NBR 6118 → 8.2.5); para o cálculo do momento M_r deve-se usar:

$f_{ct,m}$ = resistência à tração média para o estado-limite de deformação excessiva (ELS-DEF);

$f_{ctk,inf}$ = resistência à tração característica inferior para o estado-limite de fissuração (ELS-W).

Da subseção 17.3.1 da Norma, para os dois ELS típicos de estruturas usuais de concreto armado, com os valores da resistência à tração $f_{ct,m}$ e $f_{ctk,inf}$ da tabela 3.1 do capítulo 3, o momento fletor de fissuração da seção retangular é dado na forma seguinte, que se relaciona à expressão (4.17) do capítulo 4, do momento resistido pela armadura mínima:

ELS-DEF: $M_r = 0,25 b_w h^2 f_{ct,m}$ (em MPa) (8.4)

ELS-W: $M_r = 0,25 b_w h^2 f_{ctk,inf}$

Nos dois estados-limite de serviço – de deformação e fissuração –, uma grandeza de grande relevância é o módulo de elasticidade do concreto, abordado no capítulo 3, subitem 3.11.2.2. Pela expressão (3.17), o módulo de elasticidade tangente inicial é função da resistência característica à compressão e da natureza do agregado graúdo e, da expressão (3.18), multiplicando-o pelo coeficiente α_i , permite obter o módulo de elasticidade secante do concreto.

Na mesma subseção, a NBR 6118 estabelece duas premissas importantes para as verificações ao ELS-DEF e ELS-W:

A deformação elástica do concreto depende da composição do traço do concreto, especialmente da natureza dos agregados; e

Na avaliação do comportamento de um elemento estrutural ou seção transversal, pode ser adotado módulo de elasticidade único, à tração e à compressão, igual ao módulo de deformação secante E_{cs}.

Transcrita da Norma, a tabela 8.1 apresenta valores arredondados estimados dos módulos de elasticidade tangente inicial e secante, para uso no projeto estrutural, considerando o granito como agregado graúdo:

Tabela 8.1: Valores estimados do módulo de elasticidade do concreto, função das classes de resistência característica à compressão e granito como agregado graúdo

Classes	C20	C25	C30	C35	C40	C45	C50	C60	C70	C80	C90
E_{ci} (GPa)	25	28	31	33	35	38	40	42	43	45	47
E_{cs} (GPa)	21	24	27	29	32	34	37	40	42	45	47
α_i	0,85	0,86	0,88	0,89	0,90	0,91	0,93	0,95	0,98	1,0	1,0

8.3   ESTADO-LIMITE DE FISSURAÇÃO

8.3.1 Limites de fissuração para elementos lineares de concreto armado

A classe de agressividade ambiental e a abertura das fissuras sob atuação das sobrecargas de serviço previstas em projeto são fatores determinantes para garantir boa durabilidade e, consequentemente, a vida útil de uma estrutura de concreto. Nas subseções 13.4.1 e 17.3.3, a NBR 6118 aborda a verificação à fissuração levando em conta os seguintes aspectos:

– A fissuração em estruturas de concreto armado é considerada praticamente inevitável, em razão da grande variabilidade do concreto e da baixa resistência à tração (rever tabela 3.1 do capítulo 3).

– Valores críticos das tensões de tração em elementos, considerados estruturais ou não no projeto, podem ser atingidos, mesmo sob ações de serviço.

A Norma ainda ressalta que:

❖ O controle da abertura das fissuras visa a obter um bom desempenho na proteção das armaduras, tendo em vista a corrosão e aceitabilidade sensorial dos usuários.

❖ A presença de fissuras com aberturas que respeitem os limites prescritos em estruturas bem projetadas e construídas e sob a ação das cargas previstas não devem causar perda de durabilidade ou segurança quanto aos estados-limites últimos.

❖ As fissuras podem ainda ocorrer por outras causas, como a retração plástica térmica ou reações químicas internas do concreto, que podem ser evitadas ou limitadas por cuidados tecnológicos, especialmente quanto à definição do traço e cura do concreto.

A NBR 6118 → 13.4 estabelece limites para a fissuração e a proteção das armaduras quanto à durabilidade, sendo relevante destacar o cuidado nos termos empregados, como pode se notar nos itens seguintes:

1) A abertura máxima característica das fissuras w_k, da ordem de 0,3 a 0,4 mm, sob ação das combinações frequentes, não tem importância significativa na corrosão das armaduras passivas em elementos de concreto armado.

2) No estágio atual dos conhecimentos e em razão da alta variabilidade das grandezas envolvidas, os limites da abertura de fissuras devem ser entendidos apenas como critérios para um projeto adequado de estruturas.

3) As estimativas de abertura de fissuras devem respeitar os limites w_k, mas não se deve esperar que as aberturas reais medidas correspondam estritamente às estimativas. Isto é, a Norma alerta que as fissuras reais na estrutura podem, eventualmente, ultrapassar os limites por ela estabelecidos, sem que esse fato, isoladamente, seja motivo de alarme.

Extraída da tabela 13.4 da NBR 6118 → 13.4.2, a tabela 8.2, a seguir, apresenta os limites para aberturas de fissuras, referidos apenas aos elementos de concreto armado sob a combinação frequente das ações variáveis ou acidentais em serviço, em função das classes de agressividade ambiental (CAA), na forma a seguir:

Tabela 8.2: Valores máximos da abertura de fissuras em peças de concreto armado para atendimento às exigências quanto à fissuração e para proteção das armaduras sob combinações frequentes de ações em serviço

Classes de agressividade ambiental	Aberturas de fissuras no ELS-W
CAA I	$w_k \leq 0,4mm$
CAA II e CAA III	$w_k \leq 0,3mm$
CAA IV	$w_k \leq 0,2mm$

Na subseção 13.4.3 – *Controle da fissuração quanto à aceitabilidade sensorial e à utilização*, a Norma alerta ainda, que:

No caso das fissuras afetarem a funcionalidade da estrutura, como, por exemplo, no caso da estanqueidade de reservatórios, devem ser adotados limites menores para as aberturas das fissuras. Para controles mais efetivos da fissuração nessas estruturas, é conveniente a utilização da protensão.

Por controle de fissuração quanto à aceitabilidade sensorial, entende-se a situação em que as fissuras passam a causar desconforto psicológico aos usuários, embora não representem perda de segurança da estrutura. Limites mais severos de aberturas de fissuras podem ser estabelecidos com o contratante.

Quanto ao controle da fissuração de elementos estruturais lineares, a NBR 6118 → 17.3.3.3 fornece dois critérios:

a) Controle da fissuração pela limitação da abertura estimada das fissuras:

Nesse tipo de controle, apresentado no subitem 8.3.2, a Norma expressa um conceito relevante sobre as estimativas para as aberturas de fissuras, quanto aos aspectos técnico-científicos, destacando dois fatores a serem considerados em seu entendimento:

– A influência de restrições existentes às variações volumétricas da estrutura, de difícil consideração, bem como as condições de execução, com influência óbvia na abertura das fissuras.

– Os critérios para estimar a abertura de fissuras devem ser encarados como avaliações aceitáveis do comportamento geral do elemento, mas não garantem a avaliação precisa da abertura de uma fissura específica.

b) Controle da fissuração sem a verificação da abertura de fissuras

É um controle mais expedito (item 8.3.3, a seguir), em que se dispensa a avaliação da abertura de fissuras, desde que respeitados a bitola e o espaçamento máximos das barras da armadura. Caso não atendido, passa-se à verificação pelo item 8.3.2, mais rigorosa.

8.3.2 Controle da fissuração por meio da limitação da abertura estimada

Observados os limites da tabela 8.2 e as combinações frequentes das ações variáveis características ou de serviço, a NBR 6118 → 17.3.3.2 estabelece que: "O valor característico da abertura abertura de fissuras w_k, determinado para cada parte da região de envolvimento, é o menor entre os obtidos pelas expressões a seguir":

$$w_k = \begin{cases} \dfrac{\Phi_i}{12,5\,\eta_i} \cdot \dfrac{\sigma_{si}}{E_s} \cdot \dfrac{3\,\sigma_{si}}{f_{ct,m}} \\[2ex] \dfrac{\Phi_i}{12,5\,\eta_i} \cdot \dfrac{\sigma_{si}}{E_s} \left(\dfrac{4}{\rho_{cri}} + 45 \right) \end{cases} \tag{8.5}$$

onde:

$A_{cri} =$ área da região crítica do concreto de envolvimento e proteção da barra de bitola Φ_i contra a fissuração. A Norma define como "constituída por um retângulo cujos lados não distem mais de $7,5\Phi_i$ do eixo da barra da armadura" (figura 8.1, a seguir);

$\Phi_i =$ diâmetro da barra que protege a região de envolvimento considerada (mm);

$\rho_{cri} = A_s/A_{cri} =$ taxa de armadura de tração relativa à área crítica para Φ_i;

$f_{ct,m} =$ resistência à tração média do concreto da tabela 3.1 (MPa);

$\eta_i =$ coeficiente de conformação superficial da armadura considerada (NBR 6118 → 9.3.2.1: $\eta_i = 2,25$ para o aço CA-50 e $\eta_i = 1,4$ para CA-60);

σ_{si} = tensão de tração no centro de gravidade da armadura no estádio II. Para estruturas de edificações, as solicitações de serviço podem ser reduzidas, em vista das combinações frequentes das ações variáveis, conforme a expressão (8.2). No caso mais geral de seções retangulares com armadura simples é o momento fletor solicitante característico máximo M_{Sk}; a área da armadura de tração A_s; largura b_w e altura útil d, ficando:

$$\sigma_{si} = \frac{M_{Sk}}{A_s(d - x/3)} \tag{8.6}$$

No estádio II, a profundidade da linha neutra da seção x é dada por:

$$x_{II} = \frac{\alpha_e A_s}{b_w}\left(-1 + \sqrt{1 + \frac{2b_w d}{\alpha_e A_s}}\right) \tag{8.7}$$

$\alpha_e = E_s/E_c = 15$ = valor da relação entre os módulos de elasticidade do aço e concreto, proposto na NBR 6118 → 9.3.2.1, para o cálculo no estádio II, "[...] que admite comportamento linear dos materiais e despreza a resistência à tração do concreto".

❖ *Observação*:

O código ACI 318-14 (2014) permite aproximar a tensão de tração do aço em serviço pela expressão, em geral a favor da segurança:

$\sigma_{si} = f_{yd}/\gamma_f$, sendo f_{yd} a tensão de escoamento, com $\gamma_f = 1,4$.

Quanto à área da região crítica do concreto de envolvimento e proteção da armadura de tração constituída por uma camada de barras de diâmetro Φ_i, em seções retangulares ou T, tem-se

$$A_{cri} = b_w(c_{nom} + \Phi_t + 8\Phi_i) \tag{8.8}$$

As expressões (8.5) são semiempíricas, baseadas em resultados de ensaios, e não são exatas. Dessa forma, é razoável admitir uma margem de tolerância, de até 10%, com relação às desigualdades. Se o resultado do controle da fissuração pela limitação da abertura estimada não for satisfatório, a opção mais simples é adotar barras mais finas, ou seja, diminuir a bitola Φ.

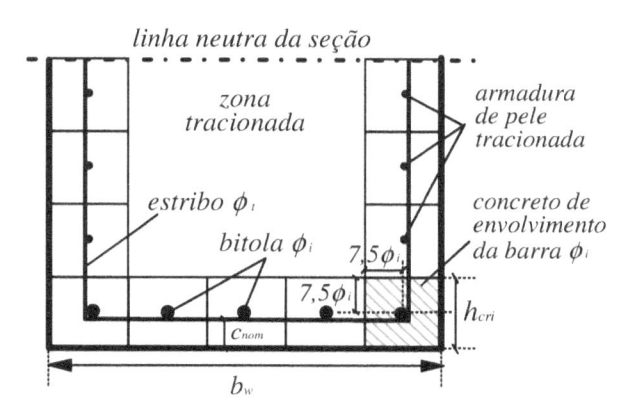

Figura 8.1: Área A_{cri} da região de concreto de envolvimento das barras

A experiência demonstra que as peças estruturais com barras de menor bitola apresentam maior número de fissuras, porém com menor abertura, o que reduz a área exposta da armadura e, consequentemente, o risco de corrosão.

8.3.3 Controle da fissuração sem verificação da abertura de fissuras

Neste critério da NBR 6118 → 17.3.3.3 e de sua tabela 17.2, dispensa-se a avaliação da abertura de fissuras se a bitola Φ_{max} e o espaçamento s_{max} das barras da armadura respeitam os valores máximos da tabela 8.3, em função da tensão no aço σ_s no estádio II, da expressão (8.6):

Tabela 8.3: Valores máximos de diâmetro e espaçamento de barras com barras de alta aderência para elementos de concreto armado

Tensão no aço no estádio II σ_{si} (MPa)	Concreto sem armaduras ativas	
	Φ_{max} (mm)	s_{max} (cm)
160	32	30
200	25	25
240	20	20
280	16	15
320	12,5	10
360	10	5
400	8	–

Neste critério, a verificação da abertura de fissuras é dispensada e considerado atendido o estado-limite de fissuração quando respeitados os valores máximos para a bitola Φ_{max} e o espaçamento das barras da armadura s_{max}, além das disposições sobre o cobrimento e a armadura mínima.

8.3.4 Considerações práticas sobre o controle da fissuração

No estado atual de conhecimento, a Norma declara que não se deve esperar precisão quantitativa das verificações de fissuração, em especial do controle sem verificação da abertura de fissuras. As informações têm caráter qualitativo, cujo maior valor reside nas orientações ao projetista. Sobre o controle da fissuração, no projeto e execução de estruturas de concreto armado, recomenda-se observar as seguintes recomendações:

a) Diâmetros das barras de armaduras passivas

Sua diminuição melhora as condições de fissuração, conduzindo a um maior número de fissuras, porém de menor abertura. Essa redução não deve ser levada a extremos, especialmente em peças pouco armadas e ambientes agressivos, porque, a partir de um certo valor, a diminuição da bitola não tem efeito na abertura e distância entre fissuras, além de que barras muito finas são mais afetadas pela corrosão.

b) Espessura da camada de cobrimento de concreto

A obediência às exigências da norma deve ser rigorosa; os valores nominais a partir da NBR 6118: 2003 são bem mais elevados que na anterior NB1/78, em consonância com a tendência das normas internacionais.

c) Garantia da qualidade do concreto

Na execução, é essencial assegurar a baixa permeabilidade e resistência adequada à compressão e abrasão. Para isso, especial atenção deve ser dada aos quatro Cs que garantem um bom concreto: *constituintes da mistura, cobrimento, compactação e cura.*

d) Armadura de pele

Em vigas de altura superior a $60cm$, tensões elevadas de tração podem provocar fissuras nas faces laterais. Para limitar suas aberturas, a NBR 6118 (17.3.5.2.3 e 18.3.5) prescreve, em cada face da alma ou nervura da viga, uma *armadura de pele ou costela* composta por barras longitudinais de CA-50 ou CA-60. A área mínima dessas barras em cada face é dada por $0,10\%A_{c,alma}$, ancoradas nos apoios e com espaçamento menor que $20cm$. As armaduras principais de tração e compressão não podem ser computadas nda armadura de pele. Se respeitado o controle de fissuras por limitação da abertura estimada do subitem 8.3.2, não é necessária armadura superior a $5cm^2/m$ por face da viga.

8.4 ESTADO-LIMITE DE DEFORMAÇÃO

8.4.1 Deslocamentos limites de elementos lineares de concreto armado

Na abordagem do ELS-DEF, a NBR 6118 → 13.3 e 17.3.2 observa os princípios:
A verificação dos valores-limites estabelecidos na Tabela 13.3 para a deformação da estrutura, mais propriamente rotações e deslocamentos em elementos estruturais lineares, analisados isoladamente e submetidos à combinação de ações conforme a Seção 11, deve ser realizada através de modelos que considerem a rigidez efetiva das seções do elemento estrutural, ou seja, que levem em consideração a presença da armadura, a existência de fissuras no concreto ao longo dessa armadura e as deformações diferidas no tempo.
A deformação real da estrutura depende também do processo construtivo, assim como das propriedades dos materiais (principalmente do módulo de elasticidade e da resistência à tração) no momento de sua efetiva solicitação. Em face da grande variabilidade dos parâmetros citados, existe uma grande variabilidade das deformações reais. Não se pode esperar, portanto, grande precisão nas previsões de deslocamentos dadas pelos processos analíticos prescritos.

Na verificação ao ELS-DEF, tomam-se as combinações quase-permanentes das ações variáveis e valores práticos dos deslocamentos-limite, classificados em quatro grupos pela NBR 6118 → 13.3 e dados na tabela 8.4, a seguir:

a) aceitabilidade sensorial: caracterizado por vibrações indesejáveis ou efeito visual desagradável. A limitação da flecha para prevenir essas vibrações, em situações especiais de utilização, deve ser realizada como estabelecido na seção 23;

385

b) efeitos específicos: os deslocamentos podem impedir a utilização adequada da construção;

c) efeitos em elementos não estruturais: deslocamentos estruturais podem ocasionar o mau funcionamento de elementos que, apesar que não fazerem parte da estrutura, estão a ela ligados;

d) efeitos em elementos estruturais: os deslocamentos podem afetar o comportamento do elemento estrutural, provocando afastamento em relação às hipóteses de cálculo adotadas. Se os deslocamentos forem relevantes para o elemento considerado, seus efeitos sobre as tensões ou sobre a estabilidade da estrutura devem ser considerados, incorporando-as ao modelo estrutural adotado.

Da tabela 13.3 da NBR 6118, transcrita a seguir na tabela 8.4, constam ainda as seguintes:

Observações:

[1] As superfícies devem ser suficientemente inclinadas ou o deslocamento previsto compensado por contraflechas, de modo a não se ter acúmulo de água.

[2] Os deslocamentos podem ser parcialmente compensados pela especificação de contraflechas. Entretanto, a atuação isolada da contraflecha não pode ocasionar desvio do plano maior que $\ell/350$.

[3] O vão ℓ deve ser tomado na direção na qual a parede ou a divisória se desenvolve.

[4] Rotação nos elementos que suportam paredes.

[5] H é a altura total do edifício e H_i o desnível entre dois pavimentos vizinhos.

[6] Esse limite aplica-se ao deslocamento lateral entre dois pavimentos consecutivos devido à atuação de ações horizontais. Não devem ser incluídos os deslocamentos devidos a deformações axiais nos pilares. O limite também se aplica para o deslocamento vertical relativo das extremidades de lintéis conectados a duas paredes de contraventamento, quando H_i representa o comprimento do lintel.

[7] O valor ℓ refere-se à distância entre o pilar externo e o primeiro pilar interno.

Tabela 8.4: Limites para deslocamentos (NBR 6118 → tabela 13.3 - modificada)

Tipo de deslocamento	Razão da limitação	Exemplo	Deslocamento a considerar	Deslocamento limite
Aceitabilidade sensorial	Visual	Deslocamentos visíveis em elementos estruturais	Total	$\ell/250$
	Outro	Vibrações sentidas no piso	Devidos a cargas acidentais	$\ell/350$
Estrutura em serviço	Superfícies que devem drenar água	Coberturas e varandas	Total	$\ell/250$ [1]
	Pavimentos que devem permanecer planos	Ginásios e pistas de boliche	Total	$\ell/350$ + contra-flecha [2]
			Ocorrido após a construção do piso	$\ell/600$
	Elementos que suportam equipamentos sensíveis	Laboratórios	Ocorrido após nivelamento do equipamento	De acordo com recomendação do fabricante do equipamento
Efeitos em elementos não estruturais	Paredes	Alvenaria, caixilhos e revestimentos	Após a construção da parede	$\ell/500$ [3] ou 10 mm ou $\theta = 0{,}0017$ rad [4]
		Divisórias leves e caixilhos telescópicos	Ocorrido após a instalação da divisória	$\ell/250$ [3] ou 25 mm
		Movimento lateral de edifícios	Provocado pela ação do vento para combinação freqüente ($\psi_1 = 0{,}30$)	$H/1700$ ou $H_i/850$ [5] entre pavimentos [6]
		Movimentos térmicos verticais	Provocado por diferença de temperatura	$\ell/400$ [7] ou 15 mm
	Forros	Movimentos térmicos horizontais	Provocado por diferença de temperatura	$H_i/500$
		Revestimentos colados	Ocorrido após construção do forro	$\ell/350$
		Revestimentos pendurados ou com juntas	Deslocamento ocorrido após construção do forro	$\ell/175$
	Ponte rolante	Desalinhamento de trilhos	Deslocamento provocado pelas ações decorrentes da frenação	$H/400$
Efeitos em elementos estruturais	Afastamento em relação às hipóteses de cálculo adotadas	Se os deslocamentos forem relevantes para o elemento considerado, seus efeitos sobre as tensões ou sobre a estabilidade da estrutura devem ser considerados, incorporando-as ao modelo estrutural adotado.		

NOTAS:

1) Todos os valores limites de deslocamentos supõem elementos de vão ℓ suportados em ambas as extremidades por apoios que não se movem. Quando se tratar de balanços, o vão equivalente a ser considerado deve ser o dobro do comprimento do balanço.

2) Para o caso de elementos de superfície, os limites prescritos consideram que o valor ℓ é o menor vão, exceto em casos de verificação de paredes e divisórias, onde interessa a direção na qual a parede ou divisória se desenvolve, limitando-se esse valor a duas vezes o vão menor.

3) O deslocamento total deve ser obtido a partir da combinação das ações características ponderadas pelos coeficientes de acompanhamento definidos na seção 11.

4) Deslocamentos excessivos podem ser parcialmente compensados por contraflechas.

O maior rigor introduzido pela NBR 6118: 2003 em relação aos deslocamentos limites, reiterado na edição de 2014, fornece ao projetista amplas condições para proceder a uma verificação apurada.

Por outro lado, cabe notar que a amplitude de limites da tabela aumenta a responsabilidade do projeto estrutural, pelos diversos tipos de estimativas disponíveis para deslocamentos dos elementos. Os subitens 8.4.2 e 8.4.3, à frente, apresentam processos de avaliação aproximada de deslocamentos imediatos causados pelas ações de curta e de longa duração, respectivamente, para vigas e lajes de concreto armado.

Nos elementos lineares sob flexão predominante, os deslocamentos verticais do eixo neutro longitudinal recebem a denominação usual de *flechas*.

8.4.2 Estimativa de deslocamentos para ações de curta duração

8.4.2.1 Vigas de concreto armado – flecha imediata

A flecha elástica imediata pode ser calculada a partir da curvatura máxima da barra fletida, por uma expressão do tipo:

$$f_i = \alpha \, \frac{M_a l^2}{(EI)_{eq}} \tag{8.9}$$

α = coeficiente que depende dos vínculos e cargas da viga. A tabela 8.6, ao final deste capítulo, apresenta valores de α para alguns casos típicos;

M_a = momento fletor característico máximo no vão para vigas biapoiadas ou contínuas e momento no apoio para balanços, para as combinações de ações variáveis quase-permanentes (NBR 6118 → 17.3.2.1.1);

l = vão efetivo ou teórico no vão;

$(EI)_{eq}$ = rigidez equivalente da seção transversal, que faz um balanço dos trechos da viga no estádio I (não fissurada) e estádio II (fissurada mas em regime global elástico). A NBR 6118 adota a fórmula de Branson, também utilizada em diversas normas internacionais:

$$(EI)_{eq} = E_{cs}\left\{\left(\frac{M_r}{M_a}\right)^3 I_c + \left[1 - \left(\frac{M_r}{M_a}\right)^3 I_{II}\right]\right\} \leq E_{cs} I_c \qquad (8.10)$$

E_{cs} = módulo de elasticidade secante do concreto, dado pela expressão (3.18) do capítulo 3. A tabela 8.1 mostra a variação dos valores de E_{cs} de *21* a *47GPa*, para as classes de concreto C20 a C90 e agregado graúdo de granito;

$E_s = 2,1.10^5\ MPa$ = módulo de elasticidade do aço;

M_r = momento de fissuração do elemento, da expressão (8.3);

I_c = momento de inércia da seção bruta de concreto, sem levar em conta as armaduras longitudinais; o momento de inércia no estádio I para a seção retangular é:

$$I_c = b_w h^3/12 \qquad (8.11)$$

I_{II} = momento de inércia da seção fissurada no estádio II, que para a seção retangular com armadura simples é dada por:

$$I_{II} = (E_s/E_c)\, A_s\, z\, (d - x) \qquad (8.12)$$

onde: A_s = área da armadura tracionada;

z = braço de alavanca das resultantes na seção;

x = profundidade da linha neutra, da expressão (8.7).

Cabe notar que, sendo um método não linear, em casos de carregamentos mais complexos, a flecha calculada pela expressão (8.9) não pode ser tomada como a soma das flechas obtidas dos casos individuais de carga.

Na falta de determinação mais precisa, pode ser adotada a superposição de flechas, mas é recomendável a comparação da flecha calculada com o valor de α do caso mais próximo tabelado, tomando-se os momentos fletores do diagrama total. Nesses casos, é prudente também adotar alguma majoração adicional da flecha calculada.

Para o momento de inércia da seção de concreto fissurada, a expressão (8.7) fornece o valor de x. O braço de alavanca, considerando a distribuição linear de tensões no concreto da zona comprimida no estádio II, é dado por:

$$z = d - x/3 \tag{8.13}$$

No estádio II, adotada a simplificação citada de tomar o valor médio aproximado do braço de alavanca no ELU:

$$z = 0{,}9d \tag{8.14}$$

Da expressão (8.12), resulta:

$$x = 0{,}3d \tag{8.15}$$

Na estimativa de flechas em vigas de concreto armado, deve-se considerar, ainda, que a avaliação da rigidez equivalente com o momento de inércia da seção retangular com armadura simples fissurada, calculada pela expressão (8.12), é conservadora, pois não leva em conta contribuições favoráveis para a redução de flechas, como:

❖ a existência de armadura comprimida, apenas como porta-estribos ou calculada para a seção com armadura dupla, que pode aumentar substancialmente o o momento de inércia da seção;

❖ a laje solidária com a viga, funcionando como mesa colaborante à compressão em vigas de seção T, o que também aumenta a inércia da seção.

8.4.2.2 Lajes de concreto armado – flecha imediata

A Norma permite o cálculo de flechas no estádio I, admitindo o momento de inércia da seção de concreto sem fissuras. Isso se justifica pelo fato das lajes usuais de edifícios terem, na maioria dos casos, espessura uniforme definida a partir do momento fletor máximo de todo o painel, em valor absoluto, que, no cálculo elástico, em geral, são os momentos negativos.

Desse fato resulta, para a maioria das lajes usuais, uma capacidade resistente à flexão bastante satisfatória quanto à fissuração sob cargas de serviço, pois, adicionalmente, as armaduras das lajes são constituídas por barras de bitola reduzida.

Para lajes calculadas em uma só direção (relação de vãos > 2,0), pode-se fazer o cálculo das flechas imediatas, considerando faixas de largura unitária paralelas ao menor vão como vigas com $b_w = 100cm$ e altura igual à espessura da laje, com o momento de inércia da seção bruta de concreto, da expressão (8.11).

Para lajes maciças retangulares em cruz (relação de vãos ≤ 2,0 e momentos calculados nas duas direções), apoiadas em todo o contorno, é recomendável determinar as flechas imediatas por um processo mais preciso, que considere a rigidez como placa.

Neste trabalho, é apresentado o método de cálculo elástico de Kalmanok – *Manual para Cálculo de Placas*, que resolve a equação diferencial de Lagrange para placas fletidas, da expressão (7.5) do capítulo 7, por séries trigonométricas simples.

A tabela 8.7, ao final desta unidade, foi construída a partir do trabalho de Kalmanok e permite obter o coeficiente ω, da expressão (8.16) a seguir, para seis diferentes casos de condições de apoio, em função da relação de vãos. Na tabela, os vãos a e b são definidos da mesma forma que os vãos l_x e l_y do método de Marcus, respectivamente, como apresentado no capítulo 7, subitem 7.4.3.1.

A flecha elástica imediata pelo método de Kalmanok é dada por:

$$f_i = \omega \, \frac{p\,l^4}{D} \quad com \quad D = \frac{E_{cs}\,h^3}{12\,(1-v^2)} \tag{8.16}$$

p = carga uniformemente distribuída total por área da laje;

l = menor vão da laje;

h = espessura ou altura da laje;

D = rigidez à flexão da placa;

E_{cs} = módulo de elasticidade secante do concreto (tabela 8.1).

v = coeficiente de Poisson do concreto. A NBR 6118 → 8.2.9 recomenda:

$v = 0,2$. No entanto, Kalmanok indica como mais adequado para lajes de concreto armado $v = 0$. Esse valor resulta em flechas da ordem de *4%* superiores àquelas obtidas com o valor da Norma.

8.4.3 Estimativa de deslocamentos para ações de longa duração

Segundo a NBR 6118 → 17.3.2.1.2, deve-se avaliar a flecha diferida causada por cargas de longa duração em função da fluência, calculada de forma aproximada pelo produto da flecha imediata por um fator α_f, em função da idade (t) em meses, para a qual se deseja o valor da flecha diferida, e da idade (t_0) relativa à aplicação das cargas de longa duração, além da taxa da armadura de compressão na seção.

A flecha total estimada de longa duração é a soma das flechas imediata e diferida no tempo, como:

$$f_{dif} = \alpha_f f_i \tag{8.17}$$

$$f_{tot} = f_i + f_{dif} = (1 + \alpha_f) f_i \tag{8.18}$$

O fator de fluência diferida α_f das expressões acima é dado por:

$$\alpha_f = \frac{\Delta\xi}{1 + 50\rho'} \tag{8.19}$$

Sendo:

$\rho' = A'_s / bd$ = taxa da armadura de compressão na seção crítica do vão;

$\Delta\xi = \xi(t) - \xi(t_0)$ = parâmetro da fluência diferida, em função do tempo t.

O fenômeno da fluência do concreto é complexo em razão de vários fatores, como comentado no subitem 3.11.2.3, alínea c) do capítulo 3. Os principais são: idade do concreto em relação à moldagem, em especial na data de aplicação das cargas de longa duração (retirada do escoramento, implantação de paredes e demais componentes fixos), composição do concreto, umidade relativa do ar, dimensões do elemento estrutural e existência de armadura de compressão.

A subseção 17.3.2.1.2 da NBR 6118 apresenta uma formulação para o coeficiente em função do tempo e a tabela 17.1, transcrita a seguir, fornece seus valores.

Tabela 8.5: Valores do coeficiente de fluência em função do tempo $\xi(t)$

Tempo (t) em meses	0	0,5	1	2	3	4	5	10	20	40	≥ 70
$\xi(t)$	0	0,54	0,68	0,84	0,95	1,04	1,12	1,36	1,64	1,89	2

É prevista na Norma uma ponderação das idades de aplicação das parcelas da carga de longa duração, o que pode ser interessante para reduzir o valor do fator adicional da flecha diferida α_f da expressão (8.19).

No cálculo da flecha diferida, não é necessário considerar a totalidade das cargas, mas apenas aquelas que tenham caráter permanente ou quase-permanente, ou seja, de longa duração. Essa observação, aparentemente óbvia, é importante para valores excessivos da flecha total, pela expressão (8.18).

Um cálculo mais realista poderia separar as flechas imediatas das solicitações permanentes f_{ig} e das variáveis f_{iq}, com o objetivo de a estimar a flecha total por meio da aplicação do fator de fluência α_f apenas sobre a resultante das cargas permanentes, ficando:

$$f_{tot} = (1 + \alpha_f)f_{ig} + f_{iq}$$

8.4.4 Considerações sobre os valores-limite das flechas

Não existe concordância absoluta na literatura especializada sobre os limites a serem observados para as flechas em estruturas de concreto armado. Na maioria das normas, os valores-limite são estabelecidos em função de l, vão efetivo das vigas ou menor vão das lajes.

As solicitações para cálculo de flechas no ELS-DEF são obtidas da expressão (8.1), com as combinações quase-permanentes das ações variáveis, o que permite reduzir as solicitações pelo coeficiente ψ_2, que varia conforme a natureza da edificação.

Os deslocamentos-limite da NBR 6118 estão transcritos na tabela 8.4 anterior. Para vigas e lajes de estruturas usuais, o primeiro limite para a flecha total é o da aceitabilidade sensorial, ou seja, os deslocamentos das peças fletidas não devem ser visualmente incômodos ao usuário:

$$f_{tot} \leq f_{lim} = l/250 \tag{8.20}$$

Outros limites podem ser estabelecidos, conforme a natureza da estrutura, de acordo com a tabela 8.4. Alguns se aplicam a todas as ações, permanentes e variáveis, quando se considera o efeito da fluência, e outros são aplicáveis apenas às cargas variáveis. Por exemplo, se houver necessidade de estimar os efeitos posteriores à retirada do escoramento em paredes de alvenaria, caixilhos e revestimentos – elementos não estruturais –, a flecha após a construção da parede é limitada pelo menor dos valores: *l/500* e *10mm*.

Outras considerações podem ser feitas em uma verificação mais rigorosa. Por exemplo, os elementos não estruturais passíveis de danos (divisórias, esquadrias, etc.), em geral, são instalados alguns meses após a retirada do escoramento, tendo, portanto, ocorrido as flechas imediatas das cargas permanentes. Assim, pode-se verificar a interferência da estrutura com esses elementos tomando, em vez da flecha total, a soma da flecha diferida das cargas permanentes f_{dif} com a flecha imediata das sobrecargas f_{iq}

8.4.5 Observações práticas

A estimativa de flechas em estruturas de concreto, mesmo rigorosa, não é muito precisa, em especial quando consideradas as ações de longa duração, pelas dificuldades em avaliar a influência de fatores como a retração, fluência, relação sobrecarga – carga permanente e efeitos de temperatura e umidade. Assim, é recomendável observar no projeto os seguintes aspectos:

– evitar a utilização de elementos demasiadamente esbeltos;

– evitar taxas de armadura de tração muito baixas;

– utilizar armaduras de compressão, se necessário;

– efetuar cura adequada do concreto;

– retardar a aplicação de cargas permanentes, evitando a retirada prematura dos escoramentos, em especial para grandes vãos e elementos em balanço.

Vale ressaltar que o módulo de elasticidade do concreto cresce com a idade, mas em proporção menor que o aumento da resistência. Assim, a prática comum de retirar os escoramentos da estrutura antes dos prazos da Norma ao se alcançar o valor do f_{ck} nos ensaios de corpos de prova pode ser prejudicial quanto aos deslocamentos a médio e longo prazos.

Em estruturas esbeltas, deve ser rigorosa a verificação das flechas imediatas e diferidas nas seções mais solicitadas das peças, causadas não só pelas ações de longa duração, mas também pela transição paulatina do Estádio I ao Estádio II. Essa verificação pode prevenir vários tipos de danos que comprometem uma edificação, especialmente no que se refere à funcionalidade e estética.

A figura 8.2, a seguir, mostra alguns esquemas de danos comuns em edificações usuais com estrutura de concreto armado, sucintamente comentados:

a) Fissuras em paredes de material frágil (divisórias de placas de gesso ou arenito calcáreo), assentadas sobre lajes de piso de vãos elevados e vigas muito esbeltas, em geral, da ordem de $l > 5,0m$ e $h < l/15$ (ver figura 8.2.a).

b) Risco de ruptura por flexocompressão de paredes ou pilares esbeltos, em virtude da rotação causada por flechas excessivas de lajes ou vigas de piso, ligadas rigidamente aos elementos de apoio (figura 8.2.b).

c) Flechas elevadas em lajes e vigas de piso, causando danos às fachadas próximas, constituídas por paredes não estruturais ou esquadrias, acima e/ou abaixo das vigas, podendo mesmo prejudicar a movimentação de esquadrias, no caso de grandes painéis (figura 8.2.c).

d) Fissuras horizontais em paredes externas de alvenaria, ao longo do bordo inferior da laje maciça esbelta nela apoiada, em razão de rotação no apoio provocada por flecha excessiva da laje, frequentemente acompanhada por fissura interna horizontal ao longo do pé da parede. Esse tipo de fissura é responsável, em grande parte, por problemas de infiltração nas fachadas expostas (figura 8.2.d).

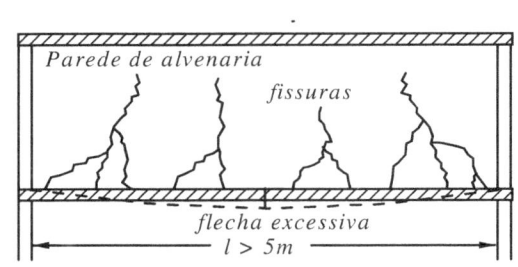

(a) Danos em parede devido a flecha excessiva de laje de piso esbelta

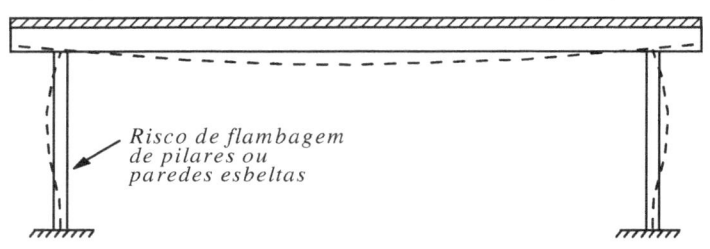

(b) Risco de flambagem de apoios devido à rotação causada por flecha excessiva

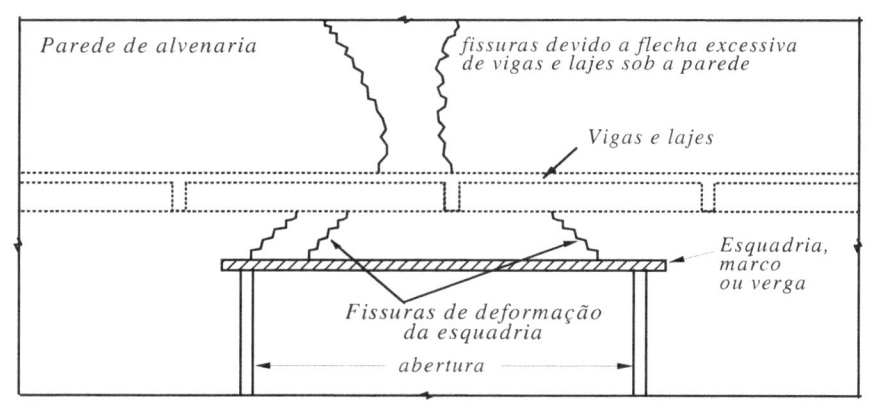

(c) Fissuras em peças não estruturais devido às flechas excessivas de vigas

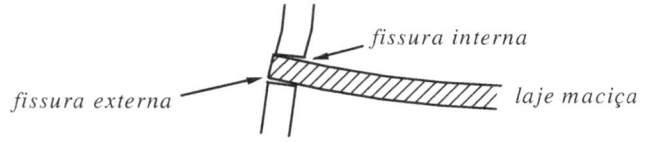

(d) Fissuras em paredes devido à rotação causada por flecha excessiva da laje

Figura 8.2: Danos causados a elementos da edificação por flechas excessivas

e) Flechas imediatas elevadas em lajes de piso, por deficiência na execução de formas e/ou escoramentos durante a construção, exigindo um revestimento adicional para nivelamento, o que acarreta acréscimo de carga e aumento posterior de flechas.

f) Flechas excessivas de lajes em balanço, especialmente nas de cobertura e marquises, causando inversão na inclinação prevista e consequente acúmulo de detritos e água de chuva, no caso de haver parapeito.

Cabe ressaltar que, em havendo qualquer possibilidade de ocorrência futura de danos à edificação, estruturais ou não, cabe ao projetista notificar, por escrito, as flechas estimadas ao responsável técnico pela obra, para que sejam levadas em conta na execução dos acabamentos e nas fachadas. Essa providência adquiriu importância especial com o texto das edições 2003 e 2014 da NBR6118.

As curvaturas impostas às formas antes da concretagem, em sentido contrário aos deslocamentos verticais previstos, denominados *contraflechas*, podem ser necessárias em lajes e vigas e abordadas no subitem 8.4.6.

As contraflechas devem ser indicadas com clareza nas plantas de formas e, quando necessário, o responsável pela obra deve ser instruído sobre o tempo de cura, prazos e plano de retirada do escoramento de lajes e vigas, de modo que as hipóteses admitidas na estimativa de flechas sejam satisfeitas.

8.4.6 Critérios para a adoção de contraflechas

As contraflechas de execução são curvaturas incorporadas às formas de lajes e vigas, em sentido contrário às flechas estimadas, imediata e total, visando a permitir que a estrutura sob carga reproduza a geometria prevista em projeto.

A NBR 6118 é sucinta no assunto e a maioria da bibliografia especializada também é vaga. Do exposto em itens anteriores, pode-se concluir que a contraflecha deve ser estudada em cada caso, tendo em vista a possibilidade de ocorrência de danos à estrutura e aos demais componentes da edificação.

Quando houver dúvidas se as flechas diferidas no tempo poderão causar danos a outros elementos da edificação, estruturais ou não, um critério prático é adotar uma contraflecha igual ao dobro da flecha imediata estimada, mas apenas para as cargas permanentes. Deve-se ressaltar que contraflechas excessivas podem ser prejudiciais ao elemento e à própria estrutura.

Transcrita na tabela 8.4, observação b), a Norma prescreve que os deslocamentos podem ser parcialmente compensados pela imposição de contraflecha, "[...] que não pode ocasionar um desvio do plano maior que $\ell/350$".

Os renomados autores alemães Leonhardt e Monnig (*Construções de Concreto – v.4,* 1978) apresentam algumas recomendações relevantes para a adoção de contraflechas, valendo ressaltar dois casos específicos:

a) Vigas e lajes apoiadas no contorno

Incorporar às formas na execução uma contraflecha calculada com base apenas nas cargas permanentes. Os autores sugerem que, logo após a retirada do escoramento, deva permanecer uma contraflecha da ordem de $f_{ig}/2$, metade da flecha imediata da carga permanente, de modo que após um tempo infinito as deflexões não superem aquela parcela somada à flecha exclusiva das sobrecargas, isto é, $f_{ig}/2 + f_{iq}$. Dessa forma, a contraflecha seria:

$$c_f = 1{,}5\,f_{ig} \tag{8.21}$$

b) Lajes em balanço

Prevendo uma possível inversão da inclinação dessas lajes e sabendo que medidas corretivas posteriores são difíceis, recomenda-se uma contraflecha mais elevada na execução na extremidade do balanço, da ordem de:

$$c_f = 2{,}3\,f_{ig} \tag{8.22}$$

8.5 EXEMPLOS

8.5.1 Verificação de viga ao Estado-Limite de Fissuração

Verificar à fissuração uma viga de concreto armado na classe ambiental de agressividade moderada, sujeita ao momento fletor característico máximo de *300kN.m*, sendo a seção retangular com $b_w = 25cm$, $h = 80cm$, $d = 75cm$; armadura de flexão $A_s = 5\,\Phi20$, aço CA-50 e concreto com $f_{ck} = 25MPa$.

a) Parâmetros de entrada

$M_{Sk} = 300.\ 10^6 N.mm$

$A_s = 15,75cm^2 = 1575mm^2$; $\eta_b = 2,25\ (CA-50)$

$f_{ct,m} = 2,56MPa$ ⇨ da tabela 3.1 do capítulo 3.

$A_{cri} = b_w\,(c_{nom} + \Phi_t + 8\Phi) = 25(3,0 + 0,5 + 8.\ 2,0) = 487,5cm^2$ ⇨ da expressão (8.9), para seção retangular com armadura de tração em uma camada.

$\rho_{cri} = A_s/A_{cri} = 15,75/487,5 = 0,032$

$E_{cs} = 2,4.\ 10^4 MPa$, da tabela 8.1 e $E_s = 2,1.\ 10^5 MPa$.

$\alpha_e = E_s/E_{cs} = 210000/23800 = 8,75$.

b) Profundidade da linha neutra e tensão na armadura em serviço

As expressões (8.7) e (8.6) fornecem:

$$x_{II} = \frac{8,75.\ 15,75}{25}\left(-1 + \sqrt{1 + \frac{2.\ 25.\ 75}{8,75.\ 15,75}}\right) = 23,8cm$$

$$\sigma_{si} = \frac{300.\ 10^6}{1575\,(750 - 238/3)} = 284MPa$$

c) Controle da fissuração sem verificação da abertura de fissuras

Com a tensão no aço $\sigma_{si} = 284MPa$, obtém-se $\Phi_{max} = 16mm$ e $s_{max} = 15cm$ da tabela 8.3. Logo, nesse critério, a armadura de flexão com barras $\Phi = 20mm$ não atende à bitola máxima. Cabe, portanto, fazer a verificação pela limitação da abertura de fissuras, mais rigorosa e, talvez, com resultado mais satisfatório.

d) <u>Controle da fissuração pela limitação da abertura estimada</u>:

Das expressões (8.5) para estimativa em projeto da abertura de fissuras, na classe CAA II,da tabela 8.2 e cobrimento de concreto $c_{nom} = 30mm$, tem-se:

$$w = \frac{\Phi}{12,5\,n_i} \cdot \frac{\sigma_{si}}{E_s} \cdot \frac{3\sigma_{si}}{f_{ct,m}} = \frac{20}{12,5x2,25} \cdot \frac{284}{210.000} \cdot \frac{3\,(284)}{2,56} = 0,32 > 0,3mm$$

$$w = \frac{\Phi}{12,5\,n_i} \cdot \frac{\sigma_{si}}{E_s} \left(\frac{4}{\rho_{cri}} + 45 \right) = \frac{20}{12,5.\,2,25} \cdot \frac{284}{210000} \left(\frac{4}{0,032} + 45 \right) = 0,16 < 0,3mm$$

Portanto, a menor das aberturas, da segunda expressão acima, é inferior à máxima de fissuras da CCA II, de *0,3 mm*, indicando comportamento satisfatório quanto à fissuração, o que não se verificou pelo critério da bitola máxima, mais simplista.

e) <u>Comentários</u>:

1) Com a simplificação do ACI 318-14, com $\sigma_{si} = f_{yd}/\gamma_f = 435/1,4 = 311MPa$, as expressões acima ficariam *0,38 > 0,3* e *0,18 < 0,3*, resultado ainda satisfatório quanto ao controle da fissuração pela abertura estimada.

2) Adotando o valor aproximado da profundidade da linha neutra, da expressão (8.15), $x = 0,3d = 22,5cm$ obtém-se $\sigma_{si} = 282MPa$, uma excelente aproximação quanto ao valor calculado $\sigma_{si} = 284MPa$.

3) Supondo que o momento fletor de serviço *300kN.m* seja decomposto em duas parcelas, $M_{gk} = 220kN.m$ (das cargas permanentes) e $M_{qk} = 80kN.m$ (cargas variáveis), e admitindo tratar-se de estrutura de edifício comercial, o momento para verificar a fissuração, pode ser reduzido com as combinações frequentes das ações variáveis, pela expressão (8.2). O procedimento é feito multiplicando a parcela do momento M_{qk} pelo fator $\psi_1 = 0,6$, o que vai resultar na redução $M_{d,ser} = 220 + 0,6.\ 80 = 268kN.m$. Daí tem-se a tensão $\sigma_{si} = 254\ MPa$, mais favorável no controle da fissuração.

8.5.2 Exemplo de verificação de viga ao Estado-Limite de Deformação

Verificar quanto ao ELS-DEF a viga do exemplo anterior , suposta biapoiada com um vão teórico $l = 8m$, admitindo uma carga distribuída uniforme de longa duração sobre a viga, aplicada à estrutura com a idade de um mês.

a) Cálculo da flecha imediata para ações de curta duração

Do exemplo anterior, tem-se:

$$E_s = 2,1.10^5 MPa, \quad E_{cs} = 2,4.10^4 MPa, \quad \alpha_e = E_s/E_{cs} = 8,75 \quad e \quad x = 23,8cm.$$

Da expressão (8.13), o braço de alavanca das resultantes no ELS será:

$z = d - x/3 = 67,0cm$, que aplicado na expressão (8.12) resulta:

$$I_{II} = (E_s/E_{cs})A_s z(d-x) = 8,75. \; 15,75. \; 67(75-23,8) = 473.10^7 mm^4$$

$$E_{cs} I_{II} = 1135.10^{11} N.mm^2$$

Da expressão (8.16), tem-se:

$$I_c = b_w h^3/12 = 25.80^3/12 = 1.066.667cm^4 = 1.067.10^7 mm^4$$

Momento de fissuração do elemento com seção retangular, da expressão (8.4):

$$M_r = 0,25b_w h^2 f_{ct,m} = 0,25. \; 250.800^2.2,56 = 102.10^6 N.mm$$

Com o momento máximo no vão $M_a = M_{Sk} = 300.10^6 N.mm$ e os momentos de inércia obtidos, a rigidez equivalente da viga pela expressão (8.10) será:

$$(EI)_{eq} = 2,4.10^4 \left\{ (102/300)^3 1067.10^7 + \left[1 - (102/300)^3 \right] 473.10^7 \right\} = 1191.10^{11} N.mm^2$$

Nota-se que a rigidez equivalente da seção é muito próxima da calculada com a seção fissurada, $E_{cs} I_{II} = 1135.10^{11} N.mm^2$, o que indica uma probabilidade alta de fissuras na viga sob cargas de serviço. Isso ocorre por ser o momento de fissuração muito reduzido para as características da peça – geometria, vínculos e solicitação.

Um aumento no valor de M_r pode ser obtido por acréscimos nas dimensões da seção e/ou na resistência do concreto. Na fórmula de Branson, fazendo $M_r = M_a$, a rigidez equivalente é igual à da seção bruta de concreto, ou seja, da peça sem fissuras.

Da tabela 8.6, para viga biapoiada tem-se $\alpha = 5/48$, obtendo-se a flecha elástica imediata da expressão (8.9), com as unidades Newton e milímetros:

$$f_i = \alpha \frac{M_{Sk} l^2}{(E I)_{eq}} = \frac{5}{48} \cdot \frac{300.10^6. 8000^2}{1.191. 10^{11}} = 17mm$$

b) <u>Flechas diferida e total causadas pelas ações de longa duração</u>

Sendo a carga de longa duração aplicada à estrutura na idade de um mês, com a retirada do escoramento, considerando-se para a estimativa da flecha diferida a idade de 70 meses e a ausência pelo cálculo de armadura de compressão, da tabela 8.5 e expressão (8.20), tem-se:

$$\alpha_f = \Delta\xi /(1 + 50\rho') = 1,32$$

$$f_{dif} = \alpha_f f_i = 1,32. 17,0 = 22,4mm$$

$$f_{tot} = f_i + f_{dif} = (1 + \alpha_f) f_i = 2,32. 17,0 = 39\ mm$$

Comparando com o deslocamento limite para carga total da tabela 8.4 e expressão (8.20), vem:

$$f_{tot} = 39mm > f_{lim} = l/250 = 8000/250 = 32mm.$$

Portanto, a flecha estimada não atende à limitação da Norma quanto ao aspecto de aceitabilidade sensorial, com o excesso da ordem de 22%. A seguir, são analisadas algumas alternativas para superar o problema.

c) <u>Verificação da flecha com redução do momento fletor da carga variável</u>

Fazendo a mesma suposição do comentário 3) da alínea c) do exemplo anterior, de que o momento fletor de serviço $300kN.m$ seja decomposto em duas parcelas: $M_{gk} = 220kN.m$ (das cargas permanentes) e $M_{qk} = 80kN.m$ (carga variável ou acidental), para as combinações quase-permanentes de serviço, o momento para verificação de flechas de edifício comercial, da expressão (8.1), pode ser reduzido multiplicando o momento M_{qk} pelo fator $\psi_2 = 0,4$, resultando em:

$$M_{d,ser} = 220 + 0,4. 80 = 252kN.m.$$

Com esse valor do momento, a rigidez equivalente da peça aumenta pouco, para:

$$(EI)_{eq} = 1.230. 10^{11} > 1135.10^{11}\ N.mm^2$$

Mas as flechas imediata e total têm uma mudança razoável para:

$f_i = 14,0mm \Rightarrow f_{tot} = (1 + \alpha_f)f_i = 2,32. \ 14,0 = 32,5mm$

Pela diferença muito reduzida, de $0,5mm$, a ser realizada no prazo de 70 meses, pode-se considerar que a flecha estimada atende à limitação da Norma quanto à percepção sensorial. Deve, ainda, ser analisado em projeto se a flecha não poderá causar danos a outros elementos, estruturais ou não, ligados à viga, verificando outros limites para deslocamentos da tabela 8.4. Caso seja previsto risco de danos, a flecha pode ser parcialmente compensada por uma contraflecha, de valor limitado a $l/350 = 23mm$, que deve ser especificado na planta de formas.

d) <u>Verificação da flecha considerando concreto da classe C60</u>

Com os valores da tabela 8.1, as principais alterações seriam:

$E_{cs} = 40.10^4 MPa, \quad \alpha_e = E_s/E_{cs} = 5,25$ e $x = 19,2cm.$

Da expressão (8.13), o braço de alavanca das resultantes passa a:

$z = d - x/3 = 69,0cm$, que aplicado na expressão (8.12) resulta:

$I_{II} = (E_s/E_{cs})A_s\,z(d-x) = 5,25. \ 15,75. \ 69(75-19,2) = 318.10^7 mm^4$

$E_{cs}\,I_{II} = 1273. \ 10^{11}N.mm^2$

O momento de fissuração resulta, da expressão (8.3) e tabela 3.1 do capítulo 3:

$M_r = 0,25b_w h^2 f_{ct,m} = 0,25. \ 250.750^2.4,3 = 151.10^6 N.mm.$

Com os novos valores na fórmula de Branson, tem-se:

$(E\,I)_{eq} = 1656.10^{11}N.mm^2$, do qual se obtém a flecha imediata da expressão (8.9), com o valor $f_i = 12mm$, com uma redução apreciável, da ordem de 30% com relação à flecha calculada da alínea a).

e) <u>Comentários:</u>

1) Se ainda não atender ao limite da Norma, poderia ser analisada a possibilidade de colocar armadura de compressão. Por exemplo, para uma taxa $\rho' = 0,5\%$, que corresponde a uma área de aço comprimida de $A'_s = 9,4cm^2$, o coeficiente de fluência cai para $\alpha_f = 1,06$ e a flecha total diminui para 29mm.

2) Caso se usem os valores aproximados $x = 0,3d = 22,5cm$ e $z = 0,9d = 67,5cm$, a inércia de peça fissurada resultaria em $I_I = 492. \ 10^7 mm^4$, com um erro de apenas 3%, no entanto, contra a segurança.

3) A verificação pode ser ainda refinada pelo cálculo em separado das flechas das parcelas de momento das cargas permanentes M_{gk} e da sobrecarga M_{qk}, este reduzido pelo fator $\psi_2 = 0,4$. O coeficiente da flecha diferida α_f poderia ser aplicado apenas sobre a parcela da flecha imediata f_{ig} do momento M_{gk}. No exemplo, esse critério implica a flecha total com folga ligeiramente maior em relação ao limite: $f_{tot} = 12,2.\ 2,32 + 1,8 = 30mm < f_{lim} = l/250 = 32mm$.

4) Cabe lembrar a observação da NBR 6118 → 17.3.2, de não se esperar precisão nos deslocamentos obtidos pelos processos analíticos com relação aos reais.

8.5.3 Exemplo de verificação de laje ao Estado-Limite de Deformação

Para uma laje retangular maciça de edifício, com vãos *5m* e *6m*, verificar o ELS-DEF, admitindo engastamento perfeito em um dos bordos de *5m* e os demais apoios simples. Espessura $h = 10cm$, carga total (peso próprio, revestimentos e sobrecarga de utilização) $p = 6,0kN/m^2$ e concreto com resistência $f_{ck} = 40MPa$.

a) Módulo de rigidez à flexão da laje

Da tabela 8.1 e expressão (8.16) e, conforme a NBR 6118, adotando o coeficiente de Poisson do concreto igual a $0,2$, tem-se $E_{cs} = 3,2.\ 10^4 MPa$ e:

$$D = \frac{E_{cs}h^3}{12(1-v^2)} = \frac{32000.\ 100^3}{12(1-0,2^2)} = 2799.\ 10^6 N.mm = 2799kN.m$$

b) Flecha elástica ou imediata

Na tabela 8.7 do método de Kalmanok, com a relação de vãos $b/a = 5/6 = 0,83$, na coluna do caso 2, obtém-se o coeficiente $\omega = 0,00465$, e de (8.1):

$$f_i = \omega\ \frac{pl^4}{D} = 0,00465\ \frac{6 \times 5^4}{2799} = 6,2.\ 10^{-3}m = 6,2mm$$

c) Flecha de longa duração:

Para as ações de longa duração aplicadas logo após o término da construção da laje, da soma das flecha inicial e diferida, das expressões (8.18) e (8.19) obtém-se a flecha total, a ser comparada com o limite para a carga total, de (8.21):

$$f_{tot} = (1 + \alpha_f) f_i = 2,32.\ 6,2 = 14,4mm < f_{lim} = l/250 = 5.000/250 = 20mm.$$

A flecha total atende ao limite da NBR 6118. No entanto, o subitem 8.41 destaca a grande variabilidade das estimativas com relação às deformações reais e não se pode esperar alta precisão nas previsões de deslocamentos pelos processos analíticos.

Por exemplo, a flecha total supera o limite $l/500 = 10mm$ da tabela 8.4, o que indica possibilidade de dano a elementos, estruturais ou não, ligados à laje. Portanto, deve-se analisar no projeto a necessidade de contraflecha ou indicações específicas quanto a possíveis danos. Pode-se ainda refinar a verificação, como dividir a carga total da laje nas parcelas permanente e sobrecarga, aplicando a essa última o redutor $\psi_2 = 0,4$. Supondo uma carga permanente $4,0kN/m^2$ e sobrecarga de utilização de $2,0kN/m^2$, o valor de verificação poderia ser reduzido para $4 + 0,4.\ 2 = 4,8kN/m^2$. Com esse recurso, portanto, as flechas inicial e total assumem valores mais favoráveis quanto aos limites da Norma.

8.6 AUTOAVALIAÇÃO

8.6.1 Enunciados

Para a planta de lajes da figura 8.3, a seguir, todas têm mesma espessura $h = 10cm$, sobrecarga $2,5kN/m^2$ e peso dos revestimentos superior e inferior da laje $1,0kN/m^2$. Admitindo a classe de agressividade fraca, concreto com resistência $f_{ck} = 25MPa$, aço das armaduras das lajes CA-60 e vigas CA-50 (longitudinal e transversal); as vigas principais V6, V7 e V8 com dimensões da seção transversal $20x70cm^2$ e as demais com $15x40cm^2$, resolver as questões a seguir:

1) Dimensionar as armaduras das lajes da planta.

2) Verificar as lajes mais desfavoráveis da planta quanto ao estado-limite de fissuração, segundo as disposições da NBR 6118.

3) Verificar as lajes mais desfavoráveis quanto ao estado-limite de deformação pelo método de Kalmanok.

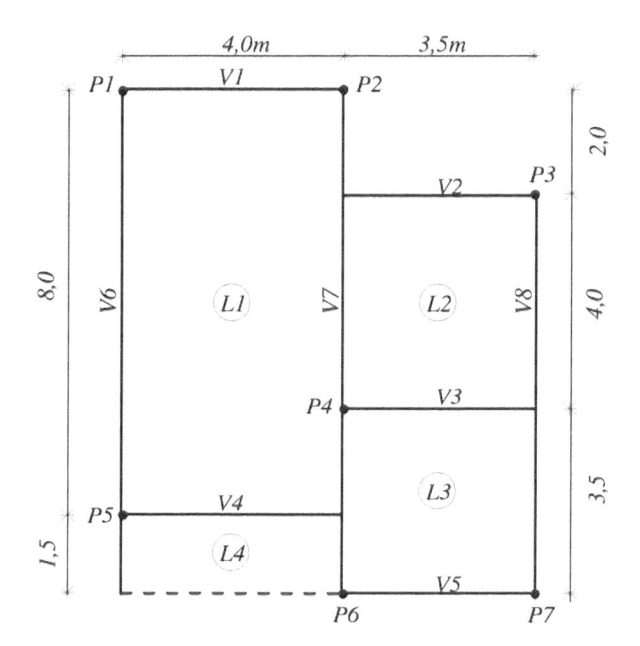

Figura 8.3: Planta de lajes dos exercícios de autoavaliação

4) Verificar a alteração nas flechas da laje L1, supondo sobre ela uma carga adicional referente a uma parede de espessura acabada 15cm, de tijolo furado, comprimento $6m$ e pé-direito $2,6m$, paralela à viga V6, admitindo que sob a laje possa haver divisórias de material frágil.

5) Dimensionar as armaduras de flexão e força cortante da viga V6 e verificá-la quanto aos estados-limites de fissuração e deformação. Considerar sobre essa viga uma parede de tijolo cerâmico furado, com espessura acabada $15cm$ e altura $2,6m$.

6) Dimensionar as armaduras de flexão e força cortante da viga V8 e verificá-la quanto aos ELS-W e ELS-DEF.

7) Resolver o exercício 5, supondo o concreto da classe de resistência C60.

8.6.2 Comentários e sugestões para resolução dos exercícios propostos

1) Em virtude das dimensões relativas das lajes L1 e L4, a hipótese mais razoável é a laje menor L4 engastada em L1, sobre a viga de bordo V4. No entanto, considerar L1 engastada em L4 não é viável, em virtude da grande diferença de vãos, $8,0m$ e $1,5m$, e, ainda, pela existência de bordo livre entre P6 e V6. Dessa forma, calcula-se a laje L1 como simplesmente apoiada no bordo V4 e engastada em L2/L3, pois o comprimento do trecho contínuo de L1 nesse bordo é $6m > (2/3)8,0 = 5,34m$, conforme o subitem 7.4.4a) do capítulo 7. Portanto, a laje L1, calculada nas duas direções ou em cruz , estará no caso 2 do método de Marcus. As lajes em cruz L2 e L3 caem no caso 3 (dois bordos engastados adjacentes). A laje L4, na direção principal de $1,5m$, tem um bordo engastado e o outro livre, primeiro caso à direita da figura 7.10 a).

2) Com a mesma carga em todo o painel de lajes e tendo L1 apenas um bordo engastado, ela deverá ser a mais desfavorável quanto à fissuração. A verificação deve ser feita com a armadura calculada para o momento negativo equilibrado no bordo entre L1 e L2 ou L3, com certeza o momento máximo de serviço do painel.

3) A laje L1 é também a mais desfavorável quanto a deslocamentos, sendo o restante do exercício similar ao exemplo 8.5.3.

4) A carga da parede na laje se obtém do subitem 7.3.1.4 e da tabela 7.2. Para limite da flecha total deve ser tomado $l/500 = 10mm$, pela possibilidade de dano a elementos não estruturais sob a laje. Caso necessário, determinar a contraflecha para incorporar à forma e ao escoramento da laje, segundo recomendações do subitem 8.4.6.

5) Avaliar a carga transmitida pela laje L4 à viga V6 pelo processo da tabela 7.7 do capítulo 7, com a reação $r1$ do caso 2 – 2º tipo. A viga V6 pode ser considerada como biapoiada em P1 e P5, com um balanço de $1,5m$. No dimensionamento da armadura de V6 ao momento positivo máximo, pode-se considerar a seção como T, pelo fato de a laje L1 funcionar como colaborante e manter horizontais

em V6 as linhas neutras das seções, pela restrição que impõe às deformações da viga. Podem ser utilizadas então as disposições para cálculo de viga T, do item 4.7 – capítulo 4.

6) Notar que a viga V3 está apoiada no pilar P4 e na viga V8, onde aplica uma carga concentrada. Para obtenção dos esforços solicitantes de serviço, momento fletor e força cortante, todos os apoios das vigas, nos pilares ou em outras vigas, podem ser tomados como simples, simplificação aceitável para os objetivos desta publicação.

7) A alteração significativa nas verificações aos ELS-W e ELS-DEF ocorre no módulo de elasticidade secante do concreto E_{cs}, podendo ser adotado o valor para a classe C60 da tabela 8.1.

Tabela 8.6: Coeficientes para cálculo da flecha elástica $= \alpha(M.l^2/EI)$

Esquema estrutural e momentos	α	Esquema estrutural e momentos	α
p; $pl^2/8$; l	$5/48$	$pl^2/12$; p; $pl^2/24$	$1/16$
$l/2$; P; $l/2$; $pl/4$	$1/12$	$Pl/8$; $l/2$; P; $l/2$; $Pl/8$	$1/24$
P; P; Pa; a; l; a	$\dfrac{3-4(a/l)^2}{24}$	Pab^2/l^2; a; l; b; P; Pa^2b/l^2; $2Pa^2b^2/l^3$	$\dfrac{2ab}{3\,(3a+b)^2}$
P P P; $2Pa$; a a a a; l	$\cong 1/10$	p; $pl^2/8$; $pl^2/14{,}2$	$\cong 1/13$
l; P; a; b; Pab/l	$\dfrac{3-4(a/l)^2}{48(b/l)}$	$l/2$; P; $l/2$; $3Pl/16$; $5Pl/32$	$\cong 1/17$
M; l	$1/16$	l; P; a; b; $Pab^2(a+2l)/2l^3$	$\dfrac{ab\,(a+3l)}{6l^2\,(a+2l)}$ *(sob a carga)*
M M; l	$1/8$	$pl^2/2$; p; l	$1/4$
$M1$; p; $M2$; Mm	$\dfrac{1}{48}\left(1-\dfrac{M1+M2}{10Mm}\right)$ *(M1 e M2: módulo)*	Pl; P; l	$1/3$
$M1$; P; $M2$; Mm	$\dfrac{1}{12}\left(1-\dfrac{M1+M2}{4Mm}\right)$ *(M1 e M2: módulo)*	Pa; P; a; l	$\dfrac{3-(a/l)}{6\,(l/a)}$

Tabela 8.7: Coeficiente ω para cálculo de flechas de lajes retangulares maciças apoiadas em todo o contorno (método de Kalmanok)

Relação entre vãos da laje		Caso 1	Caso 2	Caso 3	Caso 4	Caso 5	Caso 6
a/b	0,50	0,01013	0,00485	0,00468	0,00262	0,00254	0,00251
	0,55	0,00938	0,00467	0,00444	0,00257	0,00249	0,00245
	0,60	0,00865	0,00448	0,00418	0,00252	0,00242	0,00235
	0,65	0,00794	0,00428	0,00390	0,00246	0,00233	0,00222
	0,70	0,00726	0,00407	0,00360	0,00240	0,00224	0,00209
	0,75	0,00662	0,00386	0,00333	0,00234	0,00215	0,00197
	0,80	0,00603	0,00365	0,00308	0,00227	0,00205	0,00184
	0,85	0,00548	0,00344	0,00283	0,00220	0,00194	0,00170
	0,90	0,00498	0,00322	0,00258	0,00212	0,00183	0,00156
	0,95	0,00451	0,00300	0,00234	0,00203	0,00170	0,00142
	1,00	**0,00406**	**0,00278**	**0,00210**	**0,00192**	**0,00157**	**0,00127**
b/a	0,95	0,00451	0,00318	0,00234	0,00225	0,00180	0,00142
	0,90	0,00498	0,00362	0,00258	0,00262	0,00204	0,00156
	0,85	0,00548	0,00411	0,00283	0,00305	0,00230	0,00170
	0,80	0,00603	0,00465	0,00308	0,00355	0,00257	0,00184
	0,75	0,00662	0,00526	0,00333	0,00413	0,00286	0,00197
	0,70	0,00726	0,00594	0,00360	0,00480	0,00317	0,00209
	0,65	0,00794	0,00668	0,00390	0,00558	0,00350	0,00222
	0,60	0,00865	0,00750	0,00418	0,00645	0,00384	0,00235
	0,55	0,00938	0,00827	0,00444	0,00741	0,00417	0,00245
	0,50	0,01013	0,00927	0,00468	0,00845	0,00450	0,00251

Apêndice

**ROTEIROS PARA CÁLCULO
DE ELEMENTOS ESTRUTURAIS
DE CONCRETO ARMADO
SEGUNDO A NBR 6118: 2014**

A.1 Roteiro para o cálculo de elementos lineares à flexão pura

A.2 Roteiro para o cálculo de pilares à flexão composta

A.3 Roteiro para o cálculo de elementos lineares à força cortante

A.4 Roteiro para o cálculo de lajes retangulares maciças

Foto: Universidade de Brasília - Instituto Central de Ciências
(Acervo pessoal do autor)

Apêndice

A1 ROTEIRO PARA CÁLCULO DE ELEMENTOS LINEARES À FLEXÃO PURA

1) Traçar diagramas de momentos fletores característicos (de serviço)

Determinar seções críticas de momentos máximos, positivos e negativos.

2) Obter momentos fletores solicitantes de cálculo nas seções críticas

$$M_{Sd} = \gamma_f . M_{Sk}$$

γ_f = coeficiente de majoração dos esforços solicitantes, em geral = $1,4$.

3) Dimensionamento de seções retangulares (largura b_w e altura h) e em T

a) <u>Obter altura útil e coeficientes adimensionais da flexão</u>

d = altura útil = distância da fibra mais comprimida ao CG da armadura

Bitola das barras longitudinais = Φ ; bitola dos estribos = Φ_t

❖ Armadura em uma camada: $d = h - (c_{nom} + \Phi_t + \Phi/2)$

❖ Armadura em duas camadas: $d = h - (c_{nom} + \Phi_t + \Phi + a/2)$

– Espaçamento entre duas camadas de barras: $a \geq (2cm\ e\ \Phi)$

– Espessura do cobrimento de concreto: c_{nom} ➪ tabela 3.6 do capítulo 3

– Armaduras negativas: $c_{nom} = 15mm$ ➪ revestimento final seco, pisos de elevado desempenho, cerâmicos ou asfálticos.

b) <u>Coeficientes adimensionais interdependentes (tabelas 4.3 e 4.4 – capítulo 4)</u>

$$k_x = \varepsilon_{cd}/(\varepsilon_{cd} + \varepsilon_{sd})\ ;\ k_z = 1 - 0,5\lambda k_x$$

$$k_{md} = M_{sd}/(b_w\ d^2 f_{cd})\ ;\ k_d = 1/(k_{md})^{1/2}\ ;\ d = k_d[M_{sd}/(b_w f_{cd})]^{1/2}$$

$$k_x = [1 - (1 - 2k_{md}/\alpha_c)^{1/2}]/\lambda\ \ (\lambda\ e\ \alpha_c ➪ \text{tabela 4.1}).$$

Domínio 2: $\sigma_{cmax,cor} = \beta\alpha_c f_{cd}$ e $k_{md,cor} = \beta\alpha_c \lambda k_x k_z$ ➪ β: expressões (4.12).

c) Cálculo da seção com armadura simples de tração:

- ❖ Tabela 4.2: taxa mínima de armadura de flexão ⇨ $\rho_{min} = A_{smin}/(b_w h)$
- ❖ Tabelas 4.3 e 4.4: coeficientes adimensionais da flexão simples:

  k_{md} ⇨ k_z ⇨ $A_s = M_d/(k_z d f_{yd})$

  – domínios 2 e 3: $\sigma_{sd} = f_{yd}$ ⇨ ver figura 4.12.

  – domínio 2: verificar armadura mínima.

  – domínio 4: $\sigma_{sd} < f_{yd} = 210000 \varepsilon_{sd} (MPa)$ ⇨ $\varepsilon_{sd} = 0,0035(1 - k_x)/k_x$

- ❖ Tabela 4.5 do capítulo 4: áreas A_s e largura livre interna aos estribos b_{smin}.

  – Taxa mínima absoluta de armadura de tração = $0,15\%$

  – Taxa máxima absoluta de armadura longitudinal = $4,0\%$.

d) Cálculo da armadura dupla de flexão

- ❖ A_s armadura de tração e A'_s armadura de compressão (figura 4.13)
- ❖ Alternativa de cálculo para garantir a dutilidade da seção (subitem 4.3.4.1) quando:

  → $k_x = x/d \le 0,45 \ (k_{md} > k_{mdlim} = 0,251)$ ⇨ $f_{ck} \le 50MPa$

  → $k_x = x/d \le 0,35 \ (k_{md} > k_{mdlim} = 0,197 \ a \ 0,146)$ ⇨ $55MPa \le f_{ck} \le 90MPa$

  – não usar armadura dupla se $k_{md} > 0,425$.

  – cálculo separando o momento fletor e as armaduras em duas parcelas:

- ❖ $M_{Sd} = M_{Sd1} + M_{Sd2}$ ⇨ $A_s = A_{s1} + A_{s2}$

  → M_{Sd1} = limite da nervura ⇨ $k_{md} = k_{mdlim}$ (impõe $k_x = k_{xlim}$ e $k_z = k_{zlim}$)

  tabelas 4.1, 4.4 e 4.5: k_{mdlim}, k_{xlim} e k_{zlim} ⇨ limites de dutilidade:

  $M_{Sd1} = k_{mdlim} b_w d^2 f_{cd}$ e $M_{Sd2} = M_{Sd} - M_{Sd1}$

  $A_{s1} = M_{Sd1}/(k_{zlim} d f_{yd})$

  $A_{s2} = M_{Sd2}/[(d - d2) f_{yd}]$

  $A'_s = M_{Sd2}/[(d - d2)\sigma'_{sd}]$; em geral $\sigma'_{sd} = f_{yd}$

  $\sigma'_{sd} = E_s \varepsilon'_{sd}$ ⇨ $\varepsilon'_{sd} = \varepsilon_{cu}(k_{xlim} - d2/d)/k_{xlim}$ (ε_{cu}: tabela 4.1)

  $d2$ = distância da borda mais comprimida da seção ao CG da armadura de compressão

  – armadura em uma camada: $d2 = c_{nom} + \Phi_t + \Phi'/2$.

e) Dimensionamento de seções em T

❖ Alternativa quando a laje colaborante ou mesa de concreto é comprimida:

– dimensões da mesa: espessura h_f e largura b_f (ver figura 4.15)

– aba interna da mesa: $b_1 \leq 0,1a$ e $0,5b_2$; aba externa: $b_3 \leq 0,1a$; b_4

– viga T isolada (laterais da mesa: bordos livres): $b_f = b_w + 2b_3$

– viga T com duas vigas adjacentes: $b_f = b_w + b_{1,esq} + b_{1,dir}$

– viga T com uma viga adjacente e um bordo livre: $b_f = b_w + b_1 + b_3$

a = distância entre pontos de momento nulo ao longo do eixo da viga em cada tramo de vão l, obtida do diagrama de momentos ou da Norma:

– simplesmente apoiada: $a = l$

– momento em uma só extremidade: $a = 0,75l$

– momentos nas duas extremidades: $a = 0,60l$

– tramo em balanço: $a = 2l$.

❖ Altura útil de comparação: $d_o = [M_{Sd}/(0,85\,f_{cd}\,b_f\,h_f)] + h_f/2$

d_o = altura útil teórica da seção para $y = h_f$ ⇨ figura 4.16.

❖ *Caso 1*: $d \geq d_o$ (ou $y \leq h_f$) ⇨ *Linha neutra fictícia dentro da mesa*

– cálculo como seção retangular de largura b_f, com:

⇨ $k_{md} = M_{Sd}/(b_f d^2 f_{cd})$ ⇨ $A_s = M_{Sd}/(k_z d f_{yd})$.

❖ *Caso 2*: $d < d_o$ (ou $y > h_f$) ⇨ *Linha neutra fictícia na nervura*

– cálculo como seção T com o momento e armaduras em duas parcelas:

$M_{Sd} = M_{df} + M_{dw}$: resistido pela armadura de tração: $A_s = A_{sf} + A_{sw}$

$M_{df} = 0,85 f_{cd} h_f (b_f - b_w)(d - h_f/2)$: parcela resistida pela mesa

⇨ $A_{sf} = M_{df}/[(d - h_f/2)f_{yd}]$

$M_{dw} = M_{Sd} - M_{df}$ ⇨ $k_{md} = M_{dw}/(b_w d^2 f_{cd})$: parcela da nervura

⇨ $A_{sw} = M_{dw}/(k_z d f_{yd})$.

❖ Nos dois casos, se k_{md} (ou k_x) estiverem no domínio 2:

⇨ verificar armadura mínima ⇨ item 4, alínea a).

4) Prescrições da NBR 6118

a) Limites para armaduras de flexão

❖ armadura mínima de tração: $\rho_{min} = A_s/A_c$ ➪ tabela 4.2
  – seção retangular: $A_{smin} = \rho_{min}\,(b_w h)$
  – seção T: $A_{smin} = \rho_{min}\,[b_w h + (b_f - b_w)h_f]$.

❖ armadura máxima na seção: $A_{s,tot} = A_s + A'_s \leq 4\%(b_w h)$.

b) Largura mínima da seção retangular ou da nervura de seção T
$b_w \geq 10cm$.

c) Limite para armaduras de flexão em mais de uma camada
$\Delta \leq 10\%h$

Δ = distância do ponto mais afastado da armadura ao seu CG.
Para barras de bitola Φ e espaçamento entre camadas: $a \geq (2cm$ e $\Phi)$:
– duas camadas de barras : $\Delta = \Phi + a/2$
– três camadas de barras: $\Delta = 1,5\Phi + a$.

d) Precauções no cálculo como seção T

❖ não recomendável para momento na nervura M_{dw} com $k_{md} > k_{md,lim}$.

❖ em vãos com carga concentrada, é conveniente reduzir o valor da largura da mesa, multiplicando o valor calculado de b_f por um fator que é função dos momentos da carga concentrada M_P e da carga total M_T, dado por:

$$M_t(1 - M_P/M_T).$$

A2 ROTEIRO PARA CÁLCULO DE PILARES À FLEXÃO COMPOSTA

1) Obter esforços solicitantes máximos de cálculo no pilar

$N_d = \gamma_f.N_k =$ força normal resultante das reações de vigas apoiadas no pilar, acumulada de pavimentos superiores e majorada pelo coeficiente de segurança dos esforços solicitantes $\gamma_f = 1,4$, em geral

$M_d = \gamma_f.M_k =$ momento fletor de cálculo; obter momentos segundo os dois eixos principais baricêntricos nas seções das extremidades do pilar

$\quad M_A =$ maior momento de 1ª.ordem em valor absoluto nas extremidades

$\quad M_B =$ sinal positivo quando esse momento traciona a mesma face que M_A e negativo, caso contrário (figura 5.12)

$v = v_d = N_d/(A_c f_{cd}) =$ força normal adimensional (reduzida ou relativa) de cálculo

$\quad A_c =$ área da seção transversal do pilar de concreto

$\quad f_{cd} =$ resistência de cálculo do concreto à compressão

$\mu = \mu_d = M_d/(A_c h.f_{cd}) = ve/h =$ momento fletor adimensional de cálculo

$\quad h =$ dimensão total na direção referente ao momento em estudo

$\quad e = M_d/N_d =$ excentricidade total (ou acumulada) da força normal medida sobre o eixo principal paralelo à dimensão h

2) Determinar valores do índice de esbeltez do pilar

$\lambda = l_e/i \Rightarrow$ segundo os eixos principais baricêntricos:

$\quad l_e =$ comprimento equivalente ou de flambagem do pilar igual ao menor dos valores: $(l_0 + h$ e $l)$ com $l_0,\ h,\ l \Rightarrow$ figura 5.5

$\quad l_e =$ valores para várias condições de apoio $\Rightarrow$ figura 5.6

$\quad i = (I/A)^{1/2} =$ raio de giração da seção em relação a cada eixo principal

$\quad\quad I =$ momento de inércia da seção em relação ao mesmo eixo

$\quad\quad A =$ área da seção transversal.

– Seção transversal retangular: $\lambda_{max} = 3,46l_e/b$

– Seção circular: $\lambda_{max} = \lambda_{min} = 4l_e/d$.

❖ $\lambda \leq 35$: *pilar curto* ⇨ os efeitos locais de 2ª ordem podem ser desprezados.

❖ $35 < \lambda \leq 90$: *pilar medianamente esbelto* ⇨ efeitos locais de 2ª ordem podem ser desprezados ou não, em função da desigualdade:

$\lambda \leq \lambda_1$, sendo: $35 \leq \lambda_1 = [25 + 12{,}5(e/h)]/\alpha_b \leq 90$

$e = M_d/N_d$ = excentricidade de 1ª ordem na direção paralela a h (dimensão genérica), com o limite: $e_{1min} = 1{,}5cm + 0{,}03h \geq H_i/600$

$\alpha_b = 1{,}0$ ⇨ pilares biapoiados com momentos inferiores ao momento fletor mínimo de 1ª ordem = $M_{d1min} = N_d.e_{1min}$

$1{,}0 \geq \alpha_b = 0{,}60 + 0{,}40M_B/M_A \geq 0{,}40$ ⇨ pilares biapoiados sem cargas transversais nas extremidades: $M_A \geq M_B$, em módulo (figura 5.12).

❖ $90 < \lambda \leq 140$: pilar esbelto ⇨ obrigatório considerar os efeitos locais de 2ª ordem e a fluência do concreto ⇨ Evitar!

3) Excentricidades de 2ª ordem em pilares com $\lambda \leq 90$

❖ *Método do pilar-padrão com curvatura aproximada* (NBR 6118 → 15.8.3.3.2)

$e_2 = l_e^2/10r$ com $1/r = 0{,}005/[h(v +0{,}5)] \geq 0{,}005/h$

– momento total máximo no pilar: $M_{d,tot} = \alpha_b M_{1d,A} + N_d e_2 \geq M_{1d,A}$

$M_{1d,A} = \gamma_f M_A$ ⇨ M_A, α_b: mesmas definições do item 2 anterior.

4) Equilíbrio de esforços na seção transversal sob flexão composta

❖ Das figuras 5.17 e 5.18:

$N_d = \alpha_c \lambda f_{cd} bx + \sigma'_{sd} A'_s - \sigma_{sd} A_s$

$M_d = N_d.e'' = \alpha_c \lambda f_{cd} bx(d - \lambda x/2) + \sigma'_{sd} A'_s (d - d')$

$M_d = N_d.e' = \alpha_c \lambda f_{cd} bx(\lambda x/2 - d') + \sigma_{sd} A_s (d - d')$

com: $e' = (d - d')/2 - e$; $e'' = (d - d')/2 + e$ ⇨ $e = M_d/N_d$

⇨ excentricidades de N_d em relação ao CG das armaduras A'_s e A_s

A'_s = área da armadura mais comprimida (tabela 3.7 do capítulo 3)

A_s = área da armadura menos comprimida ou tracionada.

d' = distância da fibra mais comprimida da seção ao CG de A'_s

⇨ $d' = 0,05h$ a $0,20h$ (arbitrado no início do cálculo, em geral)

$y = \lambda x$ = altura do diagrama retangular do concreto (sempre $x \geq 0$)

$\sigma_{cmax} = \alpha_c f_{cd}$ = tensão máxima no concreto (λ e α_c da tabela 4.1)

b = menor lado da seção na direção normal à dimensão h

σ'_{sd} e σ_{sd} = tensões em A'_s e A_s no ELU; σ'_{sd} sempre de compressão e sinal positivo; σ_{sd} de compressão ou tração (negativa)

ε'_{sd} e ε_{sd} = deformações das armaduras A'_s e A_s no ELU, dadas por:

⇨ domínio 3, 4 ou 4a: $\varepsilon'_{sd} \approx \varepsilon_{cu}$ (tabela 4.1) e $\varepsilon_{sd} = \varepsilon_{cu}(x-d')/x$

⇨ domínio 5: $\quad \varepsilon'_{sd} = \varepsilon_{c2} \dfrac{x - d'}{x - (\varepsilon_{cu} - \varepsilon_{c2})\, h/\varepsilon_{cu}} \quad e \quad \varepsilon_{sd} = \varepsilon_{c2} \dfrac{x - d}{x - (\varepsilon_{cu} - \varepsilon_{c2})\, h/\varepsilon_{cu}}$

5) Seção retangular sob flexão composta normal

a) Solução analítica de Campos F.(2014)

❖ Da tabela 5.1, definir o domínio, comparando excentricidade e' (item 3) com:

$e'_{gp} = [\alpha_c \lambda f_{cd} b x_{lim3\text{-}4}(0,5\lambda x_{lim3\text{-}4} - d')]/N_d$ ⇨ transição entre flexocompressão de grande e pequena excentricidades;

$e'_{pc} = [\alpha_c f_{cd} b h (0,5h - d')]/N_d$ ⇨ transição entre a flexocompressão de pequena excentricidade (domínio 4a) e a compressão excêntrica (domínio 5);

$e'_0 = N_d/(2\alpha_c f_{cd} b) - d'$ ⇨ transição entre compressão excêntrica e armadura mínima.

b) Cálculo analítico no domínio 4a impondo armadura $A_s = 0$

❖ Essa solução pode não ser econômica e há, ainda, o risco de inversão das armaduras assimétricas ⇨ ver alínea g), *Comentários*, do exemplo 5.7.1.

$N_d.e' - \alpha_c \lambda f_{cd} b x(\lambda x/2 - d') = 0$ ⇨ se existir pelo menos uma raiz x real:

⇨ $\varepsilon_{sd} = \varepsilon_{cu}(x-d')/x$ ⇨ σ'_{sd} ⇨ $A'_s = (N_d - \alpha_c \lambda f_{cd} b.x)/\sigma'_{sd}$ (tabela 3.7)

⇨ $A_s = \rho_{min} A_c/4$ ⇨ tabela 5.3.

c) Cálculo analítico no domínio 5, impondo linha neutra com $x = \infty$

❖ Solução mais econômica quanto ao aproveitamento do concreto

$$N_d.e'' = \alpha_c \lambda f_{cd} bh(d - h/2) + \sigma'_{sd}A'_s(d - d')$$

$$N_d.e' = \alpha_c \lambda f_{cd} bh(h/2 - d') + \sigma_{sd}A_s(d - d') \rightsquigarrow e', e'' \text{ do item 3}$$

– sistema de duas equações e duas incógnitas A'_s e A_s (de compressão)

– tensão constante nas duas armaduras $\rightsquigarrow \sigma'_{sd} = \sigma_{sd} = 420MPa$, que terão deformações iguais à do concreto: $\varepsilon_{c2} = 2\%o$.

d) Cálculo analítico com armaduras simétricas

❖ Fazendo $A'_s = A_s$, ficam duas equações:

$$N_d = \alpha_c \lambda bx f_{cd} + (\sigma'_{sd} - \sigma_{sd})A'_s$$

$$N_d.e'' = \alpha_c \lambda f_{cd} bx(d - \lambda x/2) + \sigma'_{sd}A'_s(d - d') \rightsquigarrow e', e'' \text{ do item 3}$$

❖ $e = M_d/N_d \le (d-d')/2 \rightsquigarrow$ confirma ser os casos b), c) ou d) na tabela 5.2

❖ Comparar e' (item 3) com as excentricidades de transição de $N_d \rightsquigarrow$ definir o domínio de cálculo:

$$\rightarrow e'_{bc} = \alpha_c \lambda f_{cd} bd (0,5\lambda d - d')/N_d$$

$$\rightarrow e'_{cd} = \left(\frac{d-d'}{2} \right) \left[1 + (\beta_{cc*} - 1) \right] \left(\frac{\sigma'_{sd*} - \sigma_{sd*}}{\sigma'_{sd*} + \sigma_{sd*}} \right) \qquad \beta_{cc*} = \alpha_c f_{cd} bh/N_d$$

– calcular deformações e tensões nas armaduras (item 3)

– resolver sistema de duas equações e duas incógnitas A'_s e A_s.

e) Cálculo de armaduras simétricas com diagramas de Guimarães (2014)

❖ Figuras 5.21 a 5.24, para d'/h de $0,05$ a $0,20$

❖ *Dimensionamento de seção retangular:*

Parâmetros de entrada aos diagramas: ν_d, μ_d (item 1)

$$\rightarrow \omega \rightsquigarrow A_s = \omega bh(f_{cd}/f_{yd}) \rightsquigarrow A_s/2 \rightsquigarrow \text{ em cada face normal a } h \text{ (tabela 3.7)}$$

❖ *Verificação:*

1) dados N_d, A_s: obter ν_d e $\omega \rightsquigarrow$ com μ_d no diagrama $\rightsquigarrow e = M_d/N_d$.

2) dadas A_s, e: obter μ_d na interseção da reta com curva $\omega \rightsquigarrow \nu_d$ e N_d.

6) Prescrições da NBR 6118

a) <u>Dimensões da seção transversal para pilares</u>

- ❖ *Pilar*: elemento linear com a maior dimensão da seção não superior a cinco vezes a menor ⇨ seção retangular: $h \leq 5b$.
- ❖ Pilares maciços de qualquer forma ⇨ menor dimensão $\geq 19cm$
  - – tolerância: $14cm \leq b < 19cm$, mas esforços majorados pelo coeficiente:
    $1,0 \leq \gamma_n = 1,95 - 0,05b \leq 1,25$ (NBR 6118 → tabela 13.1)
    b = menor dimensão da seção transversal do pilar (cm).

b) <u>Bitolas mínima e máxima de barras da armadura longitudinal</u>

$10mm \leq \Phi \leq b/8$ ⇨ mínimo de barras longitudinais ⇨ figura 5.13.

c) <u>Taxas mínima e máxima da armadura longitudinal</u> ($\rho = A_{s,tot}/A_c$)

$\rho_{min} = 0,15N_d/(f_{yd}.A_c) = 0,15v(f_{cd}/f_{yd}) \geq 0,4\%$ ⇨ tabela 5.2

$\rho_{max} = 8\%$ ⇨ incluindo regiões de trespasse

- ❖ *dimensionamento econômico*: na região central do pilar

⇨ $\rho = 1\%$ a 4% (com ou sem emendas por trespasse nos extremos).

d) <u>Espaçamento das barras longitudinais na seção transversal</u>

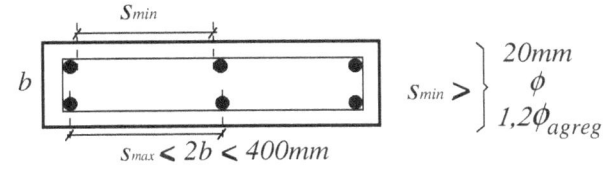

$$S_{min} > \left.\begin{array}{l} 20mm \\ \phi \\ 1,2\phi_{agreg} \end{array}\right\}$$

$S_{max} < 2b < 400mm$

- ❖ Concretos classes C55 a C90: espaçamentos máximos reduzidos em 50%

e) <u>Proteção contra flambagem das barras longitudinais</u>

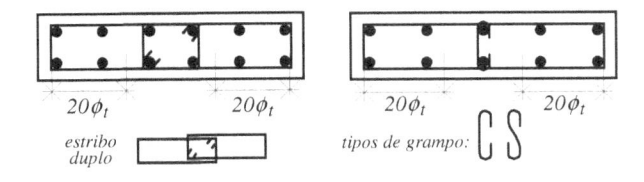

$20\phi_t$ $\quad$ $20\phi_t$ $\qquad$ $20\phi_t$ $\quad$ $20\phi_t$

estribo duplo $\qquad$ tipos de grampo:

f) <u>Espaçamento de estribos na direção paralela ao eixo de pilares</u> (figura 5.16)

$s_t \leq [200mm;\ menor\ dimensão\ da\ seção;\ 12\Phi\ (CA\text{-}50);\ 24\Phi\ (CA\text{-}25)]$

❖ Concretos C55 a C90 ⇨ reduzir os espaçamentos em 50% e ganchos com inclinação $\geq 135°$.

g) <u>Espessura da camada de cobrimento do concreto</u>

Tabela 3.6 do capítulo 3 ⇨ $50mm$ (CAA IV) $\geq c_{nom} \geq 25mm$ (CAA I).

h) <u>Número e comprimento reto de estribos de pilares</u>

$n = (l/s_t) + 1$ = número de estribos em trecho de comprimento l.

$l_{reto} = 2(b + h - 4c_{nom}) + 100mm$ = comprimento reto do estribo e acréscimo $\geq 100mm$ para ganchos nos extremos (figura 5.16).

i) <u>Comprimento de ancoragem reta por trespasse</u>

❖ Ancoragem da armadura longitudinal de pilares ⇨ *sem ganchos*

$l_{b,nec} = \alpha l_b (A_{s,cal}/A_{s,ef}) \geq l_{b,min}$ = comprimento de ancoragem necessário:

→ l_b = comprimento de ancoragem básico ⇨ tabela 5.4

→ $l_{bmin} \geq [0,3l_b;\ 100mm;\ 10\Phi]$ ⇨ *maior dos valores*

→ $\alpha = 1,0$ ⇨ barras sem gancho

→ $\alpha = 0,7$ ⇨ barras transversais soldadas na armadura longitudinal para ancoragem (NBR 6118 → 9.4.2.2 e figura 9.1)

→ $A_{s,cal}/A_{s,ef}$ = área de armadura calculada / área de armadura efetiva ≤ 1

A3 ROTEIRO PARA CÁLCULO DE ELEMENTOS LINEARES À FORÇA CORTANTE

Formulação para o Modelo II da NBR 6118 (ângulo das diagonais de concreto com o eixo longitudinal do elemento: $30^{\,o} \leq \theta \leq 45^{\,o}$) e estribos a $90^{\,o}$ com esse eixo

1) Traçar o diagrama de forças cortantes características (de serviço)

Determinar as seções críticas para as forças cortantes, que têm valores mínimos nas seções onde o momento fletor é máximo; essas forças assumem dois valores distintos nas seções onde o diagrama de momentos sofre mudança de direção, ou seja, a curva representativa dos momentos tem duas tangentes.

2) Obter forças cortantes solicitantes de cálculo nas seções críticas

$$V_{Sd} = \gamma_f \, V_{Sk}$$

– altura útil d da seção obtida da disposição da armadura de tração efetiva A_s.

3) Dimensionamento (unidades sugeridas apenas para maior simplicidade)

a) Ângulos de inclinação das diagonais ou bielas comprimidas de concreto

❖ $\theta = 30°$ ⇨   armadura transversal mais econômica e diagonais comprimidas de concreto sob compressão máxima;

❖ $\theta = 45^{\,o}$ ⇨ maior segurança ao esmagamento das diagonais comprimidas.

❖ segurança máxima do concreto à compressão ⇨ diagonais com inclinação $\theta = 45^{\,o}$ e estribos com $\alpha = 45^{o}$ sobre o eixo da peça.

b) Verificação do concreto da diagonal comprimida

❖ $V_{Sd} \leq V_{Rd2,90} = 0{,}27\alpha_{v2}f_{cd}b_w\,d\ sen\ 2\theta$

    ⇨ $\alpha_{v2} = 1 - (f_{ck}/250)$ ⇨ tabela 6.1 do capítulo 6

    com f_{cd} e f_{ck} em MPa; b_w e d em mm ⇨ $V_{Rd2,90}$ em $Newtons\ (N)$.

c) Espaçamento máximo dos estribos (s):

❖ $V_{Sd} \leq 0{,}67V_{Rd2}$ ⇨ $s_{máx} = 0{,}6d \leq 300mm$

❖ $V_{Sd} > 0{,}67V_{Rd2}$ ⇨ $s_{máx} = 0{,}3d \leq 200mm$ ⇨ pode ser mais econômico adotar um valor maior para θ visando a aumentar V_{Rd2} e s_{max}.

d) <u>Área mínima de estribos a 90° com eixo da peça</u>

❖ $A_{swmin90} = \rho_{wmin90} b_w$ ⇨ ρ_{wmin} : tabela 6.3, capítulo 6

    – b_w em cm ⇨ $A_{swmin90}$ em cm^2/m

    – estribos de dois ramos ⇨ bitolas e espaçamentos: tabela 6.4, capítulo 6.

e) <u>Força cortante resistente de serviço referente à área mínima de estribos:</u>

❖ $V_{Rmin90} = (A_{swmin90}.0,9d f_{ywd} cot\theta + V_c)/\gamma_f$

    – unidades coerentes (por exemplo): V_{Rmin90} e V_c em $Newtons$;

       $A_{swmin90}$ em mm^2/mm; d em mm; $f_{ywd} \le 435MPa$

    V_c = força cortante absorvida pelos mecanismos complementares à treliça

       – flexão simples e flexotração com a linha neutra cortando a seção:

          $V_c = V_{c0}$ = valor de referência de V_c

       – $\theta = 45^o$ e $\gamma_c = 1,4$ ⇨ V_c calculada pela figura 6.12, capítulo 6:

       – se $V_{Sd} \le V_{c0}$ ⇨ $V_c = V_{c0}$ ⇨ tabela 6.2

       – se $V_{Sd} > V_{c0}$ ⇨ $V_c = V_{c0}(V_{Rd2} - V_{Sd})/(V_{Rd2} - V_{c0})$.

❖ No diagrama de forças cortantes, verificar os trechos lineares cobertos pela área mínima de estribos;

    – trechos com $V > V_{Rmin90}$ ⇨ calcular áreas necessárias de estribos.

f) <u>Armadura transversal por unidade de comprimento com estribos a 90°</u>

$A_{sw90} = A_{sw}/s = tan\theta (V_{Sd} - V_c)/0,9d f_{ywd}$

– f_{ywd} em kgf/cm^2 ; V_{Sd} e V_c em kgf ; d em m ⇨ A_{sw90} em cm^2/m.

4) Prescrições da NBR 6118

a) <u>Reduções da força cortante em regiões próximas a apoios diretos</u>

❖ apoio direto: quando a carga e a reação de apoio são aplicadas em faces opostas do elemento estrutural, comprimindo-o ⇨ figura 6.13 do capítulo 6:

    – *para cargas distribuídas*: considerar para a força cortante no trecho do centro do apoio até a seção à distância $d/2$ da face do apoio um valor constante igual a $V_{red} = V_{d/2\,da\,face\,do\,apoio}$.

– *para cargas concentradas à distância do eixo do apoio =* $a \leq 2d$

V_{red} = força cortante constante no trecho, igual ao valor $(a/2d)V$.

– reduções podem ser aplicadas no mesmo elemento sobre as parcelas respectivas da força cortante e válidas apenas para dimensionamento das armaduras transversais ⇨ reduções não devem ser usadas na verificação das diagonais comprimidas de concreto.

b) Diâmetro mínimo e máximo da barra de estribos para força cortante

$5,0mm \leq \Phi_t \leq b_w/10.$

c) Detalhamento da armadura longitudinal de tração na flexão simples

Subitem 6.5.2 e figura 6.16 do capítulo 6.

d) Comprimento básico de ancoragem reta de barras longitudinais

❖ Ver roteiro A2, item 6, alínea i).

$l_{b,nec} = \alpha l_b (A_{s,cal}/A_{s,ef}) \geq l_{b,min}$ = comprimento de ancoragem necessário:

$\alpha = 1,0$ ⇨ barras sem gancho

$\alpha = 0,7$ ⇨ barras transversais soldadas na armadura longitudinal para melhorar ancoragem (NBR 6118 → 9.4.2.2 e figura 9.1)

$\alpha = 0,7$ ⇨ barras tracionadas com ganchos e no plano normal ao do gancho cobrimento de concreto $c_{nom} \geq 3\Phi$

$\alpha = 0,5$ ⇨ barras transversais soldadas na armadura longitudinal e no plano normal ao do gancho $c_{nom} \geq 3\Phi$

l_b ⇨ tabela 5.4

$l_{bmin} \geq [0,3l_b; 100mm; 10\Phi]$ ⇨ maior dos três valores.

A4 ROTEIRO PARA CÁLCULO DE LAJES RETANGULARES MACIÇAS

1) Determinar os vãos efetivos (ou teóricos) das lajes

$l_{ef} = l_o + a_1 + a_2$ (figura 7.3 do capítulo 7)

❖ l_o = distância de face a face das vigas de bordo, de largura t_i

→ $a_i \leq 0,5t_i$ e $0,3h$.

2) Classificar as lajes do painel conforme a relação de vãos efetivos

Com os vãos efetivos: $l_1 \geq l_2$:

❖ *Lajes em cruz* : $l_1/l_2 \leq 2,0$

❖ *Lajes em uma só direção* : $l_1/l_2 > 2,0$.

3) Definir a espessura comum das lajes do painel

❖ NBR 6118: limites mínimos da espessura ou altura h ⇨ subitem 7.2.3.

❖ Espessuras mínimas de lajes maciças de edifícios apoiadas em vigas:

7cm: coberturas não em balanço

8cm: lajes de piso não em balanço

10cm: lajes em balanço

10cm: lajes que suportem veículos de peso total menor ou igual a *30kN*

12cm: lajes que suportem veículos de peso total maior que *30kN*

15cm: lajes com protensão apoiadas em vigas

16cm: lajes lisas e *14cm* para lajes-cogumelo fora do capitel.

❖ Lajes em balanço com espessura $10 \leq h \leq 19cm$ ⇨ majoração adicional dos esforços solicitantes finais de cálculo por meio do coeficiente:

⇨ $1,45 \geq \gamma_n = 1,95 - 0,05h \geq 1,0$.

4) Carregamentos nas lajes

a) Peso próprio de laje de concreto armado

$g = 25h$ ⇨ h em cm ⇨ g em kgf/m^2.

b) Revestimentos superior e inferior:

❖ Caso geral: $100kgf/m^2$ ⇨ pisos de madeira assentados com argamassa de contrapiso e revestimento inferior de até $2,0cm$ de espessura.

c) Cargas de paredes apoiadas diretamente sobre lajes

Parede revestida nas duas faces, com extensão a, altura ou pé-direito H

❖ Peso por área p' em kgf/m^2 ⇨ tabela 7.1

❖ Lajes em cruz com vãos l_1, l_2 ⇨ carga uniforme em toda a superfície:

⇨ $g_{parede} = a.H.p'/(l_1.l_2)$

❖ Lajes em uma só direção ⇨ cargas supostas atuando em faixas de largura unitária, paralelas ao vão menor l_2

– parede paralela ao menor vão: carga uniforme ⇨ $g_{parede} = 2a.H.p'/l_2^2$

– parede perpendicular ao menor vão: carga concentrada ⇨ $G = p'H.1m$.

d) Cargas acidentais, sobrecargas de utilização ou cargas de serviço

Valores da sobrecarga distribuída uniforme q por área de laje: tabela 2 - NBR 6120 ($1kN/m^2 = 1kgf/m^2$).

e) Carga distibuída uniforme total por área de laje

$p = g + q + revestimento + paredes$ (se houver).

5) Altura útil de lajes maciças

$d = h - c_{nom} - \Phi/2$

c_{nom} ⇨ tabela 3.6 do capítulo 3 (figura 7.5)

Φ = bitola das barras da armadura principal (a de maior área)

⇨ permitido em lajes no interior de edifícios, com argamassa de contrapiso, revestimento do tipo carpete, madeira ou pisos de elevado desempenho, agressividade ambiental fraca e barras da armadura principal $\leq 10mm$:

– armaduras negativas: $d = h - 2,0cm$

– armaduras positivas: $d = h - 2,5cm$.

APÊNDICE - ROTEIRO PARA CÁLCULO DE ELEMENTOS ESTRUTURAIS DE CONCRETO ARMADO SEGUNDO A NBR 6118: 2014

6) Cálculo de momentos em lajes retangulares maciças

a) <u>Lajes calculadas em uma só direção</u>

Cálculo de faixas de laje de largura $1m$ paralelas ao vão menor, efetuado como uma viga apoiada nos bordos maiores:

– Lajes isoladas: figura 7.10(a)

– Lajes contínuas: figura 7.10(b).

b) <u>Lajes em cruz pelo método de Marcus</u>

Definição dos vãos das lajes:

❖ l_x= vão na direção normal ao maior número de bordos engastados ou o menor vão no caso de igualdade na primeira condição

  – definir apoios nos bordos da laje: simples ou engaste ⇨ casos 1 a 6

❖ $\lambda = l_y/l_x$ ⇨ parâmetro de entrada nas tabelas 7.4(a) – (f):

  – coeficientes dos momentos fletores em cada direção: m_x, m_y, n_x, n_y

❖ Momentos positivos característicos por faixa de laje de largura unitária:

$$\Rightarrow M_x = pl_x^2/m_x \quad e \quad M_y = pl_x^2/m_y \text{ (unidades tipo: } kgf.m/m)$$

❖ momentos negativos característicos :

$$\Rightarrow X_x = pl_x^2/n_x \quad e \quad X_y = pl_x^2/n_y.$$

7) Condições de continuidade entre lajes com bordo comum

a) <u>Continuidade completa entre lajes sobre uma viga de bordo</u>

Adotar engastamento perfeito em todo o bordo.

b) <u>Continuidade parcial entre lajes</u>:

Adotar engastamento perfeito quando houver trecho com continuidade $\geq 2/3$ do comprimento do bordo; caso contrário, adotar apoio simples em todo o bordo (figura 7.13).

c) <u>Entre lajes de níveis diferentes</u>

Adotar apoio simples nos bordos comuns entre as lajes de níveis diferentes, por não haver continuidade que garanta a transmissão de momentos.

8) Compatibilização de momentos negativos no bordo comum a duas lajes

Adotar em todo o bordo o maior dos dois valores de momentos calculados das lajes isoladas:

$(X_{ij} + X_{ji})/2$ e $0,8(maior\ entre\ X_{ij}\ e\ X_{ji})$.

9) Dimensionamento de lajes maciças retangulares

a) Momentos de cálculo positivos e negativos

Em cada direção: $M_{Sd} = \gamma_f M$ e $X_{Sd} = \gamma_f X$

b) Verificar espessura das lajes para garantir dutilidade

Para o momento máximo de cálculo do painel, calcular (em módulo):

$M_{Sd,max} \leq k_{mdlim}\ b_w\ d^2 f_{cd}$ ⇨ k_{mdlim} ⇨ tabelas 4.1 ou 4.4 do capítulo 4

— unidades em $kgf.m$: $b_w = 1m$, d em cm e f_{cd} em kgf/cm^2.

c) Coeficientes adimensionais da flexão simples

$k_{md} = M_{Sd}/(d^2 f_{cd})$ ⇨ M_{Sd} em $kgf.m$, d em cm e f_{cd} em kgf/cm^2

— tabelas 4.3 e 4.4 do capítulo 4: k_{md} ⇨ k_z.

d) Calcular armaduras positivas e negativas em cada direção

$A_s = M_{Sd}/(k_z d f_{yd})$ ⇨ tabelas 7.3 ou 4.4 do capítulo 4

para A_s em cm^2/m ⇨ M_{Sd} em $kgf.m$, d em $metros$ e f_{yd} em kgf/cm^2.

❖ domínio 2 ⇨ verificar armadura mínima:

$A_{smin} = \rho_s .100h$ com h em cm (mínimo de 3 barras por metro)

ρ_s ⇨ tabela 7.2, função de ρ_{min} da tabela 4.2 - capítulo 4

— armaduras negativas (geral) e principal de lajes em uma direção: $\rho_s \geq \rho_{min}$

— armaduras positivas de lajes em cruz: $\rho_s \geq 0,67\rho_{min}$

— armaduras de distribuição de lajes calculadas em uma só direção (barras na direção paralela ao maior vão):

$A_{s,dist} \geq 0,2A_{sprinc} \geq 0,9cm^2/m$ e $\rho_s \geq 0,5\rho_{min}$.

10) Carga das lajes nas vigas

Processo da NBR 6118: 2014, baseado no método das linhas de ruptura:

❖ Dividir a laje em triângulos e trapézios por retas a partir dos vértices:

– inclinadas a $60°$ a partir de bordos engastados e a $45°$ de a partir apoios simples;

– reações por unidade de comprimento da viga de bordo ⇨ tabela 7.5.

11) Prescrições da NBR 6118

a) Bitola máxima das barras de armaduras de lajes

$\Phi \leq h/8$.

b) Espaçamento máximo de barras

❖ *armaduras positivas*: barras prolongadas aos apoios, não escalonadas ou alternadas, penetrando $4cm$, no mínimo, além do eixo do apoio

❖ *armadura principal*: $s \leq 2h$ ou $20cm$ (menor dos dois valores)

❖ *armadura secundária*: $s \leq 33cm$.

c) Espaçamento mínimo das barras:

Não prescrito pela Norma;

– recomendável: $s \geq 10cm$.

d) Detalhamento de armaduras

Ver figuras 7.16 a 7.19.

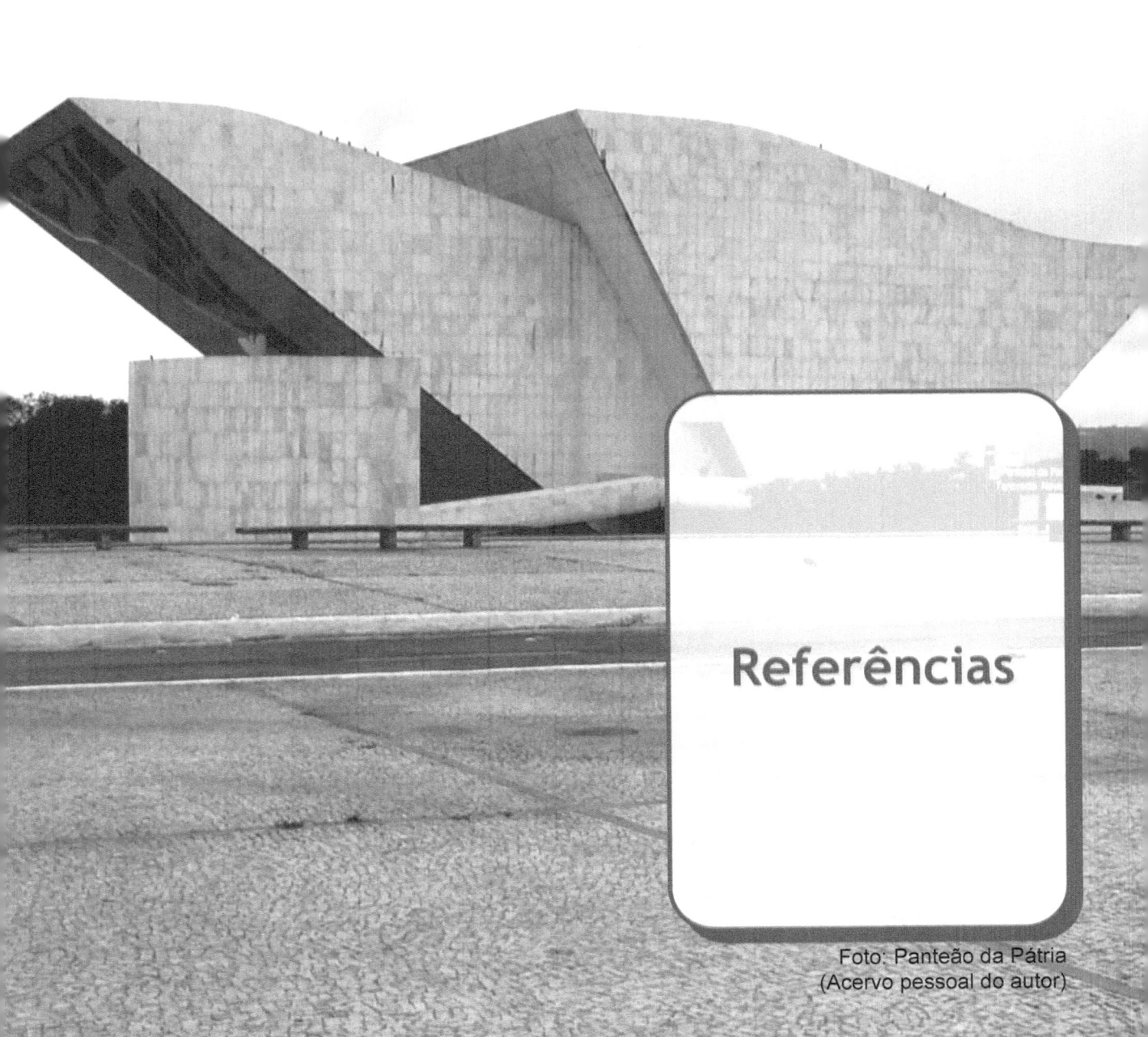

Referências

Foto: Panteão da Pátria
(Acervo pessoal do autor)

Referências

AMERICAN CONCRETE INSTITUTE (ACI). *Building code requirements for structural concrete (ACI 318-14)*. Michigan, 2014.

ARAÚJO, J. M. *Curso de concreto armado*. Rio Grande, RS: Dunas, 2003. v. I-IV.

_____. *Projeto estrutural de edifícios de concreto armado*. Rio Grande, RS: Dunas, 2004.

ASSOCIAÇÃO BRASILEIRA DE NORMAS TÉCNICAS (ABNT). *NBR 6118*: projeto de estruturas de concreto: procedimento. Rio de Janeiro, 2014. Versão corrigida, ago. 2014.

_____. *NBR 6118*: projeto de estruturas de concreto: procedimento. Rio de Janeiro, 2003.

_____. *NBR 6118*: projeto e execução de obras de concreto armado: procedimento (NB-1). Rio de Janeiro, 1978. Versão corrigida, 1980.

_____. *NBR 6120*: cargas para o cálculo de estruturas de edifícios: procedimento (NB-5). Rio de Janeiro 1980. Versão corrigida, 2000.

_____. *NBR 7480*: aço destinado a armaduras para estruturas de concreto armado: especificação (EB-3). Rio de Janeiro, 2007. Confirmada em 2014.

_____. *NBR 8681*: ações e segurança nas estruturas: procedimento. Rio de Janeiro, 2003. Confirmada em 2013.

_____. *NBR 8953*: concreto para fins estruturais: classificação pela massa específica, por grupos de resistência e consistência (CB-130). Rio de Janeiro, 2015.

_____. *NBR 12655*: concreto de cimento Portland: preparo, controle, recebimento e aceitação: procedimento. Rio de Janeiro, 2015.

_____. *NBR 14931*: execução de estruturas de concreto: procedimento. Rio de Janeiro, 2004. Confirmada em 2013.

BATTAGIN, I. Comitês técnicos fazem balanço de suas atividades e lançam práticas recomendadas. *Revista Concreto & Construções*, Instituto Brasileiro do Concreto, São Paulo, ano XLIII, n. 80, p. 69, out.-dez. 2015.

BAYKOV, V. N.; SIGALOV, E. E. *Estructuras de hormigón armado*. Moscou: MIR, 1980.

BOTELHO, M. H. C.; MARCHETTI, O. *Concreto armado*: eu te amo. São Paulo: Edgard Blucher, 2003; 2004. v. I-II.

BRITISH STANDARD INSTITUTION (BSI). *BS 8110*: structural use of concrete. Londres, 1997. Part 1: code of practice for design and construction.

BUENO, M. E. M. *Estudo de valores de rigidez equivalente para vigas e pilares para análise não lineares em estruturas de concreto armado de pequeno porte*. 2014. 238 f. Tese (Doutorado em Estruturas e Construção Civil)–Universidade de Brasília, Brasília, 2014.

CAMPOS A. D. *Estruturas de concreto armado*. Notas de aula. Universidade de Brasília, Departamento de Engenharia Civil e Ambiental, Brasília, 2013.

CAMPOS FILHO, A. *Dimensionamento de seções retangulares de concreto armado à flexão composta normal*. Universidade Federal do Rio Grande do Sul, Departamento de Engenharia Civil, Porto Alegre, 2014.

CARVALHO, R. C.; FIGUEIREDO F. J. R. *Cálculo e detalhamento de estruturas usuais de concreto armado*. São Carlos: Editora UFSCar, 2014.

CLÍMACO, J. C. T. S. *Estruturas de concreto armado*: fundamentos de projeto, dimensionamento e verificação. Brasília: Editora Universidade de Brasília, 2005 (1. ed.); 2008 (2. ed. rev.); 2013 (2. ed., 1. reimp.); 2015 (2. ed., 2. reimp.).

_____. Desafios da educação em Engenharia no século XXI: reflexões sobre a durabilidade das edificações no Brasil. In: COSTA, L. A. da; NITZKE, J. A. (Org.). *A educação em engenharia*: fundamentos teóricos e possibilidades didático-pedagógicas. Porto Alegre: Editora UFRGS, 2012.

CLÍMACO, J. C. T. S.; MOREIRA, A. L. A.; MELLO, E. M. A estrutura da cúpula da Câmara dos Deputados em Brasília. In: MACEDO, D. M.; SOBREIRA, F. J. A. (Org.). *Forma estática – Forma estética*: ensaios de Joaquim Cardozo em arquitetura e engenharia. Brasília: Edições Câmara, 2009.

COMITÉ EUROINTERNACIONAL DO CONCRETO (CEB); FEDERAÇÃO INTERNACIONAL DA PROTENSÃO (FIP). *Model code for concrete structures (MC90)*. Lausanne, 1991.

COMITÉ EUROPÉEN DE NORMALISATION (CEN). *Eurocode 2*: design of concrete structures. Bruxelas, 2002. Part 1: general rules and rules for buildings.

CUEVAS, O. M. G. et al. *Aspectos fundamentales del concreto reforzado*. México: Limusa, 1975.

FÉDÉRATION INTERNATIONALE DU BÉTON. *FIB model code for concrete structures (MC2010)*. Lausanne, 2010.

FONSECA, R. P. *Escriptório technico Emílio H. Baumgart*: escola do concreto armado e a arquitetura modernista brasileira. 475 f. 2016. Tese (Doutorado em Arquitetura e Urbanismo)–Universidade de Brasília, Brasília, 2016.

FRANZ, G. *Tratado del hormigón armado*. Barcelona: Gustavo Gilli, 1971. v. I-II.

FUSCO, P. B. *Conceitos estatísticos associados à segurança das estruturas.* São Paulo: Grêmio Politécnico, 1975.

_____. *Fundamentos do projeto estrutural.* São Paulo: McGraw-Hill, 1976.

_____. *Estruturas de concreto*: solicitações normais. Rio de Janeiro: Guanabara Dois, 1981.

_____. *Técnicas de armar as estruturas de concreto.* São Paulo: Pini, 1995.

_____. *Estruturas de concreto*: solicitações tangenciais. São Paulo: Pini, 2008.

GIONGO, J. S. *Concreto armado*: projeto estrutural de edifícios. Universidade de São Paulo, Escola de Engenharia de São Carlos, São Carlos, 2003.

GIONGO, J. S.; ALVA, G. M. S.; EL DEBS, A. L. H. C. *Concreto armado*: projeto de pilares de acordo com a NBR 6118: 2003. Universidade de São Paulo, Escola de Engenharia de São Carlos, São Carlos, 2008.

GRAZIANO, F. P. *Projeto e execução de estruturas de concreto armado.* São Paulo: Nome da Rosa, 2005.

GRAZIANO, F. P.; SIQUEIRA, J. A. L. *Dimensionamento de pilares.* Universidade de São Paulo, Faculdade de Arquitetura e Urbanismo, São Paulo, 2011.

GUIMARÃES, G. *Estruturas de concreto armado I.* Notas de aula. Pontifícia Universidade Católica do Rio de Janeiro, Departamento de Engenharia Civil, Rio de Janeiro, 2014.

INSTITUCIONES COLEGIALES PARA LA CALIDAD EN LA EDIFICACIÓN. *EHE – Instrucción de hormigón estructural.* Madri: Leynfor Siglo XXI, 1999.

INSTITUTO BRASILEIRO DO CONCRETO (Ibracon). *Práticas recomendadas*: comentários Técnicos NB-1. São Paulo, 2003.

_____. *Práticas recomendadas*: estruturas de pequeno porte. São Paulo, 2003.

_____. *Práticas recomendadas*: comentários técnicos e exemplos de aplicações da NB-1. São Paulo, 2006.

KALMANOK, A. S. *Manual para calculo de placas*. Montevidéu: InterCiencia, 1961.

LANGENDONCK, T. V. *Cálculo de concreto armado*: comentários à norma brasileira NB-1. São Paulo: ABCP, 1962.

LEONHARDT, F.; MONNIG, E. *Construções de concreto*. Rio de Janeiro: Interciências, 1978. v. I-IV.

MACGREGOR, J. G. *Reinforced concrete*: mechanics & design. New Jersey: Prentice Hall, 1992.

MARTIN, L. H.; CROXTON P. C. L.; PURKISS, J. A. *Concrete design to BS 8110*. Londres: Edward Arnold, 1989.

MEHTA, P. K.; MONTEIRO, P. J. M. *Concreto*: estrutura, propriedades e materiais. São Paulo: Pini, 1994.

MELLO, E. L. *Concreto armado*: resistência limite à flexão composta normal e oblíqua. Brasília: Editora UnB, 2003.

MESEGUER, A. G. *Estructuras*: hormigón armado. Madri: Fundación Escuela de la Edificación, Universidad Nacional de Educación a Distancia, 1988; 1994. v. I-III.

MONTOYA, P. J.; MESEGUER, A. G.; CABRÉ, F. M. *Hormigón armado*. 13. ed. Barcelona: Gustavo Gilli, 1991.

MORAES, M. C. *Concreto armado*. São Paulo: McGraw Hill do Brasil, 1982.

NEVILLE, A. M.; BROOKS, J. J. *Concrete technology*. Londres: Longman Scientific & Technical, 1990.

PFEIL, W. *Dimensionamento do concreto armado à flexão composta.* Rio de Janeiro: LTC, 1976. v. I.

_____. *Concreto armado.* Rio de Janeiro: LTC, 1978. v. I.

PINHEIRO, L. M.; CARVALHO, R. C. *Cálculo e detalhamento de estruturas usuais de concreto armado.* São Paulo: Pini, 2013. v. 2.

POLILLO, A. *Dimensionamento de concreto armado.* São Paulo: Nobel, 1980; 1981. v. I-II.

PORTO T. B.; FERNANDES, D. *Curso básico de concreto armado.* São Paulo: Oficina de Textos, 2015.

PROMON. *Tabelas para dimensionamento de concreto armado.* São Paulo: McGraw Hill do Brasil, 1976.

ROCHA, A. M. *Curso prático de concreto armado.* Rio de Janeiro: Científica, 1981; São Paulo: Nobel, 1987. v. I-II.

RÜSCH, H. *Concreto Armado e protendido*: propriedades dos materiais e dimensionamento. São Paulo: Campus, 1981.

SANTOS, L. M. *Curso de concreto armado.* São Paulo: Edgard Blücher, 1977; LMS, 1981. v. I-II.

SILVA, R. J. S.; ARAÚJO, C. V. S.; LIMA, E. M. F. Modelo generalizado para dimensionamento à flexão segundo as mudanças da ABNT NBR 6118. *Revista Concreto & Construções*, Instituto Brasileiro do Concreto, São Paulo, ano XLIII, n. 80, p.75-83, out.-dez. 2015.

SOUZA, V. C. M.; CUNHA, A. J. P. *Lajes em concreto armado e protendido.* Niterói: Editora UFF, 1994.

SUSSEKIND, J. C. *Curso de concreto.* Porto Alegre: Globo, 1980; 1984. v. I-II.

TEIXEIRA, P. W. G. N. *Pilares*: dimensionamento e determinação de cargas nas fundações. Notas de aula. Universidade de São Paulo, PEF-2604, São Paulo, 2011.

TORRI F. M.; ALEJO, L. R.; RUANO, M. B. *Hormigón armado.* Havana: Pueblo y Educación, 1979. v. I-IV.

UNIVERSIDAD NACIONAL DE EDUCACIÓN A DISTANCIA (UNED). *Unidades y guías didácticas*: orientaciones para su elaboración. Madri, 1997.

VASCONCELOS, A. C. *Estruturas arquitetônicas*: apreciação intuitiva de formas estruturais. São Paulo: Studio Nobel, 1991.

_____. *O concreto no Brasil*: recordes, realizações, história. São Paulo: Pini, 1992. v. I.

_____. *O concreto no Brasil*: professores, cientistas, técnicos. São Paulo: Pini, 1992. v. II.

_____. *Estruturas da natureza*: um estudo da interface entre biologia e engenharia. São Paulo: Studio Nobel, 2000.

_____. *O concreto no Brasil*: pré-fabricação, monumentos, fundações. São Paulo: Studio Nobel, 2005. v. III.

_____. *O concreto no Brasil*: obras especiais, contos concretos. São Paulo: Ibracon, 2011. v. IV.

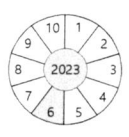